Bidlingmaier
Biologische Abfallverwertung

Biologische Abfallverwertung

Herausgegeben von
Prof. Dr.-Ing. habil Werner Bidlingmaier, Weimar

Unter Mitarbeit von
Dipl.-Ing. Ralf Gottschall, Ute Petersen und Holger Stöppler-Zimmer, Neu-Eichenberg
Dr. Bertram Kehres, Köln-Bayenthal
Dr. Martin Kranert, Wolfenbüttel
Dr. W. Philipp, Stuttgart-Hohenheim
Prof. Dr. Dr. hc. Dieter Strauch, Stuttgart-Hohenheim
Michael Vagedes, Essen
Prof. Dr. -Ing. Renatus Widmann, Essen

87 Schwarzweißfotos und -zeichnungen
96 Tabellen

Prof. Dr.-Ing. Habil. Werner Bidlingmaier ist Lehrstuhlinhaber Abfallwirtschaft an der Bauhaus-Universität Weimar. Er ist seit über 25 Jahren in der Forschung und Beratung tätig und erstellt regelmäßig Gutachten zur biologischen Abfallbehandlung. Außerdem ist er Obmann des Güteausschusses der Gütegemeinschaft Kompost.

Die Deutsche Bibliothek – CIP-Einheitsaufnahme

Ein Titeldatensatz für diese Publikation ist bei der Deutschen Bibliothek erhältlich.

ISBN 3-8001-3208-7

Das Werk einschließlich aller seiner Teile ist urheberrechtlich geschützt.
Jede Verwertung außerhalb der engen Grenzen des Urheberrechtsgesetzes
ist ohne Zustimmung des Verlages unzulässig und strafbar.
Das gilt insbesondere für Vervielfältigungen, Übersetzungen,
Mikroverfilmungen und die Einspeicherung und Verarbeitung
in elektronischen Systemen.

© 2000 Eugen Ulmer GmbH & Co.
Wollgrasweg 41, 70599 Stuttgart (Hohenheim)
E-Mail: info@ulmer.de
Internet: www.ulmer.de
Printed in Germany
Lektorat: Werner Baumeister
Herstellung: Steffen Meier, Gabriele Wieczorek
Satz: Rüdiger Wagner, Nördlingen
Druck: Gulde, Tübingen
Bindung: Riethmüller, Stuttgart

Vorwort

Seit 1897 an der Universität Breslau die erste Promotion zum Thema Kompostierung von Abfällen veröffentlicht wurde, ist eine Fülle von Wissen zu diesem Thema hinzu gekommen. Die Literaturstellen gehen mittlerweile in die Tausende. Es sind allein in Deutschland über 200 Forschungsprojekte, die der Kompostierung gewidmet sind, publiziert worden. Warum dann dieses Buch?

Die biologische Abfallbehandlung führte bis zu Beginn der 80er Jahre ein Nischenleben. Die Deponie war die billige Variante im Zeitalter der Beseitigung. Verwertung hatte noch nicht das Primat. Die Produktqualitäten ließen zu wünschen übrig. Heute, 20 Jahre später, arbeiten über 600 Kompostierungsanlagen und über 30 Vergärungsanlagen allein in der BRD. Tendenz steigend. Gleiches gilt für die anderen Staaten der EU. Gründe für diesen kometenhaften Aufstieg waren die deutliche Verbesserung der Produktqualität, die Schaffung gesetzlicher Rahmenbedingungen in Form des Vorranges der Verwertung, Vorbehandlung und Beseitigung und die Umsetzung der intensiven Forschung dieser Jahre in die Praxis. Biologische Abfallbehandlung – aerob und anaerob – ist nicht länger eine Neuentwicklung in der Pilotphase, sie ist nicht länger eine ökonomisch nicht konkurrenzfähige Alternative zur Deponie, sie ist nicht länger die belächelte Variante zur Verbrennung, nein, sie ist die Verwertungstechnologie für nativ organische Abfälle, die absetzbare Produkte für den Pflanzenbau produziert.

Es gibt also gute Gründe für dieses Buch!

Die bisherige Literatur zielt darauf ab, Forschungsergebnisse und Entwicklungen zu präsentieren oder die Vorteile dieser Technologie darzustellen, um sie zum Einsatz zu bringen. Die Autoren dieses Buches hingegen blicken auf ein etabliertes Verfahren. So ist das Ziel dieses Buches, den Stand der Technik darzustellen und die Einbettung der biologischen Bearbeitung von Abfällen in den Kontext des rechtlichen Rahmens, der Produktverwertung und der von diesen Anlagen ausgehenden Immissionen aufzuzeigen. Diese komplexe Darstellungsweise mußte sein, um Planer, Anlagenbetreiber, Verwerter und Studierende unterschiedlicher Fachrichtungen anzusprechen und jeweils die singuläre Information, die der Einzelne benötigt, in den richtigen Zusammenhang zu stellen.

So steht zu Beginn eine ausführliche Beschäftigung mit der rechtlichen Situation. Hier sind zwei Bereiche auszumachen, jenen der Planung und Erstellung und jener der Produktvermarktung und -verwertung. Es wurde bewußt darauf verzichtet, Gesetzesoder Verordnungstexte zu zitieren – diese sind heute kostenfrei im Internet zu beziehen. Dafür wurden dem Leser diese kommentiert und die Rechtsprechung mit einbezogen.

Die Darstellung des Standes der Technik für Kompostierung und Vergärung ist so angelegt, dass ein kurzer Ausflug in die biologischen Grundlagen voransteht und den technischen Ausführungen Auslegungs- und Planungskennwerte folgen. Zudem wird das Immissionsgeschehen behandelt. Ein gesonderter Teil gilt dem wichtigen Komplex der Hygiene. Der Hygienisierung des Produktes Kompost und der Frage der Keimemissionen von biologischen Behandlungsanlagen wird im einzelnen nachgegangen. Auch hier wird eine Fülle von Empfehlungen für Planung und Betrieb angeboten.

Den Schlußstein bilden Ausführungen zum Qualitätsmanagement der Kompostproduktion und der Einsatz von Kompost im Pflanzenbau.

Um diesen weiten Raum kompetent zu behandeln war es notwendig, verschiedene Autoren hinzuzuziehen, um nicht auf einem Teilgebiet zu dilettieren – was sicher der Fall gewesen wäre, wenn sich ein Autor des komplexen Themas allein angenommen hätte, sondern qualifizierte Information anzubieten. Wir haben uns bemüht, Überschneidungen zu vermeiden und dafür Verzahnungen zu schaffen.

Biotechnologie liegt im Trend, auch in der Abfallbehandlung. Dieses Buch wendet sich an alle, die daran mitarbeiten, daß funktionstüchtige Anlagen entstehen und umwelt- und produktgerecht betrieben werden, und natürlich auch an all jene, die einfach nur wissen wollen, wie der Stand der Technik ist und welche Einbettung die Biotechnologie in die Kreislaufwirtschaft hat.

Letztlich gilt unser Dank dem Verlag Eugen Ulmer, der die Entstehung dieses Buches geduldig erwartet und qualifiziert begleitet hat.

Weimar, im Mai 2000 	Werner Bidlingmaier

Inhaltsverzeichnis

		Vorwort	5
I		**Die abfallrechtlichen Rahmenbedingungen der Bio- und Grünabfallkompostierung (M. Vagedes)**	13
	1	Vorbemerkung	13
	2	Abfallbegriff	14
	2.1	Subjektiver Abfallbegriff	15
	2.2	Objektiver Abfallbegriff	16
	2.3	Abfall zur Verwertung und Abfall zur Beseitigung	16
	2.4	Begriffsbeschreibung durch die TA Siedlungsabfall	17
	3	Grundpflichten: Vermeiden, Verwerten und Beseitigen	17
	3.1	Anforderungen an die stoffliche Verwertung	20
	3.2	Vorgaben zur getrennten Bereitstellung und Sammlung nach der TA Siedlungsabfall	21
	4	Gesetzliche Entsorgungspflicht	22
	4.1	Grundsatz	23
	4.2	Abfälle aus Haushaltungen	23
	4.3	Abfälle aus anderen Herkunftsbereichen	24
	4.3.1	Abfälle zur Verwertung	24
	4.3.2	Abfälle zur Beseitigung	24
	4.4	Ausschlußsatzungen	25
	5	Eigenkompostierung	25
	6	Drittbeauftragung	26
	7	Übertragung der Entsorgungspflicht	26
	8	Entsorgungsfachbetriebe	27
	9	Zulassung von Anlagen	27
	9.1	Input- oder Outputmenge	29
	9.2	Das förmliche Genehmigungsverfahren nach § 10 BImSchG	29
	9.3	Das vereinfachte Genehmigungsverfahren nach § 19 BImSchG ..	31
	9.4	Umfang und Reichweite der immissionsschutzrechtlichen Genehmigung	31
	9.5	Inhalt der immissionsschutzrechtlichen Genehmigung	32
	10	Qualitätssicherung für Kompost	33
	10.1	Anlagenbezogene Kriterien	33
	10.2	Kompostqualität	34
	10.3	RAL-Gütezeichen	34
	11	Schlußbemerkungen	35

II Grundlagen der Kompostierung (M. Kranert) 37

1 Einleitung und Definition 37
2 Grundlagen des mikrobiellen Stoffwechsels 37
2.1 Energetische Aspekte 37
2.2 Metabolische Aspekte 39
3 Mikroorganismen bei der Kompostierung 40
4 Faktoren bei der Kompostierung 42
4.1 Allgemeines 42
4.2 Belüftung 42
4.3 Wassergehalt 43
4.4 Temperatur 44
4.5 Luftporenvolumen 47
4.6 pH-Wert 47
4.7 Art des Substrates 48
4.8 C/N - Verhältnis 48
4.9 Substratkonzentration 49
5 Thermische Kenngrößen 49
5.1 Allgemeines 49
5.2 Spezifische Wärmekapazität des Rottegutes 50
5.3 Wärmeleitfähigkeit des Rottegutes 50
5.4 Freigesetzte Wärmeenergie 51
6 Verlauf von Prozeßparametern bei der Kompostierung 52
6.1 Allgemeines 52
6.2 Mikrobielle Aktivität 52
6.3 Temperatur, O_2/CO_2-Gehalt, thermische Leistung 52
6.4 Abbau an organischer Substanz 53
6.5 pH-Wert 53
6.6 Porenvolumen/Korndichte 55
6.7 Ammonium-/Nitrat-Stickstoff 55

III Aerobe Verfahren (Kompostierung)(M. Kranert) 56

1 Grundsätzliche Möglichkeiten der Kompostierung 56
1.1 Einleitung 56
1.2 Eigenkompostierung 56
1.3 Technische Kompostierungsverfahren 59
2 Technik der Kompostierung 59
2.1 Prinzipieller Aufbau von Kompostierungsanlagen 59
2.2 Einrichtungen zur Wiegung und Registrierung, Eingangsbereich ... 67
2.3 Einrichtungen zur Annahme und Zwischenspeicherung 67
2.4 Einrichtungen zur Aufbereitung 69
2.5 Rottesysteme 79
2.6 Nachrotte und Lagerung 95
2.7 Bauliche Gestaltung und Flächenbedarf von Kompostierungsanlagen 96
2.7.1 Bauliche Gestaltung 96
2.7.2 Spezifischer Flächenbedarf von Kompostierungsanlagen 100
3 Emissionen und Emissionsminderung 100
3.1 Allgemeines 100
3.2 Geruch 101

Inhaltsverzeichnis

3.3	Staub	111
3.4	Sicker- und Kondenswasser	111
4	**Massenbilanz und Kostenstrukturen**	**115**
4.1	Massenbilanz	115
4.2	Kostenstrukturen der Bioabfallkompostierung	115
IV	**Anaerobe Verfahren (Vergärung) (R. Widmann)**	**120**
1	**Einleitung**	**120**
2	**Grundsätzliche Möglichkeiten der Vergärung**	**120**
2.1	Technische Vergärungsverfahren	121
3	**Technik der Vergärung**	**124**
3.1	Prinzipieller Aufbau von Vergärungsanlagen	124
3.2	Einrichtungen zur Wiegung und Registrierung, Eingangsbereich	125
3.3	Einrichtungen zur Annahme und Zwischenspeicherung	125
3.4	Einrichtungen zur Aufbereitung	126
3.5	Aufbereitung von gewerblichen Monochargen	129
3.6	Vergärungssysteme	130
3.7	Nachrotte, Feinaufbereitung und Lagerung	136
3.8	Bauliche Gestaltung und Flächenbedarf von Vergärungsanlagen	137
3.8.1	Bauliche Gestaltung	137
3.8.2	Flächenbedarf	139
3.9	Betrieb	139
3.9.1	Betriebszeiten und Verfügbarkeit	140
3.9.2	Personalbedarf	140
3.9.3	Anlagensteuerung und Leittechnik	140
4	**Emissionen und Emissionsminderung**	**142**
4.1	Allgemeines	142
4.2	Prozeß- und Kondenswasser	142
4.3	Luft	143
4.4	Biogasmenge, -zusammensetzung und -nutzung	145
4.5	Massenbilanz	151
5	**Betrieb und Kosten der Bioabfallvergärung**	**151**
6	**Entscheidungshilfen zur Auswahl und Beurteilung der Systeme**	**152**
V	**Hygieneaspekte der biologischen Abfallbehandlung und -verwertung (D. Strauch und W. Philipp)**	**155**
1	**Einleitung**	**155**
2	**Vorgaben der Bioabfallverordnung (BioAbfV)**	**157**
3	**Phytohygienische Problematik**	**158**
3.1	Schaderreger in Stoffen pflanzlicher Herkunft	161
3.2	Phytosanitäre Wirkungen von Komposten	168
4	**Human- und veterinärhygienische Problematik**	**170**
4.1	Krankheitserreger im Bioabfall	170
4.2	Hygieneprobleme der Sammlung und Abfuhr von Bioabfall	175

4.3	Problematik von Speiseabfällen bei der gewerblichen Kompostierung	178
4.4	Hygienische Besonderheiten der Eigenkompostierung	182
4.4.1	Einleitung	182
4.4.2	Seuchenhygienische Untersuchungen an Kleinkompostern	183
4.4.3	Empfehlungen für die Eigenkompostierung	186
4.4.4	Keimemissionen bei der Kompostierung	188
4.4.5	Schlußfolgerungen	197
4.5	Hygieneproblematik anaerober Systeme	199
Anhang 1	Gefahr durch die Bio-Tonne?	204
Anhang 2	Erläuterungen zum Umgang mit der »Biotonne« und Kompost	205
Anhang 3	Robert-Koch-Institut empfiehlt, Schimmelpilz-Streuquellen im Haushalt zu vermeiden	207

VI Qualität von Kompost aus Bio-, Garten- und Parkabfällen (B. Kehres) 209

1	**Einleitung**	209
2	**Physikalische Merkmale**	210
2.1	Volumengewicht	210
2.2	Wassergehalt und Trockensubstanz	211
2.3	Körnung und Korngrößenzusammensetzung	211
2.4	Wasserlöslicher Salzgehalt	212
2.5	pH-Wert	212
3	**Biologische Merkmale**	213
3.1	Hygiene	213
3.2	Keimfähige Samen und austriebfähige Pflanzenteile	214
3.3	Pflanzenverträglichkeit	214
3.4	Rottegrad	215
4	**Pflanzennährstoffe und organische Substanz**	216
4.1	Hauptnährstoffe	216
4.2	Spurennährstoffe	217
4.3	Organische Substanz	218
4.4	Verhältnis von Kohlenstoff und Stickstoff (CN-Verhältnis)	218
5	**Potentielle Schadstoffe und Fremdstoffe**	219
5.1	Schwermetalle	219
5.2	Organische Schadstoffe	220
5.3	Fremdstoffe	221
6	**Qualitätsanforderungen und Gütesicherung**	222
6.1	Qualitätsanforderungen für das Gütezeichen »Kompost«	222
6.2	Organisation der RAL-Gütesicherung	222
6.2.1	Antrag auf Gütesicherung	223
6.2.2	Anzahl, Umfang und Zeitpunkt von Untersuchungen	224
6.2.3	Anerkennungsverfahren	224
6.2.4	Überwachungsverfahren	224
6.2.5	Prüflabore und Prüfmethoden	224
6.2.6	Probenahme und Untersuchungsberichte	225
6.2.7	Fremdüberwachungszeugnis und Gütezeichen	225

VII Anwendung und Vermarktung (H. Stöppler-Zimmer, U. Petersen, R. Gottschall) 226

1 Begriffsbestimmung 226

2 Auswirkungen der Komposte bei der Anwendung 227
2.1 Positive Effekte 228
2.1.1 Kompost als Nährstoffträger - Düngewirkung von Kompost 228
2.1.2 Einfluß einer Kompostanwendung auf die Qualität pflanzlicher Produkte 229
2.1.3 Humushaushalt 230
2.1.4 Verbesserung der Kationenaustauschkapazität und Erhöhung des pH-Werts 231
2.1.5 Verbesserung physikalischer Bodeneigenschaften 231
2.1.6 Steigerung der biologischen Aktivität der Böden 233
2.1.7 Phytosanitäre Wirkungen 234
2.2 Mögliche negative Auswirkungen 235
2.2.1 Nährstofffrachten 235
2.2.2 Pflanzenunverträglichkeit 236
2.2.3 Schadstofffrachten 237
2.3 Weitere mögliche Problembereiche 237
2.3.1 Hygiene 237
2.3.2 Fremdstoffe 238
2.3.3 Verfügbarkeit von Spurenelementen 239

3 Grundsätze der Kompostanwendung 239
3.1 Anwendungsmengen – rechtliche Grundlage 239
3.2 Anwendungstechnik 243

4 Pflanzenbauliche Verwertung von Komposten in verschiedenen Anwendungsbereichen 244
4.1 Erwerbs- und Hobbygartenbau 244
4.2 Garten- und Landschaftsbau und Öffentliches Grün 245
4.3 Landwirtschaft 247
4.4 Wein- und Obstbau 248
4.5 Forstwirtschaft 249
4.6 Erden und Substrate 251
4.7 Sonstige Bereiche 251

5 Kompostvermarktung 252
5.1 Märkte und Strategien 252
5.2 Absatzbereiche und Einsatzmöglichkeiten 253
5.3 Entsorgungs- bzw. Verwertungssicherheit 255
5.4 Erlöse: Direktabsatz in Bereiche mit originärer Nachfrage 256
5.5 Markterweiterung und -stabilisierung: Substratfähige Komposte ... 257
5.5.1 Absatzpotential für Pflanzerden und Kultursubstrate 257
5.5.2 Akzeptanz von Erden und Substraten auf Kompostbasis 258
5.6 Entscheidungsgrundlagen 258
5.6.1 Marktanalyse 259
5.6.2 Marketingkonzept 259
5.7 Fazit 260

Literaturverzeichnis 261
Sachregister 275

I Die abfallrechtlichen Rahmenbedingungen der Bio- und Grünabfallkompostierung

1 Vorbemerkung

Das Wirtschaften des Menschen in einer modernen Industriegesellschaft ist darauf ausgerichtet, Produkte in den Umlauf zu bringen. Bei Herstellungsprozessen entstehen aber auch Stoffe, die nicht erwünscht sind. Auch Produkte verbrauchen sich irgendwann und müssen »entsorgt«, also unschädlich gemacht werden.

Bis weit in unser Jahrhundert hinein bestand diese Entsorgung in erster Linie darin, die unerwünschten Stoffe auf Deponien abzulagern. Nach heutiger Terminologie spricht man von Beseitigung. Wachsende Müllberge, drohende Grundwassergefahren und das wachsende Bewußtsein von der Begrenztheit der natürlichen Ressourcen führten dann zu einer geänderten Entsorgungsphilosophie. Abfälle können Rohstoffe sein oder beinhalten, die wieder in den Produktionskreislauf zurückgeführt werden können.

Für viele Errungenschaften unserer Zivilisation ist es längst Normalität, daß sie einer Mehrfachnutzung unterzogen werden. Aus Altpapier aus Zeitungen werden Zellstoffasern für neues Papier gewonnen. Altglas wird zerkleinert und geschmolzen, um daraus neue Glasprodukte zu gewinnen. Auch vergleichsweise komplexe Produkte wie Computer und Kraftfahrzeuge werden in zunehmendem Umfang nach Ablauf ihrer Lebensdauer demontiert und einzelne Komponenten oder Stoffe jedenfalls teilweise wieder in den Herstellungsprozeß eingeschleust.

Neben diesen beispielhaft genannten Verwertungsbestrebungen hat sich grundsätzlich die Kompostierung von Bio- und Grünabfall als ein sinnvoller und ökologischer Weg erwiesen, diese Stoffe wieder – in umgewandelter Form als Kompost – nutzbringend zu verwenden und damit gleichzeitig Beseitigungskapazitäten zu schonen.

Dabei sind jedoch bestimmte rechtliche Anforderungen und Rahmenbedingungen zu beachten, die nachfolgend dargestellt werden sollen.

Die rechtlichen Rahmenbedingungen der Bio- und Grünabfallkompostierung ergeben sich aus zahlreichen Quellen. Neben dem Abfallrecht der Europäischen Union[1], dem Abfallrecht der Bundesrepublik Deutschland[2], den Verordnungen dazu[3], den Abfallgesetzen der sechzehn

---

[1] insbesondere: Europäische Abfallrahmenrichtlinie 75/422 EWG vom 15. 06. 1975, in der Fassung der Richtlinie des Rates vom 18. 03. 1991 (91/156/EWG); EG-Abfallverbringungsverordnung 259/93/EWG vom 01.02.1993 (EG-AbfVerbrV)

[2] Artikel 1 des Gesetzes zur Förderung der Kreislaufwirtschaft und Sicherung der umweltverträglichen Beseitigung von Abfällen (vom 27. 09. 1994, BGBl. I S. 2705, geänd. d. Gesetz vom 12. 09. 1996, BGBl. I S. 1354, Kreislaufwirtschafts- und Abfallgesetz-KrW-/AbfG); für den Bereich der Abfallverbringung: Abfallverbringungsgesetz (vom 30. 09. 1994, BGBl. I S. 2771 -AbfVerbrG)

[3] z. B. Verordnung zur Einführung des Europäischen Abfallkatalogs (vom 13. 09. 1996, BGBl. I S. 1428 –EAKV); Bestimmungsverordnung besonders überwachungsbedürftige Abfälle (vom 10. 09. 1996, BGBl. I S. 1366 – BestbüAbfV); Bestimmungsverordnung überwachungsbedürftige Abfälle zur Verwertung (vom 10.09.1996, BGBl. I S. 1377 – BestüVAbfV); Nachweisverordnung (vom 10. 09. 1996, BGBl. I S. 1382 -NachwV); Transportgenehmigungsverordnung (vom 10. 09. 1996, BGBl. I S. 1411 – TgV); Abfallwirtschaftskonzept- und Bilanzverordnung (vom 13.09.1996, BGBl. I S. 1447 – AbfKoBiV); Entsorgungsfachbetriebeverordnung (vom 10. 09. 1996, BGBl. I S. 1421 – EfbV); Altautoverordnung (vom 04. 07. 1997, BGBl. I S. 1666 – AltautoV); Verpackungsverordnung (i. d. F. vom 26. 10. 1993, BGBl. I S. 1782 – VerpackV); Abfallverbringungs-Verordnung (vom 18. 11. 1988, geänd. d. G. vom 30. 09. 1994, BGBl. I S. 2771 – AbfverbrV) u. a.

Bundesländer sind schließlich die einschlägigen Verwaltungsvorschriften[4] zu nennen.

Zentrales Bundesgesetz ist das Kreislaufwirtschafts- und Abfallgesetz (KrW-/AbfG), das am 07. 10. 1996 in Kraft getreten ist.

Mit dem Erlaß dieses Gesetzes wurden von der Bundesregierung im wesentlichen drei Ziele verfolgt:

Zum einen sollte vor dem damaligen Hintergrund immer knapper werdender **Deponiekapazitäten** und entsprechender Akzeptanzprobleme in der Öffentlichkeit bei der Genehmigung neuer Deponien einem geänderten Entsorgungsverständnis Rechnung getragen werden. Der Gesetzgeber wollte verstärkt bei der Abfallentstehung regulativ ansetzen. Das KrW-/AbfG soll die Abkehr von der bisherigen »end-of-pipe« Philosophie bewirken und zu einem Denken bei der Produktion von neuen Waren »vom Abfall her« führen. Diese Idee hatte schon in das Vorgängergesetz des KrW-/AbfG, das Abfallgesetz 1989[5], in Form der Programmsätze des § 1a AbfG und der Verordnungsermächtigung § 14 AbfG, der Grundlage für die Verpackungsverordnung[6], Einzug gefunden. Das KrW-/AbfG widmet nun der sog. Produktverantwortung einen eigenen Teil (vgl. §§ 22 ff. KrW-/AbfG).

Weiter wurden im Bereich der Überwachung **Vollzugsdefizite** festgestellt, die mit Hilfe des neuen Gesetzes überwunden werden sollen.

Auch entsprach der enge **Abfallbegriff** des § 1 AbfG 1986 nicht der Europäischen Abfallrahmenrichtlinie[7]. Nach Art. 1 Buchst. a) dieser Richtlinie sind Abfälle »alle Stoffe oder Gegenstände, die unter die in Anhang I aufgeführten Gruppen fallen und derer sich ihr Besitzer entledigt, entledigen will oder entledigen muß«.

Richtlinien der Europäischen Union gelten, anders als die EU-Verordnungen, nicht immer unmittelbar in den Mitgliedsstaaten, sondern müssen erst in ein nationales Gesetz umgesetzt werden. Diese Umsetzungspflicht war ein ganz wesentlicher Grund, das KrW-/AbfG zu schaffen.

2 Abfallbegriff

Für die Anwendbarkeit abfallrechtlicher Bestimmungen ist es erforderlich, daß der oder die zu betrachtenden Stoffe als Abfall im Sinne des KrW-/AbfG zu qualifizieren sind. Der gesetzliche Abfallbegriff ist sozusagen der Schlüssel, der die Tür zum Abfallrecht öffnen kann. Erst wenn ein Stoff rechtlich gesehen Abfall ist, muß beim Umgang mit diesem Stoff das Abfallrecht angewendet werden. Bevor also im Bezug auf Bio- oder Grünabfall über die abfallrechtlichen Rahmenbedingungen nachgedacht werden kann, muß geklärt sein, daß diese Stoffe auch Abfall sind und nicht etwa Produkt. Die Tatsache, daß Begriffe wie **Bioabfall** und **Grünabfall** verwendet werden, sagt noch nicht verbindlich, ob es sich bei diesen Stoffen auch rechtlich gesehen um Abfall handelt.

Rechtlich entscheidend ist vielmehr der in § 3 KrW-/AbfG näher definierte Abfallbegriff, der formal eng an die bereits zitierte Formulierung der EU-Abfallrahmenrichtlinie angelehnt ist.

Gemeinsame Voraussetzung der Begriffsdefinition des § 3 Abs. 1 KrW-/AbfG ist, daß es sich bei dem Stoff um eine bewegliche Sache handelt, die unter eine der im Anhang I zum KrW-/AbfG genannten Gruppen fällt. Da Bio- und Grünabfall beweglich ist und jedenfalls unter die Gruppe Q 16 des Anhangs I KrW-/AbfG fällt, ist diese erste Voraussetzung erfüllt.

Interessanter sind die drei Entledigungsvarianten des § 3 KrW-/AbfG. Ist

---
[4] Insbesondere die Technische Anleitung zur Verwertung, Behandlung und sonstigen Entsorgung von Siedlungsabfällen (TA Siedlungsabfall vom 14. 05. 1993, BAnz. Nr. 99a – TASi)
[5] Gesetz über die Vermeidung und Entsorgung von Abfällen (vom 27. 08. 1986, BGBl. I S. 1410, zuletzt geänd. d. Gesetz vom 30. 09.1 994, BGbl. I S. 2771, Abfallgesetz – AbfG)
[6] Fn 3
[7] Fn. 1

eine dieser Varianten erfüllt, so handelt es sich bei der beweglichen Sache rechtlich um Abfall. Das Gesetz fragt danach, ob sich der Besitzer der Sache entledigt, sich entledigen will, oder sich entledigen muß.

Die erste Variante, das »sich Entledigen«, wird in § 3 Abs. 2 KrW-/AbfG näher beschrieben. Eine Entledigung liegt danach vor, wenn der Besitzer die Sache einem Verwertungsverfahren nach Anhang II B oder einem Beseitigungsverfahren nach Anhang II A zuführt oder die tatsächliche Sachherrschaft über die Sache unter Wegfall jeder weiteren Zweckbestimmung aufgibt. Da die Zuführung einer Sache zu einem Entsorgungsverfahren oder auch die Aufgabe der Sache in der Regel von einem entsprechenden Willen des Besitzers getragen werden, ist die praktische Bedeutung dieser Entledigungsvariante aber zu vernachlässigen. Entscheidend für den Abfallbegriff sind daher die Varianten, in denen sich der Besitzer einer Sache entledigen will (Subjektiver Abfallbegriff) oder sich entledigen muß (Objektiver Abfallbegriff).

2.1 Subjektiver Abfallbegriff

Die nähere Bestimmung des **subjektiven Abfallbegriffs**, das Gesetz spricht vom Entledigungswillen, erfolgt durch § 3 Abs. 3 KrW-/AbfG.

§ 3 Abs. 3 KrW-/AbfG gibt durch eine abstrakte Beschreibung von zwei Sachverhalten vor, ob ein Wille zur Entledigung im Sinne des § 3 Abs. 1 KrW-/AbfG anzunehmen ist:

Bei beweglichen Sachen,

– die bei der Energieumwandlung, Herstellung, Behandlung oder Nutzung von Stoffen oder Erzeugnissen oder bei Dienstleistungen anfallen, ohne daß der Zweck der jeweiligen Handlung hierauf gerichtet ist (vgl. § 3 Abs. 3 Nr. 1 KrW-/AbfG), oder

– deren ursprüngliche Zweckbestimmung entfällt oder aufgegeben wird, ohne daß ein neuer Verwendungszweck unmittelbar an deren Stelle tritt (vgl. § 3 Abs. 3 Nr. 2 KrW-/AbfG).

Durch diese gesetzliche »Fiktion« des Entledigungswillens, die vom Abfallerzeuger grundsätzlich nicht zu widerlegen ist, wird der subjektive Abfallbegriff im Vergleich zur bisherigen Rechtslage stark verobjektiviert.

Wendet man diesen subjektiven Abfallbegriff beispielhaft auf die Stoffe an, die üblicherweise unter dem Begriff **»Bio-«** und **»Grünabfall«** zusammengefaßt werden, so ergibt sich folgendes Bild:

Bei der Verarbeitung von Obst und Gemüse im Haushalt oder in einem Gewerbe- oder Industriebetrieb (z. B. Restaurant, Lebensmittelherstellung) ist der Zweck dieser Handlung nicht darauf gerichtet, daß Obst- und Gemüseschalen erzeugt werden sollen. Als Hauptzweck steht vielmehr die Nutzung der Stoffe als Lebensmittel im Vordergrund. Der Anfall von Schalen, Spelzen etc. ist Nebenzweck, die Stoffe sind daher Abfall.

Bei der kommerziellen Gartenpflege steht auch das Erbringen einer Dienstleistung als Zweck der Handlung im Vordergrund. Das Erzeugen von Grünschnitt ist dabei Nebenzweck. Es handelt sich also auch hier um Abfall nach der 1. Variante des subjektiven Abfallbegriffs.

Auch die 2. Variante des subjektiven Abfallbegriffs nach § 3 Abs. 3 Nr. 2 KrW-/AbfG wird man in den obigen Beispielen grundsätzlich annehmen können, weil die ursprüngliche Zweckbestimmung des Stoffes (z. B. »Verpackungsfunktion« von Obst- und Gemüseschalen) entfällt, ohne daß unmittelbar ein neuer Verwendungszweck an diese Stelle tritt. Erforderlich für einen neuen Verwendungszweck (z. B. Nutzung als Dünger) ist ein Behandlungsschritt, wie ihn gerade die **Kompostierung** darstellt. Erst danach kann dem Stoff eine neue Zweckbestimmung beigegemessen werden.

Insbesondere diese gesetzliche Fiktion der zwei Varianten des Entledigungswillens ist dafür verantwortlich, daß der subjektive Abfallbegriff eine erhebliche Ausweitung erfährt. Stoffe, die bislang als »Wirtschaftsgüter« oder »Reststoffe« bezeichnet wurden, um eine Verwertungsabsicht zu dokumentieren (und damit eine Anwendung des Abfallrechts zu vermeiden), gelten nun grundsätzlich als Abfall.

Zusammengefaßt handelt es sich also bei Bio- und Grünabfall grundsätzlich um Abfall im Sinne des subjektiven Abfallbegriffs des KrW-/AbfG. Der Schlüssel zur Anwendung des Abfallrechts paßt und öffnet die Tür zu diesem Rechtsgebiet.

Insofern hat sich die Rechtslage durch den Erlaß des Kreislaufwirtschafts- und Abfallgesetzes geändert. Früher wurden diese Stoffe im Fall ihrer Verwertung als »Wirtschaftsgüter« oder »Reststoffe« bezeichnet und fielen nicht unter abfallrechtliche Regelungen.

2.2 Objektiver Abfallbegriff

Unter den objektiven Abfallbegriff des § 3 Abs. 4 KrW-/AbfG wird ein Stoff dann subsumiert, wenn sich der Besitzer der Sache entledigen muß. Man spricht auch von »Zwangsabfall«.

Dieser vom Willen des Besitzers unabhängige Entledigungszwang besteht dann, wenn eine Stoff nicht mehr entsprechend seiner ursprünglichen Zweckbestimmung verwendet wird und aufgrund seines konkreten Zustandes geeignet ist, eine gegenwärtige oder zukünftige Umweltgefahr hervorzurufen. Dieses Gefährdungspotential muß nur durch eine ordnungsgemäße und schadlose Verwertung oder eine gemeinwohlverträgliche Beseitigung ausgeschlossen werden können[8].

Im Fall von Bio- und Grünabfall wird man den objektiven Abfallbegriff in der Regel mangels einer gegenwärtigen oder zukünftigen Umweltgefahr kaum annehmen können. Etwas anderes kann bei Verunreinigungen durch »Fehlwürfe« oder bei hygienischen Problemen (z. B. Schimmelbildung, Rattenbefall) durch unsachgemäßen Umgang gelten.

2.3 Abfall zur Verwertung und Abfall zur Beseitigung

Schon an dieser Stelle ist anzumerken, daß die Einstufung eines Stoffes als Abfall rechtlich gesehen kein Negativurteil bedeuten muß. Das KrW-/AbfG unterscheidet zwischen **Abfällen zur Verwertung** und **Abfällen zur Beseitigung**. Abfälle zur Verwertung sind Abfälle, die verwertet werden; Abfälle die nicht verwertet werden, sind Abfälle zur Beseitigung, vgl. § 3 Abs. 1 KrW-/AbfG. Unter welche der beiden Gruppen die Bio- und Grünabfälle tatsächlich fallen, ist weiter unten zu untersuchen[9].

An Abfälle zur Verwertung werden durchweg geringere Überwachungsanforderungen gestellt. Es gibt dort auch die Gruppe der »nicht überwachungsbedürftigen Abfälle zur Verwertung«, die keinen besonderen Überwachungsanforderungen unterliegen. Für die Verwertung dieser Abfälle ist grundsätzlich kein Entsorgungsnachweis und kein Begleitschein erforderlich. Auch der Transport erfordert keine Genehmigung[10].

Abfälle zur Beseitigung sind dagegen in jedem Fall überwachungsbedürftig, unter Umständen sogar besonders überwachungsbedürftig[11].

Weiter ist darauf hinzuweisen, daß die einmal festgestellte Abfalleigenschaft zeitlich nicht unbegrenzt fortbestehen muß. Auch Abfälle können nach entsprechender Behandlung wieder zu Produkten werden. Das Schließen von Stoffkreisläufen ist der eigentliche Sinn der Kreislaufwirtschaft. Wenn die Verwertung der Bio- und Grünabfälle abgeschlossenen ist und der Kompost die einschlägigen Qualitätskriterien[12] erfüllt, endet damit auch die Abfalleigenschaft. Der Verkauf von Kompost ist also keineswegs ein Handel mit Abfall, sondern Produkthandel.

Gleichwohl ist nicht zu verkennen, daß der Begriff »Abfall« umgangssprach-

---

[8] Das Gesetz wurde insoweit durch das »Bauschutturteil« des BVerwG, UPR 1993, 387 ff. und das »Altreifenurteil«, UPR 1993, 389 geprägt

[9] vgl. Kapitel 3

[10] vgl. § 49 Abs. 1 KrW-/AbfG

[11] Wenn sie in der BestbüAbfV (vgl. Fn 3) aufgeführt sind. Beachte die Übergangsvorschrift § 3 Bestbü-AbfV bis 31.12.1998.

[12] dazu unten Kapitel 3.1 und 10

lich durchweg negativ besetzt ist und entsprechende Akzeptanzprobleme mit sich bringen kann. Dies trifft aktuell gerade die Stoffe wie Altpapier, Altglas, Metallschrott und Bioabfälle, die im Hinblick auf ihr Gefährdungspotential als vergleichsweise harmlos gelten können und die früher oft als »Recyclingrohstoff« umschrieben wurden. Hier kann nur eine entsprechende Aufklärung und Öffentlichkeitsarbeit weiterhelfen.

2.4 Begriffsbeschreibung durch die TA Siedlungsabfall

Bei der TA Siedlungsabfall (TASi)[13] handelt es sich um eine allgemeine Verwaltungsvorschrift. Das bedeutet, daß sie nicht – wie etwa Gesetze und Verordnungen – unmittelbare Anwendung gegenüber den Bürgern findet. Da sie aber den Stand der Technik in der Abfallentsorgung festschreibt, ist sie von den Behörden umzusetzen und wird von den Gerichten als eine das KrW-/AbfG und die Verordnungen konkretisierende Verwaltungsvorschrift der Überprüfung von Verwaltungsentscheidungen herangezogen.

Das KrW-/AbfG gibt den rechtlich maßgeblichen Abfallbegriff vor. Was inhaltlich konkret unter Bioabfall und Grünabfall zu verstehen ist, läßt sich dem KrW-/AbfG dagegen nicht entnehmen. Zur Präzisierung der Begrifflichkeit kann deshalb die TASi herangezogen werden.

Nach Nr. 2.2.1 TASi ist Bioabfall der im Siedlungsabfall enthaltene biologisch abbaubare nativ- und derivativ-organische Abfallanteil (z. B. organische Küchenabfälle, Gartenabfälle). Garten- und Parkabfälle sind definiert als überwiegend pflanzliche Abfälle, die auf gärtnerisch genutzten Grundstücken, in öffentlichen Parkanlagen und auf Friedhöfen sowie als Straßenbegleitgrün anfallen. Des weiteren gibt die TASi Definitionen für die biologische Behandlung, die Kompostierung sowie die Eigenkompostierung vor.

Unter biologischer Behandlung wird der gelenkte Abbau bzw. Umbau von biologisch abbaubaren organischen Abfällen durch aerobe (Verrottung) oder anaerobe (Faulung) Verfahren verstanden. Die Kompostierung selbst wird bestimmt als der biologische Abbau bzw. Umbau biologisch abbaubarer organischer Abfälle unter aeroben Bedingungen.

3 Grundpflichten: Vermeiden, Verwerten und Beseitigen

Grundsätzlich geht das KrW-/AbfG in § 4 Abs. 1 und § 10 beim Umgang mit Abfällen von folgender Pflichtenhierarchie aus:

Vermeidung von Abfall vor dessen Verwertung vor der Beseitigung.

In erster Linie sind Abfälle also zu vermeiden, d. h. sie sollen gar nicht erst entstehen. In § 4 Abs. 2 KrW-/AbfG sind Maßnahmen zur Vermeidung genannt. Darunter fällt die anlageninterne Kreislaufführung von Stoffen, die abfallarme Produktgestaltung und ein auf den Erwerb von abfall- und schadstoffarmen Produkten gerichtetes Konsumverhalten.

Bei der **Abfallverwertung** unterscheidet das KrW-/AbfG in § 4 zwischen der stofflichen (Abs. 3) und der energetischen Verwertung (Abs. 4). Vorrang hat nach § 6 Abs. 1 KrW-/AbfG die besser umweltverträgliche Verwertungsart.

Die stoffliche Verwertung beinhaltet die Substitution von Rohstoffen durch das Gewinnen von Stoffen aus Abfällen oder die Nutzung der stofflichen Eigenschaften der Abfälle für den ursprünglichen oder für andere Zwecke. Unter Beseitigung faßt das Gesetz alle Maßnahmen, die nicht als Verwertung gelten.

Ob die **Kompostierung** rechtlich gesehen eine stoffliche Verwertungs- oder eine Beseitigungsmaßnahme ist, richtet sich nach § 4 Abs. 3 Satz 2 KrW-/AbfG. Die Nennung von Kompostierungsverfahren in Anhang IIB (R 10) hat nach

[13] Fn. 4

herrschender und zutreffender Ansicht[14] keine konstitutive Wirkung, sondern dient lediglich als Beispiel dafür, daß die Kompostierung ein praktiziertes Verwertungsverfahren ist. Es muß also weiter geprüft werden, ob die Kriterien der stofflichen Verwertung erfüllt sind.

Nach § 4 Abs. 3 Satz 2 KrW-/AbfG liegt eine stoffliche Verwertung dann vor, wenn nach einer wirtschaftlichen Betrachtungsweise, unter Berücksichtigung der im einzelnen Abfall bestehenden Verunreinigung der Hauptzweck der Maßnahme in der Nutzung des Abfalls und nicht in der Beseitigung des Schadstoffpotentials liegt.

Über die Auslegung dieser »Hauptzweckklausel« besteht zur Zeit noch keine Einigkeit. Dies hat einmal mit den vielen unbestimmten Begriffen (»wirtschaftliche Betrachtungsweise«, »Berücksichtigung«, »Verunreinigung« usw.) zu tun. Hinter dem sich vordergründig an der Begrifflichkeit entzündenden Auslegungsstreit steht jedoch das viel weitreichendere Problem der Abgrenzung von privater und kommunaler Entsorgungswirtschaft.

Grundsätzlich sind die öffentlich-rechtlichen Entsorgungsträger nach der gesetzlichen Verteilung der Entsorgungspflichten in § 13 KrW-/AbfG nur für die Abfälle zur Beseitigung verantwortlich[15]. Je »enger« die Hauptzweckklausel des § 4 Abs. 3 Satz 2 KrW-/AbfG interpretiert wird, desto mehr Abfälle fallen in die Zuständigkeit der öffentlich-rechtlichen Entsorgungsträger, weil es Abfälle zur Beseitigung sind. Vor diesem Hintergrund wird verständlich, daß private Entsorgungswirtschaft und kommunale Entsorgungsträger grundsätzlich verschiedene Auslegungspositionen vertreten. Eine abschließende Klärung dieses Streits wird nur die Rechtsprechung bringen können.

Mit der nachfolgenden Prüfung der »Hauptzweckklausel« im Hinblick auf die Kompostierung wird den vorhandenen Positionen deshalb keine neue Interpretation hinzugefügt.

Eine Maßnahme kann nach dem allgemeinen Sprachverständnis im **Hauptzweck** grundsätzlich dann als stoffliche Verwertung angesehen werden, wenn die Bestandteile des Abfalls vollständig oder zu einem überwiegenden Anteil wieder einer erneuten Nutzung zugeführt werden. Problematisch erscheint bei dieser reinen Mengenbetrachtung der Wassergehalt des Bio- und Grünabfalls, der in der Regel 50 bis hin zu 80 Prozent ausmacht[16]. Dieses Wasser verdunstet oder verdampft und kann, anders als der Organikanteil, keiner erneuten Nutzung zugeführt werden. Bei einer isolierten Mengenbetrachtung erscheint es daher so, daß als Hauptzweck der Kompostierung nicht die erneute Nutzung der Abfallbestandteile anzusehen ist. Dies würde dafür sprechen, die Kompostierung nicht als Verwertungsmaßnahme anzusehen.

Angesichts dieses ersten Befundes ist zu fragen, ob eine **wirtschaftliche Betrachtungsweise** des Hauptzwecks der Maßnahme zur Korrektur der reinen Mengenbetrachtung heranzuziehen ist. Dafür spricht wiederum der Wortlaut des § 4 Abs. 3 Satz 2 KrW-/AbfG, der bei der Hauptzweckprüfung eine wirtschaftliche Betrachtungsweise fordert. Unter wirtschaftlichen Gesichtspunkten kann auch die Nutzung des mengenmäßig kleineren Anteils in einem Abfall sinnvoll sein, eben weil dieser kleinere Anteil einen vergleichsweise hohen Wert hat. Ein Indiz für eine wirtschaftlich sinnvolle Nutzung ist z. B. dann gegeben, wenn aus dem Verkauf des verwertbaren Stoffes ein Erlös erzielt werden kann[17]. Der wirtschaftliche Nutzen kann aber auch in der Ersparnis von Aufwendungen liegen.

Bei der Kompostierung ist danach ein wirtschaftlicher Nutzen anzunehmen, da die Abnehmer der fertigen Komposte in der Regel einen positiven Marktpreis bezahlen bzw. Aufwendungen für andere

---

[14] vgl. Fluck, Kreislaufwirtschafts- und Abfallgesetz, Stand: 08/97, § 3 Rn 108 m.w.N. [2]
[15] Siehe dazu unten Kapitel 4
[16] Oberholz, Kompost, Handbuch des BDE, S. 37 [6]
[17] Fluck, a.a.O, § 4 Rn 120 [2]

3 Grundpflichten: Vermeiden, Verwerten und Beseitigen

Dünger einsparen. Bei der Eigenkompostierung geht es wirtschaftlich gesehen ebenfalls um die Ersparnis von Aufwendungen. Einmal kann die Abfallentsorgungsgebühr bei der Eigenkompostierung herabgesetzt sein. Zum anderen werden Aufwendungen für den Einkauf von anderen Bodenverbesserern eingespart. Im Ergebnis steht also bei der Kompostierung bei einer wirtschaftlichen Betrachtungsweise die Nutzung des Abfalls im Vordergrund. Der mengenmäßig möglicherweise überwiegende Wasseranteil ist daher im Ergebnis unbeachtlich. Kompostierung ist also im Regelfall als stoffliche Abfallverwertung anzusehen.

Bio- und Grünabfälle sind danach im Regelfall Abfälle zur Verwertung, wenn sie einer Kompostierung unterzogen werden.

Eine abweichende Beurteilung könnte sich für Bioabfälle aus der kommunalen Sammlung (»Grüne Tonne«) ergeben. Bei dieser Erfassungsart kommt es durch bewußte oder unbewußte »Fehlwürfe« oftmals zu einer Verunreinigung der Bioabfälle mit anderen, nicht kompostierbaren Abfällen. Diese Verunreinigungen machen eine vorherige Grobsortierung und Nachbehandlung des Kompostes notwendig. Dieser Umstand verursacht zum einen Behandlungsaufwand und -kosten und könnte darüberhinaus fraglich erscheinen lassen, ob es sich hauptsächlich noch um eine Nutzung der stofflichen Eigenschaften handelt, die mit der Maßnahme angestrebt wird, weil der Abfall »verunreinigt« ist. Möglicherweise handelt es sich in diesen Fällen um eine Beseitigungsmaßnahme mit untergeordneten Verwertungseffekten.

Die Länderarbeitsgemeinschaft Abfall (LAGA) hat in ihrem am 17./18. 3. 1997 beschlossenen Merkblatt »Definition und Abgrenzung von Abfallverwertung und Abfallbeseitigung sowie von Abfall und Produkt nach dem KrW-/AbfG« festgelegt, daß jede Vermischung von Abfällen zur Verwertung mit Abfällen zur Beseitigung ein solches »Abfallgemisch« zu einem Abfall zur Beseitigung werden läßt. Dieses als »Vollzugshilfe« für die Landesbehörden gedachte Papier ist in der Öffentlichkeit und auch vom Bundesumweltministerium kritisch aufgenommen worden und kann insbesondere wegen der Einstufung der Abfallgemische nicht überzeugen. Es wird dabei völlig an der Tatsache vorbeigegangen, daß eine (Vor-)Sortierung in vielen Fällen mit verhältnismäßig geringem Aufwand möglich ist und die Verwertbarkeit insgesamt nicht in Frage stellt. So ist es unproblematisch, nicht verrottbare Folien oder Verpackungen (sog. »Fehlwürfe«) aus dem Bioabfall vor, während und nach der Kompostierung zu entfernen. Maßgeblich ist also nur, ob bei wirtschaftlicher Betrachtungsweise ein konkreter Nutzen aus dem Bioabfall gezogen wird, was auch bei Gemischen grundsätzlich zu bejahen ist.

Etwas anderes kann **ausnahmsweise** nur gelten, wenn der Bioabfall untrennbar mit Verunreinigungen vermischt ist. Sollte es also z. B. in einer Biotonne durch flüssige Farb- oder Putzmittelreste zu einer Kontamination des Tonneninhalts gekommen sein, die die Kompostierung unmöglich macht, so wird dies in der Regel eine Verwertung der gesamten Charge ausschließen, da die Kontamination nicht mit vertretbarem Aufwand vom Bioabfall entfernt werden kann. Hier ergibt die »im einzelnen Abfall vorhandene Verunreinigung«, daß Hauptzweck der Maßnahme nach § 4 Abs. 3 Satz 2 KrW-/AbfG nicht die Verwertung, sondern die Beseitigung ist.

Abgesehen von diesem seltenen Ausnahmefall ist also festzuhalten, daß die **Kompostierung** im Regelfall als stoffliche Verwertung nach § 4 Abs. 3 Satz 2 KrW-/AbfG gilt, weil es in der Hauptsache bei wirtschaftlicher Betrachtungsweise um die stoffliche Nutzung des Bio- und Grünabfalls zur Kompostgewinnung geht. Wegen des Vorrangs der Verwertung vor der Beseitigung müssen Bio- und Grünabfälle also grundsätzlich verwertet werden.

Die stoffliche Verwertung dieser Abfälle in kommunal betriebenen Kompostwerken gerät in letzter Zeit wegen der damit verbundenen Kosten zunehmend in die Kritik der Finanzverwaltungen. Angesichts nicht ausgelasteter Verbrennungsanlagen und Deponien wird gefordert, die Kompostierung aufzugeben und die Abfälle in diesen Anlagen zu beseitigen.

Ein Ausweg aus dem grundsätzlichen Vorrang der Verwertung ist rechtlich nach § 5 Abs. 4 KrW-/AbfG allerdings nur möglich, wenn die stoffliche Verwertung wirtschaftlich unzumutbar wäre, insbesondere für den gewonnenen Kompost kein Markt vorhanden ist oder geschaffen werden kann. Die Verwertung braucht also nicht »um jeden Preis« durchgeführt zu werden. Dabei ist die wirtschaftliche Zumutbarkeit gegeben, wenn die mit der Verwertung verbundenen Kosten nicht außer Verhältnis zu den Kosten stehen, die für eine Abfallbeseitigung zu tragen wären[18].

Daraus wird allgemein der Schluß gezogen, daß eine Verwertung grundsätzlich kostspieliger sein darf als eine Beseitigung. Nur mit diesem Verständnis kann dem gesetzgeberischen Anliegen, die Verwertung zu forcieren, Rechnung getragen werden[19]. Vor einem Ruf nach Abschaffung der Kompostierung muß also in jedem Einzelfall genau geprüft werden, ob die Schwelle der wirtschaftlichen Unzumutbarkeit tatsächlich überschritten wird.

Der Vorrang der Verwertung vor der Beseitigung würde nach § 5 Abs. 5 KrW-/AbfG ebenfalls entfallen, wenn sich die Beseitigung als die umweltverträglichere Lösung darstellt. Dabei sind die zu erwartenden Emissionen, das Ziel der Schonung natürlicher Ressourcen, die einzusetzende oder zu gewinnende Energie und die Anreicherung von Schadstoffen in Erzeugnissen, Abfällen zur Verwertung oder daraus gewonnenen Erzeugnissen zu berücksichtigen. Im Prinzip wird hier vom Gesetz eine Art Ökobilanz gefordert, die im Ergebnis die Beseitigung als die umweltverträglichere Entsorgungsvariante herausstellt.

3.1 Anforderungen an die stoffliche Verwertung

Die Verwertung von Abfällen, insbesondere durch ihre Einbindung in Erzeugnisse, hat ordnungsgemäß und schadlos zu erfolgen, vgl. § 5 Abs. 3 KrW-/AbfG. Die Verwertung ist dann ordnungsgemäß, wenn sie im Einklang mit den Vorschriften des KrW-/AbfG und anderen öffentlich-rechtlichen Vorschriften steht. Sie erfolgt schadlos, wenn nach der Beschaffenheit der Abfälle, dem Ausmaß der Verunreinigung und der Art der Verwertung Beeinträchtigungen des Allgemeinwohls nicht zu erwarten sind, insbesondere **keine Schadstoffanreicherung im Wertstoffkreislauf** erfolgt.

Für die **Bioabfallverwertung** ist also bedeutsam, daß es durch die Verwendung der Komposte zu keiner Akkumulation von Schadstoffen wie z. B. Schwermetallen oder Pflanzenschutzmitteln kommt. Es stellt sich die Frage, wie die recht allgemein gehaltenen Vorgaben des Kreislaufwirtschafts- und Abfallgesetzes im Hinblick auf Bio- und Grünabfälle näher konkretisiert werden.

Mit Inkrafttreten des KrW-/AbfG am 07.10.1996 wurden auch Änderungen des **Düngemittelrechts** wirksam, die vor allem das Inverkehrbringen und die Verwertung von Klärschlämmen und Bioabfallkomposten betreffen. Als Sekundärrohstoffdünger im Sinne des § 1 Nr. 2a Düngemittelgesetz[20] gilt für das gewerbsmäßige Inverkehrbringen grundsätzlich das Erfordernis der düngemittelrechtlichen **Zulassung** gemäß § 2 Abs. 1 DMG. Komposte müßten einem Düngemitteltyp entsprechen, der durch Rechtsverordnung zugelassen ist. Eine derartige Zulassungsverordnung steht für Komposte zur Zeit noch aus.

Für den Bereich der landwirtschaftlichen Düngung hat die Bundesregierung durch § 8 Abs. 1 KrW-/AbfG die Möglichkeit, im Wege der Rechtsverordnung Anforderungen zur Sicherung der ord-

---

[18] vgl. § 5 Abs. 4 Satz 3 KrW-/AbfG
[19] vgl. zum Meinungsstand: Fluck a.a.O, § 5 Rn 177 ff. [6]

[20] Düngemittelgesetz (vom 15.11.1977, BGBl. I S. 2134, geänd. d. Gesetz vom 27.09.1994, BGBl. I S. 2705 – DMG)

3 Grundpflichten: Vermeiden, Verwerten und Beseitigen

nungsgemäßen und schadlosen Verwertung von Abfällen als Sekundärrohstoff- oder Wirtschaftsdünger festzulegen.

Als Entwurf hierzu existiert zur Zeit eine Bioabfall- und Kompostverordnung (BioKompV, vom 12.03.1997). Diese Verordnung soll für die Abgabe und das Aufbringen von unbehandelten und behandelten Bioabfällen und von Gemischen sowie für die Behandlung von Bioabfällen dienen, die auf land- und forstwirtschaftlich oder gärtnerisch genutzte Flächen aufgetragen werden. Die Verordnung gilt nicht für die Eigenverwertung von unbehandelten Bioabfällen bis zu 4000 t/Jahr oder behandelten Bioabfällen bis zu 2000 t/Jahr sowie für die Abgabe von Aufbringung von Bodenmaterial, das nicht mit behandelten oder unbehandelten Bioabfällen vermischt wurde.

Die BioKompV legt in § 4 Höchstwerte für bestimmte Schwermetalle (Blei, Cadmium, Chrom, Kupfer, Nickel, Zink) fest, die im Regelfall nicht überschritten werden dürfen. Gerade an diesen Schadstoffgrenzwerten entscheidet sich die Konkurrenzfähigkeit von Komposten im Vergleich zu anderen Düngemitteltypen. Werden die Grenzwerte schärfer als z. B. bei Klärschlamm ausgestaltet, sind Komposte benachteiligt.

Nach § 6 BiokompV dürfen innerhalb von drei Jahren nicht mehr als 30 Tonnen unbehandelte oder behandelte Bioabfälle (Trockenmasse) je Hektar aufgebracht werden. Die »Schadlosigkeit« der Verwertung wird also in dem Verordnungsentwurf an die Qualität und Quantität der Kompostverwendung geknüpft.

Festzuhalten ist, daß zur Zeit weder durch ein Gesetz, noch durch eine Verordnung geregelt ist, wann eine Verwertung von Kompost als Dünger schadlos ist.

Für den Praktiker stellt sich deshalb die Frage, wie die gesetzlich sehr allgemein beschriebenen Qualitätsanforderungen in Bezug auf das Verwertungsprodukt »Kompost« näher zu bestimmen sind.

Die TASi fordert in Nr. 5.4.1.2 von den in entsprechenden Anlagen erzeugten Komposten die Einhaltung des LAGA Merkblattes M 10 in der jeweils gültigen Fassung. In diesem Merkblatt werden Qualitätskriterien und Anwendungsempfehlungen für Kompost aus Abfall und Abfall/Klärschlamm festgeschrieben. Darauf soll weiter unten näher eingegangen werden[21].

Soweit zur Erfüllung der Anforderungen nach den §§ 4 und 5 KrW-/AbfG erforderlich, sind Abfälle zur Verwertung getrennt zu halten und zu behandeln. Das bedeutet, daß von dem Entsorgungspflichtigen geeignete Gefäße (»grüne Tonne« o. ä.) zur Verfügung gestellt werden müssen.

Die Bundesregierung wird durch § 7 Abs. 1 KrW-/AbfG ermächtigt, durch Rechtsverordnung diese Pflichten nach § 5 KrW-/AbfG näher zu konkretisieren. So könnten durch Verordnung z. B. Anforderungen an die Getrennthaltung von Abfällen festgelegt werden, die die schadlose Verwertung sichern. Da eine derartige Verordnung derzeit noch nicht erlassen ist, müssen die Anforderungen insoweit dem Landesrecht und den dazu ergangenen Entsorgungssatzungen der Körperschaften entnommen werden[22].

Zum Teil wird darüber hinaus unmittelbar die Verpflichtung der Bürger ausgesprochen, die verwertbaren Anteile im Hausmüll getrennt zu sammeln. Diese Vorgaben sind wiederum der TASi entnommen worden.

3.2 Vorgaben zur getrennten Bereitstellung und Sammlung nach der TA Siedlungsabfall

Differenzierte Vorgaben für die öffentlich-rechtlichen Entsorgungsträger zur getrennten Sammlung und Bereitstellung als das KrW-/AbfG gibt Ziff. 5.1 der TASi. Danach sind Siedlungsabfälle an der Anfallstelle getrennt nach verwertba-

---

[21] vgl. unten Kapitel 10
[22] z. B. § 11 Abs. 1 Satz 3 des Niedersächsischen Abfallgesetzes (vom 28.05.1996, GVBl. S. 242); Art. 4, 7 Abs. 1 des Bayerischen Abfallwirtschafts- und Altlastengesetzes (vom 09.08.1996, GVBl. S. 290)

ren Bestandteilen und nicht verwertbarem restlichen Abfall bereitzustellen. Dies bedeutet für die öffentlich-rechtlichen Entsorgungträger, daß sie grundsätzlich für den Bioabfall eigene Erfassungssysteme einzurichten haben. Die Verpflichtung der kommunalen Körperschaften entfällt nur dann, wenn flächendeckende private Entsorgungssysteme bestehen.

Die Erfassungssysteme für Bioabfälle sind so zu gestalten und zu betreiben, daß Belästigungen, insbesondere durch Gerüche, Insekten und Nagetiere vermieden werden,

– Bioabfälle möglichst frei von Fremdstoffen sind und
– möglichst schadstofffreie Bioabfälle erfaßt werden.

Die biologische Behandlung der getrennt erfaßten Bioabfälle ist gleichzeitig sicherzustellen. (siehe Ziff. 5.2.1.2 der TASi).

Auch für Garten- und Parkabfälle ist unter Ziff. 5.2.3 TASi die Getrennthaltung vorgeschrieben. Danach sind Abfälle aus öffentlichen Grünanlagen und von Friedhöfen nach Getrennthaltung möglichst innerbetrieblich zu verwerten. Nicht innerbetrieblich verwertbare Abfälle sind getrennt zu erfassen und soweit wie möglich einer außerbetrieblichen Verwertung zuzuführen.

Schließlich regelt die TASi die Getrennterfassungssysteme für kompostierbare Marktabfälle (s. Ziff. 5.2.4 TASi).

Mit dieser Getrennterfassung und getrennten Bereitstellung wird angestrebt, daß die Bio- und Grünabfälle – so weit als möglich frei von Störstoffen – tatsächlich den bereits bestehenden Anlagen zur Kompostierung zugeführt werden. Ferner kann nur parallel zu der Einführung eines Systems zur Getrennthaltung und Getrenntsammlung gewährleistet werden, daß geplante Kompostierungsanlagen ausgelastet werden und so dem Verwertungsgebot in der Praxis Rechnung getragen werden kann.

Festzuhalten ist aber, daß die genannten Vorgaben der TASi mangels »Rechtsqualität« nicht aus sich heraus gegenüber dem Abfallerzeuger Gültigkeit beanspruchen können, sondern von den öffentlich-rechtlichen Entsorgungsträgern erst in entsprechende satzungsrechtliche Regelungen oder Verwaltungsbescheide umgesetzt werden müssen.

4 Gesetzliche Entsorgungspflicht

Nach der grundsätzlichen Erläuterung von Abfallbegriff und Verwertungspflichten ist nun von Wichtigkeit, wer eigentlich für die Abfallentsorgung verantwortlich ist.

Nach § 3 Abs. 2 des AbfG 1986 war grundsätzlich die durch Landesrecht bestimmte öffentlich-rechtliche Körperschaft (in der Regel die Kreise und kreisfreien Städte) entsorgungspflichtig. Das bedeutete für den Abfallbesitzer, daß er durch kommunale Satzung zur Überlassung der Abfälle an diese Körperschaft verpflichtet wurde (sog. »Anschluß- und Benutzungszwang«). Als Ausnahme von diesem Prinzip der **staatlichen Daseinsvorsorge** war in einigen Landesabfallgesetzen für Haushalte keine Überlassungspflicht vorgesehen, wenn eine eigene Kompostierung durchgeführt wurde[23]. Abgesehen von diesem Ausnahmefall war der Besitzer selbst nur für diejenigen Abfälle aus Gewerbe und Industrie entsorgungspflichtig, die durch Satzung (bzw. Verordnung in den Stadtstaaten) von der Entsorgung ausgeschlossen waren, weil sie nach Art und Menge nicht zusammen mit Haushaltsabfällen entsorgt werden konnten. Der auf diese Weise durch Satzung entsorgungspflichtig gemachte gewerbliche Abfallbesitzer und die Körperschaft konnten zur Erfüllung ihrer Pflicht »Dritte«, also geeignete

---

[23] z. B. Nordrhein-Westfälische Verordnung über die Beseitigung pflanzlicher Abfälle außerhalb von Abfallbeseitigungsanlagen (vom 06. 11. 1984, G.V. NW. S. 670 – Pflanzen-Abfall-Verordnung); Niedersächsische Verordnung über die Entsorgung von Abfällen außerhalb von Abfallentsorgungsanlagen (vom 24. 01. 1994, GVBl. S. 65 – KompostV)

4 Gesetzliche Entsorgungspflicht

Entsorgungsunternehmen einschalten; die Entsorgungspflicht, und damit die Verantwortung, verblieb aber stets bei ihnen.

Im Vergleich dazu sind die Regelungen des KrW-/AbfG in den §§ 5, 11, 13, 15, 16 bis 18 wesentlich differenzierter. Interessant ist auch, daß nun bundesweit eine **Übertragung** der Entsorgungspflicht mit befreiender Wirkung für den Pflichtigen möglich ist[24].

4.1 Grundsatz

Nach §§ 5 Abs. 2, 11 Abs. 1 KrW-/AbfG ist grundsätzlich der Erzeuger/Besitzer von Abfällen entsorgungspflichtig. Damit weicht das Gesetz von der bisherigen Regelung in § 3 Abs. 1 AbfG 1986 ab, wonach der Besitzer seine Abfälle nur der entsorgungspflichtigen Körperschaft überlassen muß und nur bei ausgeschlossenen Abfällen selber gem. § 3 Abs. 4 AbfG 1986 entsorgungspflichtig wird. Mit dieser »Abkehr« von der staatlichen Daseinsvorsorge will das KrW-/AbfG die Abfallerzeuger/besitzer stärker in die Verantwortung nehmen und das umweltrechtliche **Verursacherprinzip** zur Geltung bringen.

Von dem dargestellten Grundsatz sind jedoch **Ausnahmen** vorgesehen, bei denen nach der **Herkunft** der Abfälle unterschieden wird:

4.2 Abfälle aus Haushaltungen

Für diese Abfälle ist gem. § 15 Abs. 1 KrW-/AbfG grundsätzlich der nach Landesrecht zuständige öffentlich-rechtliche Entsorgungsträger entsorgungspflichtig. In der Regel sind dies wie bisher die Kreise und kreisfreien Städte. Der Abfallbesitzer/Erzeuger muß diese Abfälle also den Entsorgungsträgern überlassen. Damit scheint es im Grundsatz bei der bisherigen Rechtslage nach dem AbfG 1986 zu bleiben. Bedeutsam sind jedoch die vorgesehenen Einschränkungen:

Ausnahmsweise ist der Besitzer/Erzeuger nach § 13 Abs. 1 KrW-/AbfG nicht zur Überlassung an die öffentlich-rechtlichen Entsorgungsträger verpflichtet, wenn er die Abfälle verwerten kann oder will. Als Abfälle, die der private Abfallerzeuger selbst verwerten kann oder will, kommen insbesondere die **Bio- und Grünabfälle**, aber auch z. B. Glas, Metall, Sperrmüll, Papier und Altkleider in Betracht.

Das Verständnis dieser Ausnahmevorschrift ist zur Zeit nicht einheitlich.

Klarheit besteht nur insoweit, daß diese Regelung dem privaten Haushalt unzweifelhaft ermöglichen soll, seine **Bio- und Grünabfälle** selbst durch **Eigenkompostierung** zu verwerten[25]. Er muß diese Abfälle in diesem Fall also nicht dem öffentlich-rechtlichen Entsorgungsträger überlassen.

Nicht jeder Haushalt verfügt aber über die Möglichkeiten einer Eigenkompostierung. Diese Haushalte führen entweder keine Kompostierung durch oder überlassen ihre getrennt gesammelten Bio- und Grünabfälle dem öffentlich-rechtlichen Entsorgungsträger, sofern dieser eine getrennte Erfassung eingerichtet hat. Der einzelne Haushalt könnte aber auch auf die Idee kommen, seine getrennt erfaßten Abfälle zur Verwertung einem privaten Entsorgungsunternehmen zu übergeben, weil dieser preislich günstigere Konditionen anbietet als der Kreis. Der Kreis müßte dann eine Befreiung vom Anschluß- und Benutzungszwang ermöglichen. Ob die Regelung in § 13 Abs. 1 KrW-/AbfG diese weitergehende Konsequenz hat, ist derzeit noch umstritten:

– Die Vertreter der kommunalen Gebietskörperschaften argumentieren mit der amtlichen Gesetzesbegründung, wonach bei der Formulierung in § 13 Abs. 1 S. 1 KrW-/AbfG nur an den »eigenen Komposthaufen« gedacht worden sei. Der Haushalt müsse also über eine eigene »Anlage« verfügen, um in den Genuß der Ausnahmeregelung zu kommen. Außerdem sei eine ordnungsgemäße Entsorgungsplanung nur mög-

---

[24] vgl. dazu unten Kapitel 7

[25] vgl. aus der Begründung des Vermittlungsausschusses, BT-Drucks. 12/7284, S. 17: »z. B. Eigenkompostierung«)

lich, wenn das Abfallaufkommen feststehe und nicht ständig durch den Wettbewerb der privaten Verwerter verändert werde[26].

– Nach einer vorwiegend von der privaten Entsorgungswirtschaft vertretenen Ansicht, die auch vom Bundesumweltministerium getragen wird, beinhaltet die Verwertungsmöglichkeit des Erzeugers nicht nur die Eigenverwertung in der eigenen »Anlage«, sondern auch die Möglichkeit der Beauftragung Dritter als Erfüllungsgehilfen. Zur Begründung wird angeführt, daß diese Auslegung dem Sinn und Zweck des Gesetzes entspreche, wonach die Verwertung aus Effektivitätsgründen verstärkt privaten Entsorgungsunternehmen zu überlassen sei. Außerdem enthalte § 13 Abs. 1 S. 1 im Gegensatz zu Satz 2 der Vorschrift keinen Hinweis darauf, daß nur die Eigenentsorgung in einer eigenen »Anlage« gemeint sei[27].

Eine verbindliche Klärung dieses Streits kann wiederum nur eine gerichtliche Entscheidung bringen. Sollte sich dabei die letztgenannte Ansicht durchsetzen, könnte sich für Abfälle zur Verwertung aus Haushaltungen ein privater Entsorgungsmarkt bilden, der die Verwertung der Bioabfälle übernimmt. Haushalte, die aus Platz- oder Bequemlichkeitsgründen selbst keine Kompostierung durchführen können oder wollen, dürften ihre Bioabfälle und Grünschnitte an private Kompostwerksbetreiber abgeben. Diese Abfallarten stünden dann den öffentlich-rechtlichen Entsorgungsträgern und deren Anlagen nicht mehr zur Verfügung. Im Ergebnis würde dies zu einer Einschränkung der kommunalen Entsorgungstätigkeit und einer erschwerten Planbarkeit führen.

Werden diese Abfälle zur Verwertung privaten Entsorgungsfirmen überlassen, bleiben danach für die öffentlich-rechtliche Gebietskörperschaft die Abfälle aus Haushaltungen zur Beseitigung und die Abfälle zur Verwertung, die der Abfallbesitzer/-erzeuger nicht verwerten kann oder will.

Zur Zeit ist die Diskussion zu dieser wichtigen Frage noch nicht engültig abgeschlossen. Für **Bioabfall** aus Haushaltungen ist zur Zeit nur dahingehend Übereinstimung zu verzeichnen, daß jedenfalls eine **Eigenkompostierung** rechtlich zulässig ist[28].

4.3 Abfälle aus anderen Herkunftsbereichen

Bei Abfällen aus anderen Herkunftsbereichen als aus Haushalten (Gewerbe und Industrie) muß nach Abfällen zur Verwertung und solchen zur Beseitigung unterschieden werden. Zu denken wäre beispielsweise an **Grünabfälle** aus Gärtnereien und Gartenbaubetrieben, **Bioabfälle** aus der Lebensmittelindustrie und der Gastronomie.

4.3.1 Abfälle zur Verwertung

Bei Abfällen **zur Verwertung** aus anderen Herkunftsbereichen lautet der Grundsatz, daß der Erzeuger/Besitzer nun selbst entsorgungspflichtig ist. Es gilt das Verursacherprinzip.

Die Neuregelung bedeutet für die **Bioäbfälle und Grünabfälle** aus Gewerbebetrieben, daß die Erzeuger selbst für die Entsorgung verantwortlich sind, da es sich um Abfälle zur Verwertung handelt. Ob sie diese Pflicht auch selbst erfüllen müssen oder sie übertragen können, ist damit noch nicht gesagt. Auf diese Frage soll unten näher eingegangen werden[29].

4.3.2 Abfälle zur Beseitigung

Für Abfälle **zur Beseitigung** aus sonstigen Herkunftsbereichen ist der öffentlich-rechtliche Entsorgungsträger verantwortlich. Eine Ausnahme gilt, wenn der Erzeuger/Besitzer in einer eigenen Anlage beseitigt und dem keine überwiegenden öffentlichen Interessen entgegenstehen[30].

---

[26] Schink, NVwZ 1997, 435 ff. m.w.N. [7]
[27] Krahnefeld, NuR 1996, 269 ff.; wohl auch Fluck, aaO, § 13 Rn 82 [5]
[28] hierzu weiterführend Kapitel 5
[29] vgl. unten Kapitel 6 und 7
[30] § 13 Abs. 1 Satz 2 KrW-/AbfG

Vor diesem Hintergrund der Verteilung der gesetzlichen Entsorgungspflicht wird klar, welche abfallwirtschaftliche Bedeutung der Abgrenzung der Begriffe Verwertung und Beseitigung zukommt. Je mehr Abfälle als solche zur Beseitigung definiert werden können, desto besser ist die Auslastung kommunaler Entsorgungsanlagen gesichert[31].

4.4 Ausschlußsatzungen

Nach § 15 Abs. 3 S. 2 KrW-/AbfG besteht für die öffentlich-rechtlichen Entsorgungsträger die Möglichkeit, **ausnahmsweise** Abfälle, die nicht aus Haushaltungen stammen, durch **Satzung** von der Entsorgung auszuschließen, soweit diese nach Menge oder Beschaffenheit nicht mit den in Haushaltungen anfallenden Abfällen beseitigt werden können oder die Sicherheit der umweltverträglichen Beseitigung im Einklang mit den Abfallwirtschaftsplänen der Länder durch einen anderen Entsorgungsträger oder Dritten gewährleistet ist. Ist ein Abfall in der jeweiligen Ausschlußsatzung genannt, ist der Abfallbesitzer selbst zur Beseitigung verpflichtet.

Diese Regelung einer Ausschlußmöglichkeit knüpft an den § 3 Abs. 3 AbfG 1986 an. Es kann vermutet werden, daß die bestehenden Ausschlußsatzungen im Hinblick auf rückläufige Abfallmengen und nicht ausgelastete Behandlungskapazitäten einer kritischen Überprüfung unterzogen werden.

5 Eigenkompostierung

Rechtlich gesehen richten sich Möglichkeiten und Umfang der Eigenkompostierung nach der Einstufung der Bio- und Grünabfälle als Abfall zur Verwertung und der daran anknüpfenden Verteilung der Entsorgungspflicht.

Eine Eigenkompostierung für Haushalte mittels eigenem Komposthaufen ist danach zulässig.

Die Kompostierung und anschließende Kompostverwertung muß aber von den Haushalten auch tatsächlich durchgeführt werden. Für die Befreiung vom kommunalen Anschluß- und Benutzungszwang ist es nicht ausreichend, wenn die Verwertung nur beabsichtigt wird[32]. Als »Eigenverwerter« ist der einzelne Haushalt verpflichtet, gemäß § 5 Abs. 2 und 3 KrW-/AbfG die Verwertung ordnungsgemäß und schadlos durchzuführen. Insbesondere muß er über Flächen verfügen, auf denen der Kompost ausgebracht werden kann. Dies muß aber nicht notwendigerweise ein eigenes Grundstück sein. Ausreichend ist es vielmehr, wenn der Haushalt seinen Kompost etwa an einen landwirtschaftlichen Betrieb abgeben kann.

Ob der einzelne Haushalt auch Entsorgungsverträge mit privaten Entsorgungsunternehmen zur Abnahme der Bio- und Grünabfälle abschließen kann, ist noch nicht abschließend geklärt.

Die Entsorgungssatzungen der Kreise und kreisfreien Städte müssen vorsehen, daß der einzelne Haushalt im Fall der Eigenkompostierung vom Anschluß- und Benutzungszwang an die kommunale Entsorgung befreit wird. Dies gilt auch, wenn der öffentlich-rechtliche Entsorgungsträger in seinem Gebiet eine eigene Bioabfallerfassung vorhält. Rechtlich unzulässig wäre eine Abfallsatzung, die für die Befreiung vom Anschluß- und Benutzungszwang einen Antrag des Grundstückseigentümers vorsieht. Zulässig ist nur die Regelung einer Anzeigepflicht.

Für Gewerbe- und Industriebetriebe ist eine Eigenkompostierung in eigenen Anlagen ohne Einschränkungen möglich. Der Betrieb kann seine Verwertungspflicht aber auch durch Beauftragung eines privaten Entsorgungsunternehmens erfüllen[33] oder sogar die Entsorgungspflicht übertragen[34]. Die Abfallsatzungen der öffentlich-rechtlichen Entsorgungsträger dürfen ohnehin bei Abfällen zur

---

[31] siehe die Ausführungen in Kapitel 3
[32] a.A. von Köller, Kreislaufwirtschafts- und Abfallgesetz 2. Auflage, § 13 [4]
[33] vgl. dazu das nachfolgende Kapitel
[34] dazu unten Kapitel 7

Verwertung keinen Anschluß- und Benutzungszwang festschreiben.

Die TASi gibt in Nr. 2.2.1 eine inhaltliche Klarstellung, wann von Eigenkompostierung zu sprechen ist. Danach ist Eigenkompostierung die Kompostierung von biologisch abbaubaren nativ-organischen Stoffen an der Anfallstelle oder in deren unmittelbarer Nähe. So fällt die Kompostierung durch Landwirte, Gartenbesitzer und Kleingärtner sowie die Kompostierung durch Garten- u. Friedhofsämter unter den Begriff Eigenkompostierung nach der TASi. Ob und in welchen Grenzen die Eigenkompostierung dagegen zulässig ist, kann von der TASi nicht bestimmt werden. Hier muß dann wieder das Kreislaufwirtschafts- und Abfallgesetz, bzw. die einschlägigen Verordnungen herangezogen werden, wenn diese vorhanden sind.

6 Drittbeauftragung

Nach § 16 Abs. 1 S. 1 KrW-/AbfG können die zur Verwertung und Beseitigung Verpflichteten sogenannte »Dritte« mit der Erfüllung ihrer Pflichten beauftragen. Der einzelne Gewerbebetrieb oder auch der öffentlich-rechtliche Entsorgungsträger muß also nicht über eine eigene Verwertungs- oder Beseitigungsanlage verfügen. Das Abfallrecht erlaubt die Einschaltung eines »Dritten«, also z. B. eines privaten Entsorgungsunternehmens. Ein Bedürfnis für eine Drittbeauftragung kann sich insbesondere dann ergeben, wenn die Besitzer/Erzeuger selbst den Anforderungen an eine ordnungsgemäße Verwertung gemäß § 5 Abs. 2 bis 4 KrW-/AbfG nicht gerecht werden können.

§ 16 Abs. 1 S. 2 KrW-/AbfG stellt klar, daß im Fall der Drittbeauftragung die Verantwortlichkeit für die Erfüllung der Pflichten bei den Entsorgungspflichtigen selbst verbleibt. Der Dritte arbeitet also »nur« als Erfüllungsgehilfe des Entsorgungspflichtigen. Die Abgabe des Abfalls befreit den Erzeuger nicht von seiner Verantwortung und Haftung. Dies wird in der Praxis oft vergessen und führt dann zu einer wenig sorgfältigen Auswahl und Überwachung des Dritten. Verwirklicht der Dritte dann z. B. bei der Abfallentsorgung einen Straftatbestand, kann grundsätzlich auch der Erzeuger des Abfalls zur Verantwortung gezogen werden.

7 Übertragung der Entsorgungspflicht

Das KrW-/AbfG sieht bundesrechtlich als Novum[35] in § 16 Abs. 2 neben der »klassischen« Möglichkeit der Drittbeauftragung auch die Übertragung der Entsorgungspflicht vor.

Die zuständige Behörde wird durch § 16 Abs. 2 KrW-/AbfG ermächtigt, mit Zustimmung der **Entsorgungsträger** im Sinne der §§ 15, 17 und 18 KrW-/AbfG deren Entsorgungspflichten auf einen **Dritten** ganz oder teilweise zu übertragen. Nach § 15 Abs. 2 KrW-/AbfG wird der öffentlich-rechtliche Entsorgungsträger bei der Übertragung auf Dritte ganz oder teilweise von der Entsorgungspflicht befreit. Diese Regelung stellt eine Neuerung gegenüber dem AbfG 1986 dar, weil darin die Übertragung der Entsorgungspflicht nicht vorgesehen war.

Wegen der teilweisen Übertragungsmöglichkeiten ist auch denkbar, daß den Entsorgungsträgern nur bestimmte Entsorgungstätigkeiten als Pflicht übertragen werden und bestimmte Entsorgungsphasen (z. B. Einsammeln und Transport) bei den öffentlich-rechtlichen Körperschaften verbleiben.

Erzeuger und Besitzer von Abfällen aus gewerblichen sowie sonstigen wirtschaftlichen Unternehmen können **Verbände** bilden und diese mit der Übernahme ihrer Verwertungspflichten beauftragen, vgl. §§ 17, 18 KrW-/AbfG. Erzeuger

---

[35] Einige Landesabfallgesetze sahen schon die Übertragung der Entsorgungspflicht auf einen kommunalen Zweckverband vor. Vgl. z. B. § 6 Abs. 1 LAbfG NRW

gleichartiger Abfälle, also etwa Gärtnereien in einer Region, könnten also einen Verband gründen, der entsprechende Verwertungsanlagen betreibt oder seinerseits mit geeigneten Verwertungsunternehmen kooperiert. Die Verbände treten damit in Konkurrenz zu den öffentlich-rechtlichen Entsorgungsträgern.

Das eben Gesagte gilt sinngemäß für eine Übertragung auf die Selbstverwaltungskörperschaften der Wirtschaft (Handwerkskammern, Handelskammern). Nach derzeitigem Kenntnisstand ist von dieser Seite jedoch kein Interesse an einer Übernahme von Entsorgungspflichten zu verzeichnen.

8 Entsorgungsfachbetriebe

Ein weiteres Novum des KrW-/AbfG stellt der durch § 52 eingeführte Entsorgungsfachbetrieb dar. Sein historisches Vorbild ist der Fachbetrieb nach § 19 Buchst. l Wasserhaushaltsgesetz[36].

Befreit ist der Entsorgungsfachbetrieb nach § 51 KrW-/AbfG von der Pflicht zur Einholung der Transport- und Maklergenehmigung. Bei der Entsorgung von besonders überwachungsbedürftigen Abfällen ist der Entsorgungsfachbetrieb im Nachweisverfahren ebenfalls privilegiert, da an die Stelle des behördlich bestätigten Entsorgungsnachweises eine Anzeigepflicht tritt[37]. Für Kompostierungsbetriebe sind diese rechtlichen Vereinfachungen nicht bedeutsam, da Transportgenehmigungen bzw. Entsorgungsnachweise bei der Verwertung von Bio- und Grünabfällen ohnehin nicht erforderlich sind.

Durch die Zertifizierung wird aber ein Imagegewinn erzielt, der einen Wettbewerbsvorteil begründen kann. Schließlich ist damit zu rechnen, daß die öffentliche Hand bei der Drittbeauftragung von Kompostierungsbetrieben verstärkt in der Ausschreibung von Drittbeauftragungen auf dieses Merkmal achten wird. Vor diesem Hintergrund kann also auch die Zertifizierung eines Kompostierungsbetriebes sinnvoll sein.

Ein Entsorgungsbetrieb kann sich insgesamt oder für einzelne abfallwirtschaftliche Tätigkeiten zum Entsorgungsfachbetrieb zertifizieren lassen, wenn er die in der Entsorgungsfachbetriebeverordnung[38] näher beschriebenen Anforderungen an Betriebsausstattung, Personalqualifikation, Versicherungsschutz und Genehmigungskonformität nachweisen kann. Die Anerkennung erfolgt entweder über eine anerkannte Entsorgergemeinschaft[39] oder durch den Abschluß eines behördlich anerkannten Überwachungsvertrages mit einer technischen Überwachungsorganisation. In beiden Fällen ist eine regelmäßige Folgeprüfung vorgesehen.

Für den entsorgungspflichtigen Abfallerzeuger bedeutet die Einschaltung eines Entsorgungsfachbetriebs eine gute Möglichkeit nachzuweisen, daß er ein geeignetes und zuverlässiges Unternehmen beauftragt hat und er somit seinen haftungsrechtlichen Verpflichtungen nachgekommen ist.

9 Zulassung von Anlagen

Mit der Einführung eines flächendeckenden getrennten Erfassungs- und Sammelsystems steigt der Bedarf an Kompostierungsanlagen. Zur Sicherstellung der erforderlichen Behandlungskapazität sind daher Planung, Errichtung und Betrieb geeigneter Anlagen geboten.

Vor Errichtung und Betrieb einer **Kompostierungsanlage** bedarf es jedoch

---

[36] Gesetz zur Ordnung des Wasserhaushalts (vom 12. 11. 1996, BGBl. I S. 1965, Wasserhaushaltsgesetz – WHG)
[37] vgl. §§ 10 ff. NachwV (Fn 3)
[38] siehe Fn 3
[39] Richtlinie für die Tätigkeit und Anerkennung von Entsorgergemeinschaften (vom 09. 09. 1996, BAnz. Nr. 178 S. 10909)

grundsätzlich eines eigenständigen Genehmigungsverfahrens. Anlagen, in denen mit Bio- und Grünabfällen umgegangen wird, sind Abfallbehandlungsanlagen, was die Frage nach den genehmigungsrechtlichen Voraussetzungen für Bau und Betrieb dieser Einrichtungen aufwirft.

Nach § 27 Abs. 1 KrW-/AbfG dürfen Abfälle zum Zweck der **Beseitigung** nur in den dafür zugelassenen Anlagen oder Einrichtungen (Abfallbeseitigungsanlagen) behandelt, gelagert oder abgelagert werden. Das Genehmigungserfordernis für derartige Anlagen ergibt sich aus den §§ 30 ff. KrW-/AbfG. Gemäß § 31 Abs. 1 KrW-/AbfG bedarf die Errichtung und der Betrieb von ortsfesten Abfall**beseitigungsanlagen** zur Lagerung oder Behandlung von Abfällen zur Beseitigung einer Genehmigung nach dem Bundes-Immissionsschutzgesetz (BImSchG)[40]. Dagegen bedürfen Deponien gem. § 31 Abs.2 KrW-/AbfG der Planfeststellung[41].

Für die Errichtung und den Betrieb von Anlagen zur Behandlung von Abfällen zur Verwertung, wie etwa ein **Kompostwerk**, enthält das KrW-/AbfG dagegen selbst keine genehmigungsrechtlichen Anforderungen.

Die Genehmigungserfordernisse sind daher direkt dem Bundes-Immissionsschutzgesetz und dem Wasserrecht zu entnehmen.

Die Anlagen, für die ein immissionsschutzrechtliches Genehmigungsverfahren durchzuführen ist, sind nach § 4 BImschG im Anhang der 4. Verordnung zur Durchführung des Bundes-Immissionsschutzgesetz (4. BImSchV)[42] aufgelistet. Der Anhang ist untergliedert in eine Spalte 1 und eine Spalte 2. Anlagen zur Kompostierung sind unter Ziffer 8.5 des Anhangs der 4. BImSchV aufgeführt.

Danach finden sich in **Spalte 1** Anlagen zur Kompostierung mit einer Durchsatzleistung von mehr als 10 t /h (Kompostwerke). Die Einstufung in Spalte 1 bedeutet, daß ein förmliches Genehmigungsverfahren mit Öffentlichkeitsbeteiligung nach § 10 BImSchG durchzuführen ist.

Für Anlagen der **Spalte 2** der 4. BImSchV, also für Kompostierungsanlagen mit einem Durchsatz von 0,75 t/h bis weniger als 10 t/h ist ein vereinfachtes Genehmigungsverfahren nach § 19 BImSchG vorgeschrieben. Wird die Schwelle von 0,75 t/h unterschritten, war bislang umstritten, ob Anlagen mit einem geringeren Durchsatz als 0,75 t/h einer Genehmigungspflicht nach dem Bundes-Immissionsschutzgesetz unterliegen.

Diesem Streitstand dürfte aus zwei Gründen der Boden entzogen sein. Zum einen enthält § 31 KrW-/AbfG nur noch Vorgaben für Abfallentsorgungsanlagen zur Beseitigung, so daß sich die Genehmigungsbedürftigkeit von Verwertungsanlagen ausschließlich nach dem BImSchG richtet. Schließlich ist Nr. 8.11 der 4. BImSchV dahingehend geändert worden, daß dort nur noch Anlagen zur Lagerung oder Behandlung von überwachungsbedürftigen Abfällen aufgeführt sind. Als »Auffangtatbestand« für kleine Kompostwerke kommt Nr. 8.11 damit nicht in Betracht. Für Anlagen zur Kompostierung ist die Ziffer 8.5 als abschließende Regelung anzuwenden. Unterschreitet eine Kompostierungsanlage also den Stundendurchsatz von 0,75 t, so ist keine Genehmigung nach dem Bundes-Immissionsschutzgesetz erforderlich[43]. Der Anlagenbetreiber muß vielmehr eine Baugenehmigung einholen.

---

[40] Gesetz zum Schutz vor schädlichen Umwelteinwirkungen durch Luftverunreinigungen, Geräusche, Erschütterungen und ähnliche Vorgänge (vom 09. 10. 1996, Bundes-Immissionsschutzgesetz – BImSchG)

[41] geregelt in den §§ 71a ff. Verwaltungsverfahrensgesetz des Bundes (in der Fassung des Gesetzes vom 12. 09. 1996, BGBl. I S. 1354 – VwVfG), bzw. den Vorschriften der Landesverwaltungsverfahrensgesetze

[42] Vierte Verordnung zur Durchführung des Bundes-Immissionsschutzgesetzes (vom 16. 12. 1996, BGBl. I S. 1959, Verordnung über genehmigungsbedürftige Anlagen – 4. BImSchV)

[43] dieser Interpretation zustimmend: Gegenäußerung der Bundesregierung zum Änderungsantrag des Bundesrates (abgedruckt in: BT-Drucks. 12/4208, S. 29)

9 Zulassung von Anlagen

9.1 Input- oder Outputmenge

Unklar ist, ob die Mengenangaben 0,75 t/h bzw. 10 t/h auf die Menge des Eingangsmaterials oder aber auf die Menge des Ausgangsmaterials bezogen sind. Zu berücksichtigen ist, daß mit dem Umwandlungsprozeß ein erheblicher Gewichtsverlust des Materials durch Entgasung und Entwässerung eintritt.

Zum Teil geht man davon aus, daß sich die Mengenangaben auf das Ausgangsmaterial beziehen. Eine entsprechend größere Menge an Eingangsmaterialien wäre daher zulässig.

Andere hingegen beziehen die Menge auf das Eingangsmaterial mit der Begründung, daß die gasförmigen bzw. flüssigen Stoffe, die im Laufe des Umwandlungsprozesses entweichen, mit durchgesetzt werden.

Die Frage wird letztendlich mit den Genehmigungsbehörden abzuklären sein. Dabei ist zu berücksichtigen, daß aufgrund der ohnehin im Vergleich zu den bislang gültigen Regelungen wesentlich höher angesetzten Mengenschwellen die Durchsatzkapazität überwiegend auf das Eingangsmaterial bezogen wird. Die Bezugnahme auf das Ausgangsmaterial diente früher eher der Überwindung der relativ niedrig angesetzten Mengenschwellen. Ferner ist zu berücksichtigen, daß der Gewichtsverlust, der durch die Entgasung und Entwässerung eintritt, nicht hinreichend bestimmbar ist. Vergleichsweise wird der Durchsatz einer Verbrennungsanlage auch nicht anhand des »Endproduktes«, der Schlacke, berechnet.

9.2 Das förmliche Genehmigungsverfahren nach § 10 BImSchG

In einem förmlichen Genehmigungsverfahren nach § 10 BImschG, aber auch in einem vereinfachten Verfahren nach § 19 BImSchG hat der Vorhabensträger gemäß § 6 Abs. 1 BImSchG einen **Rechtsanspruch** auf die Genehmigung. Wenn die rechtlichen Anforderungen erfüllt werden, muß die Behörde die Genehmigung erteilen. Sie hat also kein Ermessen, wie etwa im Planfeststellungsverfahren. Das bedeutet auch, daß die Genehmigungsbehörde nicht den **Bedarf** für die Kompostierungsanlage prüfen darf. Das Risiko einer mangelnden Anlagenauslastung ist allein Sache des Vorhabensträgers. Die Rechtsposition des Vorhabensträgers ist demnach im BImSchG-Verfahren wesentlich stärker als bei der Planfeststellung.

Das förmliche Genehmigungsverfahren nach § 10 BImSchG für Kompostwerke mit einer Durchsatzleistung von mehr als 10 t/h wird durch einen schriftlichen **Antrag** eingeleitet. Dem Antrag sind alle Zeichnungen, Erläuterungen und sonstigen Unterlagen beizufügen. Aus diesen Unterlagen muß erkennbar sein, daß die geplante Anlage den rechtlichen Anforderungen genügt. Die Einzelheiten des Genehmigungsverfahrens sind in der 9. BImSchV[44] geregelt.

Ferner ist – in das Genehmigungsverfahren integriert – eine Umweltverträglichkeitsprüfung aufgrund des UVPG[45] durchzuführen. Den Antragsunterlagen sind Unterlagen über die Umweltauswirkungen des Vorhabens, die sogenannte Umweltverträglichkeitsuntersuchung (UVU) beizufügen. Die Auswirkungen auf die Umwelt sollen hierüber frühzeitig und umfassend ermittelt, beschrieben und bewertet werden. Dabei sind die Auswirkungen auf Menschen, Tiere und Pflanzen, Boden, Wasser, Luft, Klima und Landschaft, einschließlich der jeweiligen Wechselwirkungen zu beschreiben und zu bewerten. Für unvermeidbare Auswirkungen, die durch das Vorhaben entstehen, sind Ausgleichs- und Ersatzmaßnahmen vorzuschlagen

Liegen die Antragsunterlagen vollständig vor, so hat die Behörde gemäß § 10 Abs. 3 BImSchG das Vorhaben öffentlich bekannt zu machen. Die Bekanntmachung muß im amtlichen Veröffentli-

---

[44] Neunte Verordnung zur Durchführung des Bundes-Immissionsschutzgesetzes (vom 09. 10. 1996, BGBl. I S. 1498, Verordnung über das Genehmigungsverfahren – 9. BImSchV)

[45] Gesetz über die Umweltverträglichkeitsprüfung (vom 12. 02. 1990, BGBl. I S. 205, geändert d. Gesetz vom 09. 10. 1996, BGBl. I S. 1498 – UVPG)

chungsblatt und außerdem in örtlichen Tageszeitungen, die im Bereich des Standortes der Anlage verbreitet sind, erfolgen. In der Bekanntmachung ist gemäß § 10 Abs. 4 BImSchG darauf hinzuweisen, wo und wann der Antrag auf Erteilung der Genehmigung und die Unterlagen zur Einsicht ausgelegt sind. Es ist dazu aufzufordern, etwaige Einwendungen bei einer in der Bekanntmachung zu bezeichnenden Stelle innerhalb der Einwendungsfrist vorzubringen. Dabei ist auf die Rechtsfolge nach Absatz 3 Satz 3 hinzuweisen, wonach mit Ablauf der Einwendungsfrist alle Einwendungen ausgeschlossen sind, die nicht auf besonderen privatrechtlichen Titeln beruhen. Es ist ein Erörterungstermin zu bestimmen und darauf hinzuweisen, daß die formgerecht erhobenen Einwendungen auch bei Ausbleiben des Antragsstellers oder von Personen, die Einwendungen erhoben haben, erörtert werden. Weiter ist darauf hinzuweisen, daß die Zustellung der Entscheidung über die Einwendungen durch öffentliche Bekanntmachung ersetzt werden kann.

Antrag und Antragsunterlagen werden entsprechend der Bekanntmachung einen Monat lang zur Einsicht durch die Bürger öffentlich ausgelegt. Hierdurch wird den Bürgern die Möglichkeit gegeben, inhaltliche Einwendungen gegen das Vorhaben vorzubringen. Bis zu zwei Wochen nach Ablauf der Auslegungsfrist können die Einwendungen erhoben werden.

Parallel zu der öffentlichen Auslegung holt die Genehmigungsbehörde die Stellungnahmen der Behörden und Träger öffentlicher Belange (z. B. Fachbehörden, Körperschaften, anerkannte Naturschutzverbände) ein, deren Aufgabengebiet durch das Vorhaben berührt wird. Den Trägern öffentlicher Belange ist eine Monatsfrist zu setzen. Erfolgt also z.B von der Baubehörde keine Äußerung innerhalb dieser Frist, braucht die Genehmigungsbehörde mit der Erteilung der Genehmigung nicht zu warten. Allerdings muß die Behörde nun selbst die Fragen der Fachbehörde prüfen und klären sowie entsprechende Auflagen formulieren, die ansonsten von der Baubehörde gekommen wären.

In einem Erörterungstermin werden die Einwendungen der Bürger erörtert. Zeit und Ort des Erörterungstermins sind gleichfalls rechtzeitig bekannt zu machen.

Stellt sich anhand der Stellungnahmen der beteiligten Fachbehörden und Verbände sowie der Einwendungen der Bürger heraus, daß das Vorhaben genehmigungsfähig ist und eventuellen Bedenken oder Einwendungen mittels Auflagen abgeholfen werden kann, so erläßt die Genehmigungsbehörde den Genehmigungsbescheid.

Für das Genehmigungsverfahren ist gesetzlich durch § 10 Abs. 6a BImSchG eine Gesamtdauer von sieben Monaten vorgesehen[46]. Diese Frist kann um weitere drei Monate verlängert werden, so daß der Vorhabensträger spätestens nach 10 Monaten seine Genehmigung in den Händen halten sollte. Eine Fristverlängerung ist gegenüber dem Antragsteller zu begründen.

Die Frist beginnt erst zu laufen, wenn die Antragsunterlagen vollständig eingereicht sind. Einen nicht unwesentlichen Punkt, der bislang den Ablauf der Genehmigungsverfahren verzögert hat, stellt dabei die Vollständigkeit der Antragsunterlagen dar. Hier lag in der Vergangenheit ein »Verzögerungspotential«, das den gewollten Beschleunigungseffekt durch die Fristen in § 10 Abs. 6a BImSchG oftmals leerlaufen ließ.

Nach Änderung der 9. BImSchV muß die Genehmigungsbehörde nun in der Regel innerhalb eines Monats nach Antragseingang dessen Vollständigkeit überprüfen. Diese Frist kann ausnahmsweise einmalig um zwei Wochen verlängert werden (vgl. § 7 der 9. BImSchV).

Sind die Unterlagen vollständig, hat die Genehmigungsbehörde den Antragsteller über die voraussichtlich zu beteili-

---

[46] Das Planfeststellungsverfahren kennt demgegenüber keine festen Fristen. § 71b VwVfG fordert einen »Abschluß des Verfahrens in angemessener Frist« und eröffnet dem Vorhabensträger die Möglichkeit, das Verfahren auf Antrag »besonders zu beschleunigen«.

genden Behörden und den geplanten zeitlichen Ablauf zu unterrichten.

Die Praxis wird zeigen, ob dieses gesetzliche Beschleunigungsinstrument der Fristvorgaben tatsächlich greifen wird.

Darüber hinaus wurden schon vor der letzten Novellierung in die 9. BImSchV Neuerungen eingeführt, die zur Beschleunigung der Verfahren führen sollen. So ist nunmehr die Beratung des Antragstellers durch die Genehmigungsbehörde vorgegeben. Die Antragsunterlagen sind sternförmig an die zu beteiligenden Fachbehörden zu verschiken (sogenanntes Sternverfahren[47]). Ferner ist die Beauftragung von behörden-externen Gutachtern zur Klärung bestimmter Fragen nun ausdrücklich zugelassen.

9.3 Das vereinfachte Genehmigungsverfahren nach § 19 BImSchG

Das Genehmigungsverfahren nach § 19 BImSchG, das für Kompostierungsanlagen mit einem geringeren Durchsatz als 10 t/h durchzuführen ist, ist gegenüber dem Verfahren nach § 10 BImSchG wesentlich vereinfacht. Zum einen ist keine Umweltverträglichkeitsprüfung erforderlich. Auch die Beteiligung der Öffentlichkeit ist nicht vorgesehen.

Im Genehmigungsverfahren nach § 19 BImSchG werden allein die Fachbehörden, deren Aufgabengebiet durch das Vorhaben berührt wird, beteiligt und zu Stellungnahmen aufgefordert. Die beteiligten Behörden formulieren die aufgrund ihrer fachlichen Prüfung erforderlichen Auflagen. Diese finden – wie in den Verfahren nach § 10 BImSchG auch – in der Regel als Nebenbestimmungen in die Genehmigung zur Errichtung und den Betrieb der Kompostierungsanlage Eingang.

Über den Genehmigungsantrag im vereinfachten Verfahren ist nach § 10 Abs. 6a BImSchG innerhalb von drei Monaten zu entscheiden. Die zuständige Behörde kann die Frist wiederum um 3 Monate verlängern, wenn dies wegen der Schwierigkeit der Prüfung oder aus Gründen, die dem Antragsteller zuzurechnen sind, erforderlich ist.

Die Fristenregelung für die Bestätigung der Antragsvollständigkeit richtet sich ebenfalls nach § 7 der 9. BImSchV, siehe dazu im vorhergehenden Abschnitt.

Interessant ist, daß nach § 19 Abs. 3 BImSchG der Vorhabensträger auf Antrag auch ein förmliches Verfahren nach § 10 BImSchG durchlaufen kann. Dies kann vor allem bei einem akzeptanzmäßig sensiblen Umfeld einer Anlage bedenkenswert sein, weil dadurch der Eindruck in der Öffentlichkeit vermieden wird, Behörde und Vorhabensträger »mauscheln« hinter verschlossenen Türen. Zusätzlich hat ein förmliches Verfahren den Vorteil, daß nach § 14 BImSchG alle privatrechtlichen Abwehransprüche gerichtet auf eine Betriebseinstellung nach Unanfechtbarkeit der Genehmigung ausgeschlossen sind. Die Vorschrift wird deshalb plakativ auch als »Reißwolf« für privatrechtliche Ansprüche bezeichnet.

Als Nachteil stehen dem förmlichen Verfahren eine längere Verfahrensdauer und höhere Kosten gegenüber. Eine Umweltverträglichkeitsprüfung ist dagegen bei einem »freiwilligen« förmlichen Verfahren nicht durchzuführen, da eine Anlage nach Spalte 2 des Anhangs zur 4. BImSchV nicht unter das UVPG fällt und sich an dieser Einordnung durch die Wahl des Genehmigungsverfahrens nichts ändert.

9.4 Umfang und Reichweite der immissionsschutzrechtlichen Genehmigung

Die immissionsschutzrechtliche Genehmigung entfaltet gem. § 13 BImSchG eine sogenannte Konzentrationswirkung. Genehmigungen, die nach anderen Vorschriften erforderlich sind, wie z. B. Genehmigungen nach Baurecht oder nach den Landschaftspflegegesetzen müssen nicht gesondert beantragt werden. Die immissionsschutzrechtliche Genehmigung umfaßt die übrigen Genehmigungen. Ausgenommen hiervon sind Plan-

---
[47] Neuerdings auch bei Planfeststellungsverfahren ausdrücklich geregelt, vgl. § 71d VwVfG

feststellungen, bergrechtliche Betriebspläne, Zustimmung und behördliche Entscheidung sowie behördliche Entscheidungen aufgrund atomrechtlicher Vorschriften. Diese müssen, soweit aufgrund der speziellen Vorschriften erforderlich, gesondert beantragt werden. Hier findet sich wiederum ein Unterschied zum Planfeststellungsverfahren. Nach § 75 Abs. 1 VwVfG wird durch den Planfeststellungsbeschluß abschließend über das Vorhaben entschieden. Andere Genehmigungen sind nicht mehr erforderlich.

Im BImSchG-Verfahren sind dagegen wasserrechtliche Erlaubnisse bzw. Bewilligungen nach § 7 und § 8 WHG gesondert zu beantragen. Wird also für den Betrieb eines Kompostwerks die (Indirekt-) Einleitung von Abwasser oder die Entnahme von Brauchwasser aus einem Gewässer notwendig, so ist eine wasserrechtliche Erlaubnis zu beantragen. Allerdings kann nach § 13 BImSchG die immissionsschutzrechtliche Genehmigung mit dem Vorbehalt einer nachträglichen wasserrechtlichen Auflage erlassen werden. Das bedeutet, daß die immissionsschutzrechtliche Genehmigung erteilt werden muß, wenn die übrigen Voraussetzungen vorliegen – ohne Rücksicht darauf, daß nachträglich wasserrechtliche Genehmigungen erforderlich sind und beantragt und erteilt werden müssen.

9.5 Inhalt der immissionsschutzrechtlichen Genehmigung

Durch die Genehmigungsbehörde sowie aufgrund der Beteiligung der Fachbehörden im Genehmigungsverfahren wird die Übereinstimmung der projektierten Anlage mit den rechtlichen Anforderungen anhand der Gesetze und Verordnungen geprüft. Mit der Genehmigung zur Errichtung und zum Betrieb einer Bio- und Grünabfallkompostierungsanlage werden in der Regel Nebenbestimmungen ausgesprochen. Diese ergeben sich zunächst aus den allgemeinen Anforderungen des § 5 BImSchG (sog. Betreiberpflichten).

Danach sind genehmigungsbedürftige Anlagen so zu errichten und zu betreiben, daß

– schädliche Umwelteinwirkungen und sonstige Gefahren, erhebliche Nachteile und erhebliche Belästigungen für die Allgemeinheit und die Nachbarschaft nicht hervorgerufen werden können,
– Vorsorge gegen schädliche Umwelteinwirkungen getroffen wird, insbesondere durch die dem Stand der Technik entsprechenden Maßnahmen zur Emissionsbegrenzung, näher bestimmt z. B. durch
  • die TA Luft, nach der bestimmte Geruchskonzentrationen nicht überschritten werden dürfen,
  • die TA Lärm, nach der bestimmte Lärmimmissionen, die durch den Betrieb der Anlage sowie durch den An- und Ablieferverkehr bedingt sind, nicht überschritten werden dürfen,
  • die TASi, die bestimmte Vorgaben allgemeiner Art an Entsorgungsanlagen und spezielle Regelungen für Kompostierungsanlagen enthält.
– Abfälle vermieden werden, es sei denn, sie werden ordnungsgemäß und schadlos verwertet oder, soweit Vermeidung und Verwertung technisch nicht möglich oder unzumutbar sind, als Abfälle ohne Beeinträchtigung des Wohls der Allgemeinheit beseitigt, und
– entstehende Wärme für Anlagen des Betreibers genutzt oder an Dritte, die sich zur Abnahme bereiterklärt haben, abgegeben wird, soweit dies nach Art und Standort der Anlagen technisch möglich und zumutbar sowie mit den erstgenannten Pflichten vereinbart ist. Diese Abwärmenutzungspflicht besteht zur Zeit allerdings nur für Abfallverbrennungsanlagen.

Der Betreiber hat ferner sicherzustellen, daß auch nach einer Betriebseinstellung

– von der Anlage oder dem Anlagengrundstück keine schädlichen Umwelteinwirkungen und sonstigen Gefahren, erhebliche Nachteile oder erhebliche

Belästigungen für die Allgemeinheit und die Nachbarschaft hervorgerufen werden können und
- vorhandene Abfälle ordnungsgemäß und schadlos verwertet oder ohne Beeinträchtigung des Wohls der Allgemeinheit beseitigt werden.

Die Genehmigung ist zu erteilen, wenn diese Grundpflichten sichergestellt werden sowie andere öffentlich-rechtliche Vorschriften und Belange des Arbeitsschutzes und der Errichtung und dem Betrieb der Anlage nicht entgegenstehen (§ 6 BImSchG). Hier sind insbesondere
- die bauordnungs und bautechnischen und sicherheitstechnischen Vorschriften sowie
- die brandschutz- und arbeitsschutzrechtlichen Anforderungen

zu nennen.

10 Qualitätssicherung für Kompost

Das KrW-/AbfG enthält nur sehr allgemeine Vorgaben an das Ergebnis einer Verwertungsmaßnahme. Nach § 5 Abs. 2 Satz 2 KrW-/AbfG ist eine hochwertige Verwertung anzustreben. Die Verwertung von Abfällen muß schadlos erfolgen, was nach § 5 Abs. 3 Satz 3 KrW-/AbfG dann der Fall ist, wenn Beeinträchtigungen des Allgemeinwohls nicht zu erwarten sind und insbesondere keine Schadstoffanreicherung im Wertstoffkreislauf erfolgt.

Der TASi lassen sich konkretere Vorgaben entnehmen, die sich auf technische Anforderungen an Kompostierungsanlagen und Anforderungen an den Kompost selbst beziehen.

10.1 Anlagenbezogene Kriterien

Entsprechend Ziff. 5.4.1.1 ist sicherzustellen, daß zur Verwirklichung der Kompostierung biologisch abbaubarer, organischer Abfälle (Bioabfall, Pflanzenabfälle etc.) zur Herstellung von absetzbarem Kompost vorgeschaltete organisatorische und technische Maßnahmen ergriffen werden. Die für die Kompostierung ungeeigneten Abfälle bzw. Abfallfraktionen sind auszusondern, da die Qualität des Kompostes (z. B. der Schwermetallgehalt) kaum beeinflußt werden kann, sobald der Umwandlungsprozeß vonstatten geht. Die Kompostierung soll sich soweit als möglich an den Anforderungen für den späteren Einsatz des erzeugten Kompostes orientieren.

Das System der Kompostierung ist mit Vorbehandlungs-, Rotte- und Kompostaufbereitungseinrichtungen auszustatten. Die Anlagenkapazität sollte dabei so bemessen werden, daß die aufgrund der Jahreszeiten unterschiedlich anfallenden Mengen sicher verarbeitet werden können. Für die erzeugten Kompostmengen ist eine ausreichende Lagerkapazität sicherzustellen, um wiederum die jahreszeitlich bedingten Absatzschwankungen auszugleichen.

Die bei der Kompostierung anfallenden Rückstände (Auslesereste, Siebreste, Absetzrückstände aus dem Kompostsickerwasser, Regenwasserabläufe und Kompostsickerwasser) sind vorrangig zu verwerten und hierfür grundsätzlich getrennt zu erfassen und zu halten. Das Abwasser (Regenwasserabläufe, Kompostsickerwasser) ist möglichst zum Befeuchten des Kompostierungsmaterials einzusetzen.

Die Vorrotte soll grundsätzlich zur Verbesserung des Kompostierungsprozesses in geschlossenen, kontrollierbaren und steuerbaren Systemen stattfinden. Anfallende Gase sind aufzufangen und zu behandeln, um hierdurch Beeinträchtigungen der Nachbarschaft zu vermeiden. Wird die Kompostierung in geschlossenen Hallen durchgeführt, so ist u. a. aus Hygienegründen dafür Sorge zu tragen, daß eine Beeinträchtigung des Betriebspersonals durch Pilzsporen, Geruch und schädliche Gase unterbunden wird.

10.2 Kompostqualität

Um mit dem hergestellten Produkt der Kompostierung, dem fertigen Kompost, ein marktfähiges Gut herstellen zu können, bedarf es bestimmter Qualitätserfordernisse. Denn der Kompost ist nur absetzbar, wenn er bestimmten Gütekriterien genügt. Ein mit hohen Schadstoffbelastungen kontaminierter Kompost wird nicht als marktfähiges Produkt angesehen und daher nicht vermarktet werden können. Zur Durchsetzung bestimmter Gütekriterien bestehen bereits Vorgaben an die Qualität des hergestellten Kompostes, die zum Teil verbindlich gelten, zum Teil auf freiwilliger Basis beachtet werden.

Die TA Siedlungsabfall gibt Anforderungen an die Qualität der erzeugten Komposte vor. Die erzeugten Komposte haben den Anforderungen des LAGA-Merkblattes M 10 in der jeweils geltenden Fassung zu genügen. Abhängig von der zukünftigen Verwendung sind darüber hinaus die Bestimmungen des Düngemittelrechts zu beachten[48].

Die den Kriterien des LAGA-Merkblattes M 10 zugrundeliegenden Güteanforderungen sind anwendungsbezogen. Für erwünschte Bestandteile im Kompost sind bestimmte Mindestgehalte, für unerwünschte Bestandteile Höchstgehalte bzw. tolerierbare Frachten vorgegeben. Die Qualitätskriterien sollen mit vertretbarem Aufwand einzuhalten und zu überwachen sein. Zur Überwachung dieser Qualitätskriterien sind Untersuchungen durchzuführen, die in bestimmten Zeitabständen zu wiederholen sind. Diese Untersuchungen können zum Teil vom Kompostwerkbetreiber selbst durchgeführt werden. Andere Untersuchungen sind an eine hierfür geeignete Untersuchungsstelle zu vergeben.

Zur Vermeidung von Nachteilen und zur Sicherung des Erfolges werden zudem Hinweise und Empfehlungen für eine sachgerechte Anwendung des Kompostes gegeben, die Erfahrungen aus dem bisherigen Einsatz zusammenfassen und sich insbesondere an

- den Hersteller von Kompost,
- den Anwender von Kompost und
- die für den Vollzug des Abfallgesetzes zuständigen Behörden richten.

Werden die Kriterien, die das LAGA-Merkblatt M 10 vorgibt, eingehalten, so wird davon ausgegangen, daß umweltschädliche Wirkungen von der Benutzung des Kompostes nicht ausgehen und die Anforderungen des § 5 Abs. 3 KrW-/AbfG eingehalten werden.

Die gesicherte Verwertung der erzeugten Komposte ist entsprechend Ziffer 5.5 der TA Siedlungsabfall nachzuweisen. Hierfür muß der zuständigen Behörde eine Absatzpotentialschätzung, ein Absatzkonzept sowie ein Konzept der beabsichtigten Vertriebsstruktur vorgelegt werden. Der Anlagenbetreiber ist verpflichtet, jährlich entsprechende Informationen zur Verfügung zu stellen.

10.3 RAL-Gütezeichen

Über die Anforderungen, die das LAGA-Merkblatt M 10 vorgibt, hat die Bundes-Gütegemeinschaft[49] höhere Anforderungen an die Qualität des erzeugten Kompostes festgeschrieben[50]. Insbesondere werden schärfere Grenzwerte hinsichtlich der Schwermetallgehalte festgelegt.

Die Richtwerte, die in dem RAL-Gütezeichen genannt sind, stellen keine Grenzwerte dar, die verbindlich einzuhalten sind. Das RAL-Gütezeichen »Kompost« bezweckt allein die freiwillige Sicherstellung der Erzeugung von Kompost mit definierter, gleichbleibender und hoher Qualität, um einen über die allgemeinen Anforderungen hinausgehenden Qualitätskompost vorweisen und vermarkten zu können. Die Selbstverpflichtung, die der Träger der Verleihungsurkunde durch die Bundesgütegemeinschaft Kompost e.V. zur Herstellung eines den Anforde-

---

[48] siehe dazu oben Kapitel 3.1
[49] Deutsches Institut für Gütesicherung und Kennzeichnung e.V., Kompost Gütesicherung RAL-GZ 251, Bonn, Januar 1992
[50] Vgl. hierzu Barth, S. 211 ff. [1]; Gottschall/Stöppler-Zimmer, S. 135 ff. [3]

rungen der Gütegemeinschaft entsprechenden Kompostes eingeht, soll gleichzeitig die Vermarktungsfähigkeit seines Produkts steigern.

Die Bundesgütegemeinschaft Kompost e.V. nimmt dabei folgende Aufgaben wahr:

– Die Erarbeitung und Fortschreibung von Gütekriterien,
– die Gütezeichen-Vergabe,
– die Güteüberwachung,
– die Förderung der Produktion von Qualitätskompost,
– die Öffentlichkeitsarbeit,
– Marketinghilfen,
– Anwendungsempfehlungen,
– Unterstützung der regionalen Gütegemeinschaften,
– Interessenvertretung der Produzenten, Durchführung von Fachtagungen sowie Informationen und Förderung der wissenschaftlichen Arbeiten.

Das System der Gütesicherung besteht aus folgenden Elementen:

– Kontinuierliche und unabhängige Kontrolle der Produktqualität (Fremdüberwachung),
– Kontrolle und Dokumentation des Rotteverlaufs durch die Betriebe (Eigenüberwachung),
– Standardisierung der Produktqualität (Gütekriterien),
– Kennzeichnung der Produktqualität (Gütezeichen),
– Deklaration der wesentlichen Eigenschaften und Inhaltsstoffe (Deklarationspflicht).

Die Nutzung und das Führen des RAL-Gütezeichens »Kompost« wird von der Bundesgütegemeinschaft nach Maßgabe der Güte- und Prüfbestimmungen auf Antrag gewährt. Die Durchführung der Untersuchungen richtet sich dabei allein nach den Bestimmungen der Bundesgütegemeinschaft Kompost e.V.

Die Gütekriterien werden für Frischkompost (ein Kompost mit noch abbaubarer organischer Substanz, der zur intensiven Rotte fähig ist oder sich bereits in intensiver Rotte befindet) sowie für Fertigkompost (das Endprodukt der Kompostierung, bei dem die leicht abbaubaren Substanzen weitgehend biologisch umgesetzt sind) vergeben.

Hält ein Kompost die RAL-Vorgaben ein, wird man unterstellen können, daß die Verwertung ordnungsgemäß und schadlos im Sinne von § 5 Abs. 3 KrW-/AbfG erfolgte.

11 Schlußbemerkungen

Fragte man noch vor zwei Jahren nach einem sinnvollen und ökologischen Weg der Verwertung, wurde ganz überwiegend die Kompostierung genannt. Die flächendeckende Kompostierung von Bioabfällen und von Grünabfällen war das Ziel der Abfallwirtschaft schlechthin verbunden mit flächendeckenden Erfassungs- und Sammelsystemen. Die flächendeckende Kompostierung wurde 1995 Ziel der neuen nordrhein-westfälischen Landesregierung.

Gemessen an dieser Euphorie hat sich die Kompostierung nur wenig entwickelt. Statt dessen ist Skepsis angesagt, der Bürger stellt zweifelnde Fragen. Wie so häufig verändert sich die Grundlage dann, wenn aus dem Versuch die Regel wird.

Aber was sind die plötzlichen Probleme?

– Zunächst einmal funktioniert die Getrennthaltung der Bioabfälle nicht so wie geplant. Die Zahl der Fehlwürfe ist erheblich. In vielen Fällen ist eine sortenreine Getrennthaltung nicht möglich. Das führt zu aufwendigen Sortierungen und damit Verteuerungen. Auch besteht die Gefahr der Schadstoffanreicherungen durch den Input. Nicht nur die einzelne Charge wird unbrauchbar, sondern der Output.
Im Vorfeld der Novellierung des Landesabfallgesetzes in Nordrhein-Westfalen wird deshalb diskutiert, ob nicht zumindest bestimmte Gebiete wie die Innenstädte und der Geschoßwohnungsbau ausgenommen werden sollten.

- Bei der getrennten Zurverfügungstellung und beim Transport wird zunehmend über die Entstehung von Gesundheitsgefahren diskutiert. Untersuchungen werden gemacht – und nicht veröffentlicht. Solange diese Fragen nicht offen ausdiskutiert werden, wird die Verunsicherung um sich greifen und der Bürger wird sich dagegen sperren, zu einem System der getrennten Erfassung gezwungen zu werden.
- Ein weiteres Problem liegt im Absatz des Kompostes. Er gelingt schon heute zum Teil nur bei Zuzahlung mindestens der Transportkosten. Dies wird nicht besser werden bei steigenden Kompostmengen. Eine Bereitschaft, noch mehr Kompostmengen einzusetzen, ist bundesweit nicht zu sehen. Wenn dies so bleibt, muß man die Folgen bedenken. Wohin mit dem Kompost? Nach den Regeln müßte er dann verbrannt werden. Ein unerträgliches Ergebnis.

Hinzu kommt, daß der Kompost etwa beim Einsatz in der Landwirtschaft hohe Hürden überwinden muß. Auf die Zulassung nach dem Düngemittelgesetz wurde hingewiesen. Zudem muß auch die Gülle in bearbeiteter Form untergebracht werden. Dabei mehren sich die Stimmen, die vor einer Überdüngung der landwirtschaftlichen Nutzflächen warnen. Dann aber fällt ein möglicher Großabnehmer aus.

Der Einsatz von Kompost steht und fällt aber mit den Grenzwerten an Schwermetallen. Diese Grenzwerte werden demnächst durch die Biokompostverordnung des Bundes vorgegeben. Selbst wenn die Grenzwerte bei den Kompostanlagen heute weitgehend eingehalten werden, jede weitere Verschärfung der Grenzwerte läßt das nicht erwarten. Dann müßte das Eingangsmaterial noch schadstofffreier sein, was allgemein als kaum mehr machbar angesehen wird. So bleiben auch festgelegte Grenzwerte und ihre mögliche Herabsetzung eine ständige Bedrohung des Absatzes.

Die Zukunft der Kompostierung wird also davon abhängen, ob es gelingt, die oben dargestellten Probleme zu lösen. Andernfalls bleibt der Kompostierung eine geringe Bedeutung. Es muß noch einmal an § 5 Abs. 4 KrW-/AbfG erinnert werden. Danach muß die Verwertung wirtschaftlich zumutbar, für das gewonnene Produkt ein Markt vorhanden sein oder geschaffen werden können. Andernfalls wird die Beseitigung wieder zulässig.

II Grundlagen der Kompostierung

1 Einleitung und Definition

Der biologische Abbau bzw. Umbau biogener Abfälle durch Mikroorganismen unter aeroben Bedingungen (mit Luftsauerstoff) wird als Kompostierung bezeichnet. Hierbei wird Wärmeenergie freigesetzt, welche sich als Temperaturerhöhung nachweisen läßt, da die Abfälle in der Regel als Haufwerk vorliegen und die freigesetzte Wärme deutlich größer als die abgeführte Wärme ist. Ziel der Kompostierung ist die Herstellung eines Bodenverbesserungsmittels (z. B. Sekundärrohstoffdünger).

Die Kompostierung organischer Stoffe ist ein uraltes Verfahren, das in China schon lange vor unserer Zeitrechnung praktiziert wurde [4]. Schon damals wurde beobachtet, daß durch diesen Prozeß eine Temperaturerhöhung im Rottegut stattfand.

Als Maßnahme zur Abfallverwertung in der Landwirtschaft bzw. im eigenen Garten wird die Kompostierung schon lange betrieben. Als Maßnahme zur Abfallverwertung im technischen Maßstab ist die Kompostierung erst seit den fünfziger Jahren in der Bundesrepublik etabliert und erlebt seit Mitte der achtziger Jahre basierend auf der separaten Erfassung von Bioabfällen einen Boom mit dem Ziel, die biologische Verwertung von Abfällen weitgehend flächendeckend umzusetzen.

2 Grundlagen des mikrobiellen Stoffwechsels

2.1 Energetische Aspekte

Die bei der Kompostierung ablaufenden mikrobiellen Stoffwechselprozesse sind integraler Bestandteil des natürlichen Stoffkreislaufes. Für die im Rahmen der in diesem Stoffkreislauf gebildeten Nahrungskette ist, unter biochemischen Aspekten betrachtet, das Vorhandensein freier Energie die Grundlage jeglicher biologischer Aktivität.

Hierfür sind drei wesentliche Arten von Arbeit von den Organismen zu verrichten:

- chemische Arbeit zur Selbsterhaltung der Zelle (Biosynthese),
- Transportarbeit, um Substanzen zu transportieren und zu konzentrieren (z. B. osmotische Arbeit),
- mechanische Arbeit (Kontraktionsprozesse, Fortbewegung).

Zum Verrichten dieser Arbeiten ist ein Energiefluß nötig, der nach dem 1. Hauptsatz der Thermodynamik aus einem konstanten Energiereservoir geschöpft werden muß [11, 19, 22].

Wird der Energiefluß für lebende Systeme auf der Erde betrachtet, so wird deutlich, daß der größte, für die Aufrechterhaltung des Lebens notwendige Anteil an Energie, die Strahlungsenergie der Sonne darstellt. Durch O_2-produzierende phototrope Organismen wird diese Strahlungsenergie in chemische Energie umgewandelt, indem Wasser in Sauer-

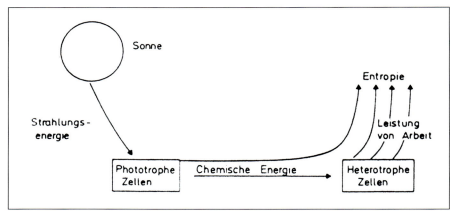

Abbildung 2.1: Energiefluß in der Biosphäre nach LEHNINGER [19]

stoff und Wasserstoff gespalten wird und letzterer durch Bindung an Kohlenstoff als Kohlendioxid in organische Verbindungen übergeführt wird [22]. Dies soll am Beispiel der Glucose gezeigt werden (Assimilation):

$$6\ CO_2 + 6\ H_2O \xrightarrow{h\nu} C_6H_{12}O_6 + 6 O_2$$

Diese chemische Reaktion ist endotherm, so daß der Energiehaushalt der Ausgangsstoffe geringer als der der Endprodukte ist. Die in den Endprodukten gespeicherte freie Bildungsenergie beträgt in diesem Fall $\Delta G = -2870$ kJ/mol.

Beim Abbau der photosynthetisch produzierten Verbindungen (z. B. Kohlenhydrate, Proteine, Fette), der als darauffolgende Etappe im biologischen Energiefluß angesehen werden kann, werden diese Substanzen durch heterotrophe Organismen oxidiert. Sie benötigen für ihre Lebenstätigkeit die chemische Energie, welche in den energiereichen Substanzen enthalten ist. Darüber hinaus brauchen sie Kohlenstoffverbindungen für die Biosynthese der Zellkomponenten, die sie nicht wie die Autotrophen allein aus Kohlendioxid aufbauen können.

Die chemisch gespeicherte Energie ist jedoch nach dem 2. Hauptsatz der Thermodynamik nicht vollständig einer Nutzung zugänglich, da sich die Energie nicht quantitativ umwandeln läßt, ohne daß ein Teil dieser Energie in Form von Entropie, z. B. Wärme, verlorengeht (siehe Abb. 2.1).

Ungeachtet der Tatsache, daß bei jeder Energieumwandlung die Entropie zunimmt, kann innerhalb lebender Zellen eine lokale Verringerung der Entropie konstatiert werden. Außerhalb dieses Systems (Zelle) findet jedoch als Konsequenz ein Ansteigen der Entropie statt. Summarisch dargestellt wird somit durch die Aktivität von Lebewesen eine Zunahme der Entropie verursacht.

Die für die Aufrechterhaltung der Lebensvorgänge notwendige Energie bei heterotrophen Organismen wird damit durch die Überführung von energiereichen organischen Verbindungen in energieärmere organische oder anorganische Verbindungen gewonnen.

Entscheidend für die Freisetzung von Energie aus diesen Verbindungen ist der Weg der Wasserstoffatome bei den biochemischen Reaktionsmechanismen. Da die Oxidation organischer Substanzen durch Mikroorganismen aus Gründen maximaler verwertbarer Energieausbeute in kleinen Schritten erfolgt, wird der beim Abbau dieser Substanzen abgespaltene Wasserstoff in der Regel nicht als molekularer Wasserstoff frei, sondern wird auf den Elektronenträger Nicotinamid-adenin-dinucleotid (NAD^+) übertragen, als NADH transportiert und an einen Wasserstoffakzeptor (z. B. Coenzym Q) weitergegeben. Von dort wird er über weitere Zwischenstufen auf Sauerstoff übertragen, so daß bei vollständiger Oxidation die gesamte Potentialdifferenz genutzt werden kann [19].

Eine fundamentale Bedeutung bei der Energiespeicherung und -übertragung in der Zelle kommt der Verbindung Adenosintriphosphat (ATP) zu. Sie ist der universelle Überträger chemischer Energie zwischen den energieerzeugenden (z. B. Atmung) und energieverbrauchenden Reaktionen (wie z. B. Biosynthese, osmotische Regulation und Bewegungen). Begründet ist diese zentrale Funktion im hohen Energiegehalt der drei Phosphatreste im ATP-Molekül, der bei der hydrolytischen Abspaltung eines Phosphatmoleküls unter Bildung von ADP frei wird.

$$ATP + H_2O \longrightarrow ADP + Phosphat$$

Die freie Energie der Hydrolyse von ATP unter Standardbedingungen liegt bei 30,5 kJ/mol.

Da die Konzentrationen von ATP, ADP und Phosphat in der Zelle weit unter den in der Thermodynamik gebräuchlichen Standardkonzentrationen liegen, kann bei Gegenwart von Mg^{2+}-Ionen das Reaktionsgleichgewicht der Hydrolyse verschoben werden, so daß bis zu 50,2 kJ/mol als freie Energie erreicht werden können [19].

Die bei der hydrolytischen Spaltung von Makromolekülen außerhalb der Zelle frei werdende Energie kann jedoch nicht biochemisch genutzt werden. Erst hierbei entstehende Verbindungen, wie Monosaccharide, Glycerin, Aminosäuren und niedrige Fettsäuren, können ins Innere der Zellen gelangen und dort weiter verarbeitet werden.

Grundsätzlich können organische Verbindungen auf zweierlei Wegen biochemisch abgebaut werden, auf **aerobem** Weg und auf **anaerobem** Weg.

Die aeroben heterotrophen Zellen benötigen elementaren Sauerstoff zur Oxidation der Nährstoffe. Die Energiequelle für alle aeroben organotrophen Lebewesen ist somit die bei der Assimilation entstandene Potentialdifferenz zwischen Wasserstoff und Sauerstoff. Die anaeroben Zellen nutzen organische oder anorganische Verbindungen. Sie spalten das Nährstoffmolekül in Bruchstücke auf, Elektronendonator und -akzeptor haben den gleichen Ursprung. Die Potentialdifferenz ist hierbei im Gegensatz zum aeroben Abbau, bei dem diese vollständig genutzt wird, bedeutend geringer.

Am Beispiel des biochemischen Abbaus von Glucose soll die beim aeroben Abbau freigesetzte Energie dargestellt werden. Wird Glucose unter Luftzufuhr verbrannt, das heißt vollständig oxidiert, wie in der Reaktionsgleichung angegeben,

$$C_6H_{12}O_6 + 6\ O_2 \longrightarrow 6\ CO_2 + 6\ H_2O$$

so ist hierbei eine molare freie Bildungsenthalpie von –2870 kJ zu verzeichnen. Diese Energie wird letztendlich auch beim aeroben Abbau freigesetzt, sie tritt jedoch nicht sofort komplett als Wärme auf, sondern erscheint in verschiedenen Zuständen. Bei der enzymatischen Oxidation über die Atmungskette (Tricarbonsäurezyklus) erfolgt der Elektronentransport über NADH und die Gewinnung von Oxidationsenergie in Form von ATP (Phosphorylierung).

Wenn die daraus resultierenden Gleichungen summarisch dargestellt werden, so ergibt sich (mit P als Phosphatrest):

$$C_6H_{12}O_6 + 36\ P + 36\ ADP + 6\ O_2$$
$$\longrightarrow 6\ CO_2 + 42\ H_2O + 36\ ATP$$

Hierbei ist eine freie Energie von

2870 kJ/mol – 30,5 · 36 kJ/mol =
1772 kJ/mol

zu verzeichnen. Für die Synthese eines ATP Moleküls werden 30,5 kJ angesetzt. Damit werden 38 % der Energie von der Zelle genutzt.

2.2 Metabolische Aspekte

Der Stoffwechsel (Metabolismus) ist in den Katabolismus, den Amphibolismus (Intermediärstoffwechsel) und den Anabolismus zu unterscheiden [22].

Beim aeroben Prozeß werden im Rahmen des Katabolismus höhermolekulare Substanzen durch Abbau und Energiefreisetzung über den Intermediärstoffwechsel in niedermolekulare Verbindungen umgewandelt.

Der Anabolismus, bei welchem höhermolekulare Verbindungen unter Energieeinsatz aus den niedermolekularen Verbindungen aufgebaut werden (Biosynthese), erfolgt bei der Kompostierung durch heterotrophe Organismen, welche den Kohlenstoff aus organischen Verbindungen beziehen.

Die organischen Substanzen werden von den aeroben Mikroorganismen als Energiequelle zur Aufrechterhaltung ihrer Lebenstätigkeit verwendet. Diese organischen Verbindungen sind in vier bei der Kompostierung bedeutsame Obergruppen einteilbar

– Kohlenhydrate (Zucker, Stärke, Zellulose), besonders in Pflanzenmaterial inkl. der Blätter, Knollen, Wurzeln und Samen,
– Fette, Öle und Wachse (besonders in Fleisch, Pflanzenmaterial, Wurzeln und Samen),
– Proteine (besonders in Fleisch, Fisch, Gemüse),
– Lignine (besonders in Holz, Blättern, Rinde, Gemüse und Pflanzenfasern).

Der erreichbare Abbaugrad steigt hierbei von Lignin, welches nur sehr schwer abbaubar ist, über Zellulose, Hemizellulose, Fette und Proteine bis zur Stärke und Zucker. Wachse werden vornehmlich bei höheren Temperaturen abgebaut.

Die extrazellulär gebildeten Abbauprodukte werden, vereinfacht dargestellt, über drei Wege abgebaut. Die Kohlenhydrate werden bei vollständigem Abbau zu CO_2 und H_2O umgewandelt. Bei Fetten und Wachsen wird das Glycerin durch Einschleusung in einen Hauptabbauweg der Glucose und durch β-Oxidation der Fettsäuren abgebaut.

Bei Proteinen werden die Aminosäuren zu CO_2 und primäre Amine oder weiter unter Freisetzung von Ammoniak abgebaut, welcher in Säuren oder neutralem Milieu in Ammoniak übergeht. Das Ammonium wird nach Abklingen der thermophilen Phase durch Nitrifikation in Nitrit und Nitrat umgewandelt. Bei Fehlen von Luftsauerstoff kann dieses dann weiter zu Stickstoff denitrifiziert werden.

Der prozentuale Anteil an Protein an der organischen Substanz nimmt mit der Rottezeit zu, da auch ein Aufbau durch Mikroorganismen und eine Festlegung durch chemische Umbauprozesse (z. B. Humifizierung) stattfindet [10].

Lokal finden bei der Kompostierung auch anaerobe Abbauprozesse statt, welche als Stoffwechselprodukte u. a. organische Säuren, Alkohole und H_2S verursachen, wodurch geruchsintensive Produkte entstehen. Beim aeroben Prozeß werden diese anaeroben Zwischenprodukte in der Regel schnell oxidiert.

3 Mikroorganismen bei der Kompostierung

Bei der Kompostierung sind vier Gruppen von Mikroorganismen von Bedeutung:

– heterotrophe Bakterien
– Aktinomyceten
– Pilze
– Protozoen

Diese haben hinsichtlich des Milieus (siehe Tab. 2.1), speziell auch der Temperaturen, bestimmte bevorzugte Bereiche. Hierbei sind zu unterscheiden [6]:

psychotolerante Optimum 15 bis 20 °C
mesophile   "   25 bis 35 °C
thermophile   "   50 bis 55 °C
Mikroorganismen.

Bakterien
Bakterien sind Procarionten; sie besitzen einen diffusen Zellkern (Kernäquivalent) und können hinsichtlich ihrer Form in Kokken (kugelförmige Bakterien Ø 0,5 bis 1,25 µm), Stäbchen (gerade und gekrümmt Ø 0,5 bis 1,5 µm, Länge 1,5 bis 10 µm), Spirillen (korkenzieherartig, Länge bis 50 µm) und Vibrioform unterschieden werden. Letztere sind nur in wäßrigem Milieu von Bedeutung.

Die Bakterien treten in allen Phasen der Kompostierung auf und bewirken

3 Mikroorganismen bei der Kompostierung

Tab. 2.1 Vergleich der wichtigsten Funktionen und Milieubedingungen der Mikroorganismen während der Kompostierung [18]

	Bakterien	Aktinomyceten	Pilze
Substrat		für schwer abbaubare Substrate geeignet	für schwer abbaubare Substrate geeignet
Feuchtigkeit		bevorzugt trockenere Bereiche	bevorzugt trockenere Bereiche
Sauerstoff		niedrigste Anforderungen an Sauerstoffgehalt	bevorzugt gut durchlüftete Bereiche
pH-Wert-Optimum	neutral bis schwach alkalisch	neutral bis schwach alkalisch	schwach sauer
pH-Wert-Bereich	6–7,5		5,5–8
mech. Umsetzung	kein Einfluß	ungünstig	ungünstig
Bedeutung während der Rotte	80–90 % der Abbauleistung		
Temperatur	bis 75 °C, jedoch Reduzierung der Abbauleistung bei höheren Temperaturen	bei 65 °C vermutlich Temperaturgrenze	bei 60 °C Temperaturgrenze

über 80 % des Abbaus der org. Substanzen. Aufgrund der hohen spezifischen Oberfläche besitzen sie von allen am Rotteprozeß beteiligten Mikroorganismen die höchste Stoffwechselaktivität. Sie haben die höchste Populationsdichte, dabei haben vergleichsweise nur wenige Arten eine hohe Bedeutung beim Rotteprozeß (siehe Tab. 2.2).

Aktinomyceten
Neben den Bakterien spielen die Aktinomyceten (Strahlenpilze), besonders beginnend mit der thermophilen Phase, eine bedeutende Rolle. Sie sind den Bakterien zugeordnet. Sie sind unregelmäßig geformte kurze Stäbchen (Ø ca. 1,5 µm), die verzweigte fadenförmige Gebilde (Filamente) und ein (vernetztes) Mycel bilden, welches als weißes Mycelgeflecht z. B. im äußeren Bereich von Kompostmieten erkennbar ist. Sie veratmen auch schwer abbaubare Stoffe und sind wichtige Vertreter der Bodenbakterien. Der bei Fertigkompost typische erdige Geruch nach Waldboden (Geosmin) wird durch die Familie der Streptomycetaceae durch Bildung flüchtiger Fettsäuren hervorgerufen.

Pilze
Die Pilze haben vergleichsweise hierzu deutlich größere Zellen (10 bis 50 µm) und eine Vielzahl an verschiedenen Formen. Sie sind Eucarionten, besitzen also einen echten Zellkern, und haben komplexe Reproduktionsmechanismen. Sie wachsen wie die Aktinomyceten fadenförmig und bilden Hyphen und Mycele. Sie sind von ihrer Populationsdichte her bei der Kompostierung deutlich geringer, kommen jedoch in vielen Arten vor. Sie bevorzugen ein trockenes Milieu, da sie nicht auf freies Wasser angewiesen sind, und tolerieren auch saurere Bereiche. Sie zersetzen auch schwer abbaubare Stoffe, wie z. B. Lignin, und leisten durch Bildung antibiotischer Produkte einen wesentlichen Beitrag bei der Hygienisierung des Rottegutes (siehe Kapitel Hygiene).

Protozoen
Die Protozoen (Einzeller), welche ebenfalls Eucarionten sind (Zellgröße ca. 10 µm), treten im wesentlichen erst im fortgeschrittenen Rottestadium auf und veratmen in großem Umfang Bakterien.

Tab. 2.2 Mikroorganismenpopulation während des Rotteprozesses (nach [11, 21, 25])

Temperatur-bereich	Populationsdichte in KBE/g			Artenzahl
	< 40 °C	40–70 °C	70 °C abfallend	
Bakterien				
mesophil	10^8–10^9	10^6–10^8	10^9–10^{11}	6
thermophil	10^4–10^7	10^4–10^9	10^7–10^8	1
Aktinomyceten				
mesophil	10^8–10^9	10^8–10^9	10^8–10^9	n.b.
thermophil	10^4–10^6	10^8–10^9	10^5–10^7	14
Pilze				
mesophil	10^6–10^7	10^3–10^6	10^5–10^7	18
thermophil	10^3–10^5	10^7–10^8	10^5–10^6	16

4 Faktoren bei der Kompostierung

4.1 Allgemeines

Die bei der Kompostierung von organischer Substanz ablaufenden biochemischen Abbaumechanismen sind von verschiedenen Faktoren abhängig. Sie bestimmen in ihrer Relation zueinander nicht nur den Umfang des Abbaus an organischer Substanz, sondern auch die mikrobielle Aktivität, welche sich u. a. im Gasaustausch und in der thermischen Leistung widerspiegelt. Diese Faktoren, die auch als Steuerungsmechanismen der Rotte eingesetzt werden können und teilweise in Wechselwirkung miteinander treten, sollen im folgenden kurz beschrieben werden.

4.2 Belüftung

Die Belüftung (zwangsweise bzw. natürlich) hat bei der Kompostierung verschiedene Funktionen zu erfüllen [11 et al.].

a) Versorgung der Mikroorganismen mit Sauerstoff zur Aufrechterhaltung ihrer Lebenstätigkeit;

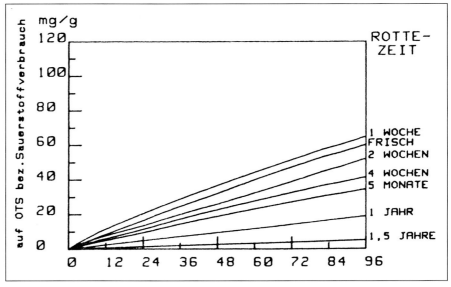

Abbildung 2.2: Atmungsaktivität von Kompostproben in unterschiedlichen Rottezuständen [15]

b) Austreiben von Wasser zur Trocknung des Rottegutes;
c) Verhinderung eines Wärmestaus, um (abhängig vom Substrat) eine Inaktivierung der Mikroorganismen zu verhindern und den Stickstoffaustrag zu begrenzen;
d) Abführen des CO_2, um eine hohe mikrobielle Aktivität aufrechtzuerhalten.

Der Luftvolumenstrom, der dem Rottegut zugeführt werden muß, ist in erster Linie abhängig vom Sauerstoffbedarf der Mikroorganismen. Diese vermögen Sauerstoff nur in gelöster Form aufzunehmen [22].

Die gelösten Sauerstoffmengen im Wasser, welches die Mikroorganismen umgibt, sind – abhängig von der Temperatur – so gering, daß sie in der Regel innerhalb weniger Sekunden verbraucht sind. Deshalb muß ständig neuer Sauerstoff über das Porensystem bereitgestellt werden. Die Sauerstoffmenge, die zum biochemischen Abbau der organischen Substanz benötigt wird, ist bei Kenntnis der Strukturformel des Ausgangsmaterials stöchiometrisch zu errechnen. Abhängig vom Ausgangsmaterial ist ca. mit 2g Sauerstoff/g abgebaute organische Substanz zu rechnen.

Das Verhältnis von Kohlendioxidentwicklung und Sauerstoffverbrauch bezogen auf die Molekülmasse (Respirationskoeffizient) ist abhängig vom Ausgangssubstrat und dem aktuellen Rottezustand. Der Respirationskoeffizient (RQ) liegt für Kohlenhydrate bei 1,0, für Proteine bei 0,7 und für Fette bei 0,8. Hierbei gibt ein deutlicher Anstieg des Respirationskoeffizienten einen Hinweis auf das Eintreten anaerober, ein Abnehmen des Respirationskoeffizienten einen Hinweis auf eine Zunahme aerober Vorgänge während des Rotteprozesses [7].

Hierzu ist zu bemerken, daß der Sauerstoffbedarf in Abhängigkeit von äußeren Faktoren steht, welche die mikrobielle Aktivität beeinflussen, wie z. B. Nährstoffsituation, Temperatur und Wassergehalt. Für die Bereitstellung des Sauerstoffes und damit der Luftmenge bedeutet dies, daß ein gewisses Minimum an zur Verfügung gestellter Luft nicht unterschritten werden darf, da dies sonst eine Verringerung der mikrobiellen Aktivität zur Folge hat. Unterhalb einer Sauerstoffkonzentration von 10 % tritt diese Verlangsamung ausgeprägt zu Tage. Nach Überschreiten des Maximums der mikrobiellen Aktivität wird mit fortschreitender Rotte die Atmungsaktivität geringer.

Wird vorausgesetzt, die maximale Sauerstoffverbrauchsrate durch die Belüftung abzudecken, so ergibt sich ein Sauerstoffbedarf von 0,8 bis 2,0 g O_2/kg OS·h. Dies entspricht 3,9 bis 7,2 l Luft/kg OS·h.

Entsprechend sollte die Belüftungsrate bei Intensivrotteprozessen an den aktuellen Sauerstoffbedarf angepaßt werden können. Die CO_2- bzw. O_2-Konzentration in der Abluft stellt damit einen guten Steuerungsparameter dar. Hierbei ist zu beachten, daß die Luft sowohl räumlich als auch zeitlich betrachtet gleichmäßig in das Rottegut eingetragen wird. Eine wesentliche Voraussetzung hierfür ist eine entsprechende Porenstruktur (siehe unten).

Die Atmungsaktivität, die über den in einer bestimmten Zeit verbrauchten Sauerstoff ermittelt wird und damit die pro Zeiteinheit oxidierte Masse angibt, ist abhängig von der Temperatur, dem Rottezustand sowie dem Substrat. Sie kann als Kenngröße für den Rottegrad (siehe Kap. 4.4) herangezogen werden.

4.3 Wassergehalt

Da die Versorgung der Mikroorganismen mit Nährstoffen nur in wäßriger Lösung erfolgen kann – Nährstoffaufnahme durch eine semipermeable Membran – muß bei der Kompostierung Wasser in ausreichender Menge zur Verfügung gestellt werden. Demnach wäre für einen optimalen Prozeß ein Wassergehalt gegen 100 % erstrebenswert [8]. Gegenläufig hierzu verhält sich jedoch die Versorgung der Mikroorganismen mit Sauerstoff (siehe Abschnitt 4.5 Luftporenvolumen), der bei hohen Wassergehalten nicht mehr in der notwendigen Quantität herange-

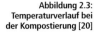
Abbildung 2.3:
Temperaturverlauf bei
der Kompostierung [20]

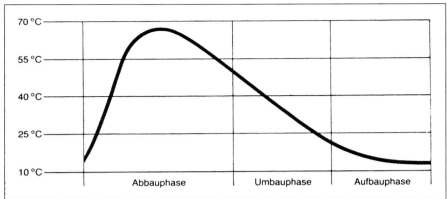

führt werden kann. Daher wird die obere Grenze des Wassergehaltes von der Porenstruktur, welche materialabhängig ist, bedingt.

Versuche, bei denen Wassergehalte mit der Sauerstoffverbrauchsrate korreliert worden sind, haben gezeigt, daß Stoffe mit einer hohen Saugfähigkeit (z. B. Rinde, Papier) sowie großer Festigkeit und großen Porenräumen (Stroh) bei gleichem Luftporenvolumen deutlich höhere Wassergehalte ermöglichen als Stoffe ohne ausreichendes Saugvermögen und entsprechende Strukturstabilität [2, 11, 14, 23 et al.].

Ein Wassergehaltsoptimum bei der Bioabfallkompostierung ist zwischen 45 % und 65 % – abhängig von der Struktur des Rottegutes – zu finden. Bei Wassergehalten unter 25 % wird die mikrobielle Aktivität stark vermindert und unter 10 % zum Stillstand gebracht [8 et al.]. Damit ist die Einstellung eines optimalen Wassergehaltes ein entscheidendes Kriterium für einen ordnungsgemäßen Rotteprozeß.

4.4 Temperatur

Die Temperatur im Rottegut beeinflußt den Rotteprozeß, gleichzeitig wird sie jedoch auch als Steuerungsparameter für den Prozeß eingesetzt; die Temperaturentwicklung eines Rottegutes gibt darüber hinaus Aufschluß über den aktuellen Abbauzustand und dient beim Selbsterhitzungsversuch zur Bestimmung des Rottegrades.

Bezüglich der Temperaturentwicklung ist neben der Einteilung hinsichtlich der Mikroorganismenpopulation (siehe Kap. 3) (mesophil/thermophil) der Rotteprozeß in drei Phasen einzuteilen (siehe Abb. 2.3):

1. Anlauf- und Abbauphase.
2. Umbauphase.
3. Aufbauphase (Reifung).

Die Anlaufphase, welche stark vom pH-Wert beeinflußt wird (siehe Kap. 4.6), ist bei optimalen Bedingungen nach spätestens 24 Stunden abgeschlossen und durch eine starke Entwicklung der mesophilen Mikroorganismen gekennzeichnet.

Verbunden mit hoher mikrobieller Aktivität ist ein exponentielles Ansteigen der thermischen Leistung zu verzeichnen (siehe Kap. 5), was sich in der deutlichen Temperaturentwicklung niederschlägt. Bei Temperaturen über 45 °C sterben die mesophilen Mikroorganismen ab oder bilden Dauerformen (Sporen). Es überwiegen nun die thermophilen Mikroorganismen. Bei einer weiteren durch die Aktivität der Mikroorganismen vermehrten Temperaturzunahme findet nun im Bereich von ca. 65 bis 70 °C eine weitgehende Inaktivierung statt, die Temperatur sinkt wieder ab.

Häufig läßt sich ein zweites, etwas niedriger liegendes Temperaturmaximum erkennen, woran sich ein deutliches Abfallen der Temperaturen anschließt. Die-

4 Faktoren bei der Kompostierung

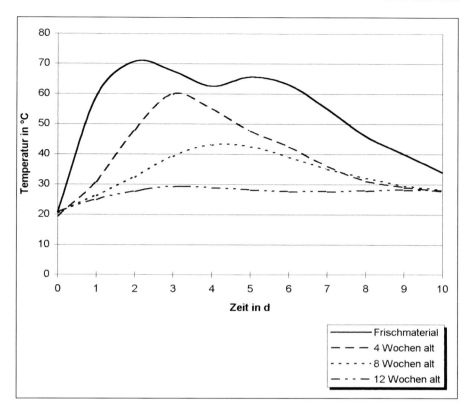

Abbildung 2.4:
Selbsterhitzungskurven von Kompost in verschiedenen Rottezuständen [13]

ses Absinken rührt daher, daß die leicht abbaubaren Substanzen veratmet sind und eine Umbildung der Mikroorganismenpopulation in Richtung der mesophilen Mikroorganismen stattfindet, welche in der nun anschließenden Umbauphase auch höhere molekulare Verbindungen veratmen. Während die Abbau- und Umbauphase der Bioabfallkompostierung i. d. R. im Intensivrottesystem stattfindet, wird die Aufbauphase im fortgeschrittenen Rottestadium in der Nachrotte realisiert.

Da mit zunehmendem Abbau der organischen Substanz die chemisch gebundene Energie geringer wird, kann die Temperaturentwicklung eines Substrates beim Rotteprozeß (Selbsterhitzung) für die Bestimmung des Abbaugrades herangezogen werden. Wie in Abbildung 2.4 dargestellt, nimmt die Selbsterhitzung mit zunehmenden Rottefortschritt deutlich ab. Die Selbsterhitzung wird zur Darstellung des Rottegrades herangezogen, welcher den aktuellen Stand des Abbauprozesses kennzeichnet und eine Stufe auf einer allgemein gültigen Skala von Kennwerten darstellt, die den Rottefortschritt vergleichbar charakterisieren [1]. Als Kennwerte werden hierbei die Maximaltemperatur, teilweise auch die maximale Steigung bzw. die Fläche unter der Kurve innerhalb der ersten 72 Stunden eingesetzt. Ein weiterer Parameter ist die Atmungsaktivität, auf welche im folgenden nochmals eingegangen wird.

In der Regel geht mit zunehmender Temperatur eine Steigerung der mikrobiellen Aktivität einher. Die in der Chemie oftmals angewendete RGT-Regel (Vant' Hoff-Arrhenius-Regel), nach der bei einer Temperaturerhöhung von 10 °C die Reaktionsgeschwindigkeit um das Doppelte zunimmt, ist jedoch aufgrund der bei der Kompostierung anzutreffenden heterogenen Populationen mit ihren un-

Abbildung 2.5:
Dreiphasensystem bei der Kompostierung

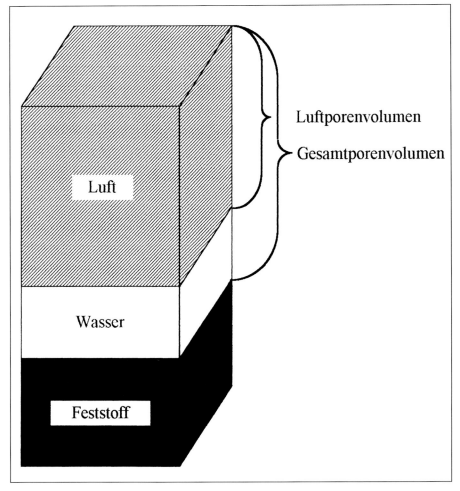

terschiedlichen Temperaturbereichen und -maxima der Lebenstätigkeit nur beschränkt gültig. Die kinetischen Modelle wurden aus dem Wachstumsverhalten von Bakterienreinkulturen hergeleitet. Bei Temperaturen unter 5 °C wird die mikrobielle Aktivität stark verlangsamt, während bei Temperaturen über 75 °C bei den meisten Mikroorganismen infolge der Proteindenaturierung eine Inaktivierung stattfindet; einige Arten können jedoch auch noch bei höheren Temperaturen existieren [11, 7].

Generell beeinflußt die Temperatur neben der Art der Mikroorganismenpopulation den Sauerstoffübergang (Diffusionskoeffizient), die Löslichkeit des Sauerstoffs in der Flüssigphase sowie den Stickstoffabbau (Proteinzersetzung, Ammoniakaustrag, Nitrifikation).

Stickstoffverluste lassen sich verhindern, falls die Temperaturen 55 °C nicht wesentlich überschreiten [9], während gleichzeitig unter hygienischen Gesichtspunkten eine Materialtemperatur über 60 °C über mehrere Tage angestrebt werden sollte [24]. Darüber hinaus wird die Entseuchung des Rottegutes durch die Temperatur entscheidend beeinflußt (siehe Kap. V Hygiene).

4 Faktoren bei der Kompostierung

4.5 Luftporenvolumen

Wie oben erwähnt ist neben Wasser die Versorgung der Mikroorganismen mit Sauerstoff für deren Lebenstätigkeit notwendig. Dieser Sauerstoff muß über das im Substrat vorgegebene Gasraumvolumen bereitgestellt werden. Wird das Rottegut als Dreiphasensystem betrachtet, welches aus Feststoffen, Wasser und Gas besteht, so teilen sich Wasser und Luft das von den Feststoffen freie Volumen, das als Porenvolumen bezeichnet wird (siehe Abb. 2.5). Somit bewirkt bei konstantem Porenvolumen eine Vergrößerung des Luftporenvolumens im vorhandenen Porenraum eine Reduzierung der in diesen Poren befindlichen Wassermenge. Auch hier bestimmt die Art des Rottesystems (statisch oder dynamisch) bzw. die Struktur der Substrate das Optimum. So kann ein Luftporenvolumen – abhängig von eben genannten Faktoren – von 30 bis 50 % als für die Verrottung günstig bezeichnet werden. Deutlich über 70 % Luftporenvolumen bedeuten in der Regel eine Reduzierung der biologischen Aktivitäten infolge fehlenden Wasserangebots, unter 20 % ist die Versorgung der Mikroorganismen mit Sauerstoff nicht mehr ausreichend gewährleistet, die Bildung von anaeroben Zonen wird begünstigt [2, 11].

4.6 pH-Wert

Die Aktivität der Mikroorganismen und damit die Rotteintensität ist stark beeinflußt vom pH-Wert des Ausgangssubstrates, wobei weniger die potentielle, als die aktuelle Wasserstoffionenkonzentration entscheidend ist [7]. Positiv auf die Rotteintensität wirken sich pH-Werte im alkalischen Bereich bis maximal 11 aus, während Werte unter pH 7 im Ausgangssubstrat eine Verlangsamung der mikrobiellen Aktivität bewirken. Dies zeigt sich deutlich zu Beginn des Rotteprozesses. Wie in Abbildung 2.6 dargestellt, verlängert sich die Lag-Phase mit abnehmendem pH-Wert (hier dargestellt bis zum

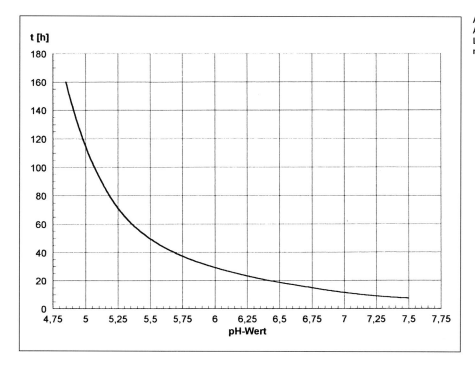

Abbildung 2.6: Abhängigkeit der Lag-Phase vom pH-Wert nach [13]

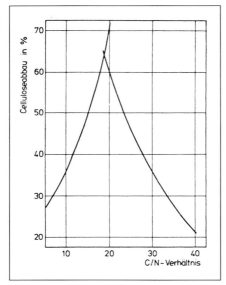

Abbildung 2.7: Zelluloseabbau in Abhängigkeit vom C/N-Verhältnis [2]

Tab. 2.3 Erreichbarer Abbaugrad verschiedener Naturstoffe und Substrate bei der Kompostierung [18]

	Erreichbarer Abbaugrad [%]
Naturstoffe	
Cellulose – chemisch aufbereitet	90
Cellulose – mechanisch aufbereitet	50
Hemicellulose	70
Zucker	70
Lignin	0
Fette	40–50
Wachse	70
Proteine	50
Pflanzen	
Wiesen	
– Sprosse	60,7
– Wurzeln	45,5
Nadelhölzer	
– Holz	37,5
– vornehmlich Nadeln	46,0
Laubhölzer	
– Holz	43,0
– vornehmlich Blätter	51,0
Nahrungsmittel	
– Äpfel	65,3
– Karotten	57,1
– Kartoffeln	63,4

Zeitpunkt der maximalen Temperatursteigung) nahezu exponentiell. Über die Rottezeit betrachtet verändert sich der pH-Wert (siehe Kap. 6.5). Bei pH-Werten unter 5 ist eine starke Hemmwirkung festzustellen. Bioabfälle werden häufig aufgrund des praktizierten Sammelrhythmus von 14 Tagen mit pH-Werten im sauren Bereich in Kompostierungsanlagen angeliefert.

4.7 Art des Substrates

Kompostiert werden können nur organische Verbindungen, welche biologisch zu verwerten sind. Diese bestehen aus einem mineralischen, einem organischen Anteil und Wasser. Die organischen Substanzen werden von den aeroben Mikroorganismen als Energiequelle zur Aufrechterhaltung der Lebenstätigkeit verwendet, während die mineralischen Substanzen, die eine große Relevanz für die Anwendung des Kompostes besitzen, für den Rotteprozeß von zweitrangiger Bedeutung sind. Wasser hat besondere Wichtigkeit für den Nährstofftransport und die Sauerstoffversorgung der Mikroorganismen. Der erreichbare Abbaugrad von Substraten bei der Kompostierung ist in Tabelle 2.3 aufgeführt.

4.8 C/N-Verhältnis

Das Verhältnis von Kohlenstoff- zu Stickstoff-Atomen des Ausgangsmaterials zur Kompostierung hat einen Einfluß auf die Abbaurate des Rottegemisches. Die höchsten Abbauraten sind bei einem C/N-Verhältnis von ca. 1 : 20 bis 1 : 25 zu erzielen [3]. Bei einem zu engen C/N-Verhältnis (< 10) stellt Kohlenstoff, bei einem zu weiten C/N-Verhältnis Stickstoff, einen limitierenden Wachstumsfaktor dar (> 40). Demnach bewirkt ein vom Optimum abweichendes C/N-Verhältnis eine Verlängerung der Rottezeit, die Abbaugeschwindigkeit wird reduziert. Eine Hemmung der Mikroorganismentätigkeit findet jedoch nicht statt [2].

4.9 Substratkonzentration

Die Abbaurate eines Substrates bei einer enzymisch katalysierten Umwandlung – angegeben in umgesetzter Substratmenge pro Zeiteinheit – ist abhängig von der Substrat- bzw. Enzymkonzentration. Für enzymatische Prozesse wird diese Relation durch die Michaelis-Menten-Beziehung ausgedrückt, nach der die Reaktionsgeschwindigkeit in der Regel mit dem Ansteigen der Substratkonzentration hyperbolisch zunimmt [22].

Übertragen auf homogene Systeme, bei denen die Mikroorganismen in einer flüssigen Phase dispergiert sind, in welcher das Substrat in gelöster Form vorliegt, steigt die Substratausnutzung mit der Substratkonzentration hyperbolisch an (Monod-Gleichung). Hierbei ist der Massentransport des Substrates zur Zelle kein limitierender Faktor, so daß die Kinetik durch das limitierende Substrat gesteuert wird [22, 11].

Bei der Kompostierung liegt ein heterogenes System vor, mit festem Substrat und begrenztem Wassergehalt. Dieses in fester Form vorliegende Substrat muß durch Hydrolyse in niedermolekulare Stoffe umgewandelt werden, bevor es in die Zelle zur Nährstoffversorgung gelangen kann. Hieraus resultiert, daß nicht die Substratkonzentration selbst, sondern die Möglichkeit der enzymatischen hydrolytischen Aufspaltung über die Verfügbarkeit des Substrates und damit die Nährstoffversorgung entscheidet (z. B. Zellulosezersetzung) [11].

5 Thermische Kenngrößen

5.1 Allgemeines

Im Hinblick auf die Wärmeübertragung, aber auch speziell auf die Nutzung der durch den aeroben Abbau freigesetzten Wärmeenergie, sind zwei materialspezifische Parameter von Bedeutung:

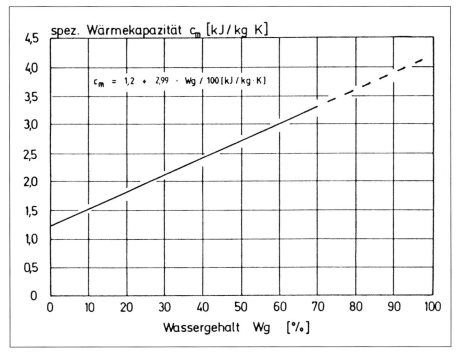

Abbildung 2.8: Spezifische Wärmekapazität des Rottegutes in Abhängigkeit vom Wassergehalt [16]

– die spezifische Wärmekapazität und
– die Wärmeleitfähigkeit des Rottegutes.

5.2 Spezifische Wärmekapazität des Rottegutes

Die spezifische Wärmekapazität ist ein Maß dafür, welche Wärmemenge in einem Material bei einem entsprechenden Temperaturniveau gespeichert ist bzw. welche Wärmemenge notwendig ist, den Stoff auf eine entsprechende Temperatur zu bringen.

Die spezifische Wärmekapazität von Bioabfall bzw. Kompost wird erheblich durch den Wassergehalt beeinflußt. Sie ist linear vom Wassergehalt abhängig, wie in Abbildung 2.8 dargestellt. Der Wert bei 100 % Wassergehalt entspricht dabei genau dem von Wasser. Bei einem feuchten Rottegemisch mit einem Wassergehalt von 65 % erreicht die spezifische Wärmekapazität den Wert von 3,2 kJ/kg·K.

Eine Änderung der Zuschlagstoffe des Rottegutes beeinflußt die spezifische Wärmekapazität bezogen auf die Trockensubstanz in geringem Umfang. Durch Mineralisierungsvorgänge infolge des Abbaus an organischer Substanz ist bezogen auf die Trockensubstanz eine Abnahme der spezifischen Wärme um bis zu 15 % vom Ausgangswert festzustellen.

5.3 Wärmeleitfähigkeit des Rottegutes

Die Wärmeleitfähigkeit stellt eine Stoffkonstante dar, die bestimmt, in welchem Maß eine Wärmeübertragung im Material vonstatten geht. Sie hat somit direkte Auswirkungen auf die Wärmeverluste eines Haufwerkes und auf den Wärmeentzug z. B. mittels in den Kompost eingelegter Wärmetauscher.

Die effektive Wärmeleitung des Rottegutes, welches ein Dreiphasengemisch darstellt, wird jedoch nicht nur beeinflußt von der Wärmeleitfähigkeit des Strukturmittels selbst, sondern auch vom Zusammenwirken von Stoff- und Energietransport über das Porenwasser und die Porenluft. Hieraus resultiert, daß besonders das Luftporenvolumen und der Wassergehalt wesentliche Fak-

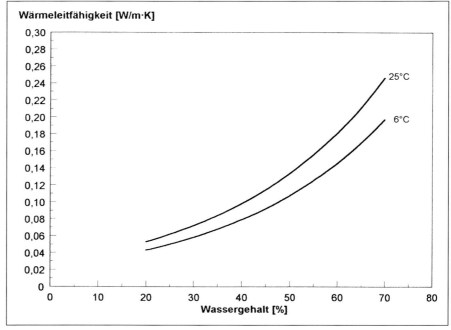

Abbildung 2.9: Wärmeleitfähigkeit von Rottegut in Abhängigkeit vom Wassergehalt [16]

5 Thermische Kenngrößen

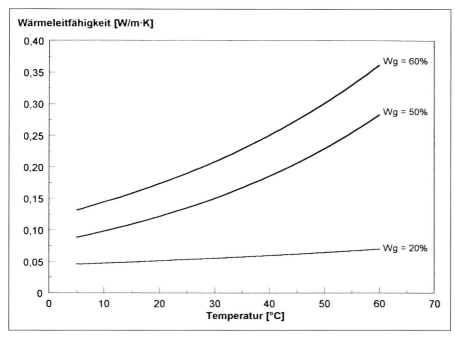

Abbildung 2.10:
Wärmeleitfähigkeit
von Rottegut
in Abhängigkeit
von der Temperatur [16]

toren für die Wärmeleitfähigkeit darstellen.

Bei einem Dreiphasengemisch sind vier Arten der Wärmeübertragung möglich [17]:

- im Feststoff,
- in der Flüssigkeit,
- im Dampf-Luft-Gemisch, welches von benetzten Porenwänden umschlossen ist, so daß eine Wasserdampfdiffusion stattfinden kann,
- im Dampf-Luft-Gemisch, welches von trockenen Porenwänden begrenzt ist, so daß nur Wärmestrahlung und die molekulare Wärmeleitung des Gases auftreten.

Wie in Abbildung 2.9 dargestellt, ist mit zunehmendem Wassergehalt ein starkes Ansteigen der Wärmeleitfähigkeit verbunden, indem der Anteil des Wassers, welcher eine hohe Wärmeleitfähigkeit besitzt, gegenüber den Feststoffen und der Porenluft immer mehr zunimmt.

Die Abbildung 2.10 zeigt, daß mit zunehmender Temperatur, vor allem verursacht durch die verstärkte Dampfdiffusion, welche den Energieaustausch fördert, die Wärmeleitfähigkeit ebenfalls zunimmt. Hieraus ist zu folgern, daß sich bei Komposten mit Wassergehalten von 60 bis 70 % und Temperaturen von 40 bis 60 °C, die Wärmeleitfähigkeit zwischen 0,25 W/m·K bis 0,4 W/m·K bewegt.

Im Vergleich zu anderen Stoffen liegt die Wärmeleitfähigkeit von Rottegut im Bereich zwischen mäßig leitendem und isolierendem Material. Für eine Wärmeentnahme mittels gelegter Wärmetauscher ist die Leitfähigkeit als nur mäßig zu beurteilen.

5.4 Freigesetzte Wärmeenergie

Die durch die mikrobielle Aktivität freigesetzte Wärmeenergie kann als regenerative Energie verwertet werden. Sie ist abhängig vom Abbau der organischen Substanz. Ohne Berücksichtigung der Wirkungsgrade, welche von der Art des Wärmeentzuges sowie den Wärme- und Übertragungsverlusten abhängig sind, kann mit einem Mittelwert von 22,5 kJ/g abgebauter organischer Substanz gerechnet werden [16].

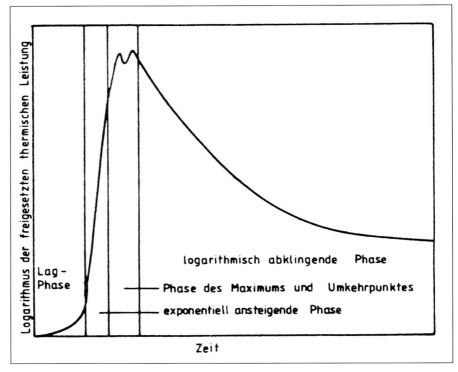

Abbildung 2.11:
Thermische Leistung in Abhängigkeit von der Zeit als Parameter für die mikrobielle Aktivität [16]

6 Verlauf von Prozeßparametern bei der Kompostierung

6.1 Allgemeines

Die in Kapitel 4 dargestellten Prozeßparameter bei der Kompostierung zeigen eine deutliche Abhängigkeit vom Rotteverlauf und damit von der Rottezeit. Im folgenden soll der Verlauf einiger wesentlicher Parameter in Abhängigkeit von der Rottezeit dargestellt werden. Hierbei wird von einer Batch-Betrachtung ausgegangen.

6.2 Mikrobielle Aktivität

Die mikrobielle Aktivität ist unter Zugrundelegung der thermischen Leistung als Kenngröße in vier Phasen einzuteilen.

Die erste Phase ist die Anlauf-(Lag-)Phase, die den Zeitraum vom Einfüllen des Rottegutes bis zu dem Zeitpunkt umfaßt, zu dem sich eine angepaßte Mikroorganismenpopulation gebildet hat, was durch ein starkes Ansteigen der thermischen Leistung aufgrund der mikrobiellen Aktivität angezeigt wird. Die zweite Phase verläuft exponentiell, hier ist ein nahezu exponentiell konstantes Zunehmen der thermischen Leistung aufgrund des mikrobiellen Wachstums zu vermerken. Die dritte Phase beinhaltet den Bereich der maximalen thermischen Leistung mit in der Regel zwei relativen Maxima. Hieran anschließend folgt die Ausklingphase, welche durch eine Reduzierung der mikrobiellen Aktivität infolge des verringerten Nährstoffangebotes und der Veratmung schwerer abbaubarer Substanzen gekennzeichnet ist.

6.3 Temperatur, O_2/CO_2-Gehalt, thermische Leistung

Entsprechend der mikrobiellen Aktivität zeigen die Temperaturentwicklung, der

6 Verlauf von Prozeßparametern bei der Kompostierung

veratmete Sauerstoff bzw. der freigesetzte Kohlenstoff sowie die thermische Leistung eine deutliche Ähnlichkeit im Kurvenverlauf. Es wird deutlich, daß das Maximum der thermischen Leistung im Bereich des maximalen Temperaturgradienten zwischen 40 °C und 50 °C liegt. Dies korrespondiert mit dem veratmeten Sauerstoff- bzw. freigesetzten Kohlenstoff. Das Temperaturmaximum wird mit einer Phasenverschiebung von ca. 8 Stunden erreicht.

Bei semidynamischen Systemen, bei welchen das Rottegut häufiger umgesetzt wird, findet bei jedem Umsetzvorgang eine Homogenisierung, evtl. Befeuchtung und intensive Versorgung mit Sauerstoff statt, welche sich als erneute Selbsterhitzung im Prozeßverlauf widerspiegelt.

6.4 Abbau an organischer Substanz

Der Abbau an organischer Substanz erfolgt in logarithmischer Abhängigkeit von der Zeit. Damit wird in den ersten Wochen des Rotteprozesses der größte Teil der organischen Substanz abgebaut, gegen Ende der Rottezeit verlangsamt sich der Abbauprozeß, Umbauvorgänge gewinnen an Bedeutung.

Bei der Bioabfallkompostierung kann innerhalb eines Zeitraumes von 12 Wochen abhängig von Kompostmaterial und Prozeßführung mit einer Abbaurate von ca. 50 % bis zu 70 % gerechnet werden.

6.5 pH-Wert

Abhängig vom pH-Wert des Eintragsmaterials in die Rotte lassen sich für die ersten Tage der Rotte verschiedene Kurvenverläufe aufzeigen, welche jedoch mit zunehmender Rottezeit identisch werden.

Liegt ein neutrales bis leicht alkalisches Rottegut vor, findet während der ersten Rottephase ein Absinken des pH-Wertes in den sauren Bereich auf ca. pH 5,5 bis 6 statt. Dies wird verursacht durch die CO_2-Bildung, die Bildung von organischen Säuren als Zwischenprodukt des

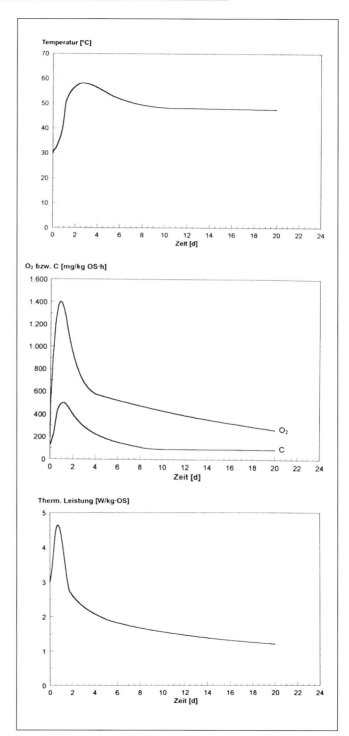

Abbildung 2.12: Verlauf von Temperatur, O_2-Verbrauch bzw. CO_2-Entwicklung und thermischer Leistung in Abhängigkeit von der Rottezeit [16]

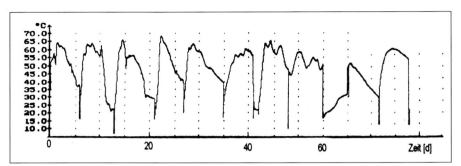

Abbildung 2.13:
Temperaturverlauf einer Miete bei mehrmaligem Umsetzen (nach [13])

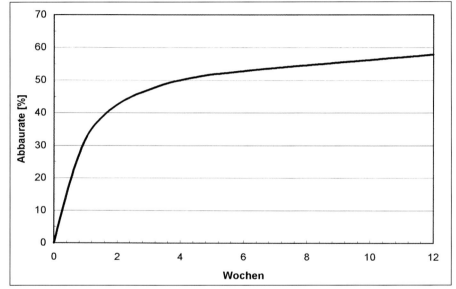

Abbildung 2.14:
Abbaurate der organischen Substanz in Abhängigkeit von der Rottezeit (nach [13])

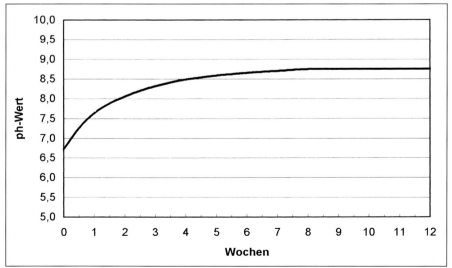

Abbildung 2.15:
Verlauf des pH-Wertes in Abhängigkeit von der Rottezeit (nach [13] et al.)

6 Verlauf von Prozeßparametern bei der Kompostierung

mikrobiellen Abbaus und die Nitrifikation. Mit zunehmender Rottezeit steigt der pH-Wert aufgrund verstärkter mikrobieller Aktivität, verbunden mit der Bildung von Ammoniak, auf Werte von deutlich über pH 8 an.

Wird das Rottegut in saurem Zustand in die Kompostierung gebracht, was gerade bei langen Abfuhrrhythmen bei der Bioabfallsammlung aufgrund der Bildung organischer Säuren häufiger auftritt, ist dieses typische Absinken des pH-Wertes nicht zu erkennen. Hier findet innerhalb der ersten 1 bis 2 Wochen ein Ansteigen über den pH-Wert 7 statt; in den folgenden Wochen pendelt sich dieser ebenfalls auf ca. 8 bis 8,5 ein.

6.6 Porenvolumen/Korndichte

Wird eine statische Miete betrachtet, so verringert sich mit zunehmender Rottezeit das Gesamtporenvolumen aufgrund von Setzungsvorgängen und des Abbaus an organischer Substanz. Hierbei nimmt die Korndichte des Materials, abhängig vom Abbauprozeß, um über 20 % zu. Der Anteil des Wasservolumens verringert sich von über 20 % auf ca. 10 %, das Luftporenvolumen bleibt hierbei häufig in der Größenordnung von 60 bis 70 % konstant.

6.7 Ammonium-/Nitrat-Stickstoff

Beim Abbau stickstoffhaltiger organischer Verbindungen wird ein Teil des Stickstoffes in Ammoniumstickstoff umgewandelt. Dieser wird jedoch häufig direkt von den Mikroorganismen assimiliert oder über Nitrit zu Nitrat oxidiert. Hierbei ist festzustellen, daß in den ersten Wochen der Rotte eine Festlegung des organischen Stickstoffes erfolgt und erst danach eine Remineralisierung eintritt [5]. Damit kann i. d. R. mit fortgeschrittenem Rottestadium eine Erhöhung des Nitratgehaltes festgestellt werden, während gleichzeitig der Ammoniumgehalt deutlich absinkt. Zu hohe Ammonium-Stickstoffgehalte geben einen Hinweis auf einen geringen Rottegrad. Dabei ist zu beachten, daß Ammonium- und Nitrat-Stickstoffgehalte nicht zur generellen Beurteilung des Rotteverlaufes herangezogen werden können; sie können nur im Zusammenhang mit anderen Parametern interpretiert werden.

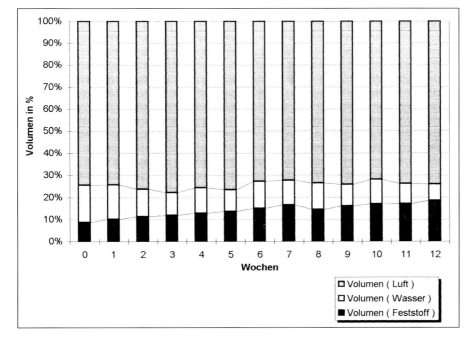

Abbildung 2.16: Porenvolumina in Abhängigkeit von der Rottezeit [13]

III Aerobe Verfahren (Kompostierung)

1 Grundsätzliche Möglichkeiten der Kompostierung

1.1 Einleitung

Bei der Kompostierung von Siedlungsabfällen ist grundsätzlich in die Eigenkompostierung, welche als Maßnahme zur Abfallvermeidung betrachtet werden kann, und die Kompostierung in technischen Anlagen zu unterscheiden.

Die Eigenkompostierung von häuslichen Abfällen hat besondere Bedeutung, da

- keine Genehmigung für Bau und Betrieb erforderlich ist,
- keine Emissionen durch externe Sammlung und Transport entstehen,
- die erzeugten Komposte selbst eingesetzt werden (hierdurch wird von vornherein durch die Haushalte auf Störstofffreiheit geachtet und der Vermarktungsaufwand entfällt),
- das Umweltbewußtsein durch die mit der Eigenkompostierung verbundenen Aktivitäten geschärft wird,
- keine Kosten für Sammlung, Transport, Kompostherstellung und Vorortvermarktung entstehen,
- die zu entsorgende Abfallmenge reduziert wird.

Die Realisierung der Eigenkompostierung ist von einer Anzahl von Faktoren abhängig, welche in Kapitel 1.2 dargestellt werden. Es ist zu beachten, daß unter abfallwirtschaftlichen Aspekten auf Ebene der Gebietskörperschaften die Eigenkompostierung nur für Teilströme angesetzt werden kann. Hinsichtlich der aktuellen Hygienediskussion sei auf das Kapitel V »Hygiene« verwiesen. Für nicht in die Eigenkompostierung verbrachte Bioabfälle ist deren Sammlung, Transport und Behandlung in technischen Anlagen erforderlich (siehe Kap. 1.3).

1.2 Eigenkompostierung

Die Entscheidung auf Haushaltsebene, inwieweit eine Eigenkompostierung durchgeführt wird, hängt von einer Vielzahl von Faktoren ab, deren wesentliche nachfolgend zusammengefaßt dargestellt sind [33, 43, 44].

Lokale Voraussetzungen

Sowohl hinsichtlich der Möglichkeiten der Eigenkompostierung als auch der Kreislaufführung des Komposts als Bodenverbesserungsmittel bzw. Sekundärrohstoffdünger ist ein Flächenangebot als Stellfläche für den Komposter und ein Garten zur Kompostverwertung erforderlich. Werden neben den Gartenabfällen auch Küchenabfälle mitkompostiert, sollte im Hinblick auf die Vermeidung einer Überdüngung eine Aufbringungsfläche von mindestens 25 m²/E [44] zur Verfügung stehen.

Kompostierungstechnik

Die eingesetzte Kompostierungstechnik bestimmt die Handhabung und den damit verbundenen Arbeitsaufwand, den ästhetischen Gesamteindruck, den Rotteprozeß auch in Abhängigkeit von der Witterung und evtl. Belästigungen. In der Praxis wird mehrheitlich das schichtenweise Aufsetzen der Abfälle auf einer Miete oder in einem offenen Komposter (z. B. Lattensysteme aus Holz oder Kunststoff) bevorzugt (siehe Abb. 3.1). Konstruktionen aus verzinktem Steckme-

1 Grundsätzliche Möglichkeiten der Kompostierung

Abbildung 3.1: Komposter zur Eigenkompostierung

tall oder Drahtnetzen sind aufgrund der korrosiven Eigenschaften des Kompostes, welche eine Verschleppung der Verzinkung in den Kompost verursachen, nicht zu empfehlen. Zur Intensivierung des Rotteprozesses, für höhere ästhetische Ansprüche und zum Schutz gegen Nager und Vögel werden in den letzten Jahren verstärkt geschlossene Systeme mit perforierten Seitenwänden, Bodenrosten, teilweise auch isoliert, am Markt angeboten.

Die Handhabung dieser geschlossenen Systeme hinsichtlich der Entnahme des fertigen Kompostes (z. B. durch Klappen- oder Seitenwandsegmente) ist jedoch aufwendig und besitzt gegenüber den einfachen Lattensystemen keine Vorteile. Im Winter besitzen große Mieten bzw. Silos aufgrund des besseren Oberflächen-/Volumenverhältnisses, verbunden mit geringerer Wärmeabstrahlung, eindeutige Vorteile. Ebenso zeigen Komposter mit Wärmedämmung im Winter deutlich bessere Abbauleistungen. Die erforderliche Rottezeit beträgt ca. 6 Wochen für Mulchmaterial, ca. 6 bis 12 Monate für ausgereiften Fertigkompost. Hierbei ist ein mindestens einmaliges Umsetzen erforderlich.

Abfallwirtschaft
Die abfallwirtschaftlichen Randbedingungen haben einen deutlichen Einfluß auf die Eigenkompostierung. Neben dem Behälter-Volumenangebot beim Restmüllbehälter, bestimmen die Gebührenstrukturen (Wahrscheinlichkeitsmaßstab (kontraproduktiv) bzw. Wirklichkeitmaßstab (unterstützend)), die Gebührenveranlagung der Bioabfallsammlung, Gebührennachlässe für Eigenkompostierer und eine evtl. Subventionierung der Eigenkompostierung (z. B. Zuschüsse zu Kompostern), das Abfallverhalten der Bevölkerung. Der Anteil kompostierender Gartenbesitzer geht von 65 % (Gemeinden > 10 000 E) bis zu 85 % (Gemeinden < 1 000 E) [44]; die derzeit insgesamt im Hausbereich kompostierte Abfallmenge wird auf ca. 5 Mio Mg/a geschätzt.

Motivation und Kenntnisstand
Zur Vermeidung von Fehlentwicklungen und Rückschlägen sind Haushalte, welche die Eigenkompostierung betreiben, entsprechend zu motivieren. Dies betrifft besonders die Auswahl der Ausgangsmaterialien, die Vermeidung unerwünschter Emissionen, die Kompostierungstechnik und den Einsatz der Komposte, um eine

Überdüngung auszuschließen. Der mit der Eigenkompostierung verbundene Arbeits- und Zeitaufwand (Komposterbeschickung, Komposterpflege, Umsetzen, Absieben) erfordert eine hohe Motivation, welche durch entsprechende Öffentlichkeitsarbeit, verbunden mit Gebührenvorteilen, zu unterstützen ist. Neben der Verteilung von Informationen über die Vorteile der Eigenkompostierung und deren Durchführung (z. B. Kompostfibel des Umweltbundesamtes) [2] wurden mit der gezielten Schulung durch Gartenfachberater gute Erfahrungen gemacht. In kleinen Gärten ist in diesem Zusammenhang (hinsichtlich der ästhetischen Akzeptanz) auch der Komposter selbst ein bedeutender Faktor.

Im folgenden sollen einige wesentliche Faktoren für eine erfolgreiche Eigenkompostierung genannt werden:

Ausgangsmaterial
Generell sind alle Gartenabfälle, sofern diese keine phytopathogenen Bestandteile beinhalten (z. B. Pflanzeninfektionskrankheiten), zur Kompostierung geeignet. Baum- und Strauchschnitt sollte vor der Kompostierung gehäckselt werden. Hierbei sind zerfasernde Häcksler besser als schneidende, da die biologisch angreifbare Oberfläche vergrößert wird. Grasschnitt sollte angewelkt bzw. vermischt auf den Kompost verbracht werden. Laubarten mit hohem Gerbsäureanteil sind schwer verrottbar (Eiche, Nußbaum, Kastanie, Pappel, Birke, Akazie).

Küchenabfälle können gut kompostiert werden; eiweißhaltige Abfälle (Fleisch- und Wurstwaren, Käse) und zubereitete Speiseabfälle sind im Hinblick auf Ratten und Mäuse, aber auch auf Fliegenlarven, nicht ohne Bedenken mit zu kompostieren. Gegebenenfalls ist mit Erde oder Fertigkompost, evtl. auch mit Kalk abzudecken. Zeitungspapier und grobe, nicht mit Kunststoffen beschichtete Pappe ist als Strukturmaterial ebenfalls gut kompostierbar. Inhalte von Staubsaugerbeuteln sowie Kohleasche gehören aufgrund der Schadstoffbelastung nicht auf den Komposthaufen.

Rotteprozeß
Hinsichtlich eines optimalen Rotteprozesses ist auf eine gute Durchlüftung zu achten. Daher sind geschlossene Gruben oder geschlossene Behälter ohne Perforation nicht geeignet. Ein ausreichender Wassergehalt ist unabdingbar; bei trockenen Abfällen und langer Trockenheit ist ein Bewässern sinnvoll. Zu vermeiden ist ein zuviel an Wasser, da das Luftporenvolumen zu gering und die Sauerstoffversorgung beeinträchtigt wird (Gefahr der Fäulnisbildung). Das Mischen unterschiedlicher Ausgangsmaterialien verbessert die Porenstruktur, den Wasserhaushalt und die Nährstoffversorgung der Mikroorganismen. Beim Aufsetzen eines neuen Komposthaufens wirkt Fertigkompost aufgrund der darin enthaltenen Kleinlebewesen als Starter. Zusätzliche Bakterienpräparate (Starter) sind unnötig. Lehmige Gartenerde bzw. Tonminerale als Bestandteile der Ton-Humus-Komplexe (Dauerhumus) sind bei reinen Sandböden vorteilhaft. Nach einer Rottezeit von ca. 3 Monaten ist der Komposthaufen umzusetzen. Hierbei kann auch der Wassergehalt reguliert werden.

Standort
Es ist eine schattige, windgeschützte Stelle im Garten zu empfehlen. Der Untergrund muß wasserdurchlässig sein; am besten direkt auf die Erde aufsetzen (Verhinderung der Bildung von Staunässe, Regenwurmbesatz etc.). Bei der Standortwahl sind die Belange der Nachbarschaft zu beachten.

Als Sonderfall der Eigenkompostierung ist die Quartierkompostierung (Genossenschaftskompostierung) zu nennen (Beispiel Stadt Zürich) [3]. Hierbei wird die Eigenkompostierung im Geschoßwohnungsbau durch die Bewohner gemeinsam durchgeführt. In der Stadt Zürich werden 450 solcher Kompostplätze betrieben und hierbei die biogenen Abfälle von ca. 17 000 Einwohnern zu Kompost verarbeitet.

Hierbei sind folgende Randbedingungen einzuhalten:

– Es muß eine gute, permanente Informationsarbeit erfolgen.

- Es sind motivierte Betreuungsgruppen, welche die Verantwortung und Durchführung der Kompostierung übernehmen, erforderlich.
- Die Hausverwaltung muß dieser Kompostierung zustimmen.
- Es müssen ausreichend Grünflächen vorhanden sein (Faustzahl:Grünfläche/Gebäudefläche > 2).
- Die Gestaltung des Kompostplatzes muß zweckmäßig sein und auch ästhetischen Ansprüchen genügen.
- Es ist damit sowohl eine soziale als auch optische Integration des Kompostplatzes in die Siedlung erforderlich.

Neben dem altruistischen Motiv »Umweltschutz betreiben« und einer eventuellen Gebühreneinsparung ist vor allem die Förderung sozialer Kontakte und die Verbesserung des Wohnumfeldes durch entsprechende Freiflächengestaltung und -nutzung (z. B. Beeren- und Wildblumengarten) als Vorteil zu nennen [24].

Es ist zu beachten, daß die Quartierkompostierung an das Engagement Einzelner und an die Akzeptanz aller Bewohner gekoppelt ist. Inwieweit städtische Siedlungen mit starker Bevölkerungsfluktuation eine langfristige Funktionssicherheit der Quartierkompostierung ermöglichen, ist fraglich [18].

1.3 Technische Kompostierungsverfahren

Zur Kompostierung großer Mengen separat erfaßter Bioabfälle sind technische Anlagen erforderlich. Dabei ist in dezentrale und zentrale Anlagen zu unterscheiden.

Eine objektive Abgrenzung in »dezentrale« bzw. »zentrale« Anlagen ist nicht generell möglich. Bezogen auf die Situation in der Bundesrepublik Deutschland mit entsorgungspflichtigen Gebietskörperschaften auf Land- bzw. Stadtkreisebene kann in diesem Zusammenhang die Abgrenzung durch die angeschlossenen Einwohnerzahlen bzw. den Anlagendurchsatz erfolgen. Gleichzeitig beinhaltet diese Abgrenzung auch die Art des Betriebes.

Als Schnittstelle kann eine Einwohnerzahl von maximal 10 000 Einwohnern bzw. ein maximaler Durchsatz von kleiner 1 000 Mg/a angesetzt werden. Der Betrieb dieser Anlagen erfolgt durch Gartenbaubetriebe bzw. die Landwirtschaft, die durch eigenes Personal und einen im Maschinenring organisierten Maschinenpark bis hin zum Einsatz der Komposte durch Eigenverwertung die Anlage betreiben.

Die Kompostierung von Grünabfällen wird in vielen Gebietskörperschaften schon seit vielen Jahren dezentral durchgeführt; bei der Bioabfallkompostierung sind dezentrale Systeme selten. Als Beispiel seien die Komposthöfe im Landkreis Ebersberg genannt (Durchsatz ca. 650 Mg/a) [23]. In Tabelle 3.1 sind die Vor- und Nachteile der dezentralen Verfahren dargestellt.

Resultierend aus den Entwicklungen der letzten Jahre mit einem hohen Anschlußgrad städtischer Gebiete, der Emissionsminimierung, dem erforderlichen organisatorischem Aufwand, der Qualitätskontrolle und der Kosten, verbunden mit zunehmender Übertragung der Planung, dem Bau und Betrieb von Kompostierungsanlagen an Entsorgungsunternehmen sind die in dezentralen Anlagen kompostierten Mengen gering. Es besteht der Trend zu Anlagen mit größeren Durchsatzleistungen [17].

2 Technik der Kompostierung

2.1 Prinzipieller Aufbau von Kompostierungsanlagen

Der Verfahrensablauf bei Bioabfallkompostierungsanlagen ist grundsätzlich in die in Abbildung 3.2 dargestellten Schritte zu unterteilen. Häufig bietet es sich in der Praxis an, diese einzelnen Verfahrensschritte gleichzeitig als Betriebseinheiten festzulegen, um Schnittstellen eindeutig definieren und Funktionen zuordnen zu können.

Tab. 3.1 Vor- und Nachteile dezentraler und zentraler Kompostierung (nach [4] et al.)

Kriterium	dezentrale Kompostierung	zentrale Kompostierung
Anlagengröße	< 1000 Mg/a	>> 1000 Mg/a
Angeschlossene Einwohner	< 10.000 E/Anlage	>> 10.000 E/Anlage
Siedlungsstruktur	ländlich strukturiert	ländlich und städtisch strukturiert
Genehmigungsprocedere	< 0,75 Mg/d; ggf. baurechtl. Genehmigung	> 0,75 Mg/d (6570 Mg/a) immissionsschutzrechtl. Genehmigung. Vereinfachtes Verfahren bis 87.600 Mg/a
Aufbereitungstechnik der Bioabfälle	Manuelle Sortierung von groben Störstoffen aus der Miete. Zerkleinerung von Gartenabfällen durch Häcksler, Mischung beim Aufsetzen	Maschinelle Aufbereitungstechnik abh. von Verfahren: Dekompaktierung, Siebung, Fe-Abscheidung, Störstoffentnahme, Homogenisierung, Mischung
Rottetechnik	offene Mietenverfahren (ohne Zwangsbelüftung), teilweise mit Umsetzen. Mobile Aggregate	offene und gekapselte Verfahrenstechnik, Intensivrotteverfahren, häufig automatisch ggf. umsetzen, Steuerung der Rotte, Bewässerung. I.d.R. fest installierte Aggregate
Feinaufbereitungstechnik	Absieben durch mobile Aggregate	Absieben, Hartstoffabscheidung, Sichtung durch i.d.R. feste Aggregate
Anlagenbetrieb	Verbundsystem. Austausch von Personal und Maschinen (z. B. Maschinenring) Landwirtschaft, GA-LA-BAU	Personal und Maschinen am Platz, Gebietskörperschaften, Entsorgungsunternehmen
Emissionen	Frachten rel. gering durch kleine Anlage, Konzentrationen rel. hoch, da keine Kapselung	relativ große Frachten, da große Anlagen, Konzentrationen rel. gering bei Anlagenkapselung
spezif. Flächenbedarf	relativ hoch, da in Relation zu Rottefläche große Wege und Arbeitsfläche	relativ gering, da günstige Flächenausnutzung u. a. durch kompakte Rottesysteme
Standortfindung	mehrere Standorte erforderlich, häufig schwierig	nur ein Standort erforderlich, Akzeptanzproblematik
Lokale Identifikation	rel. hoch, da überschaubar und dicht am Einzugsgebiet	gering, dadurch häufig wenig Akzeptanz
Transportaufkommen	geringe Entfernungen zum Sammelgebiet und zum Komposteinsatz, geringes Transportaufkommen	z. T. lange Anfahrtswege aus Gebietskörperschaft, lange Verwertungswege, hohes Transportaufkommen
Kompostqualität	ungleichmäßig durch lokale und zeitliche Schwankungen, intensive Rottebetreuung aufwendig	relativ gleichbleibend, da lokale und zeitliche Kompensationen möglich, Rotteführung und Störstoffentnahme gezielter möglich
Fremdüberwachung	aufwendig, weniger überschaubar da viele Einzelanlagen	gut überschaubar, da im Verhältnis wenige Anlagen
Organisationsaufwand	hoch, da Austausch von Personal und Maschinen	relativ gering, da Personal und Maschinen am Platz
Vermarktung	lokale Absatzmöglichkeit, hohe Identifikation mit Produkt	aufwendiger, überregionale Vermarktung häufig erforderlich
spezif. Kosten	stark abhängig von Anlagenbetrieb u. Vermarktungskosten infolge einfacher Technik vergleichsweise häufig geringer	relativ hoher Anteil an Kapitalkosten, besonders bei technisch aufwendigen Anlagen; starke Kostendegression bei steigendem Durchsatz

2 Technik der Kompostierung

Wiegung und Registrierung

Sämtliche angelieferten Abfälle sowie die Stoffströme, welche die Anlage verlassen, wie z. B. Kompost, abgeschiedene Fe-Metalle sowie Sortier-, Sieb- und Sichtreste sind im Eingangsbereich zu wiegen und zu registrieren. Hierbei sind die Transportfahrzeuge in der Regel beim Ein- und Ausfahrvorgang zu verwiegen, um die tatsächlich transportierten Stoffe mengenmäßig zu erfassen. Bei häufig eingesetzten Fahrzeugen (z. B. Sammelfahrzeuge) wird in der Praxis nur eine Verwiegung des vollen Fahrzeugs vorgenommen und durch Kenntnis des Fahrzeugtaragewichtes (Mittelwert), z. B. durch das Kfz-Kennzeichen, das Ladungsgewicht ermittelt. Gebühreneinnahmen und Erlöse sind aufzuzeichnen.

Diese Maßnahmen sind erforderlich, um eine komplette Mengenbilanz der Stoffströme zu ermöglichen, die interne und externe Abrechnung zu gewährleisten (Abfallgebühren, Komposterlöse) und eine Sichtkontrolle ein- und ausfahrender Fahrzeuge und deren Ladungen durchzuführen. Im Hinblick auf eine zügige Abfertigung und die Minimierung des Verwaltungsaufwandes ist es angeraten, die Wiege- und Abrechnungsvorgänge durch den Einsatz von EDV-Systemen zu automatisieren.

Annahme und Zwischenspeicherung

Zwar ist es prinzipiell machbar, (z. B. bei Kompostierungsanlagen mit sehr geringem Durchsatz oder Anlagen mit gleichmäßigen Materialanlieferungen) auf eine Zwischenspeicherungsmöglichkeit zu verzichten, in der Regel ist es jedoch erforderlich, eine solche vorzusehen. Diese hat folgende Funktionen wahrzunehmen:

- definierter Anlieferungsbereich für die Fahrzeuge; kein externer Fahrzeugverkehr im Bereich des Aufbereitungs- und Rotteteils,
- Zwischenlagerungsmöglichkeit für Einzelchargen zwecks späterer Homogenisierung,

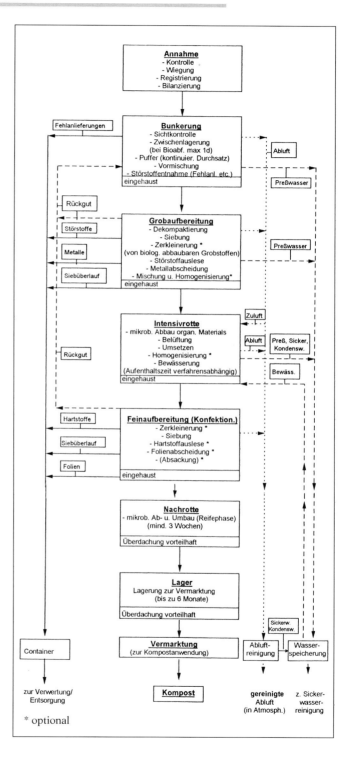

Abbildung 3.2:
Verfahrensschema einer Bioabfallkompostierungsanlage

- Sichtkontrolle der angelieferten Chargen mit der Möglichkeit des Abtrennens von groben Fehlwürfen oder stark verunreinigten Anlieferungen,
- Schaffung der Möglichkeit zeitgleicher Anlieferung durch verschiedene Fahrzeuge,
- Puffer für Spitzenbelastungen und kurzfristige Betriebsunterbrechungen,
- Gewährleistung eines kontinuierlichen Durchsatzes für die nachfolgende Aufbereitung, (Entkoppelung von Anlieferung und Aufbereitung).

Diese Zwischenspeicherung ist für Bioabfälle auf einen Tag zu begrenzen, um die Bildung von Gerüchen und Sickerwasser, verbunden mit durch eine eventuelle Selbsterhitzung oder Anaerobie einhergehenden Emissionen, zu vermeiden. Zur Minimierung von Emissionen ist der Anlieferungs- und Zwischenspeicherbereich einzuhausen; eine gezielte Absaugung einzelner Bereiche sollte möglich sein.

Für pflanzliche Abfälle, welche als Strukturmaterial eingesetzt werden sollen (z. B. Baum- und Strauchschnitt), sind, abhängig vom Sammelsystem und -turnus, weitere Zwischenspeicherplätze vorzusehen. Diese Strukturmaterialien können in einem Freilager i. d. R. auch über mehrere Wochen zwischengespeichert werden.

Grobaufbereitung

Mit der Aufbereitung der Abfälle vor der Kompostierung werden drei Ziele verfolgt:

- Herstellung eines schadstoff- und störstoffarmen Ausgangsproduktes zur Kompostierung.
- Einstellung optimierter physikalischer Eigenschaften des Rottegutes.
- Selektion von die nachfolgenden Prozeßschritte störenden Materialien.

Diese Aufbereitung ist in der Regel erforderlich, da bei weitgehend flächendeckender Erfassung von Bioabfällen trotz hoher Trenneffektivität von einem Schad- und Störstoffgehalt größer 2 % auszugehen ist und durch das Behältersystem die Anlieferung von groben Abfallbestandteilen nicht auszuschließen ist. Hierfür sind die nachfolgend beschriebenen Verfahrensschritte geeignet, welche entweder in jeweils hierfür spezifisch vorgesehenen Aggregaten durchgeführt werden, oder durch einzelne Aggregate mehrere Funktionen übernommen werden. Generell ist für eine erfolgreiche und sinnvolle Aufbereitung nicht nur die Auswahl eines geeigneten Aggregats selbst, sondern ebenfalls die abgestimmte Anordnung der Aggregate untereinander von erheblicher Bedeutung.

- **Zerkleinerung**

    Die Zerkleinerung hat die Aufgabe, die angelieferten Abfälle zu dekompaktieren (z. B. Öffnen von Säcken) und deren Stückgröße soweit zu reduzieren, daß in den nachfolgenden Prozeßschritten keine Verstopfungen auftreten oder durch Überschreiten der Abmessungen von Förderaggregaten Stoffe nicht kontinuierlich durch die Anlage gefördert werden können (z. B. Querstellen oder Herunterfallen von Förderbändern, Verstopfungen bei Übergabestellen etc.). Im Hinblick auf die Kompostierung besteht die Hauptaufgabe darin, die spezifische Oberfläche der Abfälle zu vergrößern und damit besser mikrobiell angreifbar zu machen sowie die Aufnahmefähigkeit von Wasser oder von Zuschlagstoffen zu verbessern. Gleichzeitig kann eine gewisse Homogenisierung erreicht werden.

    Die Zerkleinerung ist nicht generell für alle Bioabfälle durchzuführen. Abhängig vom Zerkleinerungsverfahren (z. B. Hammermühle) besteht sonst die Gefahr, daß Zellwasser aus dem Abfall freigesetzt wird und damit ein Verklumpen oder die Bildung von Sickerwässern auftreten kann. Bei der kompletten Zerkleinerung von Bioabfällen ist der Verschleiß der Zerkleinerungsaggregate vor allem durch abrasive Bestandteile (Sand u. ä.) höher, als wenn nur bestimmte Fraktionen zerkleinert werden. Es bietet sich an, nur bestimmte Chargen, welche aus groben Stoffen bestehen (z. B. Baum- und

2 Technik der Kompostierung

Strauchschnitt) komplett zu zerkleinern, während bei den Bioabfällen aus der getrennten Sammlung nur das Überkorn zu zerkleinern ist. Das Material sollte durch die Zerkleinerung zur Vergrößerung der Oberfläche aufgefasert werden (Schlagen, Reißen, Quetschen); Hacken oder Schneiden sind nur bedingt geeignete Methoden.

- **Dekompaktierung**
  Häufig werden Bioabfälle im Haushalt, auch wenn dies von den entsorgungspflichtigen Gebietskörperschaften nicht empfohlen wird, in reißfesten Papier- oder Plastiktüten gesammelt, mancherorts ist auch das Einwegsammelsystem als Sacksystem eingeführt. In beiden Fällen ist für eine gezielte nachgeschaltete Aufbereitung bzw. einen geordneten Rotteprozeß eine Öffnung der Säcke erforderlich. Dies ist in eigens hierfür eingesetzten Aggregaten oder z. B. innerhalb des Zerkleinerungs- oder Absiebvorganges realisierbar.

- **Siebung**
  Die Siebung hat im Rahmen der Grobaufbereitung die Funktion, die Abfälle in gewünschte Korngrößen zu klassieren. Hierdurch ist Überkorn, welches den nachfolgenden Verfahrensablauf beeinträchtigt, zu separieren. Gleichzeitig können grobe und nicht verrottbare Störstoffe (z. B. Plastiktüten) für eine nachfolgende weitere Störstoffauslese und grobe Bioabfälle zur separaten Zerkleinerung aus dem Material abgetrennt werden. Der Siebschnitt liegt hier bei ca. 60 bis 100 mm. Die Absiebung der Feinfraktion mit dem Ziel, die Schwermetallbelastung des Kompostes zu verringern, ist für Bioabfall nicht praktikabel, da aufgrund des hohen Wassergehaltes und der damit verbundenen Anhaftung an gröbere Bestandteile diese nicht effektiv abgetrennt werden kann (Verklumpen, Verstopfen der Siebbeläge).

- **Störstoffauslese**
  Neben der Auslese grober auffälliger Störstoffe (z. B. Grobeisenteile, Baumstümpfe etc.) im Annahmebereich, ist die Auslese von Störstoffen aus dem Bioabfall sinnvoll, um nicht kompostierbare Bestandteile oder Schadstoffe vom Rotteprozeß fernzuhalten. Da diese Auslese nur manuell, in Ansätzen seit neuerer Zeit auch maschinell mit Robotern, durchgeführt werden kann, sind nur die Teilströme zu behandeln, an welchen die Entnahme sinnvoll möglich ist. Dies schließt in der Regel auch aus Gründen der Hygiene aus, den kompletten Strom der Bioabfälle einer Auslese zuzuführen.

- **Mischung und Homogenisierung**
  Da die angelieferten Bioabfälle abhängig vom Einzugsgebiet, dem Sammelsystem, der Jahreszeit und der vorgegebenen Bioabfalldefinition häufig hinsichtlich ihrer Struktur und ihres Wassergehaltes für die Kompostierung keine optimale Zusammensetzung besitzen, ist es in solchen Fällen erforderlich, Wasser, Strukturmaterial oder auch sonstige Additive hinzugeben zu können. Die gleichmäßige Verteilung ist durch Mischaggregate zu gewährleisten. In der Praxis ist, abhängig von den o. e. Randbedingungen, eine Zumischung von ca. 10 bis 30 Massenprozent an Strukturmaterial sinnvoll. Die Wassergehalte sollten beim Bioabfall in Hinblick auf eine geregelte Sauerstoffversorgung und gute Nährstoffangebote im Bereich von ca. 50 bis 65 % liegen.
  Zur Verbesserung der Milieubedingungen für die Mikroorganismen und damit einer Intensivierung der Rotte ist eine Homogenisierung vorteilhaft, um lokal eine vielfältige Substratzusammensetzung zu gewährleisten. Diese Homogenisierung ist nicht zwangsläufig erforderlich, kann jedoch besonders bei statischen Rottesystemen eine Intensivierung des Rotteprozesses ermöglichen. Hierbei sind Aufenthaltszeiten von mindestens 20 bis 30 Minuten im Homogenisierungsaggregat erforderlich. Die Mischung kann zufriedenstellend bei kleineren Anlagen auch in Verbindung mit Zerkleinerungsaggregaten oder der Absiebung (Siebtrommeln) erfolgen, eine Homogenisierung erfordert in allen Fällen ein eigenes Aggregat.

- **Magnetscheidung**
Die Abtrennung der Eisenbestandteile kann nach dem magnetischen Prinzip erfolgen. Bei dieser Abtrennung steht nicht die eigentliche Eisenfraktion im Vordergrund, welche nach dem Rotteprozeß bei kleinen Korngrößen nicht mehr auffindbar ist; es ist gleichzeitig eine Schadstoffentnahme realisierbar, da in Stahl enthaltene Schwermetalle bzw. im Verbund mit Eisenmetallen stehende Schwermetalle (z. B. Beschichtungen, Verbindungselemente u. ä.) selektiert werden können. Diese Abtrennung sollte im Verfahrensablauf an den Stellen erfolgen, an denen diese Stoffe durch vorgeschaltete Aufbereitungsschritte gut zugänglich sind.

Intensivrotte
Die Intensivrotte bildet das Herzstück von Kompostierungsanlagen. Dort werden durch Mikroorganismen organische Substanzen abgebaut, indem sie in neue organische Verbindungen, zum Teil auch als körpereigene Substanz, Gase (besonders Kohlendioxid) und Wasser umgewandelt werden. Ziel ist die Gewinnung eines Bodenverbesserungsmittels mit definierten Charaktereigenschaften. Entsprechend sind die Rottesysteme so zu gestalten und zu steuern, daß die Sauerstoffversorgung im gesamten Rottesystem sichergestellt ist und der Wassergehalt im optimalen Bereich liegt (Luftporenvolumen). Es muß eine Rotteführung mit hoher Betriebssicherheit gewährleistet werden. Emissionen sind standortabhängig zu minimieren, was vielerorts unter Beachtung der heutigen Genehmigungspraxis nur mit gekapselten Rottesystemen möglich ist. Hierbei ist aus Kostengründen eine Minimierung des Flächenbedarfes anzustreben.

Die Rottezeiten sind abhängig vom geforderten Rottegrad am Ende der Intensivrottephase und bewegen sich im Zeitraum von wenigen Tagen bis zu ca. 12 Wochen, was zwangsläufig Auswirkungen auf die nachgeschaltete Nachrotte hat. Frischkomposte mit Rottegrad II sind innerhalb einer Rottezeit von 8 bis 10 Tagen zu erzeugen, Fertigkomposte mit Rottegrad IV sind auch bei optimierter Betriebsführung nicht unter 8 bis 10 Wochen herzustellen.

Feinaufbereitung (Konfektionierung)
Die Feinaufbereitung, welche in der Regel der Intensivrotte nachgeschaltet ist, dient der Erzeugung definierter Kompostqualitäten (z. B. gemäß BGK) hinsichtlich Korngröße, Hartstoff- und Störstoffgehalten. Bei stark abnehmerorientierten Anlagen mit wechselnden Qualitätsanforderungen ist die Feinaufbereitung sinnvollerweise erst kurz vor Kompostabgabe durchzuführen. Damit wird diese im Verfahrensablauf in solchen Fällen erst nach der Lagerung durchgeführt.

- **Zwischenlagerung**
Besonders bei semidynamischen Rottesystemen mit sehr hohen stündlichen Austragungsleistungen ist vor der Feinaufbereitung eine Zwischenlagerung durchzuführen, um eine kontinuierliche Auslastung und damit eine betriebswirtschaftlich sinnvolle Auslegung der Feinaufbereitung zu ermöglichen. Diese Zwischenlagerkapazitäten sind an der Austragsleistung des Rottesystems und der Durchsatzleistung der Feinaufbereitung zu orientieren.

- **Zerkleinerung**
Abhängig vom Rottesystem, speziell auch von der Art des Austragsystems, kann der Kompost in größeren Agglomerationen vorliegen (z. B. Brocken). Zur Verbesserung des Handlings und der Ausbeute aus der Feinaufbereitung, kann eine Zerkleinerung installiert werden. Hierbei sind gleichzeitig größere Stücke des Strukturmaterials weiter zu zerkleinern, was abhängig vom geforderten Siebschnitt den Siebüberlauf reduziert. Da die Zerkleinerungsleistung im Vergleich zur Grobaufbereitung relativ gering sein muß, können hier kleine Aggregate (in der Regel Schnell-Läufer bzw. Knollenauflöser) eingesetzt werden.

- **Absiebung**
Zur Herstellung von Komposten definierter Korngrößen entsprechend ihrem Einsatzbereich ist eine Absiebung erforderlich. Die Siebschnitte liegen

2 Technik der Kompostierung

hier abnehmerabhängig bei 8 bis 12 mm (Feinkorn), 16 bis 20 mm (Mittelkorn), 20 bis 30 mm (Grobkorn) [1]. Überkorn kann als Strukturmaterial zurückgeführt oder als Mulchmaterial abgegeben werden.

- **Hartstoffabscheidung**
Materialien mit hoher Dichte, wie Glas- und Tonscherben sowie Steine, sind zur Verbesserung der Kompostqualität aus dem Kompost abzuscheiden. Inwieweit eine Hartstoffabscheidung durchzuführen ist, hängt von der Reinheit des verarbeiteten Bioabfalls und den Ansprüchen der Abnehmer ab. Bei kleinen Anlagen wird in der Regel auf diesen Verfahrensschritt verzichtet.

- **Folienabscheidung**
Zur Entnahme von Kunststoffolien kann erforderlichenfalls ein Folienabscheider nachgeschaltet werden. Dieser ist bei kleinen Korngrößen im Regelfall nicht erforderlich, da die Folien in der Fraktion größer 10 mm auftreten. Der Einsatzbereich liegt besonders auch in der Verbesserung der Rückgutqualität (Überkorn).

- **Zumischen von Zuschlagstoffen**
Zur Herstellung von Komposterden oder von Kultursubstraten bzw. Düngestoffen sind in Einzelfällen Mischaggregate zur Zumischung von Zuschlagstoffen einzusetzen. Diese sind auf die spezifischen Gegebenheiten anzupassen.

- **Pelletierung**
In Sonderfällen werden Komposte zur Erzeugung von Substratdüngern pelletiert. Hierbei wird gegebenenfalls eine Trocknung dieser Pellets zur besseren Lagerfähigkeit vorgesehen.

- **Absackung**
Bei Vermarktung des Kompostes über Handelsketten oder gezielte Abgabe an Kleinabnehmer bietet die Absackung des Kompostes den Vorteil, Lagerung und Transport des Kompostes zu vereinfachen. Gleichzeitig ist durch die Absackung ein Werbeeffekt gegeben: Der Sack kann als Informationsträger dienen, z. B. hinsichtlich der Inhaltsstoffe und der Kompostanwendung.

Nachrotte
Zur Erzielung des Rottegrades V und der Gewährleistung der Pflanzenverträglichkeit des Kompostes ist eine Nachrotte vorzusehen. Diese ist, abhängig von den o. e. Bedingungen, entweder direkt der Intensivrotte oder der Feinaufbereitung nachzuschalten.

Bei Rottesystemen mit Rottezeiten unter 12 Wochen ist diese Nachrotte zur Erzielung der Pflanzenverträglichkeit unumgänglich. Die Nachrotte ermöglicht, die im praktischen Betrieb von Anlagen auftretenden Schwankungen des Rottegrades bei Intensivrottesystemen auszugleichen und damit eine kontinuierliche Pflanzenverträglichkeit des abgegebenen Kompostes zu garantieren (Nachreifung). Im Gegensatz zu den Intensivrotteverfahren ist keine gezielte Steuerung der Nachrotte erforderlich. Die Rottezeiten sind abhängig von der Art der Intensivrotte und sollten in der Regel mindestens 3 bis 4 Wochen betragen.

Lagerung
Ein gleichmäßiger Kompostabsatz ist in der Regel nicht gegeben. Die Hauptabsatzzeiten liegen in der Regel im Frühjahr und im Herbst, so daß eine Zwischenlagerkapazität von ca. einem halben Jahr notwendig ist.

Innerbetrieblicher Transport
Im Hinblick auf einen kontinuierlichen Betrieb und aus arbeitsmedizinischen Gründen sollte der Transport innerhalb der Anlage weitgehend automatisch und in wenig störungsanfälligen Transporteinrichtungen erfolgen. In Lagerbereichen ist der Transport mit Radladern vorzusehen. Hierbei ist auf klimatisierte Kabinen mit Filtern zu achten, um pathogene Mikroorganismen von diesem Arbeitsplatz fernzuhalten.

Maßnahmen zur Emissionsminderung
Bei sämtlichen Behandlungsschritten ist auf eine den Erfordernissen angepaßte Minderung der Emissionen zu achten. Dies hat sowohl für innerbetriebliche Belange (Arbeitsschutz, Reinigungsaufwand, Reparaturaufwand von Bauteilen und Maschinen), als auch für die Außen-

Abbildung 3.3: Grundfließbild einer Bioabfallkompostierungsanlage

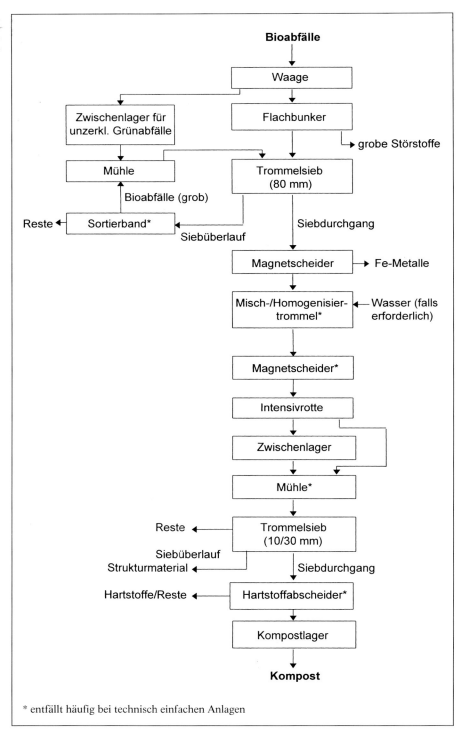

* entfällt häufig bei technisch einfachen Anlagen

2 Technik der Kompostierung

wirkung der Anlage, deren Genehmigungsfähigkeit und Akzeptanz, erhebliche Bedeutung (siehe Kap. 3).

Besonderheiten bei Kleinanlagen
Dezentrale Kleinanlagen sind mit den o. e. Verfahrensabläufen nicht in wirtschaftlich vertretbarem Rahmen zu betreiben. Daher wird in der Praxis auf verschiedene Verfahrensschritte verzichtet. Die hieraus resultierenden Vor- und Nachteile sind in Kapitel III 1.3 aufgeführt.

- Wiegung und Registrierung:
  - Nutzung der örtlichen Gemeindewaage,
  - Alternativ: Abschätzen nach Volumen.
- Annahme und Zwischenspeicherung:
  - direktes Anliefern zur Grobaufbereitung oder auf die Rottefläche.
- Grobaufbereitung:
  - Zerkleinerung von Baum- und Strauchschnitt extern oder mittels mobiler Anlagen,
  - Dekompaktierung mit Schlepper oder manuell (Hygiene!),
  - Siebung entfällt oder durch mobile Aggregate,
  - Störstoffauslese mit Schlepper oder manuell (Hygiene!).
- Mischung und Homogenisierung:
  - durch Schlepper oder Umsetzgerät.
- Magnetscheidung entfällt in der Regel.
- Intensivrotte und Nachrotte sind häufig nicht direkt zu trennen. Einsatz einfacher Mietenverfahren.
- Feinaufbereitung durch Absieben mittels mobiler Siebaggregate. Eine weitere Konfektionierung entfällt.
- Lagerung entsprechend Erfordernis auf hierfür vorgesehenen Lagerflächen, evtl. extern.
- Innerbetrieblicher Transport durch Schlepper und/oder Umsetzgerät.
- Maßnahmen zur Emissionsminderung beschränken sich auf die Befestigung von Flächen mit Sicker- und Schmutzwassererfassung. Evtl. Abdeckung der Mieten mittels geeigneter Vliese. Ansonsten sind durch betriebliche Maßnahmen wie Umsetzen etc. die Emissionen zu minimieren.

2.2 Einrichtungen zur Wiegung und Registrierung, Eingangsbereich

Die Fahrzeugwaage besteht aus einer Stahlbetonwanne und Stahlbetonfundamenten, auf welchen die Waagenbrücke aus Stahlbeton aufgelagert ist. Es sind drei Wiegeprinzipien üblich:

- mechanisch:
  Alle Waageelemente bis hin zur Auswägeeinrichtung sind mechanisch. Waage und Auswägeeinrichtung sind nebeneinander situiert.
- hybrid:
  Mechanischer Unterbau mit Zugwägezelle und Dehnungsmeßstreifengebern. Elektrische Übertragung der Meßgröße.
- elektromechanisch:
  Über Druckwägezellen mit Dehnungsmeßstreifengebern wird die Meßgröße elektrisch ermittelt, übertragen und elektronisch in die Masse umgerechnet.

Üblich ist heutzutage in neuen Anlagen eine elektrische Erfassung der Meßgrößen mit gleichzeitiger Verarbeitung in EDV-Anlagen zur Erstellung von Lieferscheinen, Rechnungen und Massenbilanzen. Fahrzeugwaagen sollten bei einer Breite von 3 m besonders in großen Anlagen einen kompletten Lastzug erfassen können (Länge 18m).
Bei kleinen Anlagen ist eine Waage ausreichend, bei großen Anlagen ist eine Waage sowohl bei der Einfahrts- als auch bei der Ausfahrtsspur anzuordnen. Vorteilhaft ist, das Waagehaus soweit über der Geländeoberkante zu errichten, daß das Waagepersonal direkt mit dem Lkw-Fahrer in Kontakt treten kann. Für das Austauschen von Formularen ist eine Überdachung als Regenschutz sinnvoll. Die Möglichkeit der Umfahrung der Waage ist vorzusehen.

2.3 Einrichtungen zur Annahme und Zwischenspeicherung

Zur Annahme und Zwischenspeicherung der angelieferten Abfälle sind drei Arten von Einrichtungen von Bedeutung:

- Tiefbunker,
- Flachbunker,
- Plattenbandbunker.

Tabelle 3.2 stellt die wesentlichen Vor- und Nachteile der Bunkerarten dar.

Hieraus resultiert, daß in der Regel heutzutage Flachbunker eingesetzt werden. Die Bunkerentleerung erfolgt bei Tiefbunkern in der Regel mit einem Kran, vereinzelt auch mit Plattenbanddosierbunkern. Bei Flachbunkern werden Plattenbanddosierbunker, Kastenbeschicker oder Kettengutförderer, welche teilweise als Kanalband ausgebildet sind, mit einem Radlader beschickt.

Bei Anlagen mit einer Zerkleinerungsstufe als erstem Verfahrensschritt findet häufig eine direkte Eingabe mit dem Radlader in das Zerkleinerungsaggregat statt.

Generell ist darauf zu achten, daß die Beschickungsaggregate ausreichend dimensioniert werden (Mindestbreite 1,5 m) und diese keine konische Form haben, da ansonsten durch Brückenbildung ein ordnungsgemäßer Betrieb nicht sichergestellt ist. Die Zwischenspeicherzeit der Beschickungsaggregate sollte aus betrieblichen Gründen bei Flachbunkern mindestens 20 bis 30 Minuten, bei alleiniger Verwendung von Plattenbandbunkern mindestens 1 bis 2 Stunden betragen.

Die Beschickungsaggregate bei Flachbunkern können entweder so angeordnet werden, daß Einfüllebene und Abkippebene gleich sind, oder diese auf die Abkippebene aufgeständert sind. Im Hinblick auf den konstruktiven Aufwand und die Sicherheit gegen unbeabsichtigtes Hinunterstürzen, die Zugänglichkeit

Tab. 3.2 Eigenschaften verschiedener Bunkertypen

	Tiefbunker	Flachbunker	Plattenbandbunker
Flächenbedarf	mittel, da große Schütthöhen	groß, da Schütthöhe auf ca. 2 m begrenzt	gering
Beschickung	gut, da mehrere Abwurföffnungen möglich	Verkehrsführung schwieriger	bei mehreren parallelen Bunkern gut, sonst limitierender Bereich
Emissionen durch Material	hohe Preßwassermengen (Schütthöhe)	Preßwassermenge gering	Preßwassermenge gering
Grobseparierung und Kontrolle	nur unzureichend möglich	machbar	in der Regel nicht durchführbar
Störungsanfälligkeit	höher als bei Flachbunker (Krananlage)	gering	groß, da keine Bunkermöglichkeit bei Defekt
Reinigung	schwierig	gut möglich	schwierig
Bauhöhe der Halle	hoch (größer 10 m)	flacher (mind 6 m lichte Höhe)	flacher (mind 6 m lichte Höhe)
Trennung von Speicherung und sonst. Betrieb	gut	nicht eindeutig	gut
Speicherkapazität	hoch	mittel, aber ausreichend	gering
Fahrzeugemissionen	gering	hoch durch Radlader	
Flexibilität	hoch bis mittel	hoch	gering
Kosten	hoch	mittel	gering
Ausnutzung von Höhendifferenzen für Aufbereitung	gut, da große Einfüllhöhen	gering bis mittel, da nur geringe Steigungshöhen	gering bis mittel, da nur geringe Steigungshöhen

bei Reparaturen sowie die Steighöhe bietet die aufgeständerte Bauweise Vorteile.

Die Bunkerbereiche sind so zu gestalten, daß der Abkipp- sowie der Beschickungsvorgang im eingehausten Bereich bei geschlossenen Toren stattfindet. Bei mehreren Toren ist eine gegenseitige Verriegelung erforderlich, um ein Entweichen von Staub, Keimen und Gerüchen in die Umgebung zu vermeiden. Zusätzlich ist der Bunker im Unterdruck zu halten (Luftabsaugung, Luftwechsel > 3/h).

2.4 Einrichtungen zur Aufbereitung

Zerkleinerungsaggregate
Bei der Auswahl der Zerkleinerungsaggregate sind folgende Faktoren zu beachten:

– **Störungsunanfälligkeit**
   Grobe Stoffe, wie Baumstümpfe, Steine und Eisenteile, dürfen das Zerkleinerungsaggregat nicht zerstören oder blockieren, sondern sollten entweder unzerkleinert ausgetragen oder durch umkehrbare Drehrichtung zurückgehalten werden. Stark schwankende Struktureigenschaften und hohe Wassergehalte sollten die Funktionsfähigkeit nicht negativ beeinflussen. Aggregate, welche keinen Explosionsschutz benötigen (z. B. Langsamläufer) sind für viele Anwendungsbereiche vorteilhaft.

– **Emissionsarmer Betrieb**
   Die Emissionen von Lärm, Staub und Abgasen sollten minimiert sein. Lärm und Staubemissionen lassen sich durch gekapselte Ausführung bzw. durch die Aufstellung in geschlossenen Gebäuden mit gezielter Luftabsaugung reduzieren. Bei Aggregaten mit eigenem Antrieb mit Verbrennungsmotor ist auf abgasarme Motoren zu achten. Bei im Freien aufgestellten Zerkleinerungsaggregaten muß in der Regel hinsichtlich der Emissionen auf Kompromisse eingegangen werden.

– **Angepaßte Zerkleinerung**
   Abhängig vom Einsatzzweck (Grobaufbereitung, Feinaufbereitung) ist auf selektive Zerkleinerung zu achten, so daß in nachfolgenden Verfahrensschritten zu separierende Stoffe abtrennbar bleiben. Durch die Auswahl geeigneter Werkstoffe der Zerkleinerungswerkzeuge ist darauf hinzuwirken, daß nicht zusätzlich durch Abrasion Schwermetalle in das Rottegut eingetragen werden (keine Cr-Ni-Stähle einsetzen).

– **Wirtschaftliche Betriebsweise**
   In Verbindung mit geringer Störungsanfälligkeit und geringem Wartungsaufwand bzw. einfachen Wartungsmöglichkeiten sowie benutzerfreundlicher Elimination der groben Störstoffe sollten Aggregate mit geringem Personalaufwand betrieben werden können. Es muß die Möglichkeit gleichbleibend hoher Durchsatzleistung bei unterschiedlichen Materialien gegeben sein. Die Zerkleinerungsaggregate sind hinsichtlich der Drehgeschwindigkeit der Zerkleinerungswerkzeuge in schnell und langsam laufende Mühlen zu unterteilen. Generell sind Schnelläufer für nasse und weiche Materialien ungeeignet. Für die Zerkleinerung von Baum- und Strauchschnitt sowie bei der Konfektionierung von Fertigkompost sind diese Aggregate hingegen gut einsetzbar, wenn sie auch hinsichtlich Lärm- und Staubentwicklung sowie der Gefahr von Explosionen (Staubexplosion) bzw. der Splitterwirkung Nachteile haben. Langsamläufer haben sich zur Grobzerkleinerung von Bioabfällen und sperrigen Materialien bewährt. Sie sind jedoch empfindlich gegenüber groben Störstoffen (s. o.).

Tabelle 3.3 zeigt die wesentlichen Funktionsprinzipien, die Vor- und Nachteile sowie die Einsatzbereiche und Kosten der Zerkleinerungsaggregate.

Als kombiniertes Zerkleinerungs- und Mischaggregat sind Rottetrommeln einsetzbar (s. u.); harte und zähe Stoffe werden hierbei nicht zerkleinert, was für die nachfolgende Abtrennung von Folien, Steinen etc. von Vorteil, für Baum- und Strauchschnitt jedoch von Nachteil ist.

Tab. 3.3 Wesentliche Funktionsprinzipien, Vor- und Nachteile sowie Einsatzbereiche und Kosten von Zerkleinerungsaggregaten

Aggregat	Zerkleinerungsprinzip	Verfahrensbeschreibung	Vorteile	Nachteile	Einsatzbereich	Kosten
Schneckenmühle (Schraubenmühle) (L)	– abscheren – zerfasern	– zwei oder dreirotorige gegenläufige horizontale Schrauben – zusätzliches Brechen am Gehäuse – Drehzahlen u. Freiräume variabel – Hydraulischer Antrieb – Möglichkeit der Entnahme von Störstoffen mittels Kran (Greifer) vorsehen	– robust – guter Strukturerhalt – selektive Zerkleinerung gegenüber Folien – geringe Staub- und Lärmemissionen (bei Kapselung des Hydraulikaggregates)	– grobe Störstoffe werden nicht zerkleinert (Baumstümpfe) – Störstoffe können in Einzelfällen auch Mühle bzw. Antriebsaggregat zerstören	– Bioabfälle komplett oder Teilströme – Baum- und Strauchschnitt – schwerpunktmäßig stationäre Anlage – bewährt für Bioabfallkompostwerke	relativ hoch
Siebraspel (L)	– quetschen – reißen – klassieren	– stehender Zylinder mit zwei Böden – oberer Boden Reiß- und Sieblochplatten – schleifen der Abfälle durch Dreharme über oberer Platte – Siebdurchgang wird auf 2. Platte kontinuierlich abgefegt u. ausgetragen	– hoher Wirkungsgrad – hohe Selektivität	– verschleißanfällig – relativ hoher Reststoffanteil – diskontinuierl. Reststoffaustrag – geringe Durchsatzleistg. (max. 5 Mg/h) – hoher Energieverbrauch	– stammt aus der Hausmüllkompostierung – für Bioabfälle geeignet – ungeeignet für Baum und Strauchschnitt – wird nicht mehr gebaut	sehr hoch
Messermühle (Schneidwalzenmühle) (L)	– schneiden – scheren	– zwei-/vierrotorig – kammerartig versetzte gegenläufige rotierende Schneidscheiben	– reversibel bei Verstopfung (s. auch Schneckenmühle) – selektive Zerkleinerung – geringe Staub- und Lärmemissionen	– empfindlich gegen große Metallteile – hoher Verschleiß (Schmirgelwirkung) – hoher Wartungsaufwand – keine Auffaserung	– Baum- und Strauchschnitt – Stroh – Bioabfälle nicht empfehlenswert – selten eingesetzt	ähnlich Schneckenmühle

Tab. 3.5 Fortsetzung Wesentliche Funktionsprinzipien, Vor- und Nachteile sowie Einsatzbereiche und Kosten von Zerkleinerungsaggregaten

Aggregat	Zerkleinerungsprinzip	Verfahrensbeschreibung	Vorteile	Nachteile	Einsatzbereich	Kosten
Hammermühle (S)	– schlagen – reißen – scheren	– ein- oder zweirotorig – rotierende Scheiben mit pendelnd aufgehängten Hämmern – einrotorig: schlagen durch Reißkammern – zweirotorig: gegenläufig. Drehsinn – teilw. Auswurfvorrichtung f. schwer zerkleinerbare Teile	– große Zerkleinerungswirkung – gleichmäßige Kornverteilung – hohe Durchsatzleistung möglich	– rel. hoher Energiebedarf – hoher Verschleiß – wartungsintensiv – Explosionsgefahr – teilw. Splitterwirkung bei offenem Austrag – keine selektive Zerkleinerung (z.B. bei Glas, Kunststoffen)	– Baum- u. Strauchschnitt – Bioabfälle nur bedingt – Kompostkonfektionierung (Feinaufbereitung) – häufig als mobile Geräte (Grünabfallzerkleinerung, Schlagtrommelzerkleinerer)	bei mobilen Geräten vergleichsweise niedriger
Prallmühle (S)	– schlagen – reißen	– einrotorig – rot. Trommel mit 6 bis 8 Schlagleisten – pendelnd aufgehängte Prallplatten am Gehäuse – Material wird gegen Prallplatten geschleudert – Zerkleinerung an Spalten und Platten	– große Zerkleinerungswirkung – Verschleiß und Energiebedarf im Vergleich zu Hammermühle geringer – hohe Durchsatzleistung möglich	– Explosionsgefahr – keine selektive Zerkleinerung – Probleme bei harten, sperrigen Stoffen	– Baum- und Strauchschnitt – Bioabfälle nicht empfehlenswert – Kompostkonfektionierung (Feinaufbereitung) – auch als mobile Geräte (Reißtrommelzerkleinerer)	ähnlich Hammermühle
Häcksler (S) (Trommelhacker)	– scheren – schneiden	– Prinzip der Messermühle	– hoher Zerkleinerungsgrad	– empfindlich gegen Metallteile – hoher Verschleiß – hohe Geräuschemissionen – Splitterwirkung – Abhacken, kein Auffassern – relativ geringe Durchsatzleistung – hoher Wartungsaufwand	– Baum- und Strauchschnitt – Stroh – nicht geeignet für Bioabfälle – Siebüberlauf (Holz) – Pflanzenabfallkompostierungsanlagen	relativ gering

Tab. 3.3 Fortsetzung Wesentliche Funktionsprinzipien, Vor- und Nachteile sowie Einsatzbereiche und Kosten von Zerkleinerungsaggregaten

Aggregat	Zerkleinerungsprinzip	Verfahrensbeschreibung	Vorteile	Nachteile	Einsatzbereich	Kosten
Mulchgerät (L)	– quetschen – reißen	– Zerfasern durch rotierende Welle mit Reißzähnen – Material wird in situ zerkleinert und vermischt (Schlepper-Zusatzgerät)	– einfache Handhabung – Herstellung einer großen spezifischen Oberfläche (Auffasern)	– ungleichmäßige Zerkleinerung (hohe Stückgröße nach Zerkleinerung)	– Baum- und Strauchschnitt – Stroh – Vermischung von Bioabfällen u. Strukturmaterial – Pflanzenabfallkompostieranlagen	relativ gering

(L) = Langsamläufer
(S) = Schnellläufer

Abbildung 3.4: Schraubenmühle (Foto: Bühler)

Hinsichtlich hoher Durchsatzleistungen ist die automatische Beschickung durch Plattenbandbunker o. ä. vorteilhaft. Gegen Verstopfungsgefahr sind große Querschnitte mit möglichst steilen Begrenzungswänden sinnvoll.

Dekompaktieraggregate

Für die Dekompaktierung (z. B. Öffnen von Säcken) sind als separate Aggregate langsamlaufende messerbestückte Rotoren möglich, die jedoch aufgrund des Umschlingens durch lange faserige oder zähe Materialien (z. B. Textilien, Folien) sehr wartungsaufwendig sind. Ebenso können kurze geschlossene Trommeln mit an der Trommelwand angeschweißten Messern eingesetzt werden. Da die Dekompaktierung in Verbindung mit Zerkleinerungsaggregaten oder mit Trommelsieben durch aufgeschweißte Messerleisten ebenfalls möglich ist, wird in der Regel bei Kompostierungsanlagen auf separate Dekompaktiereinrichtungen verzichtet.

Siebaggregate

Bei Siebaggregaten sind folgende Forderungen zu beachten:

– Wartungsarmer Betrieb
  Durch im Sieb angebrachte Selbstreinigungseinrichtungen (z. B. Bürsten, Ketten bei Trommelsieben) bzw. flexible Siebbeläge (z. B. Spannwellensieb) sind Verstopfungen zu vermei-

2 Technik der Kompostierung

den. Die arbeitstägliche Reinigung von langen, zähen Materialien, welche sich vor allem bei der Grobabsiebung in den Löchern verfangen, ist in der Regel nicht zu vermeiden. Der Austausch von Siebbelägen (z. B. Änderung der Sieblochung) sollte einfach möglich sein.

– Hohe Siebwirkung
Zur Erreichung einer hohen Siebwirkung ist auf ausreichende Aufenthaltszeit im Siebaggregat zu achten, was durch lange Siebstrecken sowie Stauleisten (Wehre) und große freie Lochflächen erzielt werden kann. Besonders für die Grobabsiebung ist auf ausreichende Abmessungen der Siebflächen bzw. Trommeldurchmesser zu achten, um auch Stücke von 1 bis 1,5 m Länge sinnvoll absieben zu können.

– An das Material angepaßte Aggregatsysteme
Großflächige, sperrige Materialien erfordern Siebaggregate mit großen Siebflächen. Feuchtes Siebgut führt bei kleinen Sieblochdurchmessern zu Verstopfungen, Agglomerationen und Anbackungen und damit ungenügender Siebwirkung besonders bei nicht-flexiblen Siebbelägen.

Tabelle 3.4 zeigt die in Bioabfallkompostierungsanlagen wesentlichen eingesetzten Siebarten und deren Einsatzbereiche.

Als kombiniertes Zerkleinerungs- und Siebaggregat ist die Siebraspel (siehe Zerkleinerung, Tab. 3.3) zu nennen.

Magnetscheider
Da die magnetischen Metalle kontinuierlich aus dem Gesamtstrom abgeschieden werden sollen, sind hierfür Überbandmagneten mit Austragsband oder Magnetbandrollen bzw. -trommeln einzusetzen. Die Magnetwirkung erfolgt hierbei durch Elektro- oder Permanentmagneten (Hart-

Abbildung 3.5:
Trommelsieb
(Foto: Bühler)

Abbildung 3.6:
Einblick in ein Trommelsieb
(Foto: Ingenieurgesellschaft Abfall)

Tab. 3.4 In Bioabfallkompostierungsanlagen wesentliche eingesetzte Siebarten und deren Einsatzbereiche

Siebtyp	Verfahrensbeschreibung	Vorteile	Nachteile	Einsatzbereiche
Schwingsieb, Rüttelsieb	– Flachsieb, leicht geneigt, durch Exzenterantrieb kreis-, ellipsen- od. freischwingend	– relativ kostengünstig – einfache Beschickungsmöglichkeit – geringe Bauhöhen	– Abdecken d. Siebloches durch großflächige Teile – relativ hoher Reinigungsaufwand (Verstopfen, Verhaken) – bei feuchten Materialien ungenügende Siebleistung - geringe Dekompaktierwirkung	– trockene, strukturreiche Abfälle, für Kompostierungsanlagen nur bedingt geeignet
Trommelsieb	– Rotierende, zylindrische od. polygone Trommel. – Aufenthaltszeit durch Neigungsverstellung veränderbar. – Antrieb der Trommel i.d.R. durch Reibräder v. außen od. Zahnräder	– gute Dekompaktierwirkung – Mischwirkung – durch Umwälzung gute Siebwirkung – robust – mit Mischaggregat (z.B. Mischtrommel) zu einem Aggregat kombinierbar	– Staubentwicklung (Kapselung erforderlich) – Verstopfen, Zopfbildung bei kleiner Sieblochung und feuchtem Material – große Bauhöhe – teuer	– gut geeignet für Grobaufbereitung und für rel. trockenen Kompost (Feinaufbereitung) – häufig auch als mobiles Aggregat
Spannwellensieb	– elast. Siebböden, welche durch gegenläufige Exzenter abwechselnd gespannt und gedrückt werden – durch hohe Beschleunigungskräfte Freihalten der Sieböffnungen – leicht geneigte od. kaskadenförmige Bauweise	– auch bei feuchten Materialien kaum Verstopfen – gute Siebwirkung – geringer Reinigungsaufwand	– relativ geringe Breite, daher nicht für grobe Abfälle geeignet – Beschickungsaggregat erforderlich – Siebböden mit rel. kurzer Standzeit – teuer	– gut bewährt für Kompost (Feinaufbereitung)
Kammwalzenscheider (Disk-Scheider)	– auf Wellen angeordnete Scheiben, die kammartig ineinandergreifen. – Scheiben laufen in Förderrichtung, leicht bis stark geneigte Ausführung – teilweise Hochschleudern des Siebgutes	– durch Schleuderbewegung kein Verstopfen – hohe Siebleistung	– bei faserigem u. zähem Material Umschlingen, dabei hoher Reinigungsaufwand, – geringe Siebleistung – Siebweiten schlecht veränderbar – hohes Gewicht – technisch aufwendig	– Kompostabsiebung (Feinaufbereitung) – zur Grobaufbereitung nur bedingt geeignet – Einsatz bisher eher selten

2 Technik der Kompostierung

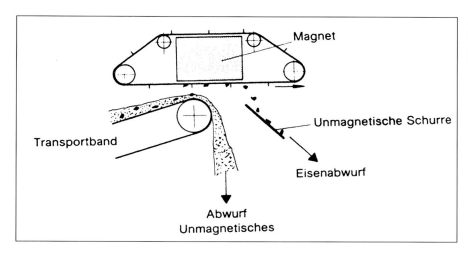

Abbildung 3.7:
Anordnung
eines Überbandmagnetscheiders
(nach [36])

ferrit). Die Aushebekraft und damit Abscheidewirkung ist stark vom Anzugabstand abhängig, so daß Magnetbandrollen und -trommeln hier Vorteile besitzen. Generell ist zu beachten, daß im Bioabfall die Fe-Metalle nicht frei liegen, sondern aus einer Materialschicht herauszunehmen sind. Dabei haben hinsichtlich der Abscheideleistung neben der Form der Fe-Metalle zusätzlich die Schichthöhe, das Schüttgewicht, der Wassergehalt und die Korngrößenverteilung einen erheblichen Einfluß.

Für große Metallteile und hinsichtlich einer Anordnung großer Flexibilität sind Überbandmagnete mit Austragsband bewährte Aggregate. Hierbei kann der Magnetscheider quer oder längs über dem Förderband montiert werden. Bei Quereinbau ist darauf zu achten, daß der Magnet in seiner Anströmungsbreite so groß gewählt wird, daß das auszutragende Fe-Metall über das Bandgut hinaus festgehalten wird. Vom Materialfluß her besser, aber im Hinblick auf die Anordnung der Gesamtkonstruktion aufwendiger, sind Überbandmagnetscheider längs über dem Förderband im Bereich der Bandabwurfstellen, da durch das aufgelockerte Material geringere Ablenkkräfte erfor-

Tab. 3.5	In Bioabfallkompostierungsanlagen eingesetzte Magnetscheider		
Magnettyp	Verfahrensbeschreibung	Vorteile	Nachteile
Überbandmagnet (mit Austragsband)	Permanentmagnetblock in Rahmenkonstruktion mit umlaufendem Gummiaustragsband, Abwurf nach Verlassen des Magnetfeldes	– flexible Anordnung, – gute Abscheideleistung	– Bei sehr grobem Material nur begrenzte Abscheideleistung aufgrund hoher Spaltweite
Magnetbandrolle	Antriebsrolle am Ende eines Gurtförderbandes. Unmagnetisches wird senkrecht abgeworfen (Schwerkraft). Magnetisches unterhalb des Bandes bis Umlenkwinkel z. Verlassen der Trommel erreicht ist.	– relativ kostengünstig	– begrenzte Abscheideleistung, – wenig flexibel
Walzenmagnet (Magnettrommel)	separat vom Förderaggregat (Band, Vibrationsrinne) installierte magnetische Walze. Teilweise im frei fallenden Materialstrom eingebaut	hohe Abscheideleistung	– aufwendigere Gesamtkonstruktion – teurer – begrenzte Flexibilität

Abbildung 3.8: Mischtrommel

derlich sind. Hierbei ist zu beachten, daß die Bandrolle aus nicht-magnetischem Material besteht.

Sehr hohe Abscheideleistungen werden erzielt, wenn der Überbandmagnetscheider längs über einer Schwingförderrinne angebracht wird, da der Gutstrom aufgelockert ist, die entnehmbaren Bestandteile verteilt vorliegen und die Reinheit der Fe-Fraktion erhöht wird, da nicht-magnetische Stoffe (z. B. Papier oder Folien über Fe-Metallen liegend) auf der Vibrationsrinne verbleiben.

Mischaggregate

Speziell für die Mischung und Homogenisierung vorgesehene Aggregate werden aus Kostengründen nur in größeren Anlagen eingesetzt. Bei kleineren Anlagen wird diese Funktion im Rahmen der Zerkleinerung, Absiebung oder im Bereich der Rotte (durch Vermischen in Rottetrommeln oder durch Umsetzen) durchgeführt. Wird die Zugabe von Wasser erforderlich, so ist dies vor Beginn der Rotte durch Besprühen des Rottegutes über einem Gutförderer hinreichend möglich. In der Rotte kann während des Umsetzvorgangs Wasser zudosiert werden. Die Mischertypen sind, abhängig von der Aufenthaltszeit des Mischgutes im Mischaggregat, in Langzeit- und Kurzzeitmischer zu unterteilen. Während Langzeitmischer zusätzlich eine Homogenisierung und teilweise eine selektive Zerkleinerung ermöglichen und auch Feststoffchargen gut vermischt werden, sind Kurzzeitmischer besonders für pastöse Materialien bzw. eine gleichmäßige Feuchtigkeitsverteilung im Rottegut geeignet.

Bei sehr langen Aufenthaltszeiten von mehreren Tagen übernehmen Mischtrommeln die Funktion von Vorrotteaggregaten. Teilweise werden Mischtrommeln in Verbindung mit Siebtrommeln als ein Aggregat eingesetzt. Die Flexibilität und Anpassung an verschiedene Materialströme bezüglich der Abscheidelei-

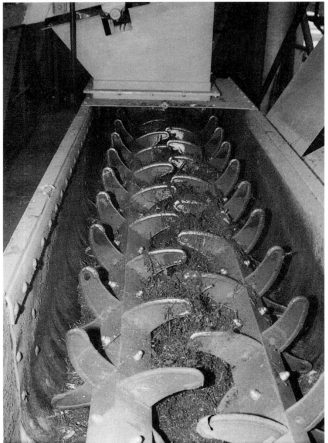

Abbildung 3.9: Doppelwellenmischer

2 Technik der Kompostierung

stung und Aufenthaltszeiten ist hierbei jedoch stark eingeschränkt.

Störstoffauslese
Die Auslese von Störstoffen inkl. der Übernahme von Kontrollfunktionen kann für das Rohmaterial neben der magnetischen Trennung bzw. Abscheidung von Korngrößen derzeit nur auf visuellem Wege mit nachfolgender manueller oder maschinenunterstützter Entnahme erfolgen. Hierzu sind die klassierten Abfälle, bei Bioabfallkompostierungsanlagen i. d. R. das Überkorn, auf ein langsam laufendes Sortierband (v < 0,2 m/s) mit ausreichender Breite (ca. 1 m) zu geben. Zur sinnvollen Entnahme ist die Höhe des Materialstromes auf diesem Band auf unter 10 cm zu begrenzen, eine vorgeschaltete gleichmäßige Verteilung (z. B. durch eine Vibrationsrinne) ist vorteilhaft. Bei der manuellen Entnahme werden die Störstoffe (Negativsortierung) von Hand entnommen und durch Abwurfschächte in darunterliegende Container geworfen.

Die Sortierstation, deren Abmessungen bzw. deren Anzahl der Arbeitsplätze von der Durchsatzleistung abhängen, ist gekapselt und klimatisiert auszuführen. Den Belangen des Arbeitsschutzes, besonders bzgl. Lärm, Staub und auch Keimen, ist durch geeignete Luftführung und ausreichenden Luftwechsel (> 15/h) Rechnung zu tragen. Die Anordnung ist so zu wählen, daß Normcontainer bzw. -mulden zur Aufnahme der aussortierten Wertstoffe unter die Abwurföffnungen gestellt werden können. Bandsysteme hierfür sind in Bioabfallkompostierungsanlagen unüblich.

Zur Verbesserung der Arbeitssituation werden heutzutage vereinzelt computerunterstützte Sortierplätze eingerichtet. Hierbei wird das zu sortierende Material durch Videokameras aufgenommen und über Bildschirm dargestellt. Visuell erkennbare Störstoffe werden über Bildschirmzeiger vom Personal auf dem Bildschirm angeklickt und über einen koordinatengesteuerten Roboter entnommen. Bei geringen Störstoffanteilen ist dieses System realisierbar, bei hohen Störstoffanteilen ist besonders aufgrund der in der dritten Dimension nicht ansteuerbaren Entnahmehöhe die Selektivität gering, so daß auch relativ große Anteile an kompostierbaren Stoffen mit entnommen werden (Beispiel: Kompostwerk Häldensmühle Marbach).

Tab. 3.6 In Bioabfallkompostierungsanlagen eingesetzte Mischaggregate			
Misch-aggregattyp	Verfahrensbeschreibung	Vorteile	Nachteile
Mischtrommel (Trommelmischer)	Zylindr. Trommel mit eingebauten Leitblenden. Aufenthaltszeiten 20 min. bis ca. 2h, 13–15 U/min. Homogenisierungs- u. selektive Zerkleinerungseffekte. Vermischung vorwiegend radial, beschränkt axial (Gleichmäßige Beschickung erford.). Auch als mobiles Aggregat möglich	– gute Misch-und Homogenisierungswirkung – Grobstoffe gut vermischbar – Aufenthaltszeiten durch Neigung und Drehgeschwindigkeit variabel – bewährtes Aggregat	– große Abmessungen – relativ teuer – aufwendige Beschickung (Bauhöhe)
Doppelwellenmischer	gegenläufige Wellen mit Paddeleinrichtungen in Trog	– gute Einstellung von Wassergehalten möglich – Zudosierung von pastösem Material machbar. – geringe Abmessung – rel. kostengünstig – für vorabgesiebten Bioabfall bewährt	– Zumischung von grobem Strukturmaterial nicht möglich – Konsistenzbereiche müssen eingehalten werden (45–60 % Wassergehalt)

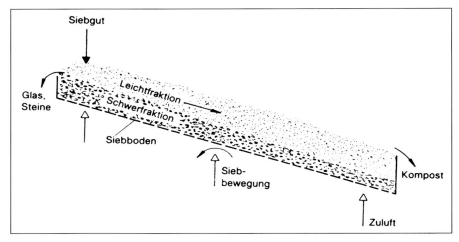

Abbildung 3.10: Prinzipschema Steinausleser (nach [11])

Aggregate zur Abscheidung von Hartstoffen und Folien

Die Abtrennung von Hartstoffen bzw. Folien läßt sich effektiv nur bei Materialien mit geringem Wassergehalt durchführen, da ansonsten durch das Verkleben dieser Stoffe mit dem sehr feuchten Gut bzw. aufgrund der Materialagglomeration die Abscheidewirkung ungenügend ist. Daher werden diese Stoffe in der Regel aus dem Fertigkompost (Wassergehalt unter 45 %) entzogen. Bei Kleinanlagen bzw. Inputmaterialien mit sehr geringen Anteilen der oben genannten Stoffe, kann abhängig vom Einsatzbereich der Komposte auf diese Aggregate verzichtet werden. Für die Hartstoffabscheidung werden Windsichter und Luftsetzmaschinen (Steinausleser) eingesetzt, Folien können über Windsichter entzogen werden.

Die Hartstoffabscheidung erfolgt in der Regel am Feinkompost; die Windsichtung von Folien (in Einzelfällen) am Grobkompost bzw. Überkorn (Rückgut). Hierbei haben sich mit ausreichender Effektivität auch Einfachlösungen (z. B. Bandabwurf mit Luftquerstrom) als geeignet herausgestellt.

Transportaggregate (Förderaggregate)

Der Transport des zu verarbeitenden Materials zu den einzelnen Behandlungsstufen, der Austrag aus den Aggregaten sowie auch häufig die Beschickung der Rotteeinrichtungen wird in Kompostwerken durch Förderaggregate bewerkstelligt. Diese haben für einen ordnungsgemäßen Verfahrensablauf und eine gleichmäßige Beschickung der Aggregate eine besondere Bedeutung. Aufgrund ihrer großen Abmessungen zur Überwindung größerer Höhen und längerer Distanzen sind sie raumbedeutsame Einrichtungen; die Sauberkeit der Aufbereitungshallen wird maßgeblich von der konstruktiven Ausführung der Fördereinrichtungen und den damit verbundenen Übergabestellen beeinflußt, bei welchen auf verstopfungs- und störungsfreie sowie wartungsarme Ausführung zu achten ist.

Die Auswahl der Förderaggregate wird von folgenden Faktoren besonders beeinflußt:

- **Art des Transportgutes**
  Im Vordergrund stehen hier besonders die Korngrößenverteilung und Form sowie der Wassergehalt. Besonders sperrige Materialien, rollige Bestandteile sowie staubende oder thixotrope Güter stellen hier besondere Anforderungen.

- **Steigung**
  Abhängig von der zur Verfügung stehenden Strecke zur Überwindung vorgegebener Höhendifferenzen ist die Wahl des Förderaggregates vorgegeben. Steigungen deutlich über 20° lassen nur eine eingeschränkte Auswahl an Aggregaten zu, da ansonsten rolli-

2 Technik der Kompostierung

ges Material (z. B. Äpfel, Orangen) nicht transportierbar ist.
- **Verunreinigungen durch Transportaggregate, Bandreinigung**
  Besonders ungekapselte Fördereinrichtungen (Bänder) können auf der Untergurtseite bei Kompost erhebliche Verunreinigungen verursachen, welche durch das Abschütteln von anhaftenden festen Bestandteilen im Bereich von Rollen, Umlenkbereichen u. ä. verursacht werden und damit eine tägliche Reinigung der unter den Bändern liegenden Böden erforderlich machen. Im Hinblick auf einen arbeitshygienisch einwandfreien, sauberen Betrieb und wirtschaftliche Betriebsweise ist besonders diesem Punkt verstärkte Aufmerksamkeit zu schenken.
- **Wartungsaufwand, Betriebssicherheit**
  Da das einwandfreie Funktionieren der Fördereinrichtungen den Betrieb der Anlage maßgeblich bestimmt, ist auf Aggregate zu achten, welche einen geringen Wartungsaufwand benötigen. Störungen sollten auf möglichst einfache Weise zu beheben sein. Die Möglichkeit, durch Bühnen entlang der Förderaggregate alle maßgeblichen Stellen in der Anlage erreichen zu können, ist vorteilhaft. Besonders in Bereichen des Transportes grober Materialien ist auf ausreichende Breite (mind. 1 m) der Fördereinrichtungen zu achten.

In Tabelle 3.8 sind die wesentlichen in Kompostierungsanlagen eingesetzten Fördereinrichtungen beschrieben.

2.5 Rottesysteme

Im Zuge der Tendenz zur flächendeckenden Kompostierung von Bioabfällen sind in den vergangenen Jahren eine Vielzahl von Anbietern und Kompostierungssystemen auf den Markt gekommen.

Bei der Beurteilung von Rottesystemen sind folgende Faktoren zu beachten:
Produktqualität
Die Anforderungen an die Produktqualität sind z. B. in der Bioabfall-Verord-

Tab. 3.7 Aggregate zur Störstoffauslese

Sichtaggregat	Verfahrensbeschreibung	Bemerkungen
Zick-Zack-Windsichter	Materialaufgabe von oben, Leichtgut nach oben, Schwergut nach unten ausgetragen. Durch Knicke Streuung und damit bessere Trennung. Wände mit Gummibahnen bespannt zur Verhinderung v. Materialablagerungen. Aufgabe u. Entnahme durch Zellradschleusen. Geschlossene Luftführung im Kreislauf. Zyklonen zur Leichtstoffabscheidung.	– relativ große Abmessungen – relativ große Luftmengen erforderlich
Schwebe-Windsichter	stehender, nach oben konischer Zylinder mit Siebboden (Lochung ca. 3mm). Rotierender Abstreifer auf Siebboden für Schwerstoffe. Beschickung u. Entnahme s.o.	– bei Kompostierungsanlagen eher selten – relativ große Luftmengen erforderlich
Luftsetzmaschine (Steinausleser)	Fließbettprinzip. Geneigtes Vibrationssieb (Lochung 1,5mm), von unten mit Luft durchströmt, so daß sich Leichtfraktion leicht anhebt. Leichtfraktion (Kompost) wird durch Schwerkraft nach unten, Schwerfraktion durch Siebbodenbewegung aufwärts zur Siebkante gefördert. Luftkreislaufführung, Staubabscheidung durch Zyklon	– Gleichmäßige Siebbodenbelegung erforderlich – Bewährtes Aggregat zur Hartstoffabscheidung

Tab. 3.8 Fördereinrichtungen in Kompostierungsanlagen

Förderaggregat	Funktionsweise	Vorteile	Nachteile	Einsatzbereich
Flachband	Mit Stahl- oder Kunststoffgewebeeinlage versehene Gummibänder. Material ruht während Transportvorgang auf Band	– hohe Förderleistung – geringes Eigengewicht – sehr robust – gut zu reinigen (Bürsten) – hohe Betriebssicherheit – geringer Wartungsaufwand	max. Steigung 20°	unzerkleinerter Abfall, grobes Überkorn, Sortierbereich, Verteilbänder für Kompost
Muldenband	s.o. Durch Neigung der oberen Tragwellen bis 45° Sicherung gegen seitliches Herabfallen von Material	s.o.	s.o.	aufbereitetes Rottegut, Fe-Metalle
Stegband	s.o. Durch Querstege größere Steigung möglich. Sicherheit gegen Abrutschen und Abrollen	größere Steigungen (bis ca. 45°)	schlecht zu reinigen	Grobkompost, Feinkompost bei größeren Steigungen
Wellkantengurtförderer (Kastenförderer)	Gummigurtband mit seitlichem Wellkasten (zur Umlenkung) und entsprechend hohen Mitnehmerstegen (Fördertaschen)	Steigungen bis 70°	– schlecht zu reinigen – teuer	aufbereitetes Rottegut
Trogkettenförderer	Mitnehmer (Kettenprinzip) schleifen Material über feststehenden Trogboden. Gekapseltes System. Böden aus Metall oder Keramik (verschleißfest).	– Steigungen bis 90° – Freizügige Trassenführung – Winkel etc.. Abwurfstellungen wählbar – keine Verschmutzung im Bereich d. TKF durch Kapselung	– relativ teuer – störungsanfälliger (verklemmen) – nicht für grobe Stoffe geeignet	aufbereitetes Rottegut
Schneckenförderer, Spiralförderer	Förderschnecke (Voll-Schnecke oder spiralförm. Flacheisen) in Fördertrog (i.d.R. mit PE ausgekleidet) gekapselte Ausführung einfach möglich	– Wartung leicht möglich – einfache Technik – Aufgabe u. Abwurf beliebig wählbar – Steigungen bis nahe 90°	– Reibung im Trog (Verschleißschicht) – rel. hohe Antriebsleistung	– kleine Förderleistung – kurze Strecken, z.B. Verteilung von Kompost – abgesiebtes Material – nicht geeignet für unzerkleinerten groben Abfall
Schwingförderer	vibrierende Rinne horizontal bis leicht abwärts geneigt	Vereinzelung d. Materials	nur als Ergänzung zu übrigen Aggregaten	– Aufgabebereich vor Aggregaten – kurze Transportwege

nung, im Merkblatt M10 oder in den Gütekriterien der Bundesgütegemeinschaft Kompost festgelegt. Grundsätzlich muß die Kompostierung den Anforderungen der Seuchenhygiene genügen, indem Krankheitserreger für Mensch, Tier und Pflanze inaktiviert bzw. abgetötet werden. Weiterhin fordert die Anwenderseite die Inaktivierung von Unkrautsamen.

Die Pflanzenverträglichkeit bzw. die Einhaltung eines entsprechenden Rottegrades muß in Abhängigkeit von den jeweiligen Anforderungen an die Kompostierung gegeben sein. Entsprechend diesen geforderten Produktqualitäten ist der Rotteprozeß zu gewährleisten.

Rottesteuerung
Zur Erreichung der geforderten Produktqualitäten ist besonders bei der Zielvorgabe einer kurzen Rottezeit bzw. geringem Flächenverbrauch und emissionsarmem Betrieb die Rotte gezielt zu steuern. Hierdurch kann zusätzlich die Qualitätssicherung von Produkt und Betrieb maßgeblich verbessert werden. Wesentliche Faktoren für die Rottesteuerung sind die Belüftung (künstlich oder natürlich, Luftporenvolumen), der Wassergehalt und die Homogenität.

Charakteristische Rotteparameter sind hierbei die CO_2-/O_2-Konzentration in den Luftporen des Rottegutes oder in der Abluft, die Temperatur im Rottegut und in der Abluft, welche besonders zur Steuerung der Belüftung eingesetzt werden. Die Kenngröße Wassergehalt erlaubt, durch Wasserzufuhr von außen (z. B. beim Umsetzen, Luftkreislaufführung) optimale Rottebedingungen einzustellen; die Faktoren Luftporenvolumen und Homogenität (nicht direkt meßbar) sind neben der Vorgabe durch das Ausgangsmaterial durch den Umsetzrhythmus zu steuern.

Emissionen
Besonders bei größeren Kompostierungsanlagen und bzw. oder größerer Nähe (ca. < 500 m) zu emissionsempfindlichen Nutzungseinrichtungen (z. B. Wohn- und Gewerbegebiete) bzw. ungünstigen windklimatischen Verhältnissen ist besonders hinsichtlich der Geruchsemissionen auf eine Minimierung hinzuwirken, was in der Regel durch Kapselung des Rotteteils erreicht wird. Die Verringerung von Sickerwasseremissionen kann durch Überdachung gewährleistet werden, wodurch gleichzeitig auch eine Verringerung von Geruchsemissionen durch Ver-

Abbildung 3.11: Boxenkompostierung System Herhof (Foto: Herhof)

Abbildung 3.12:
Containerkompostierung System ML (Foto: ML)

hindern von nassen Mietenfüßen bzw. Pfützen mit faulendem Wasser erfolgt. Die Bildung von Kondenswasser ist maßgeblich durch das Rotteverfahren beeinflußt. Dieses tritt in besonders hohen Mengen an kalten Rottehallenwänden und bei der Saugbelüftung auf.

Lärm und Staub sind ebenfalls Emissionen, welche im Rotteteil besonders beim Umsetzen, Aufsetzen bzw. Abfahren des Rottegutes auftreten können und denen ggfs. durch Einhausung entgegenzutreten ist.

Anlagenflexibilität
Da die Bioabfälle besonders jahreszeitlich bedingt in der Menge und Zusammensetzung schwanken, unterschiedliche Produktqualitäten häufig gefordert werden, Fehlchargen auftreten können, welche vorzeitig zu entfernen sind und evtl. ein stufenweiser Ausbau der Anlage gefordert ist, kommt der Anlagenflexibilität bzw. der Fragestellung eines modularen Aufbaus bei der Auswahl des Rotteverfahrens Bedeutung zu. Hierbei sind hohe Anlagenflexibilität und niedrige Betriebskosten häufig gegenläufige Größen.

Bau- und Betriebstechnik
Besonders bei gekapselten Rottesystemen ist aufgrund der stark korrosiven Eigenschaften des Rottegutes (organische Säuren, Ammoniak, Mirkroorganismen) und der Rotteabluft, welche häufig zu 100 % wassergesättigt ist, auf korrosionsfeste Materialien zu achten bzw. es sind Konstruktionen zu wählen, deren Tragfunktionen außerhalb der korrosiven Einwirkungsbereiche liegen. Daneben sind der Flächen- bzw. Raumbedarf nicht nur hinsichtlich der versiegelten Fläche bzw. des umbauten Raumes, sondern auch im Hinblick auf die zu fördernden Luftmengen zur Erreichung der geforderten Luftwechselzahlen von Bedeutung. Dies hat wesentlichen Einfluß sowohl auf die Investitions- als auch auf die Betriebskosten.

Arbeitsschutz
Gerade in jüngster Zeit ist der Arbeitsschutz im Bereich der Rotte aufgrund der Belastung des Personals mit pathogenen Keimen stark in den Vordergrund gerückt. Eine Minimierung dieser Belastung kann erreicht werden, indem das Rottesystem

2 Technik der Kompostierung

selbst vollautomatisch arbeitet und damit keine Arbeitsplätze im System erforderlich sind. Arbeitsplätze in Fahrzeugen (z. B. Umsetzgerät, Radlader etc.) sind nur in klimatisierten Kabinen mit entsprechenden Filtereinsatztypen vorzusehen.

Einteilung der Rotteverfahren
[19, 28 et al.]

Die Rotteverfahren sind aufgrund folgender Kriterien in verschiedene Kategorien einzuteilen:

– Handhabung des Rottegutes,
– Rotteform bzw. -system,
– Art der Belüftung,
– Rottezeit (Rottegrad).

Als Oberkriterium hat sich für die Praxis die Einteilung nach der Handhabung des Rottegutes bewährt. Zu unterscheiden sind:

Statische Verfahren

Bei den statischen Verfahren wird das Rottegut über die Rottezeit nicht bewegt. Folgende Systeme sind hierfür derzeit auf dem Markt:

a) Mietenkompostierung ohne Umsetzen
Diesem System kommt für die Kompostierung von Bioabfällen nur in modifizierter Form Bedeutung zu, da eine Regulierung des Wassergehaltes während der Rotte nicht möglich ist, Homogenisierungs- und Zerkleinerungseffekte fehlen und die Hygienisierung des Rottegutes aufgrund kalter Zonen an der Mietenoberfläche nicht gewährleistet ist.

Sickerwässer können nicht zurückgeführt werden. Daher wird dieses Verfahren in der Regel nur in Kombination mit anderen oder zur Nachrotte eingesetzt. Zur Vermeidung der o. e. Effekte ist daher ein mindestens einmaliges Umsetzen innerhalb eines Zeitraumes von 6 bis 8 Wochen üblich.

b) Boxen- oder Containerkompostierung
Bei diesen Systemen werden die Abfälle in einer isolierten Rottebox kompostiert. Es erfolgt eine künstliche Belüftung; Sicker- und Kondenswässer können zurückgeführt werden. Vorteilhaft ist, daß die geruchsintensive erste Rottephase (ca. 2 Wochen) in einem geschlossenen System stattfindet. Eine Veränderung der Durchsatzkapazität ist durch die modulartige Bauweise möglich.

Der Rottegrad beim Austrag aus diesem System beträgt maximal II, so daß eine entsprechend gestaltete Nachrotte erforderlich ist, die der hohen mikrobiel-

Abbildung 3.13:
Containerkompostierung
System Thöni (Foto: Thöni)

len Aktivität des Materials Rechnung trägt. Durch Zurückführen des aus den Boxen oder Containern ausgetragenen Materials gehen diese Systeme in den Bereich der semidynamischen Verfahren (s. u.) über. Für die Erzielung eines Rottegrades von IV in den Boxen oder Containern sind die Investitionskosten vergleichsweise relativ hoch.

c) Verrottung von Preßlingen

Bei diesem Verfahren werden die Abfälle zerkleinert und als Presslinge (Einzelmasse ca. 30 kg) auf Paletten in einer geschlossenen, natürlich oder zwangsbelüfteten Halle verrottet. Ein- und Austrag erfolgen über ein vollautomatisches Transportsystem. Die Rottezeit beträgt 3 bis 4 Wochen. Nach Zerkleinerung der Preßlinge ist eine Nachrotte auf Mieten erforderlich. Vorteilhaft ist, daß die Rotte vollautomatisch abläuft. Die Korrosionsprobleme in den Hallen sind im Vergleich zu anderen Systemen tendenziell geringer. Nachteilig ist, daß eine gesteuerte Führung des Wassergehaltes während der Rotte nicht gegeben ist.

Semidynamische Verfahren

Die semidynamischen Verfahren sind dadurch gekennzeichnet, daß das Rottegut während des Prozesses in Zeitabständen bewegt wird. Hierdurch ist eine intensivierte Verrottung bei guter Homogenisierung und Hygienisierung gegeben. Der Wassergehalt kann während des Umsetzprozesses und durch Belüftung entsprechend den Erfordernissen eingestellt werden. Die Rückführung von Sickerwasser und Kondenswasser ist bei gekapselten Systemen möglich.

Werden diese Verfahren aus Emissi-

Abbildung 3.14: Brikollare-Verfahren (Foto: Rethmann)

2 Technik der Kompostierung

Abbildung 3.15:
Mietenkompostierung
System Bühler »Wendelin«
(Foto: Bühler)

onsgründen in geschlossenen Hallen betrieben, sind die Anforderungen an den Korrossionsschutz und ein optimiertes Lüftungssystem aufgrund des aggressiven Hallenklimas hoch, so daß solche Systeme nur bei Durchsätzen größer 10 000 Mg/a sinnvoll sind.

Bei Rottezeiten von 6 bis 12 Wochen ist ein Rottegrad von IV erreichbar.

Folgende Systeme werden derzeit eingesetzt:

a) Dreiecks- oder Tafelmieten mit frei verfahrbarem Umsetzgerät

Die Umsetzung der Mieten erfolgt bei diesen Systemen entweder mit Radladern, an Zugfahrzeugen ankoppelbaren Umsetzgeräten oder durch selbstfahrende Umsetzgeräte, welche auf der Rottefläche fahren. In geschlossenen Hallen werden in der Regel aus arbeitsplatztechnischen Gründen selbstfahrende Geräte eingesetzt. Der Rotteprozeß kann durch das Umsetzen, Bewässern und eine evtl. Belüftung beeinflußt werden.

Der konstruktive Aufwand für die Rottefläche ist höher als bei den nachfolgend beschriebenen Trapez- bzw. Tafelmietensystemen, die Flexibilität ist aufgrund des frei verfahrbaren Umsetzgerätes größer. Diese Systeme werden in der Regel eher für kleinere Anlagen eingesetzt.

b) Tafelmieten mit fest installiertem Umsetzgerät

Bei diesen Systemen ist das Umsetzgerät, welches entweder längs oder quer zu einer Tafelmiete das Rottegut einträgt, (teilweise) umsetzt bzw. austrägt, selbstfahrend schienengebunden installiert. Hierdurch ist ein vollautomatischer Prozeß mit Rotteschwundkompensation zur Minimierung des Flächenbedarfs gegeben. Da die belüftete Rottefläche nicht befahren werden muß, kann diese konstruktiv einfach ausgeführt werden. In der jüngeren Vergangenheit wurden besonders Anlagen mit einem Durchsatz größer 10 000 Mg/a mit diesen Systemen gebaut.

c) Rottezellen/Rottekammern

Bei diesen Systemen wird das Rottegut in von unten belüftete Kammern (ca. 100 bis 200 m³) z. T. vollautomatisch eingebracht und durch automatische Aus- und Eintragssysteme (Schubboden, Schnecken, Bänder) wieder zurückgeführt. Für kleinere Anlagen ist damit ein relativ ho-

Abbildung 3.16:
Mietenkompostierung
System Thyssen
»Dynacomp«
(Foto: Thyssen)

Abbildung 3.17: Zeilenkompostierung System Passavant (Foto: Passavant)

her Automatisierungsgrad bei gleichzeitig gekapselter Rotte gegeben.

d) *Rottezeilen/Rottetunnel*

Im Gegensatz zum Mietenverfahren wird hier das Rottegut auf einer Breite von 2 bis 4 m zwischen Stahlbetonwände geschüttet, welche die Mietenflanken bilden. Die Zwangsbelüftung erfolgt durch den Boden. Die Länge der Zeilen beträgt abhängig vom System ca. 25 bis 50 m; das Rottegut wird durch ein schienenfahrbares, in die einzelnen Zeilen versetzbares, längsverfahrbares Umsetzgerät in Zeilenbreite umgesetzt. Aufgrund der geringen Spannweite des Umsetzgerätes ist die Bauhöhe im Vergleich zu den adäquaten Mietenverfahren geringer und das Hallenvolumen reduziert. Als Alternative zu den o. e. Verfahren mit Umsetzgerät, bei welchen das Rottegut durch das Umsetzen längs befördert wird, sind auch Rottetunnel mit Netztransport im Einsatz. Hierbei wird über Teleskopförderer der Rottetunnel, auf dessen Boden ein Kunststoffwebnetz ausgelegt ist, mit Rottegut befüllt und nach Ablauf der Rottezeit von ca. 2 bis 3 Wochen durch eine verbundene Netzwinde mit Fräsaggregat herausgezogen. Die Flexibilität hinsichtlich der separaten Verrottung unterschiedlicher Materialien ist im Vergleich zu den Mietenverfahren mit fest installiertem Umsetzgerät größer, der baukonstruktive Aufwand jedoch ebenfalls.

e) *Tunnelreaktoren*

Hier wird das Rottegut horizontal über einen hydraulisch angetriebenen Schild oder einen Schubboden mit integrierter Belüftung durch einen geschlossenen Stahl- oder Stahlbetonrahmen bewegt. Die Rottezeit beträgt systemabhängig 2 bis 3 Wochen, so daß eine entsprechende Nachrotte erforderlich ist. Die Steuerung der Rotte ist schwieriger als bei den Mietenverfahren, die mechanischen Beanspruchungen sind beim Schildsystem sehr hoch. Daher hat sich dieses Verfahren nicht durchgesetzt.

f) *Rottetürme*

Der Rotteteil besteht bei diesem System aus Rottereaktoren (Durchmesser 10 bis 20 m, Höhe ca. 10 m), in welche das Rottegut von oben eingetragen wird und während einer ca. zweiwöchigen Rotte von oben nach unten wandert, wo es durch eine Schnecke ausgetragen und in den Nachrotteturm gefördert wird. Es erfolgt eine Druckbelüftung von unten. Umsetzvorgänge sind durch das Zurückführen in den Turm möglich. Vorteilhaft

2 Technik der Kompostierung

Abbildung 3.18:
Rotteturm (Anlage Bozen)
(Foto: Steinmüller)

ist, daß die Rotte in einem geschlossenen vollautomatischen System abläuft. Die Ausnutzung des umbauten Volumens ist im Vergleich zu gekapselten Mietenverfahren deutlich höher, so daß im Verhältnis hierzu geringere Abluftmengen entstehen. Die Steuerung des Rotteprozesses (speziell des Wassergehaltes) ist vergleichsweise schwieriger, der Wartungsaufwand höher.

Dynamische Verfahren

Diesen Verfahren ist gemeinsam, daß das Rottegut nahezu kontinuierlich bewegt wird, in der Regel in Trommeln. Bei eini-

Abbildung 3.19:
Rottetrommel System Envital
(Anlage Ansbach/Bechhofen)
(Foto: Envital)

Tab. 3.9 Mietenverfahren mit frei verfahrbarem Umsetzgerät (Beispiele)

Hersteller/ Verfahren	Kurzbeschreibung des Verfahrens	Umsetzleistung/Abmessungen
Backhus	Selbstfahrend auf Raupen, keine sep. Fahrspur erforderlich, Abwurf nach hinten	Umsetzleistung 800–5000 m^3/h, Dreiecksmieten, verschiedene Abmessungen
MBU	Schleppergezogener Trommelband-Mietenumsetzer, Auswurf nach der Seite	Tafelmieten, H=2,5 m Umsetzleistung 600 m^3/h
Menke	Schleppergezogen mit horizontaler Umsetzschraube, Seitenumsetzer	Dreiecksmieten H=2,0 m, B=3,5 m Umsetzleistung ca. 1000 m^3/h
	Selbstfahrend mit horizontaler Umsetzschraube, Seitenumsetzer	Dreiecksmieten H=2,2 m, B=5,4 m, Umsetzleistung ca. 1200–1400 m^3/h
Morawetz	Schleppergezogen, Seitenumsetzer, Umsetzpaddel	Dreiecksmieten H=2,2 m, B=3,5 m
	selbstfahrend auf Rädern, Umsetzpaddel, Auswurf nach hinten	Dreiecksmieten H=2,0 m, B=4,5 m Umsetzleistung 500–1400 m^3/h
Willibald	Schleppergezogener Trommelband-Mietenumsetzer, vertikales Anfräsen entlang der Miete, Abwurf seitwärts mit Förderband	Dreiecks- oder Tafelmieten, H bis 3,5m Umsetzleistung: 400 m^3/h
Komptech/ Doppstadt (Topturn)	Selbstfahrend auf Rädern, schneckenähnliche Umsetzwalze an Portalgerät, Auswurf nach hinten oder seitwärts	Dreiecks- oder Trapezmieten H bis 2,2 m, B ca. 3,2–5,5 m Umsetzleistung bis 1500 m^3/h
MABEG	An Portalgerät mit Senkrecht–Doppelwellenmischer als Umsetzgerät	Tafelmieten H=2,5 m

gen Systemen wird zusätzlich belüftet. Die Aufenthaltszeit beträgt einen Tag bis eine Woche. Vorteilhaft ist die gute Homogenisierung und selektive Zerkleinerung des Rottegutes bei gleichzeitig intensiver Rotte und Hygienisierung. Die Volumina sind relativ gering, so daß die Abluftmengen klein gehalten werden können. Da der Rottegrad beim Austragen aus dem System kleiner II ist, wird wie bei den Verfahren mit adäquater Rottezeit eine nachgeschaltete Rotte erforderlich, bei welcher, auch hinsichtlich der Emissionen, der hohen mikrobiellen Aktivität des Rottegutes Rechnung getragen werden muß.

Damit sind die dynamischen Verfahren immer mit einem anschließend semidynamischen oder statischen Verfahren zu koppeln.

Zusammenstellung der Verfahren
Generell sollte gemäß den Forderungen der TA-Siedlungsabfall bei Bioabfällen in der Regel zumindest die Vorrotte zur besseren Führung des Rotteprozesses, aber auch zur Emissionsminimierung, in geschlossenen kontrollierbaren und steuerbaren Systemen stattfinden. In den Tabellen 3.9–3.14 sind die wesentlichen derzeit auf dem Markt und im großtechnischen Einsatz befindlichen Rottesysteme dargestellt [nach Firmenunterlagen, 20, 12, 46 et al.].

Belüftungssystem und -flächen
Es ist grundsätzlich in die natürliche und die künstliche Belüftung zu unterscheiden. Bei der natürlichen Belüftung wird davon ausgegangen, daß der erforderliche Gasaustausch durch Diffusion von Außenluft in die Luftporen infolge von Konzentrationsunterschieden stattfindet. Unterstützt wird dieser Vorgang durch Konvektionsströme infolge von Temperaturdifferenzen, da im Rottegut in der Regel deutlich höhere Temperaturen herrschen als in der Umgebungsluft. Die natürliche

2 Technik der Kompostierung

Tab. 3.10: Verfahren der gekapselten Mietenkompostierung mit fest installiertem Umsetzgerät (Beispiele)

Verfahrensprinzip	Kategorie	Hersteller/ Verfahren	Kurzbeschreibung des Verfahrens	Rottezeit/ Rottegrad	Rottesystem/ Abmessungen	Rotteführung	Flexibilität	Bemerkungen
gekapselte Mietenkompostierung mit fest installiertem Umsetzgerät, Materialtransport längs zur Hallenachse	sd.	Bühler Wendelin-Umsetzgerät	Automat. Eintrag üb. Förderbänder (Koordinateneintrag) auf Primärmiete, Umschichtung über verfahrbare Brücke, Umsetzen vom Ende der Miete her durch langsam drehende Schaufelräder von unten nach oben bei gleichzeitiger Querfahrt, Spanbreite ca. 20cm. Transport und Abwurf über verschiebbare Bänder, Nach Durchlauf u. Anheben der Schaufelräder u. Rückfahrt ans Ende der Miete. Kies-Belüftungsboden. Rotteschwundausgleich über variable Abwurflänge.	8-12 Wo. RG III-IV	Tafelmiete mit 2,3-3,3m Höhe, Rottefeldbreite 17-38m (in Stufen). Hallenlänge 50-200m, Durchsatz bis ca. 60000Mg/a, abhängig von der Typgröße, Umsetzweite 6,5-35m, Umsetzleistung ca. 150m³/h, Umsetzintervall 7 bis 14 Tage	Saug-/Druckbelüftung, Befeuchtung beim Umsetzen.	Änderung der Durchsatzleistung durch Variieren der Rottezeit und Mietenhöhe in Grenzen möglich.	Einsatz ab ca. 10000 Mg/a, automatische Wassergehaltsbestimmung beim Umsetzen u. definierte Wasserzugabe
	sd.	Koch AE&E	Automat. Eintrag über Förderbänder (Koordinateneintrag). Umschichtmaschine mit verfahrbarer Brücke. Materialaufnahme durch Becherwerk-Schaufelrad. Abwurf über verschiebbare Bänder. Kies-Belüftungsboden. Rotteschwundausgleich über variable Abwurflänge.	8-12 Wo RG III-IV	Tafelmiete bis ca. 3m Höhe, Rottefeldbreite ab 15m entsprechend Durchsatz, Umsetzintervall 7 bis 14 Tage, Umsetzleistung ca. 200 m³/h	Saug-/Druckbelüftung, Befeuchtung beim Umsetzen.	Änderung der Durchsatzleistung durch Variieren der Rottezeit und Mietenhöhe in Grenzen möglich.	Einsatz ab ca. 10000 Mg/a
	sd.	Noell	Automat. Eintrag über Förderbänder, Umsetzen mit Schaufelrad an Brückenkonstruktion. Befahrbarer Belüftungsboden mit Luftschlitzen. Rotteschwundausgleich über variable Abwurflänge.	8-12 Wo RG III-IV	Tafelmiete bis ca. 3m Höhe Umsetzleistung 300 m³/h Umsetzintervall ca. 10d	Saugbelüftung, Befeuchtung beim Umsetzen.	Änderung der Durchsatzleistung durch Variieren der Rottezeit und Mietenhöhe in Grenzen möglich.	Einsatz ab ca. 10000 Mg/a
gekapselte Mietenkompostierung mit fest installiertem Umsetzgerät, Materialtransport quer zur Hallenachse	sd.	Hutec/ Sorrain-Ceccini	In Hallenlängsrichtung längs verfahrbare Eintragseinrichtung. Abwurf in Längsstreifen zur Beschickung des Rottebeckens. Umsetzgerät fährt längs zur Hallenachse, zwei geneigte Schneckenpaare zum Transport des Rottegutes in Querrichtung zum Austrag, Rotteschwundausgleich partiell durch Umsetzer.	8-12 Wo. RG III-IV	Tafelmiete, Höhe ca. 2,5m, Beckenbreite ca. 20m, Umsetzrhythmus täglich	Druckbelüftung, Befeuchtung beim Umsetzen durch Düsen an den Schnecken.	Variieren der Rottezeit durch Veränderung der Austragsleistung in Grenzen möglich.	Einsatz ab ca. 12000 Mg/a
	sd.	Thyssen (Dynacomp)	In Hallenlängsrichtung verfahrbarer Abwurfwagen fördert in Eintragsvorrichtung (Portalsystem) mit höhenverstellbarem Trogkettenförderer. Umwälzen durch senkrecht stellbare Schraube von unten nach oben. Kein Materialtransport in horizontaler Richtung. Materialaustrag durch Abkratzen der Mietenoberfläche mit Trogkettenförderer im Boden versenktes Band. Betonrotteplatte mit Lüftungsschlitzen (Verbundstein).	8-12 Wo. RG III-IV	Tafelmiete Mietenbreite 3,2m, Mietenbreite 20-30m Durchsatz 10000-40000Mg/a	Saugbelüftung, Befeuchtung beim Umwälzen durch Düsen an der Schnecke.	Variieren der Rottezeit durch Veränderung der Austragsleistung mit parallelen Einzelmieten. Höhere Flexibilität als o.g. Verfahren	Einsatz ab ca. 10000 Mg/a Kein Rotteschwundausgleich möglich. Mieten parallel mit unterschiedlichem Material und unterschiedlichen Rottezeiten aufzuschichten (Grenzbereiche sind vermischt)
gekapselte Mietenkompostierung mit festinstalliertem Auf- und Umsetzgerät Materialtransport beliebig	sd.	BÖL	Mietenaufbau, -abbau und -umsetzen durch kranbahngeführten Transportmischkopf (Greifer mit Stachelwalzen zur Auflockerung). Belüftete befahrbare Rotteplatte.	8-12 Wo. RG III-IV	Tafelmiete, Mietenhöhe ca. 2,5m Durchsatz 9000-16000 Mg/a	Saugbelüftung, Befeuchtung während des Umschichtens durch Besprühen über Greifer.	Variieren der Rottezeit durch Verändern der Austragsleistung möglich.	Kompostierung ohne Vorzerkleinerung und Grobaufbereitung, Chargenbetrieb möglich.

sd. = semidynamisches Verfahren RG = Rottegrad

Tab. 3.11: Verfahren der Kompostierung in Rottezeilen/Rottetunnel (Beispiele)

Verfahrensprinzip	Kategorie	Hersteller/ Verfahren	Kurzbeschreibung des Verfahrens	Rottezeit/ Rottegrad	Rottesystem/ Abmessungen	Rotteführung	Flexibilität	Bemerkungen
Rottezeilen/ Rottetunnel	sd.	AE & E (BAS)	Stahlbetontunnel; Beschickung mit teleskopierbarem Förderbandsystem. Materialaustrag durch Schleppnetz am Boden, welches über hydraulisch angetriebene Winden herausgezogen wird. Belüftungs-Spaltenboden.	10-28 d Rottegrad II-III	Materialhöhe 2m Breite 3m Länge 12 bzw. 30m 1250 bzw. 3500 Mg/a u.Tunnel (Rottezeit 14 Tage)	Druck- /Saugbelüftung, z.T. Umluftbetrieb.	Variieren der Rottezeit durch Austrag. Modularer Aufbau mit Erweiterung durch zusätzl. Zeilen.	Kein Rotteschwundausgleich (kurze Hauptrottezeit). Keine zusätzliche Umhausung erforderlich, hierdurch vergleichsweise geringere Abluftmengen.
	sd.	Babcock	Stahlbetontunnel. Schichtenweises Verfüllen mit verfahrbarem Abwurfwagen über Teleskopförderer. Materialaustrag mit Schleppnetz am Boden und Zugwinde. Fräsaggregat zum Zerkleinern u. Homogenisieren des ausgetragenen Kompostes.	8-12 Wo. Rottegrad III-IV	Materialhöhe ca. 2m Tunnelkapazität 1000-1500 Mg/a	Druckbelüftung, Bewässern von oben.	Variieren der Rottezeit durch Austrag. Modularer Aufbau mit Erweiterung durch zusätzl. Zeilen.	Rotteschwundausgleich (teilweise) durch Austragen und Wiederbefüllen d. Tunnel nach 2-3 Wo. Keine zusätzliche Umhausung erforderlich, hierdurch vergleichsweise geringere Abluftmengen.
	sd.	GICOM	Stahlbetontunnel, Beschickung mit Teleskopförderband, Belüftung über Spaltenboden, Materialaustrag durch Schleppnetz am Boden und Zugwinde. Fräsaggregat zum Zerkleinern u. Homogenisieren des ausgetragenen Kompostes.	7-10 d mit Nachrotte bis zu 3 Wo. Rottegrad II-III	Materialhöhe 2-3m 50-150 Mg/Tunnel	Druckbelüftung, z.T. Umluftbetrieb.	Variieren der Rottezeit durch Austrag. Modularer Aufbau mit Erweiterung durch zusätzl. Zeilen.	Hauptrotte ca. 7d. Nachrotte 2-3 Wo. in sep. Tunnel. keine zusätzliche Umhausung erforderlich, hierdurch vergleichsweise geringe Abluftmengen.
	sd.	Passavant Sutco (Biofix)	Stahlbetonwanne mit Schlitzboden, mehrere Zeilen unter einem Dach. Über Eintragsband wird vorderster Teil (ca. 3m) der Zeile gefüllt. Umsetzer fährt auf Zeilenwänden von hinten nach vorne durch das Rottegut. Förderung über Trogtenförderer auf Zeilenbreite nach hinten. Umsetzweite 3m fest. Austrag auf Förderschnecke am Ende der Zeile. Umsetzer am Ende der Zeile auf andere Zeilen verfahrbar. Stahlbetonwanne mit Schlitzboden, mehrere Zeilen unter einem Dach. Über Eintragsband wird vorderster Teil (ca. 3m) der Zeile gefüllt. Umsetzer fährt auf Zeilenwänden von hinten nach vorne durch das Rottegut. Umsetzgerät mit Fräswalze.	3 Wo. in einer Zeile, 4-6 Wo. in folg. Zeile, Rottegrad III-IV 3 Wo. in einer Zeile, 4-6 Wo. in folg. Zeile, Rottegrad III-IV	Füllhöhe 2-2,5m Breite 2-5m Länge 21-40m/ Zeile 1 Umsetzer für 6 Zeilen ca. 5000 Mg/a für o.e. Ausführung, Umsetzleistung ca. 400 m²/h Umsetzrhythmus 1-4 d Füllhöhe 2-2,5m Breite 2-5m	Saugbelüftung, Bewässerung beim Umsetzen. Druck- / Saugbelüftung	Variieren der Rottezeit durch Austrag. Modularer Aufbau mit Erweiterung durch zusätzl. Zeilen. Variieren der Rottezeit durch Austrag. Modularer Aufbau mit Erweiterung durch zusätzl. Zeilen.	Rotteschwundausgleich teilweise möglich durch Austrag nach 3 Wochen aus einer Zeile und Eintrag in nächste mit neuer Schütthöhe. Hallenkonstruktion vergleichsweise aufwendiger. Rotteschwundausgleich teilweise möglich durch Austrag nach 3 Wochen aus einer Zeile und Eintrag in nächste mit neuer Schütthöhe. Hallenkonstruktion vergleichsweise aufwendiger.
	sd.	Umweltschutz Nord (BIOFER M-Verf.)	geschlossener Betontrog mit Belüftungsboden. Schienengeführtes Umsetzgerät in Tunnelbreite.	ca. 10d in einer Zeile, Nachrotte auf Tafelmieten, Rottegrad II-III	Füllhöhe ca. 2,5m ca. 5000 Mg/a u. Tunnel	Druck- /Saugbelüftung, Bewässerung durch Düsen von oben.	Variieren der Rottezeit durch Austrag. Modularer Aufbau mit Erweiterung durch zusätzl. Zeilen.	Intensivrotte im Tunnel, Nachrotte in geschloss. Halle auf Tafelmieten mit selbstfahrenden Umsetzgerät.

sd. = semidynamisches Verfahren

2 Technik der Kompostierung

Tab. 3.12: Verfahren der Kompostierung in Rottekammern, Rottetürmen und in Preßlingen (Beispiele)

Verfahrensprinzip	Kategorie	Hersteller/ Verfahren	Kurzbeschreibung des Verfahrens	Rottezeit/ Rottegrad	Rottesystem/ Abmessungen	Rotteführung	Flexibilität	Bemerkungen
Rottekammern	sd.	MBU/ Compag	Überdachte Mieten durch Stahlblechkonstruktion begrenzt. Befüllen durch Radlader oder Schnecke. Umsetzen durch Brückenkran verfahrbare Schnecke. Austrag über Radlader oder Schnecke. Befahrbare Rotteplatte.	2–8 Wo. Rottegrad II-IV	Mietenhöhe ca. 2,5m. 160m²/Kammer bzw. 400 Mg/a und Kammer	Druckbelüftung. Befeuchten während des Umsetzens oder durch Besprühen der Rottekammern. Umsetzrhythmus 7–14 Tage	Relativ hoch durch Parallelbetrieb. Erweiterung vergleichsweise einfach (Modularer Aufbau).	bei offener Halle Emissionsprobleme (standortabhängig). Bei geschloss. System Stahlkonstr. korrosionsgefährdet.
Preßlinge	st.	Rethmann (Bricollare-Verfahren)	Pressen von zerkleinertem Rottegut (< 50mm) zu Presslingen (30 kg). Walkverdichtung zur Bildung eines Kapillarsystems, maximale erforderliche Eindringtiefe für Luftsauerstoff 12cm. Stapeln d. Preßlinge auf Paletten (3 Lagen). Herausbilden eines Fugen- u. Kanalsystems. Palettengewicht ca. 1,2-1,8 Mg. Transport d. Paletten mit Gabelstapler oder über automatische Transporteinrichtung. Zerkleinerung der Preßlinge nach Rotte.	4–6 Wo. Rottegrad III-IV	ab ca. 15000 Mg/a	Künstliche Belüftung nicht erforderlich. Befeuchtung durch Beregnung der Preßlinge.	Durch Änderung der Rottezeit und Stapelhöhe. Erweiterung aufwendig.	I.d.R. keine Sickerwasserbildung, Austrag aus Rotte sehr trocken (Wassergehalt <30%). Bewässerung der Preßlinge schwierig. Steuerung der Rotte nicht möglich.
Rotteturm	st./sd.	Steinmüller, Nordfab-Weiss	Isolierter Turm mit innen emaillierten Stahlplatten od. aus Edelstahl. Transport des Rottegutes über Trogkettenförderer in Turmmitte oben. Verteilung durch drehende Schnecke auf Turmquerschnitt. Materialaustrag mittels Schnecke am Boden, die um Turmachse rotiert und in Turmmitte fördert, von wo das Material auf ein darunter liegendes Förderband fällt. Belüftungssegmente mit im Kiesbett liegenden gelochten Rohren (radial). Rottegut wandert von oben nach unten durch den Turm.	2 Wo. Hauptrotte 4 Wo. Nachrotte Rottegrad III-IV	Turmdurchmesser bis 20m, Materialhöhe ca. 6m 1 Turm für ca. 10000 Mg/a (Hauptrotte) 1 Turm für Nachrotte	Druckbelüftung. Befeuchtung während des Eintrags möglich.	Durch Änderung der Ein- u. Austragsgeschwindigkeit. Erweiterung durch Zusatzturm aufwendig.	Rotteschwundausgleich (teilweise) durch Austrag aus Hauptrotte und Eintrag in Nachrotte. Austragsschnecke im Reparaturfall schwer zugänglich. Steuerung des Wassergehaltes im Rotteturm vergleichsweise schwieriger. Geringer Platzbedarf, relativ geringe Abluftmengen.

sd. = semidynamisches Verfahren st. = statisches Verfahren

III Aerobe Verfahren (Kompostierung)

Tab. 3.13: Verfahren der Kompostierung in Rottecontainern bzw. Rotteboxen (Beispiele)

Verfahrensprinzip	Kategorie	Hersteller/ Verfahren	Kurzbeschreibung des Verfahrens	Rottezeit/ Rottegrad	Rottesystem/ Abmessungen	Rotteführung	Flexibilität	Bemerkungen
Rotteboxen	st./sd.	Herhof	Wärmegedämmte Stahlbeton-Rotteboxen mit Belüftungsboden aus Lochblech. Befüllung u. Entleerung über Radlader (mehrheitlich), aber auch mit automatischem Ein- u. Austragssystem (geschl. Teleskop-Trogkettenförderer), Befüllung von hinten nach vorne. Verteilerschnecke am Ende des Transportbandes für optimale Beschickungshöhe. Tor während des Rottezeitraumes geschlossen. Austrag durch Radlader bzw. über Teleskopeinrichtung u. Unterflurabzugsförderer.	7–10 d, Rottegrad II 2. u. 3. dyn. Zwischenschritt jeweils weitere 7–10 d. Rottegrad III-IV Ansonsten Nachrotte auf Rottefläche.	Boxenvolumen 60m² (Grundmodell), entsprechend 1250-1500 Mg/a und Box	Druckbelüftung, Luftkreislaufführung. Befeuchtung durch Verregnung im Innenraum.	Hoch, da Boxenanzahl bei Radladerbeschickung beliebig erweiterbar. Bei automatischem Ein- und Austragssystem Erweiterung schwierig.	Jede Box als autarkes System ausführbar (incl. Abluftreinigung über sep. Box). Bei Radladerbeschickung statisches Verfahren. Bei automat. Befüllen u. Entleeren dynamische Zwischenschritte einzufahren. Nachzerkleinerung nach 1. Rottedurchgang (semidyn. Verfahren). Erweiterbarkeit wird hierdurch eingeschränkt, da Boxen in Hallen stehen u. fördertechnisch verbunden sind. Relativ geringe Abluftmengen.
Rottecontainer	st.	ML	Wärmegedämmte, korrosionsgeschützte Stahlblechcontainer mit Belüftungssiebboden. Von oben mit Bandbeschickung an Befüllstation gefüllt. Transport mit Abrollkipper oder Brückenkran (bei mehr als 25000 Mg/a) auf Intensivrottefeld. Zwei Container übereinander stapelbar. Anschluß über Schnellkupplungen an Belüftungs- u. Bewässerungssystem. Entleerung zentral durch Öffnen d. Deckels u. Umkippen in Drehrichtung. Container ohne separate Einhausung aufzustellen.	10–14 d, Rottegrad II Nachrotte auf überdachter Fläche (Trapezmieten)	Containervolumen 22 m², 400 Mg/a u. Container	Druckbelüftung, Luftkreislaufführung.	Hoch, da Containerzahl gut zu variieren.	Abluftreinigung über separates Containersystem Tricon als autarkes Kompostierungssystem incl. Belüftung, Abluftreinigung, Wärmetauschersteuerung, Kondensatsammelstation für 3 Container.
Rottecontainer	st./sd.	Thöni	Wärmeisolierte, korrosionsfeste Stahlcontainer. Befüllung über wellenlose Förderspiralen über die Containerlänge. Austrag über zwei sich gegenläufig bewegende Keilschubkratzböden in Förderspiralen. Rückführung in Container möglich. Belüftung von unten über Kratzboden. Container ohne separate Einhausung aufzustellen.	3–4 Wochen, Rottegrad III Nachrotte auf Trapezmieten	Nettovolumen 90 m²	Druckbelüftung, Luftkreislaufführung. Befeuchtung während des Umsetzens.	Hoch durch Aufstellung zusätzlicher Container (Modulbauweise).	Reinigung der Zuluftöffnungen durch Überdruck möglich. Basismodul aus 2 Intensivrottecontainern, Versorgungseinheit, zwei Biofilter. Geringe Abluftmengen aufgrund geringer freier Luftvolumina.
Rotteboxen	sd.	Schmutz + Hartmann BRV	Oben offene Boxen aus Holzbohlenwandelementen, Stahlpendelklappen an der Austragsseite zur Dosierung. Belüftung mit Förder- u. Verteilerspiralen. Austrag über hydraulisch angetriebenen Kratzboden. Materialkreislaufführung in den Boxen möglich. Rottemodul in eigener Halle eingehaust. Belüftung über Kratzboden (Luftkanäle).	3–6 Wochen, Rottegrad III Nachrotte auf Trapezmieten	Nennvolumen 180 m²	Saug-/Druckbelüftung (Rotte-Filter-Verfahren). Befeuchtung während des Umsetzens.	Mittel, durch Zusatzboxen erweiterungsfähig.	Zusätzliche Halle für Rotteboxen erforderlich. Technisch einfaches Verfahren.

sd. = semidynamisches Verfahren   st. = statisches Verfahren

2 Technik der Kompostierung

Tab. 3.14: Verfahren der Kompostierung mit Rottetrommeln (Beispiele)

Verfahrens-prinzip	Kate-gorie	Hersteller/ Verfahren	Kurzbeschreibung des Verfahrens	Rottezeit/ Rottegrad	Rottesystem/ Abmessungen	Rotteführung	Flexibilität	Bemerkungen
Rotte-trommel	dyn.	Altvater / ALVAHUM	Rotierende Rottetrommel (horizontal) aus Stahl. Befüllen der Trommel über Band mit Trichter. Drehzahl 1 U/min. (teilweise Taktbetrieb), bei Beschickung 2-3 U/min. Schraubenförmiges Durchlaufen des Rottegutes. Austrag verschließbar für austragsunabhängige Bewegung. Einbauten unterstützen Selbstvermischung des Rottegutes. Belüftung des Rottegutes in Trommel. Absiebung durch an Trommel angeflanschtes Trommelsieb. Geschlossene Rottetrommel.	1-2 d, Rottegrad I Haupt- u. Nachrotte auf Trapezmieten	Mobile Trommel. 5000-v10000 Mg/a (L=12,5 m) Fest installiert bis 50000 Mg/a	Druckbelüftung des Materials, Absaugen d. Trommelluft. Wasserzufuhr über Stutzen in die Trommel	Durch variable Aufenthaltszeit sind Mengenschwankungen abzupuffern. Erweiterung durch weitere Trommeln.	Vorrottesystem mit Hygienisierungseffekt. Auf nachfolgender Mietenrotte (Mietenrotte) noch hohe mikrobielle Aktivität (Geruchsemissionen bei offenen Mieten möglich). Schonende Zerkleinerung i. d. Trommel, gute Homogenisierung. Mobile und stationäre Anlagen möglich.
	dyn.	Envital	Isolierte, im Freien aufstellbare Trommel. Befüllen der Trommel während Stillstandes mittig von oben oder über Stirnseite. Diskontinuierliche Drehbewegung i. d. Trommel. Materialaustrag nach unten in Trommelmitte durch Drehbewegung auf darunter liegendes Abzugsband. Belüftung über an der Stirnseite angebrachte, in Rottetrommel in unterschiedliche Tiefen hineinreichende Rohrleitungen.	4-7 d, Rottegrad I-II Haupt- u. Nachrotte auf Trapezmieten	Trommelinhalt: 1500-3000 Mg/a, Länge ca. 9-15 m, Durchmesser 2,5-3,4 m, Nutzvolumen 70-90 m³	Einblasen der Zuluft über Lüftungsrohre in unterer Trommelhälfte, Absaugen der Abluft im oberen Trommelbereich.	Hoch durch zusätzliche Trommeln.	Vorrottesystem mit Hygienisierungs- und Zerkleinerungseffekt. Nachfolgende Mietenrotte erforderlich. Schonende Zerkleinerung, gute Homogenisierung. Keine Einhausung der Trommel erforderlich (standortabhängig).
	dyn.	Lescha	Offene Rottetrommel mit Wandung aus Sieblochblechen (Oktaederform). Hierbei gleichzeitig Siebeffekt und Belüftung während der Trommeldrehung. Befüllung über Ring-Kasten-Elevator u. Zuführschnecke in oberes Trommelteil. Abgesiebtes Material fällt durch Trommelwand auf darunter liegendes Förderband (zur Rückführung od. Austrag). Grobmaterialaustrag über Entleerungsklappen im hinteren Trommelsegment (Öffnen/Schließen durch Ändern der Drehrichtung). Intermittierendes Drehen der Trommel (z.B. 5-15 min./d.). Wasserzugabe über eingebautes Düsensystem.	7-10 d, Rottegrad I-II Haupt- u. Nachrotte auf Mieten	20-70 m² Trommelvolumen, bei Trommelvol. 36 m³ Nutzvol. 32 m², Kapazität 1200-1300 Mg/a	Natürliche Belüftung bei Drehbewegung. Wasserzufuhr über Düsensystem	Hoch durch zusätzliche Trommeln.	Vorrottesystem mit Hygienisierungs- u. Zerkleinerungseffekt. Nachfolgende Mietenrotte erforderlich. Gute Homogenisierung, schonende Zerkleinerung. Relativ einfache Technik. Mobile und stationäre Anlagen möglich.

dyn. = dynamisches Verfahren

Abbildung 3.20:
Aufbau einer befestigten Rottefläche (Heidenheimer Rotteplatte) (Foto: Ingenieurgesellschaft Abfall)

Belüftung erfordert ein hohes Luftporenvolumen, gute Strukturstabilität und geringe Mietenabmessungen (Schütthöhe), um den Gasaustausch zu gewährleisten. Sie ist daher nur bei Anlagen mit geringer Durchsatzleistung und hohem spezifischen Platzbedarf realisierbar. Die Rottezeiten sind im Vergleich zu Verfahren mit künstlicher Belüftung deutlich länger.

Bei der künstlichen Belüftung wird durch die Herstellung eines Überdruckes (Druckbelüftung) bzw. Unterdruckes (Saugbelüftung) die Luft durch das Rottegut geleitet, wodurch ein Gasaustausch stattfindet. Die Schütthöhen können bis zu ca. 3 m erfolgen, in Sonderfällen sind auch größere Schütthöhen machbar (z. B. Turmrotte).

Die Druckbelüftung hat hierbei gegenüber der Saugbelüftung folgende Vor- bzw. Nachteile:

+ gute Verteilung der Luft im Rottegut
+ keine nassen Mietenfüße infolge Kondenswasserbildung
+ kein Kondenswasseranfall im Belüftungssystem
+ Belüftungssystem nicht korrosionsgefährdet
− höhere Geruchsemissionen (an der Mietenoberfläche)
− keine gezielte Abluftererfassung aus der Miete (z. B. zur Wärmenutzung) möglich (Ausnahme: geschlossene Boxen- bzw. Containersysteme)

Durch das Vorsehen der Möglichkeit, sowohl in Saug- als auch Druckbelüftung zu fahren, kann der Bildung von Präferenzkanälen entgegengewirkt werden; die Mehrfachnutzung von Luft im Rahmen des Rotteprozesses (z. B. indem frisches Material saugbelüftet und weitgehend verrottetes Material mit dieser Luft druckbelüftet wird) ist durch entsprechende Luftführung realisierbar.

Die Belüftungsflächen sind abhängig von der Art des Rottesystems befahrbar oder nicht befahrbar zu gestalten. Generell sind Rotteflächen zur ganzjährigen Befahrbarkeit und der Minimierung von Sickerwasser- und Geruchsemissionen immer befestigt auszuführen. Evtl. anfallendes Niederschlagswasser sollte nicht in Richtung des Mietenfußes laufen. Befahrbare Belüftungsflächen werden hauptsächlich mit geschlitzten Fertigteilplatten (z. B. Rottair-System) oder Verbundsteinen mit Lüftungsöffnungen (z. B. Bikovent-Steine, ELWU-Steine) hergestellt. Hierbei kann gleichzeitig das Sicker- und Niederschlagswasser über

2 Technik der Kompostierung

dieses System erfaßt werden. Ebenfalls bewährt hat sich das System mit abgedeckten Belüftungskanälen (z. B. Heidenheimer Rotteplatte), welches vorteilhaft zu reinigen ist und relativ geringe Investitionskosten verursacht. Beim Boxensystem bestehen die Belüftungsböden aus Lochblechen.

Nicht befahrbare Rotteflächen (z. B. bei Systemen mit fest installiertem Umsetzgerät bzw. Rottetürme) bestehen in der Regel aus einem Kiesbett mit Belüftungsleitungen aus Drainagerohren, welches mit Geotextil und Hartholzschnitzeln (Verschleißschicht) abgedeckt eine gleichmäßige Luftverteilung ermöglicht. Bei Containersystemen werden Lochbleche eingesetzt.

2.6 Nachrotte und Lagerung

Die mikrobielle Aktivität im Bereich der Nachrotte ist abhängig von der Art und Dauer der vorangegangenen Intensivrotte. Bei kurzen Rottezeiten in der Intensivrotte (bis ca. 14 Tage, Rottegrad I bis II) ist mit relativ großer mikrobieller Aktivität zu rechnen. Dies beinhaltet, daß auch in der Nachrotte über längere Zeiträume eine gute Sauerstoffversorgung und optimale Wassergehalte eingehalten werden sollten. Dies ist erreichbar durch künstliche Belüftung, kleine Mieten bzw. geregeltes Umsetzen mit evtl. Wasserzugabe. Das Auftreten von Geruchsemissionen muß beachtet werden.

Bei Rotteverfahren mit längeren Rottezeiten in der Intensivrotte (ca. 8 bis 12 Wochen) ist ebenfalls besonders nach vorangegangener Feinaufbereitung infolge einer veränderten Kornstruktur und evtl. Aufschließen neuer Oberflächen eine mikrobielle Aktivität (z. B. als Temperaturerhöhung) nachweisbar. Diese ist jedoch deutlich geringer, die Nachrottezeiträume sind im Vergleich zu den o. e. kürzer.

Die Nachrotte erfolgt in der Regel auf Dreicks-, Trapez-, oder Tafelmieten; hierbei ist der Flächenbedarf bei einer Mietenhöhe von 2 m inklusive der Fahrwege für Dreicksmieten mit ca. 1,5 m²/m³ deutlich höher als bei Trapezmieten mit 0,8 m²/m³. Generell ist darauf zu achten, daß ein gelegentliches Umsetzen der Mieten möglich sein sollte. Dieses Umsetzen kann mit eigens hierfür vorgesehenen Umsetzgeräten erfolgen (s. o.). In der Regel wird hierfür ein Radlader eingesetzt, der gleichzeitig das Aufsetzen und Verladen des Kompostes übernehmen kann.

Im Hinblick auf einen geregelten ganzjährigen Betrieb ist die Nachrottefläche befestigt auszuführen. Zur Verhinderung nasser Mietenfüße und von Geruchsemissionen durch Sicker- bzw. Oberflächenwasserpfützen ist eine Überdachung der Nachrotte vorteilhaft. Dies gilt besonders in Gebieten mit großen Niederschlagsmengen. Eine komplette Einhausung ist in der Regel besonders in Zusammenhang mit Intensivrotteverfahren, welche eine Rottezeit von deutlich über 6 Wochen beinhalten, nicht erforderlich. Komplett eingehauste Nachrotteflächen erfordern bauwerksseitig aufgrund der Kondenswasserbildung hohe bautechnische Aufwendungen hinsichtlich des Korrosionsschutzes und einen gesteuerten Luftwechsel, wodurch die Betriebskosten deutlich ansteigen. Die Nachrottezeit ist verfahrensabhängig mit 1 bis 2 Monaten anzusetzen.

Die Lagerflächen dienen zur Zwischenlagerung des Kompostes bis zur Abgabe an den Kompostanwender. Auch hier ist aus den geschilderten Gründen eine befestigte Fläche erforderlich; eine Überdachung ist nicht zwingend notwendig, bietet jedoch die Vorteile eines emissionsarmen witterungsunabhängigen Betriebes. Die Mieten während der Lagerzeit sind auf eine Höhe von bis zu 3 m aufzusetzen; in der Regel werden Trapez- oder Tafelmieten geschüttet.

In vielen Kompostierungsanlagen sind Nachrotte und Lagerfläche im gleichen Bereich angesiedelt und werden nicht als getrennte Einheiten betrachtet, so daß das Rottegut aus diesem Nachrottebereich (mit Lagerfunktion) direkt vermarktet wird. Es bietet sich an, die Feinaufbereitung und Konfektionierung ggf. auch die Absackeinrichtung in räumlicher Nähe zur Nachrottefläche zu installieren. Bei mobiler Feinaufbereitung (z. B.

durch Trommelsiebe) findet diese häufig direkt auf der Nachrottefläche statt. Im Falle der Herstellung von Komposterden bzw. geringen zur Verfügung stehenden Kompostierflächen, wird die Nachrotte, Erdenherstellung und Lagerung gelegentlich an einem separaten Standort durchgeführt.

2.7 Bauliche Gestaltung und Flächenbedarf von Kompostierungsanlagen

2.7.1 Bauliche Gestaltung

Der baulichen Gestaltung und Ausführung von Kompostierungsanlagen kommt aus verschiedenen Gründen eine hohe Bedeutung zu. Zu nennen sind hier:

- betrieblicher Ablauf,
- Emissionsminderung,
- Kosten (Bau, Betrieb, Reparatur),
- Arbeitsschutz (Lärm, Staub, Mikroorganismen),
- architektonische Gestaltung und Anlagenimage.

Lageplangestaltung

Der betriebliche Ablauf, die Emissionsminderung sowie die architektonische Gestaltung wird im großen Umfang durch die Lageplangestaltung beeinflußt. Generell ist bei der Anordnung der Bauwerke darauf zu achten, daß die baulichen Einrichtungen dem Materialstrom folgen. Gleichzeitig ist eine weitestgehende Entzerrung von privatem Verkehr, Abfallanlieferung, Kompostabholung, Restetransport und Besucherverkehr anzustreben.

Hieraus resultiert, daß der Waage- und Anlieferungsbereich in geringer räumlicher Distanz liegen sollten, während die Gebäude für die Grobaufbereitung sowie der Rotteteil größere Distanzen zum Eingangsbereich erlauben. Die Nachrotte, speziell aber das Lager, sind neben der Anlieferung Bereiche mit hohen Verkehrsaufkommen. Hierbei ist sowohl mit Privatabholern (PKW) als auch mit Sattelzügen zu rechnen, was eine ausreichende Dimensionierung erforderlich macht.

Für den Bereich der Waage ist Stauraum vorzusehen, der, abhängig von der Durchsatzleistung der Anlage, mindestens 2 bis 3 LKW Stauflache bietet, ohne daß diese den öffentlichen Verkehrsraum behindern. Für Privatanlieferer sind im

Abbildung 3.21: Nachrottehalle (Kompostwerk Heidenheim) (Foto: Ingenieurgesellschaft Abfall)

2 Technik der Kompostierung

Bereich der Waage separate Abwurfstellen (z. B. Container) vorzusehen, um zu verhindern, daß diese den Müllbunker befahren müssen (Unfallgefahr, Emissionen). Gleichzeitig bietet sich an, diese Bereiche mit der Möglichkeit der Anlieferung von sonstigen Wertstoffen (z. B. Papier, Glas, Metalle etc.) durch Stellung entsprechender Depotcontainer zu verbinden; optimal ist die Ausweisung eines Recyclinghofes in diesem Bereich.

Privater Besucherverkehr sollte weitgehend vom Anlagengelände ferngehalten werden; es sind daher im Eingangsbereich entsprechende Parkmöglichkeiten vorzusehen.

Hieraus resultiert, daß das Betriebsgebäude, welches je nach Anlagengröße und -situierung entweder als eigenes Gebäude oder als Gebäudeabschnitt des Kompostwerksgebäudes ausgebildet werden kann, ebenfalls in der Nähe des Eingangsbereichs sein soll.

Hinsichtlich der Verkehrsflächen ist darauf zu achten, daß die Innenradien so gewählt werden, daß auch große Müllfahrzeuge bzw. Kompostabholer mit LKW mit Anhänger problemlos das Gelände in den entsprechenden Bereichen befahren können. Eine Feuerwehrzufahrt muß bei allen Gebäuden möglich sein.

Baukonstruktion und -gestaltung
Emissionsträchtige Bereiche (z. B. Anlieferung, Biofilter, Kompostlager) sollten so situiert sein, daß sie bezüglich empfindlicher Bebauung (z. B. Wohngebiete) auf der abgewandten Seite liegen.

Die Gebäude sind von ihrer Höhe so zu gestalten, daß im Bereich von Be- und Entladevorgängen (Flachbunker, Lager) eine lichte Höhe von mindestens 6 m eingehalten wird. Tore sind generell auf mindestens 4 m Zufahrtshöhe auszulegen.

Für den Bereich der Grob- und Feinaufbereitung ist darauf zu achten, daß Reststoffe (Sortierreste, Siebreste) problemlos über Container mit LKW entsorgt werden können. Die Bauhöhen der Hallen werden in der Regel durch die dort aufgestellten Aggregate bestimmt; es ist vorteilhaft zum Transport schwerer Teile im Reparaturfall entsprechende Kranvorrichtungen vorzusehen. Bei größeren Anlagen ist üblicherweise die gesamte Meß-, Steuer- und Regeltechnik in einer eigenen Warte untergebracht, wo die Anlage über Blockschaltbilder oder Bildschirm gefahren wird und die Betriebsdaten dokumentiert werden. Bei kleinen Anlagen sind die Schalt- und Steuerungsschränke jeweils im Bereich der Hauptaggregate angebracht (z. B. Grobaufbereitung, Rotte, Feinaufbereitung).

Hinsichtlich der Baukonstruktion und Baumaterialien ist besonders den Bereichen mit LKW bzw. Radladerverkehr bzw. der Rotteeinrichtungen besondere Aufmerksamkeit zu widmen. Im Anlieferungs- und Nachrottelagerbereich sind in der Regel Beton- oder Stahlkonstruktionen einzusetzen, welche einen ausreichenden Anfahrschutz bieten; Holzkonstruktionen sind hier mit entsprechenden Stahlkonstruktionen zu schützen.

Bei geschlossenen Rottesystemen sind die dort herrschende hohe Luftfeuchtigkeit (wasserdampfgesättigt), hohe Lufttemperatur, die in der Regel höher als die Außentemperatur ist, und die aggressiven Luftinhaltsstoffe (organische Säuren, Ammoniak) zu beachten. Dies macht besonders für die Tragwerkskonstruktion bzw. Außenwandflächen spezielle konstruktive Lösungen erforderlich. Bewährt hat sich, das erforderliche Tragwerk außerhalb der aggressiven Zonen an die Außenseite des Gebäudes zu verlegen. Eingesetzt werden derzeit als Konstruktionsmaterialien: Beton, (teilweise mit Epoxidharz beschichtet), epoxidharzbeschichtete Stahlkonstruktionen, mit Aluminiumfolie kaschierte Holzleimbinder, Edelstahlblech, Folienbespannung, Epoxidharzgetränktes Sperrholz. Besonders in Gegenden mit kalten Wintern ist aufgrund der Gefahr einer Eiszapfen- und -plattenbildung auf eine ausreichend wärmegedämmte Konstruktion zu achten. Bei offenen Rottehallen (z. B. für die Nachrotte) sind die o. e. Probleme bei entsprechend konstruierter Ausführung nicht zu erwarten. Die Tauwasserbildung an den Dachunterseiten ist auch hier zu beachten.

Der architektonischen Gestaltung von Anlagen ist in Hinblick auf die Einbindung in die Umgebung und der Akzeptanz heutzutage eine hohe Bedeutung beizumessen. Durch die Auswahl geeigneter Konstruktionsmaterialien und -elemente, die farbliche Gestaltung, sowie die Landschafts- und Lageplangestaltung ist eine architektonisch anprechende Anlage zu errichten; die besonders im Rottebereich auftretenden großen Baumassen können hierdurch deutlich abgemildert werden. Die Einbindung einer solchen Anlage in ein einheitliches Erscheinungsbild regionaler Abfallwirtschaft (corporate identity) ist vorteilhaft [37].

Flächenbefestigung
Befestigte Flächen, welche nicht mit Abfall bzw. Kompost belegt sind und damit nicht dem Sickerwassereinfluß unterliegen, müssen in der Regel nicht wasserdicht ausgeführt werden. Neben einem Unterbau (Frostschutzschicht) sind die Beläge aus Asphaltbeton oder Beton herzustellen (z. B. nach ZTV). Bei Anlagen mit hohem Verkehrsaufkommen sind die Fahrflächen über einen Leichtflüssigkeitsabscheider zu entwässern.

Mit Abfall bzw. Rottegut beschickte Flächen müssen grundsätzlich wasserdicht ausgeführt werden. Hierbei sind sowohl Systeme mit glatter Oberfläche und obenliegender Dichtungsschicht als auch mit Drainschicht realisierbar [7]. Dichtungssysteme mit glatter Oberfläche und obenliegender Dichtungsschicht sind:

– Betonabdichtung nach DIN 1045,
– Bitumen- und Asphaltabdichtungen.

Bei den Betonabdichtungen ist durch Betonzusätze und entsprechende Verarbeitung ein Beton mit hohem Abnutzungs- und Frostwiderstand sowie hoher Wasserundurchlässigkeit herzustellen. Die Fugen sind mit dauerelastischer Fugendichtung auszuführen.

Bitumen- und Asphaltdichtungen sind ebenfalls prinzipiell einsetzbar, haben jedoch gegenüber Betondichtungen den Nachteil, daß bitumöse Beläge in Verbindung mit hohen Rottetemperaturen durch Mikroorganismenaktivität angegriffen und bei Auflast verformt werden können. Gußasphalt bzw. Asphaltmatrixdeckschichten widerstehen mikrobiellen Angriffen besser. Die o. e. Dichtungssysteme haben den Vorteil, daß Schadstellen leicht zu erkennen und reparierbar sind.

Dichtungssysteme mit innenliegender Dichtungsschicht bzw. Drainschicht sind:

– Dichtungsbahnen mit aufliegendem Verbundsteinpflaster,
– mineralische Dichtung mit aufliegendem Verbundsteinpflaster,
– Dichtungen mit aufliegender Drainschicht.

Bei den Systemen mit Verbundsteinpflaster dient eine PE-HD-Folie auf Feinplanumschicht bzw. eine dreilagige mineralische Abdichtung auf Planum als Dichtungsschicht. Hierauf aufgebaut ist eine Schutz- und Drainschicht, welche das Wasser ableitet. Nachteilig ist hier, daß Schadstellen schwieriger auffindbar sind und die Reparatur aufwendiger wird.

Bei Dichtungen mit aufliegender Drainschicht (i. d. R. PE-HD-Folie mit Auflage aus mit Lavagestein verfüllten Lochkammersteinen, Kies o. ä.) ist die Gefahr von Beschädigungen bei ständigem Fahrbetrieb sehr groß, die Kontrollierbarkeit ist ebenfalls schwieriger. Diese Art von Dichtungen wird daher in der Regel in Verbindung mit Flächen eingesetzt, welche nicht mit Radfahrzeugen befahren werden (z. B. schienengebundene Umsetzer, Biofilter u. ä.).

Abwasserableitung
Auf der Anlage können folgende Wässer anfallen:

– Oberflächenwässer (nicht betriebsspezifisch verunreinigt),
– Oberflächenwässer (betriebsspezifisch verunreinigt),
– Sicker-, Preß- und Kondenswässer,
– häusliches Abwasser (Toiletten, Duschen).

Nicht betriebsspezifisch verunreinigte Oberflächenwässer können versickert oder einem Vorfluter oder der Regenwasserkanalisation zugeführt werden. Es bie-

2 Technik der Kompostierung

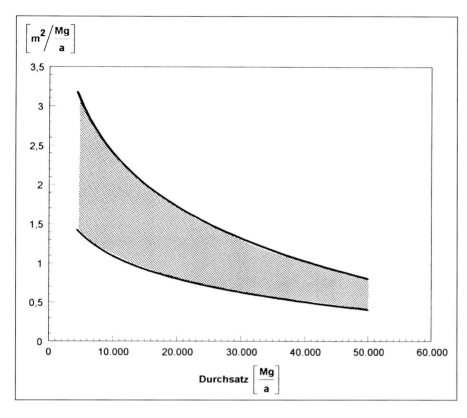

Abbildung 3.22:
Spezifischer Flächenbedarf von Kompostierungsanlagen

tet sich an, diese Wässer zu erfassen, zwischenzuspeichern und zur Bewässerung der Rotte zu verwenden.

Betriebsspezifisch verunreinigte Oberflächenwässer sowie häusliches Abwasser ist der Kanalisation bzw. einer hierfür geeigneten Kläranlage zuzuführen. Sickerwässer bedürfen einer speziellen Behandlung (siehe Kap. 3.4) und dürfen daher in der Regel nicht den kommunalen Kläranlagen zugeführt werden.

Bei Flächen, welche nicht immer vollständig mit Rottegut belegt sind, ist es vorteilhaft, durch sektorenweise dachförmige Ausbildung (Gefälle > 1 %) entsprechend der aktuellen Nutzung Sickerwasser und nicht verunreinigtes Oberflächenwasser getrennt zu erfassen. Sicker- und Kondenswasser kann ebenfalls zur Rottebefeuchtung eingesetzt werden und ist deshalb in eigenen Becken zu sammeln.

Sonstige Einrichtungen
Neben diesen verfahrensspezifischen baulichen Einrichtungen sind folgende Bereiche vorzusehen:

- Betriebs- und Sozialbereich:
  - Büroräume für Verwaltung und Abrechnung,
  - Besprechungs- und Sitzungsraum (abhängig von der Einbindung in die anderen Betriebseinrichtungen),
- Labor für einfache Kompostanalytik zur Eigenüberwachung wie: Wassergehalt, Rottegrad, pH-Wert, Salzgehalt, Teststäbchen, evtl. auch umfangreicher (Glühverlust etc.),
- Werkstatt (für Kleinreparaturen),
- Aufenthaltsraum für Personal,
- Teeküche,
- Toilettenanlage,
- schwarz-weiß-Bereiche (Umkleiden, Duschen) gemäß Arbeitsstättenrichtlinien,

- Lager für Ersatzteile und Material,
- Nebenräume für Heizung, Elektroverteilung etc.

Weitere Nebeneinrichtungen sind von der Anlagengröße und vom Anlagenstandard abhängig. Zu nennen sind hier:

- zusätzlicher Recyclinghof (s. o.),
- Löschwasserteich (Regenwasserspeicherbecken), Biotopfunktion,
- Modellgarten (für Beispiele der Konzeptanwendung),
- Tankanlage (für betriebseigene Fahrzeuge).

2.7.2 Spezifischer Flächenbedarf von Kompostierungsanlagen

Der spezifische Flächenbedarf von Kompostierungsanlagen ist besonders abhängig vom Anlagendurchsatz, vom Technisierungsgrad und von der erforderlichen Rottezeit, welche durch den Rottegrad bestimmt wird.

Bei einfachen Mietenkompostierungsanlagen liegt der spezifische Flächenbedarf bei 1,2 bis 2,5 m²/Mg·a, abhängig von der Mietenführung (Umsetztechnik) und der Durchsatzmenge.

Bei Intensivrotteverfahren schwankt der spezifische Flächenbedarf bei einem Durchsatz von 12 000 Mg/a von 1,0 bis 2,2 m²/Mg·a und nimmt bei einem Durchsatz von 50 000 Mg/a auf 0,4 bis 0,8 m²/Mg·a ab ([20, 26 et al.], siehe Abb. 3.22).

Die Abnahme des spezifischen Flächenbedarfs mit zunehmender Durchsatzleistung ist darin begründet, daß Verkehrsflächen, Eingangs- und Waagebereich und auch teilweise die Flächen für die Aufbereitungsaggregate weitgehend von der Durchsatzleistung unabhängig sind.

Wird anstelle eines Fertigkompostes nur Frischkompost (Rottegrad I bis II) erzeugt, reduziert sich der spezifische Flächenbedarf deutlich, da der Intensivrottebereich kleiner gestaltet werden kann und Nachrotte- und Lagerflächen entfallen.

3 Emissionen und Emissionsminderung

3.1 Allgemeines

Die Außenwirkung einer Anlage und damit deren Akzeptanz wird primär durch deren Emissionen bestimmt. Da unabhängig vom Eintragsmaterial durch den Betrieb einer Kompostierungsanlage immer Emissionen freigesetzt werden, ist durch bauliche und verfahrenstechnische Maßnahmen sowie materialgerechte Betriebsführung dafür Sorge zu tragen, daß Emissionen, abhängig vom jeweiligen Standort, minimiert werden.

Generell gehen von Kompostierungsanlagen drei Emissionspfade aus:

- Wasser (Sickerwasser, Kondenswasser),
- Boden (Schadstoffe im Kompost),
- Luft (Gerüche, Keime, Lärm, Staub).

Entsprechend dem Verfahrensablauf von Kompostierungsanlagen lassen sich den einzelnen Verfahrensschritten die in Tabelle 3.15 dargestellten Emissionspfade zuordnen.

Hierbei ist zu beachten, daß sich durch entsprechende bauliche Maßnahmen (z. B. komplette Einhausung) der Bereiche Anlieferung, Grobaufbereitung, Vor- und Hauptrotte, Konfektionierung und überdachtes Lager Emissionen über den Pfad Boden vermeiden lassen. Dies gilt für gekapselte Bereiche auch für den luftseitigen Emissionspfad (z. B. Staub und Lärm), welchem durch die Kapselung innerhalb von Gebäuden hinsichtlich des Arbeitsschutzes große Bedeutung beizumessen ist, jedoch keine Außenwirkung vorhanden ist. Andere luftseitige bzw. wasserseitige anlageninterne Emissionen sind durch Erfassung zu reduzieren, treten jedoch auch außerhalb der Gebäudegrenzen auf (z. B. Gerüche).

Nachfolgend werden für die Emissionspfade Luft (Gerüche, Staub, Lärm) und Wasser (Sicker- und Kondenswasser) deren Entstehung sowie Vermei-

3 Emissionen und Emissionsminderung

Tab. 3.15 Emissionsrelevante Verfahrensteile einer Bioabfall-Kompostierung [31]

Verfahrensschritt	Aggregat/Bauteil	Emissionen über Wasser	Emissionen über Boden	Emissionen über Luft
Anlieferung	Bunker	Preß-/Sickerwässer	keine	Gerüche, Staub
Vorbehandlung	Aufbereitung (Siebung, Entschrottung, Mischung etc.)	Preß-/Sickerwässer Kondenswässer aus Abluftbehandlung	keine	Gerüche, Staub
Vorrotte	Reaktor, Trommel (Mieten)	Preß-/Sickerwässer Kondenswässer	keine	Gerüche
Hauptrotte	Mieten (evtl. eingehaust) (Reaktor)	Preß-/Sickerwässer (Kondenswässer)	keine	Gerüche
Konfektionierung	Sieb, Hartstoffabscheider etc.	keine	keine	Gerüche, Staub
Endprodukt	Kompostlager	Keine[1]	Schwermetalle, andere Schadstoffe	Gerüche, Staub

[1] sinnvollerweise überdacht (Vernässung)

dungs- und Verminderungsmaßnahmen dargestellt. Das Thema Keime sowie der Emissionspfad Boden (für den Kompost) sind in den Kapiteln V »Hygiene« bzw. VII »Kompostverwertung« detailliert abgehandelt.

3.2 Geruch

Entstehung von Gerüchen
Infolge der mikrobiellen Aktivität und chemischer Reaktionen beim Ab- und Umbau organischer Substanzen bei der Kompostierung werden Stoffe freigesetzt, welche Geruchsempfindungen beim Menschen verursachen. Diese Geruchsstoffe werden über den Luftpfad transportiert. Ihnen ist keine einheitliche chemische Eigenschaft zuzuordnen. Dennoch ist eine Charakteristik zu konstatieren [22]:

– niedrige Molekülmasse,
– Flüchtigkeit,
– Wasser- und Fettlöslichkeit,
– funktionale Gruppen und Strukturen.

Hierbei sind die Gerüche nach Art, Qualität und Intensität differenzierbar. Gemäß ihrer Herkunft sind sie gemäß Abbildung 3.23 klassifizierbar.

Für den Kompostierungsprozeß selbst lassen sich, abhängig von der jeweiligen Rottephase, die in Tabelle 3.16 dargestellten charakteristischen, geruchsaktiven Substanzen feststellen. Beim Fertigkompost ist ein typischer Waldbodengeruch feststellbar. Dieser rührt von Geosmin her, einem Stoffwechselprodukt, welches durch Aktinomyceten freigesetzt wird.

Geruchsmessung
Da es sich bei Gerüchen um Sinneswahrnehmungen handelt und die Geruchsstoffe keine eindeutigen chemischen Charakteristika besitzen, hat sich für die Geruchsmessung das Meßverfahren der Olfaktometrie durchgesetzt. Diese ist gemäß VDI 3881 [41] als kontrollierte Darbietung von Geruchsträgern und die Erfassung der dadurch beim Menschen hervorgerufenen Sinnesempfindungen definiert. Gemessen wird dies mit einem Olfaktometer, in welchem die zu messenden Gasproben definiert mit Neutralluft verdünnt werden und durch ein Probandenkollektiv an verschiedenen Verdünnungsstufen (mit der hohen Verdünnung beginnend) Riechproben durchgeführt werden.

Wenn bei 50 % des Probandenkollektivs eine subjektive Geruchsempfindung einsetzt, wird bei dieser Verdünnungsstufe die **Wahrnehmungsschwelle** definiert. Diese Geruchsstoffkonzentration

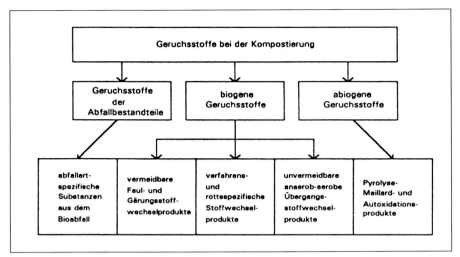

Abbildung 3.23: Klassifizierung von Gerüchen [22]

macht keine Angabe über die Qualität der Gerüche; sie ist aufgrund der Flüchtigkeit von Gerüchen stark von der Temperatur der Geruchsquelle abhängig. Eine Geruchseinheit ist diejenige Teilchenzahl aus Geruchsträgern, die – verteilt in 1 m³ Neutralluft – gerade eine Geruchsempfindung auslöst (1 GE). Die Einheit der Geruchsstoffkonzentration, welche sich aus der Verdünnungskonzentration ableitet, beträgt 1 GE/m³.

Die Berechnung der **Geruchsstoffkonzentration** erfolgt über die Ermittlung der Verdünnungszahl an der Geruchsschwelle durch Verhältnisbildung von Volumenstrom der Neutralluft im Volumenstrom der Geruchsstoffrate plus 1. Sie wird angegeben in GE/m³. Die ermittelte Geruchsstoffkonzentration ist stark vom Meßgerät und dessen Genauigkeit abhängig. So sind die mit modernen Geräten ermittelten Geruchsstoffkonzentrationen deutlich höher als Meßergebnisse, die vor 5 bis 10 Jahren angegeben wurden.

Die **Erkennungsschwelle** von Gerüchen ist diejenige Konzentration an Geruchsträgern, die bei 50 % der Probanden die Qualität des Geruches erkennen läßt. Sie liegt etwa bei 5 GE/m³.

Der **Geruchsstoffstrom**, welcher die Geruchsfracht beinhaltet und damit die entscheidende Kenngröße für die Frage der Immissionskonzentration darstellt, errechnet sich aus der Multiplikation von Geruchskonzentration und emittiertem Volumenstrom. Er wird angegeben in Geruchseinheiten pro Zeiteinheit (GE/s, GE/h). Bei der Geruchsabstrahlung, z. B. von Mietenoberflächen (passive Geruchsemission), ist die Frachtberechnung schwierig. Über Modellrechnungen, mikrometeorologische Messungen bzw. »passive Probenahme« über eine auf die zu messende Oberfläche aufgebrachte Haube sind Näherungsangaben möglich. Die Geruchsabstrahlung wird in GE/m²·h oder GE/m³·h Rottevolumen angegeben.

Da die Intensität der Gerüche angenähert eine Funktion des Logarithmus der Quantität der Gerüche darstellt, ist es zweckmäßig, analog zum Schallpegel eine logarithmische Skalierung einzuführen, indem der Logarithmus des Verhältnisses der errechneten Geruchsstoffkonzentration der Probe (c_{GP}) zur Geruchsstoffkonzentration an der Geruchsschwelle (1 GE/m³) angegeben wird. Damit ist der Geruchspegel definiert als

$$P_G = 10 \cdot \lg \frac{c_{GP}}{c_{SG}} \quad \text{angegeben in dB}_G$$

Es wird deutlich, daß eine Verzehnfachung der Geruchsstoffkonzentration einer Verdopplung des Geruchspegels, d. h. der Wahrnehmungsstärke entspricht.

3 Emissionen und Emissionsminderung

Es ist zu beachten, daß olfaktometrische Messungen nur bedingt reproduzierbar und vergleichbar sind, da sie von den Probanden (Alter, Physiologie, Lebensgewohnheiten, z. B. Rauchen) und der jeweils herrschenden Luftzirkulation (Umgebungstemperatur, Luftfeuchte, Luftdruck) abhängen. Zur kontinuierlichen Anlagenüberwachung kann die Olfaktometrie nicht eingesetzt werden. Hier wird als Meßmethode die Analyse des Gesamtkohlenstoffs der zu überwachenden Abluft mittels Flammenionisationsdetektor (FID) angewandt. Durch Korrelation von FID-Meßwert und Geruchsstoffkonzentration ist für spezifische Anlagen eine Kalibrierung möglich; eine generelle Korrelation ist nicht durchführbar, da mit dem FID auch Gase erfaßt werden, welche geruchlos sind (z. B. Methan), andererseits geruchsintensive Stoffe, welche keine Kohlenstoffverbindungen darstellen, nicht gemessen werden können (z. B. Ammoniak, Schwefelwasserstoff).

Geruchsquellen

Entsprechend den einzelnen Verfahrensschritten sind die Geruchsquellen in Kompostierungsanlagen zuzuordnen [8, 31 et al.]:

– **Anlieferung, Bunkerbereich**
Hier werden Geruchsemissionen im wesentlichen durch die angelieferten Bioabfälle verursacht. Deren Geruchskonzentration liegt in der wärmeren Jahreszeit bei durchschnittlich 5 600 GE/m^3, in der kälteren Jahreszeit bei ca. 700 GE/m^3. Die mittlere Geruchsabstrahlung ist mit 3,3 $GE/s·m^2$ anzusetzen. Wird von einem geschlossenen Anlieferungsbereich ausgegangen, so liegen die Geruchskonzentrationen im Bunker in einem Bereich von 50 bis 350 GE/m^3 (Ansatz: dreifacher Luftwechsel).

– **Grobaufbereitung**
Die Geruchsemissionen sind hier stark von der Absaugung der Aggregate (Mühlen, Siebe, Bänder etc.) und der Materialübergabestellen abhängig. Bei verschiedenen Anlagen wurden hier Geruchsstoffkonzentrationen in der Raumluft von 50 bis 500 GE/m^3 gemessen [14], bei Kapselung der Aggregate und gerichteter Absaugung ist von Geruchsstoffkonzentrationen um 200 $GE/m^3/h$ auszugehen (Luftwechselzahl 0,5).

– **Rotteteil**
Hier sind die Emissionen entscheidend von der Art und Dauer des Rotteverfahrens und vom Rottezustand abhängig. Für Kompostrohstoff liegen die Geruchsstoffkonzentrationen im Mittel bei 5 000 GE/m^3 entsprechend 4,1 $GE/s·m^2$. Werden frische Mieten abgedeckt, z. B. mit gehäckseltem Strauchschnitt, verringert sich die Ge-

Tab. 3.16 Charakteristische geruchsaktive Substanzen bei der Kompostierung (nach [34])

Phase	charakteristische Substanzen	bestimmender Geruchsanteil
1. saure Startphase	Aldehyde Alkohole Karbonsäureester Ketone Sulfide Terpene	alkoholisch-fruchtig
2. thermophile Phase	Ketone schwefelorganische Verbindungen Terpene Ammoniak	süßlich-pilzig unangenehm-muffig
3. Abkühlphase	Sulfide Terpene Ammoniak	muffig-pilzig-stechend

Tab. 3.17 Geruchsemissionen von Rotteverfahren (nach [8])

System	Randbedingungen	Geruchsstoffkonzentration GE/m³ (gerundet)	Geruchsabstrahlung GE/s·m² (Fracht)
Kompostrohstoff	frisch geschüttet	5.000	4,1 *
	abgedeckt mit Häckselgut	1.250	1 *
Rottetrommeln	frisches Material	5.000	-
	1 Wo. gerottet	35.000	-
	Belüftungsrate 5 m³/m³·h t_a = 1,5 d–2,5 d	15.000–30.000	21–42 *
	Austragsmaterial: 1 d	4.800	4
	7 d	12.000	10
Rotteboxen	Belüftungsrate 5 m³/m³·h	30.000	41 *
	Belüftungsrate 20 m³/m³·h	10.000	30 *
	Austragsmaterial (7 d)	13.300	11
Mietenrotte Dreiecksmieten unbelüftet	in Ruhe:		
	1. Woche	5.000–8.000	4,1–6,6
	2. Woche	1.000–2.000	0,8–1,6
	3.-4. Woche	200–500	0,26–0,4
	> 4 Wochen	100–200	0,08–0,16
	nach Umsetzen:		
	1. Woche	13.000	11
	3. Woche	30.00	2,5
	Rottegrad III	600	0,5
Unbelüftete Tafelmiete	durchschn. über 10 Wo.	5.700	5
Preßlingsstapel	7 d	13.000	12
	4 Wo	600	0,5
Mietenrotte belüftet saugbelüft. Tafelmiete	Abluft 3 m³/m³·h	11.500	9,6
	Abstrahlung	350	0,3
druckbelüft. Tafelmiete	in Ruhe durchschnittlich	8.000	6,7
	nach Umsetzen (Ansatz: 20 % frisch umgesetzt)	30.000	25
Rottehallen	saugbelüftet	2.000	3
	druckbelüftet in Ruhe	5.000	10
	beim Umsetzen	bis 30.000	40

* bezogen auf GE/s· m³

ruchskonzentration auf einen Mittelwert von 1 250 GE/m³ entsprechend 1 GE/s·m².

In **Rottetrommeln** schwanken die Geruchstoffkonzentrationen abhängig von Kompostalter und Belüftungsrate in einer Spannweite von ca. 5000 GE/m³ (frisches Material) und 35000 GE/m³ (nach ca. 1 Woche Rottezeit). Bei einer Belüftungsrate von 5 m³/m³·h und einer Aufenthaltszeit im Bereich von 1 bis 3 Tagen ist von Geruchskonzentrationen in einer Größenordnung von 15000 bis 30000 GE/m³ auszugehen. Das Austragsmaterial bewirkt eine Abstrahlung von 4 (Alter 1 Tag) bis 10 GE/s·m² (Alter 7 Tage).

Auch bei den **Rotteboxen** sind die Geruchsstoffkonzentrationen von den o. e. Faktoren abhängig. Bei einer

3 Emissionen und Emissionsminderung

Rottezeit von 7 d ist bei Zuluftmengen von 5 m³/m³·h eine durchschnittliche Geruchskonzentration von ca. 30 000 GE/m³, bei einer Vervierfachung der Zuluftmenge von 10 000 GE/m³ (Rottebeginn bis 200 GE/m³) nach einer Woche anzusetzen. Das Austragsmaterial besitzt eine Abstrahlung von ca. 11 GE/s·m² (Mittelwert bei 7 d).

Bei **unbelüfteten Mieten** ist eine deutliche Abhängigkeit der Geruchsemissionen von der Rottezeit festzustellen. Durch Umsetzvorgänge steigen aufgrund der hohen mikrobiellen Aktivität an der Oberfläche und der thermodynamischen Verhältnisse die Geruchsemissionen ebenso wie durch Wasserzugaben bei trockenem Material stark an. Beispielhaft sind Versuchsergebnisse für unbelüftete Mieten in Tabelle 3.17 aufgeführt. Es wird deutlich, daß bei guter Rotteführung spätestens nach der 4. Rottewoche ein Rottegrad III erreicht werden kann und die Geruchskonzentration an der Mietenoberfläche bei ca. 600 GE/m³ entsprechend ca. 0,5 GE/s·m² betragen.

Durch Abdecken der Mieten können die Geruchsemissionen während der ersten 14 Tage um über 75 % reduziert werden.

Bei **belüfteten Mieten** ist aufgrund vorgegebener Luftvolumenströme die Berechnung der Geruchsfrachten auf der Basis von Geruchskonzentrationen leicht möglich. Bei **saugbelüfteten Tafelmieten** (Rottezeit 10 Wochen) sind im Mittel ca. 11 500 GE/m³ anzusetzen. Die Geruchsabstrahlung ist mit ca. 350 GE/m³ vergleichsweise gering. Bei **druckbelüfteten Mieten** ist ebenfalls eine mit zunehmender Rottezeit abnehmende Tendenz der Geruchskonzentration zu konstatieren.

Die Werte liegen bei ca. 4 000 GE/m³ (5. Woche) bzw. 1 000 GE/m³ (nach der 6. Woche). Nach dem Umsetzen sind bis zu 30 000 GE/m³ zu finden. Als Durchschnittswert können ca. 8 000 GE/m³ angesetzt werden.

In **Rottehallen** sind deutliche Unterschiede zwischen saug- und druckbelüfteten Systemen festzustellen. Bei vollbelegten Hallen sind bei saugbelüfteten Tafelmieten Abluftkonzentrationen von

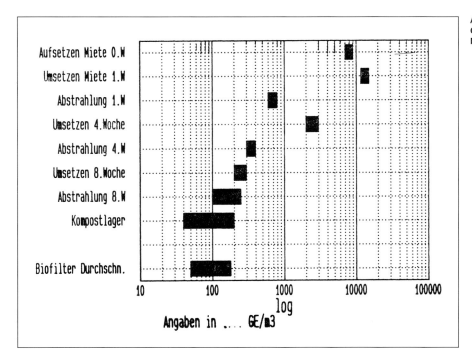

Abbildung 3.24: Geruchsemissionen bei Mietenverfahren

unter 2000 GE/m³ zu finden. Bei druckbelüfteten Tafelmieten liegen die Abluftkonzentrationen bei ca. 5000 GE/m³ ohne und bis zu 30000 GE/m³ mit Umsetzen (einfacher Luftwechsel in der Halle).

– **Feinaufbereitung und Lager**
Die Geruchsemissionen von der Oberfläche von Fertigkompost liegen im Bereich von 80 bis 900 GE/m³ (Mittelwert 150 GE/m³). Bei angegrabenen Mieten sind Werte im Bereich von 250 bis 1100 GE/m³ anzusetzen. Bei nassen, angefaulten Mietenfüßen bzw. Wasserpfützen steigen die Geruchsemissionen jedoch um ein Vielfaches an.
– **Verkehrsflächen**
Auf Verkehrsflächen sind Geruchsemissionen von 20 bis 200 GE/m³ anzutreffen. Vorausgesetzt ist hierbei, daß kein nasses, angefaultes Material auf diesen Flächen liegt, da ansonsten ebenfalls mit einem starken Ansteigen der Emissionen zu rechnen ist.
– **Biofilter, Biowäscher**
Der Biofilter ist für die gefaßte Abluft zur Abluftreinigung in gekapselten Anlagen die wesentliche Emissionsquelle. Die Geruchsstoffkonzentrationen liegen bei funktionierenden Filtern in der Größenordnung von 50 bis 250 GE/m³. Als Mittelwert können unter Berücksichtigung des Eigengeruches ca. 100 bis 150 GE/m³ angesetzt werden. Zu beachten ist bei diesen Angaben die Problematik der Reproduzierbarkeit und Methode olfaktometrischer Messungen (siehe oben). Bei Biowäschern zeigen orientierende Untersuchungen, daß mit Geruchsemissionen von ca. 200 bis 500 GE/m³ gerechnet werden kann [14].

Maßnahmen zur Abluftreinigung
Die Abluftreinigung bei Kompostierungsanlagen wird in der Regel mit biologischen Verfahren durchgeführt, da die Geruchsstoffe mehrheitlich biologisch gut abbaubar sind. Zum Einsatz kommen Biofilter und gelegentlich auch Biowäscher, welche bei zweistufigen Verfahren dem Biofilter vorgeschaltet sind.

– **Biofilter**
Die biologische Abluftreinigung durch Biofilter ist ein Sorptionsverfahren, bei dem die in der Abluft befindlichen Schadstoffe (Geruchsstoffe) zunächst in der wäßrigen Phase eines feuchten, organischen Filtermaterials (z. B. geshreddertes Wurzelholz, ankompostierter Astschnitt, Heidekraut, Rindenprodukte, Kompost), dem Lebensraum von Mikroorganismen, absorbiert und dann unter Sauerstoffzehrung von den Mikroorganismen zersetzt werden. Der Abbaumechanismus entspricht vom prinzipiellen Ablauf her dem der Kompostierung. Der Einsatz eines Biofilterverfahrens ist unter folgenden Voraussetzungen möglich [15]:
– Die Abluftinhaltsstoffe sind wasserlöslich.
– Die Abluftinhaltsstoffe sind biologisch abbaubar.
– Die Ablufttemperatur liegt zwischen 5 °C und 60 °C; besser 15 bis 40 °C.
– Die Abluft ist feucht ($\mu > 95$ % r. F.).
– Die Abluft enthält keine toxischen Stoffe.
– Die Abluft enthält keine großen Mengen an Staub und Fett.

Diese Randbedingungen sind in Kompostierungsanlagen einzuhalten.
Konstruktive Ausführung von Biofiltern
Die Konstruktion eines Biofilters ist der Belüftungsfläche von Kompostmieten adäquat. Die konditionierte Abluft wird dem Biofilter über ein Luftverteilungssystem zugeführt, welches die Abluft gleichmäßig unter dem Filterkörper verteilen soll. Somit wird gewährleistet, daß das Filtermaterial gleichmäßig durchströmt wird. Zum Einsatz kommen dabei Gitterroste aus Kunststoff, Spaltenböden aus Stahlbeton, Belüftungssteine oder ein Kiesbett mit Drainagerohren. Eventuell im Biofilter auftretendes Sickerwasser (durch übermäßige Befeuchtung oder starke Regenfälle) muß unter dem Luftverteilungssystem gesammelt und abgeführt werden.

Die Abluft soll das Filtermaterial senkrecht von unten nach oben durchströmen. Dabei muß sichergestellt sein, daß

3 Emissionen und Emissionsminderung

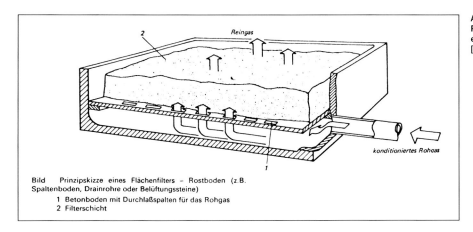

Abb. 3.25:
Prinzipskizze
eines Flächenfilters
[VDI 3477]; [39]

der Randbereich des Filters konstruktiv so gestaltet ist, daß es nicht zu Rohgasdurchbrüchen in diesem Bereich kommt. Hierzu kann zum einen das Luftverteilungssystem so ausgeführt werden, daß kein direktes Eintreten der Rohluft in den Randbereich möglich ist, zum anderen kann das Filtermaterial beim Einbau im Randbereich verdichtet werden.

Bei der gesamten konstruktiven Ausführung des Biofiltersystems sollte auf Wartungs- und Instandhaltungsfreundlichkeit geachtet werden. Durch gute Zugänglichkeit kann das Filtermaterial problemlos von Bewuchs befreit und bei Bedarf leichter ausgetauscht werden. Das Luftverteilungssystem sollte möglichst leicht zu reinigen sein. Eine Segmentierung des Luftverteilungssystems und des ganzen Filters hat den Vorteil, daß bei Wartungsarbeiten oder Austausch des Filtermaterials nur eine Teilstillegung der Anlage erforderlich ist.

Bauweisen von Biofiltern

Flächenfilter
Bei ausreichendem Platzangebot werden üblicherweise Flächenfilter (siehe Abb. 3.25) verwendet. Sie sind sehr gut zugänglich und damit wartungs- und instandhaltungsfreundlich. Flächenfilter dieser Art werden bis zu Größen von ca. 2 000 m² gebaut [15]. Durch Überdachung ist eine gezielte Abführung der Abluft z. B. über einen Kamin möglich (Beispiel Kompostwerke Heidenheim und Heidelberg).

Hochfilter
Zur Platzersparnis können Flächenfilter z. B. auch auf dem Flachdach der Kompostierungsanlage installiert werden. Der Austausch des Filtermaterials ist schwierig. Es muß aus statischen Gründen für eine entsprechende Unterkonstruktion des Filters gesorgt werden, da die Dachflächen in der Regel für eine solche zusätzliche Belastung nicht ausgelegt sind.

Etagenfilter
Etagenfilter sind mehrere übereinander gestellte Flächenfilter. Hierdurch können Platz- und Rohrleitungen eingespart werden. Eine offene und geschlossene Bauweise ist möglich, wobei die geschlossene Bauweise den Vorteil hat, daß der Filter unempfindlicher gegen wechselnde Witterungseinflüsse und Pflanzenwachstum ist. Der Nachteil dieses Filtertyps liegt in der schlechten Zugänglichkeit beim Austausch des Materials bzw. der Pflege des Filters.

Containerfilter
Containerfilter sind vom Prinzip her kleine Flächenfilter. Bei diesem Filterprinzip sind die Luftkonditionierungs-, Schalt- und Überwachungsgeräte meist im Container integriert, wodurch dieser problemlos transportiert und an einem anderen Standort aufgestellt werden kann. Sie werden häufig bei Boxen- und Containerverfahren eingesetzt.

Dimensionierung von Biofilteranlagen
Die Dimensionierung einer Biofilteranlage ist abhängig von der Abluftmenge,

den stoffspezifischen Daten der Abluftinhaltsstoffe und der Art des Filtermaterials. Für eine überschlägige Dimensionierung können folgende Bemessungsgrößen angesetzt werden [15 et al.]:

Filterflächenbelastung: ca. $100 m^3/m^2 \cdot h$
Filtervolumenbelastung: ca. $100 m^3/m^3 \cdot h$
spezif. Filterbelastung: $0{,}2 \cdot 10^6$ bis $1 \cdot 10^6$ GE/$m^3 \cdot h$

Biowäscher
Beim Biowäscher werden im Vergleich zum Biofilter die Geruchsstoffe mit einer Flüssigkeit, welche im Kreislauf gefahren wird, ausgewaschen. Durch Mikroorganismen (Bakterien) wird die Waschflüssigkeit regeneriert, indem diese die absorbierten Stoffe unter Luftsauerstoffzufuhr biologisch abbauen. Die Absorption der gasförmigen Abluftinhaltsstoffe erfolgt in einem Wäscher, der biologische Abbau dieser Stoffe in Belebungsanlagen, wie sie vom Prinzip her auch in der biologischen Abwasserreinigung eingesetzt werden. Dieser biologische Abbau erfolgt entweder in der Form, daß die Mikroorganismen suspendiert (Belebungsbecken) oder daß die Mikroorganismen fixiert (Tropfkörper mit biologischem Rasen) vorliegen.

Beim Biowäscher mit suspendierten Mikroorganismen wird die geruchsbeladene Abluft im Kreuz- oder Gegenstrom durch Spritzwäscher, Venturiwäscher oder Kolonnen geführt. Als Waschflüssigkeit wird Belebtschlammsuspension eingesetzt, welche aus dem Belebungsbecken im Kreislauf geführt wird.

Beim Verfahren mit fixierten Mikroorganismen siedeln diese auf den Wäschereinbauten, wo sie das über Bedüsungseinrichtungen ausgewaschene Substrat aus der Abluft und den Luftsauerstoff aufnehmen.

Die Dimensionierung der Wäscher kann gemäß VDI-Richtlinie 3478 [40] erfolgen. Hierbei ist von Füllkörperoberflächen in einer Größenordnung von 100 bis 300 m^2/m^3 Füllkörpervolumen auszugehen. Die Gasgeschwindigkeiten liegen bei 1 bis 3 m/s, die Berieselungsdichten bei 10 bis 30 $m^3/m^2 \cdot h$.

Vorteilhaft ist beim Biowäscher im Vergleich zum (offenen) Biofilter das deutlich geringere Bauvolumen und eine definierte Emissionsquelle (Abgasrohr), wodurch der Emissionspunkt eindeutig festgelegt werden kann. Nachteilig ist, daß die erreichbaren Emissionswerte um

Abbildung 3.26: Funktionsprinzip eines Biowäschers mit suspendierten Mikroorganismen [27]

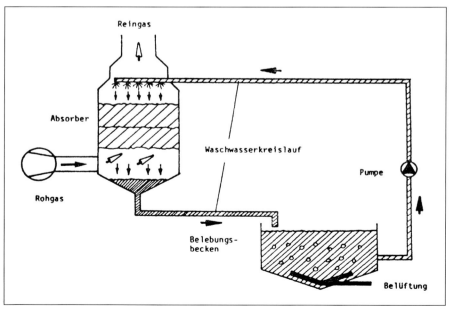

3 Emissionen und Emissionsminderung

das doppelte bis dreifache im Vergleich höher sind. Enthält die Abluft keine ausreichende Menge an Stickstoff- und Phosphorverbindungen, sind diese der Waschflüssigkeit zuzugeben. Bei Unterbrechung oder starker Reduzierung der Abluftmengen bzw. der darin enthaltenen biologisch abbaubaren Stoffe ist beim Wäscher die Zufuhr von Nährlösung vorzusehen.

Maßnahmen zur Reduzierung von Geruchsemissionen bei Kompostierungsanlagen

Zur Reduzierung von Geruchsemissionen sind drei Arten von Maßnahmen zu ergreifen:

– Input-bezogene Maßnahmen,
– bau- bzw. verfahrenstechnische Maßnahmen,
– betriebliche Maßnahmen.

– *Input-bezogene Maßnahmen*
Im Bereich der Anlieferung und Bunkerung sind die Geruchsinhaltsstoffe des angelieferten Bioabfalls von erheblichem Einfluß. Besonders pastöse Abfälle neigen zur Anaerobie schon im Sammelgefäß. Daher ist unter Geruchsaspekten besonders bei hohen Außentemperaturen die gemeinsame Erfassung von Küchenabfällen mit strukturreichen Gartenabfällen von Vorteil. Ebenso sind Tendenzen erkennbar, welche zeigen, daß mit zunehmender Behälterstandzeit im Sommer die Geruchsemissionen deutlich ansteigen. Unter diesem Aspekt sollte die Behälterleerung in mindestens 14tägigem Rhythmus erfolgen.

– *Bau- bzw. verfahrenstechnische Maßnahmen*
Im Bereich der Anlieferung und Aufbereitung sind durch Einhausung und gezielte Abluftführung Geruchsemissionen weitestgehend vermeidbar, so daß bei großen Kompostierungsanlagen heutzutage eine Einhausung i. d. R. genehmigungsrechtlich erforderlich ist. Bei der Rotte muß bei offenen Mietenverfahren durch betriebliche Maßnahmen und durch die gezielte Sickerwassererfassung (Vermeidung nasser Mietenfüße) eine Minimierung erreicht

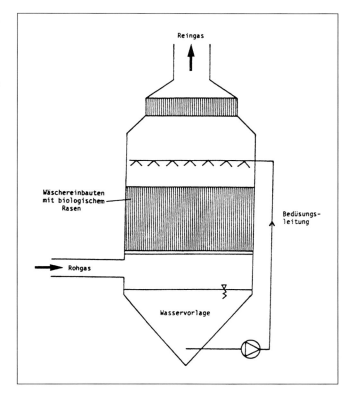

Abbildung 3.27: Funktionsprinzip eines Biowäschers mit fixierten Mikroorganismen [27]

werden. Eine Überdachung vermeidet zusätzlich den Wassereintrag durch Niederschläge und die Bildung anaerober Zonen am Mietenfuß und auch in Pfützen. Weiter verbessert werden kann die Situation durch das Absaugen von Luft aus der Miete und deren gezielte Abluftreinigung.

Eine gezielte Beherrschung der Geruchsemissionen ist im Bereich der Rotte nur durch gekapselte Systeme erreichbar, welche vielerorts heutzutage als einzige genehmigungsfähig sind. Die Nachrotte und das Lager bedürfen unter dem Aspekt der Gerüche keiner Kapselung, eine Überdachung ist aus o. e. Gründen vorteilhaft.

Eine wesentliche Maßnahme ist die Wahl eines geeigneten Standortes mit ausreichendem Abstand zu empfindlicher Bebauung (z. B. Wohnbebauung), wodurch zwar die Emissionen nicht reduziert, die Imissionskonzentrationen jedoch maßgeblich positiv beeinflußt

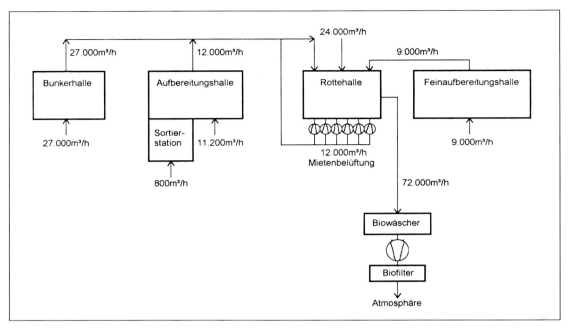

Abbildung 3.28:
Lüftungsschema
eines Kompostwerkes
(gekapselte Mieten-
kompostierung,
Betriebszeit) (nach [20])

werden können. So sieht der Abstandserlaß des Landes Nordrhein-Westfalen eine Entfernung von Kompostierungsanlagen zur Wohnbebauung von 300 m vor, in Hessen werden für Bioabfallkompostierungsanlagen 500 m gefordert. In diese Richtung zielt auch die Festlegung hoher Emissionsquellenpunkte (Schornstein). Durch Geruchsschutzwände können in Einzelfällen bei nahegelegenen Siedlungen ebenfalls die Immissionen gezielt reduziert werden. Die erfaßte Abluft ist in entsprechenden Abluftreinigungsanlagen gezielt zu desodorieren.

– *Betriebliche Maßnahmen*
Generell ist darauf zu achten, daß bei allen gekapselten Systemen diese auch als solche betrieben werden. So müssen im Anlieferungsbereich die Bunkertore gegenseitig verriegelt sein, damit ein Durchzug vermieden wird. Geschlossene Hallen sind durch entsprechende Luftwechselzahlen im Unterdruckbereich zu halten, so daß die Luft von außen nach innen strömt. Bioabfall sollte nicht länger als einen Tag unbehandelt zwischengelagert werden. Durch die Herstellung eines geeigneten Rotteausgangsmaterials sind Anaerobien im Rotteteil zu verringern (Struktur, Wassergehalt, Homogenisierung (keine Knollenbildung)). Die Bildung von Staunässe ist zu vermeiden. Durch an das Rottestadium und -material angepaßte Belüftung und Befeuchtung ist der Prozeß geruchsmindernd zu fahren. Bei offenen Mieten sollte ein Umsetzen nur bei geeigneten meteorologischen Randbedingungen (Windrichtung und -geschwindigkeit) erfolgen. Dies gilt auch für die Konfektionierung (z. B. Absiebung) im Freien. Eine Abluftüberwachung (z. B. über FID) ermöglicht zusätzliche Sicherheiten (auch zur Beweissicherung).

Bei Biofiltern ist auf eine geregelte Betriebsweise zu achten. Dies beinhaltet, daß neben der Wahl eines geeigneten Filtermaterials eine weitgehend kontinuierliche Betriebsweise eingehalten wird. Extremer Unterlastbetrieb ist ebenso wie große Anlaufspitzen zu vermeiden. Eine regelmäßige Kontrolle und Pflege der Filter ist unabdingbar.

Bei der Betrachtung der Emissionen gekapselter Anlagen mit entsprechender

3 Emissionen und Emissionsminderung

Abluftreinigung nach dem Stand der Technik ist zu beachten, daß in den bei Kompostierungsanlagen üblichen Mischgeruchskonzentrationen bis ca. 10 000 GE/m³ vor Abluftreinigung nicht diese Konzentrationen den Emissionswert und damit die Emissionskonzentration bestimmen, sondern der Luftvolumenstrom, da die Reinigungsleistung des Biofilters mit zunehmender Input-Konzentration ebenfalls zunimmt. Damit muß in diesen Anlagen einer Minimierung der Abluftvolumenströme die entscheidende Bedeutung zur Minimierung der Geruchsemissionen beigemessen werden. Dies kann u. a. durch gezielte Abluftströme, kleine Bauvolumina und Luftkreislaufführung erreicht werden. Abbildung 3.28 zeigt als Beispiel ein optimiertes Belüftungsschema, welches durch Mehrfachnutzung der Abluft die Geruchsfrachten minimiert.

3.3 Staub

Bis dato liegen bezüglich der Staubimmissionen von Kompostierungsanlagen keine generell übertragbaren Untersuchungen vor. Da das Rottegut in der Regel relativ hohe Wassergehalte besitzt, können Staubemissionen vor allem bei folgenden Aufbereitungsschritten mit relativ trockenem Material auftreten:

- Zerkleinerung von Grünschnitt,
- Umschichten von trockenem Rottegut,
- Feinabsiebung,
- Hartstoffabscheidung,
- Kompostverladung,
- Verkehrswege.

Bei Kapselung dieser Aufbereitungsschritte ist bis auf den Bereich der Verkehrswege nicht mit relevanten Staubemissionen zu rechnen. Staubemissionen bei Lagerung und Verladung von Komposten sind durch in Hauptwindrichtung abgeschirmte Hallen zu vermeiden.

Durch Windschutz der Anlage mit Wällen und dichter Bepflanzung sind damit Staubimmissionen, welche im wesentlichen von Grobstäuben herrühren können, nicht zu erwarten.

3.4 Sicker- und Kondenswasser

In Abhängigkeit von der Anlagekonzeption und vom Rotteprozeß fallen verfahrensbedingte Abwässer in folgender Form an:

- Sickerwässer aus der Lagerung und Kompostierung:
- Preßwässer aus der Eigenfeuchte des Materials,
- endogene Sickerwässer (durch die direkte Umwandlung entstanden),
- exogene Sickerwässer (durch eindringende Niederschläge entstanden).
- Kondensat aus der Ablufterfassung und Rottesystemen (Hallen, Boden etc.);
- Kondensat aus der Abluftreinigung (Biofilter).

Bunkerbereich

Die im Bunkerbereich anfallenden Preßwassermengen sind abhängig von der Eigenfeuchte und Struktur des Materials, welche durch die Art der Bioabfälle (Küchenabfallanteile), Papieranteile und das Sammel- und Transportsystem (geschlossen oder offen) sowie Lagerungshöhe und der Aufenthaltszeit im Bunker beeinflußt werden. Bei arbeitstägiger Leerung, strukturreichen Bioabfällen und Lagerungshöhen unter 2 m ist die Preßwassermenge vernachlässigbar gering. Bei offenen Transportsystemen, hohen Küchenabfallanteilen, großen Lagerungshöhen (z. B. Tiefbunker) und betriebsbedingten langen Lagerungszeiten ist die Sickerwassermenge und -zusammensetzung adäquat zur ersten Rottephase bei Mietenverfahren.

Rotteverfahren

Bei unbelüfteten Mietenverfahren sind Sickerwassermengen bezogen auf das feuchte Rottegut in Höhe von 14 bis 34 l/Mg anzugeben; in Einzelfällen können bis zu 60 l/Mg entstehen.

Bei kombinierten Verfahren von Drehtrommeln/Rottezellen mit unbelüfteten Mieten werden 48 bis 63 l/Mg, bei Drehtrommelverfahren mit saugbelüfteten Mieten wurden 44 bis 56 l/Mg gefunden. Der erhöhte Wasseraustrag bei den kombinierten Verfahren ist durch die mecha-

Tab. 3.18 Analysen von Bioabfall-Sickerwässern [nach 35]

Parameter	Sickerwasser Bioabfallkompostierung	Mittelwert
BSB_5 mg O_2/l	10.000–46.000	17.000
CSB mg O_2/l	18.000–68.000	35.000
K^+ mg/l	5.000–14.000	5.341
Mg^{2+} mg/l	100–1.000	250
Ca^{2+} mg/l	100–700	450
Na^+ mg/l	150–1.500	570
P_{gesamt} mg/l	80–260	120
S_{gesamt} mg/l	100–450	270
N org. mg/l	250–800	580
NH_4^- mg/l	400–1.100	650
NO_3^- mg/l	1,7–25,0	15
N_{gesamt} mg/l	503–2.085	1.140
Cl^- mg/l	1.000–5.000	2.670
pH-Wert	5,7–10,3	8
Zn µg/l	1.000–8.000	< 0,1
Pb µg/l	10–200	< 0,1
Cr µg/l	10–200	< 0,1
Cd µg/l	10–140	0,1
Cu µg/l	10–300	0,4
Ni µg/l	70–2.600	2,8
Aldrin ng/l	< 0,1	4,6
Dieldrin ng/l	< 0,1	< 1
Endrin ng/l	< 0,1	
Heptaclor ng/l	< 0,1–0,2	
Summe HCH ng/l	< 0,1–2	
Summe DDX ng/l	< 1–20	
Summe PCB ng/l	< 1–49	
Summe PAK ng/l	< 1	

nische Beanspruchung des Rottegutes (Zellwasseraustritt) und Kondensate aus der Abluftentsorgung und -verteilung der Vorrottesysteme begründet [13, 9].

Bei gekapselten Systemen der Mietenrotte fallen mengenmäßig besonders die Kondenswässer ins Gewicht, welche durch die Kondensation an den Hallenwänden, aus der Abluftfassung bzw. Abluftreinigung entstehen; sie betragen zwischen 100 und 200 l/Mg [19].

Die Qualität der Sickerwässer aus der Mietenkompostierung wird besonders durch die Vorbehandlung positiv beeinflußt. So liegen die BSB5-Werte bzw. CSB-Werte bei vorgerottetem Material (Rottezeit ca. 2 Wochen) und bei direkt auf Mieten kompostiertem Rottegut (Rottezeit ca. 4 bis 5 Wochen) in der gleichen Größenordnung. Das Verhältnis von CSB/BSB5 von 2:1 innerhalb der ersten Rottephase (starke Belastung) weist auf ein für die biologische Reinigung günstiges Verhältnis hin. (siehe Tab. 3.18)

Bei Freilandmieten ist mit zunehmendem Mietenalter für die niederschlagsabhängige Sickerwassermenge ein Ansteigen zu beobachten, was auf die geringe

3 Emissionen und Emissionsminderung

Verdunstungsmenge aufgrund abnehmender Mietentemperaturen zurückzuführen ist. Häufiges Umsetzen, welches die Struktur und damit das Wasserhaltemögen verbessert, verbunden mit erhöhter Verdunstungsrate, reduziert den Sickerwasseraustritt erheblich.

Infolge der durch die Bewegung verursachten mechanischen Beanspruchung des Rottegutes wird bei dynamischen Vorrottesystemen (Drehtrommel) verstärkt Zellwasser freigesetzt. In Abhängigkeit von der Struktur und Aufenthaltszeit des Rottegutes im System sind bis zu 3,3 l/Mg (Aufenthaltszeit 26h) ermittelt worden.

Bei statischen Verrottesystemen (Rottebox) sind Sickerwassermengen von ca. 30 l/Mg sowie Kondensmessungen von 50 bis 100 l/Mg (hohe Luftwechselzahl) zu nennen. Die Qualität der Sickerwässer hinsichtlich der organischen Belastung ist aufgrund der hohen Belüftungsrate besser als bei unbelüfteten Mietenverfahren. (siehe Tab. 3.20)

Nach Firmenangaben werden nachfolgende Sicker- und Kondensmessungen in ihrer Größenordnung genannt.
Die Kondenswassermengen sind hierbei stark abhängig von der Belüftungsrate, der Wärmezufuhr aus der Abluft und dem Luftmanagement (Luftführung, Abluftreinigung).

Behandlung der Abwässer aus Kompostierungsanlagen

Direkte Einleitung
Voraussetzung für die direkte Einleitung ist die Einhaltung der Anforderungen nach § 7a WHG. Demnach müssen gemäß § 1 Nr. 10 der AbwHerkV für Abwässer aus Bioabfallkompostierungsanlagen die Anforderungen nach dem Stand der Technik eingehalten werden. Üblicherweise sind hierfür die Anforderungen für Deponiesickerwässer (Anhang 51) einzuhalten. Hierbei sind folgende für die Kompostierung relevante Werte zu nennen:

BSB$_5$ 20 mg/l
CSB: 200 mg/l
Stickstoff: 50 mg/l
(Ammonium-, Nitrit-, Nitrat-N)

Tab. 3.19 Belastung von Sicker- und Kondenswässern bei der Bioabfallkompostierung (nach [9])

Verfahrensschritt	Probe[1]	Kompostalter [d]	BSB$_5$ [mg/l]	CSB [mg/l]	pH [-]	KCl[2] [g/l]	Nitrat [mg/l]	Ammonium [mg/l]	absetzbare Stoffe [mg/l]
Rottebox	SW	0–5	7.050	15.150	7,1	8,4	–	–	8,0
Rottebox	SW	7	2.340	6.230	8,1	4,3	3	–	1,5
Rottetrommel	KW	0–7	60	1.720	8,8	2,6	–	–	–
Rottetrommel	KW	0–7	300	2.370	7,9	1,2	–	–	–
Miete nach Box	SW	0–49	150–2.070	1.140–3.780	6,6–9,0	1,6–7,7	6–36	–	0,3–3,4
Miete n. Trommel	SW	0–56	80–2.000	780–2.160[3]	7,1[3]–7,8	1,1–2,9	0–4[3]	–	0,3–2,0
Miete direkt	SW	0–47	150–39.000	1.120–67.000	5,5–8,0	0,9–20,2	–	–	1,2–25,0
saugbelüft. Miete			4.400	66.810	6,3	–	34	92	–
Rottereaktor			3.300–7.050	6.200–15.100	7,1–8,1	–	0–3	–	–
Druckbelüft. Miete (Zeilenrotte) [38]	SW	0–21	17.300	30.700	7,5	6,4	1,3	1300	–
Biofilterkondensate	KW	–	–	1.700–2.400	7,9–8,8	–	0	400	–
Vergleich [13]	SW	–	4.020–32.800	8.700–57.000	5,0–9,7	0,8–34,4	–	–	0,0–7,0

[1] SW: = Sickerwasser, KW: = Kondenswasser
[2] berechnet
[3] Kompostalter 22 d

Tab. 3.20 Sicker- und Kondenswassermengen bei verschiedenen Rotteverfahren [29]

Verfahren	Sickerwasser [l/Mg]	Kondenswasser [l/Mg]
Trommelverfahren	0–30	k.A.
Boxen/Container	60–100	30–300
Mietenkompostierung	10–60	35–170
Zeilen/Tunnelkompostierung	0–20	30–100
Preßlinge	0	150

Diese Werte sind für Abwässer aus der Kompostierung nicht zu erreichen, so daß für die Direkteinleitung immer eine Vorbehandlung erforderlich ist.

Indirekteinleitung

Für die Einleitung in die öffentliche Kanalisation sind zu beachten

- die Indirekteinleiterverordnung (Bundeslandebene),
- das kommunale Satzungsrecht (Basis ATV Arbeitsblatt 115).

Gemäß dem in § 7a WHG verankerten Teilstromprinzip, welches beinhaltet, daß die in einer zentralen Kläranlage nur teilweise oder nicht eliminierbaren Stoffe in dem Teilstrom vor Vermischung entfernt werden müssen sowie unter Berücksichtigung des § 7a Abs. 3 WHG bedeutet dies, daß in der Regel eine Vorbehandlung der Sickerwässer erforderlich ist.

Rückführung der Sickerwässer

Bei offenen Mietenverfahren ist eine Rückführung der Sickerwässer durch die TA-Luft nicht zugelassen. Bei gekapselten Verfahren (Container, Boxen, Mieten, Tunnel etc.) ist eine weitestgehende Rückführung der Sickerwässer im Hinblick auf eine Minimierung vorteilhaft. Hierbei läßt sich das Geruchspotential der Sickerwässer evtl. durch eine Grobentschlammung verringern.

Eine Aufsalzung des Kompostes bei Sickerwasser/Kondenswasserrückführung konnte bislang im praktischen Betrieb nicht nachgewiesen werden [16]. Es ist

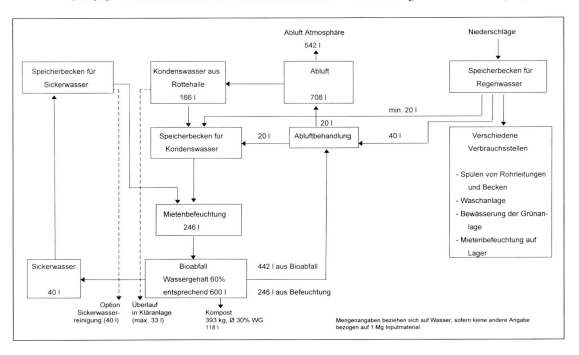

Abbildung 3.29: Brauch- und Abwasserschema eines Kompostwerkes, (gekapselte Mietenkompostierung) (nach [20])

zu beachten, daß zur Verhinderung einer Wiederverkeimung in Rottestadien, welche die zur Entseuchung erforderlichen Temperaturen nicht mehr erreichen (z. B. letzte Phasen der Intensivrotte, Nachrotte), Sickerwasser zur Befeuchtung nicht eingesetzt werden kann. Betriebliche Schwierigkeiten können durch Verstopfen von Düsen bei den Bewässerungsaggregaten entstehen.

Trotz Rückführung der prozeßbedingten Abwässer entstehen häufig Abwässer, welche anderweitig zu behandeln sind. Folgende Möglichkeiten der Abwasserbehandlung sind hierfür zu nennen:

– Einleitung in kommunale Kläranlage (sofern zulässig),
– Reinigungsverfahren in der Kompostierungsanlage (teuer),
– gemeinsame Behandlung mit Deponiesickerwasser in Deponiesickerwasserreinigungsanlagen,
– Landbehandlung (nur in Sonderfällen).

Abbildung 3.29 zeigt beispielhaft ein Abwasserschema für eine Kompostierungsanlage.

4. Massenbilanz und Kostenstrukturen

4.1 Massenbilanz

Die Massenbilanz einer Kompostierungsanlage mit Grobaufbereitung, Intensivrotte und Feinaufbereitung ist in Abbildung 3.30 beispielhaft dargestellt.

In der Praxis wird die Massenbilanz einer Anlage beeinflußt von:

– Inputmaterial (Wassergehalt, Gehalt an organischer Substanz, Störstoffgehalt),
– der Aufbereitungstechnik bei der Grob- und Feinaufbereitung (Zerkleinerung, Siebschnitte, Störstoffentnahme),
– der Rotteführung (Abbau an organischer Substanz, Wasserzufuhr- und Austrag).

Die wesentliche Massenreduktion – bezogen auf den Eintrag – erfolgt durch die Rotteverluste, welche in der Größenordnung von ca. 60 % liegen; hierbei hat das über die Abluft ausgetragene Wasser (aus dem Wassergehalt des Rottegutes) mit ca. 40 bis 45 % den größten Anteil. Der Abbau an organischer Substanz, welcher auf 50 bis 60 % anzusetzen ist, verringert die Masse um ca. 15 %. Dieser Rotteverlust besteht vor allem aus Kohlenstoffdioxid und Wasser. Der Rotte zugeführtes Wasser wird im Rahmen des Prozesses bilanzmäßig wieder vollständig ausgetragen.

Als Reste aus der Sortierung, Sichtung und Fe-Abscheidung fallen ca. 5 % an; ca. 10 bis 15 % des eingetragenen Bioabfalls können als Strukturmaterial in das System zurückgeführt werden. Damit verbleiben ca. ein Viertel der Inputmenge als Fertigkompost zur Verwertung.

4.2 Kostenstrukturen der Bioabfallkompostierung

Grundsätzlich ist eine allgemeine, projektunabhängige Angabe von Investitions- bzw. Betriebskosten nur innerhalb eines weit gesteckten Rahmens möglich, da neben den projektspezifischen Randbedingungen (s. u.) die technische Entwicklung, die Wettbewerbssituation, Firmenpolitik und die volkswirtschaftliche Situation (z. B. Inflation) die Kostenstrukturen erheblich beeinflussen. Unter Ansatz gleicher Randbedingungen ist es jedoch möglich, die Kosten als Vergleichsmaßstab unter Berücksichtigung der angesprochenen Unschärfen anzugeben [19, 20, 21, 25, 30, 31, 32].

Es ist zu unterscheiden in die Investitions- und Betriebskosten (ohne bzw. mit Kapitalkosten). Die Investitionskosten von Bioabfallkompostierungsanlagen sind prinzipiell in Anlehnung an die DIN 276 zu gliedern, wobei aufgrund des hohen verfahrenstechnischen Anteils an Investitionen Modifikationen sinnvoll sind. Demnach sind sieben Kostengruppen zu unterscheiden:

Den größten Kostenumfang nehmen hierbei die Baukonstruktion und techni-

Abbildung 3.30: Massenbilanz einer Kompostierungsanlage

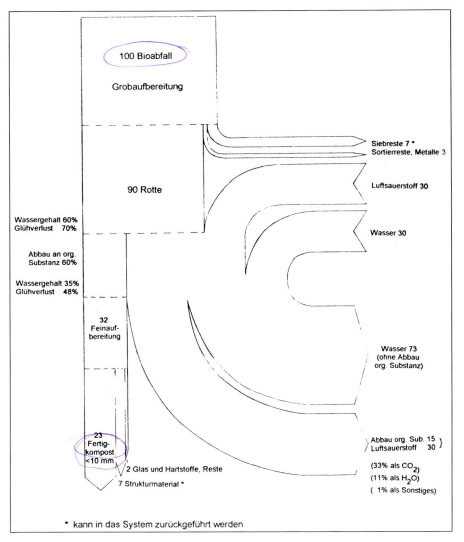

Tab. 3.21	Kostengruppen nach DIN 276 [10]
Ordnungszahl	Kostengruppe
100	Grundstück
200	Herrichten und Erschließen
300	Bauwerk–Baukonstruktionen
400	Bauwerk–Technische Anlagen
500	Außenanlagen
600	Ausstattung und Kunstwerke
700	Baunebenkosten

schen Anlagen mit insgesamt 70 bis 80 % Kostenanteil ein. Bei der Baukonstruktion ist eine weitere Unterteilung in Betriebseinheiten, z. B. Annahme, Aufbereitung, Rotteteil (Abluftreinigung), Lager, Sozialgebäude, bei den technischen Anlagen neben der Unterteilung in Betriebseinheiten eine weitere Aufschlüsselung in den Maschinen- und elektrischen (evtl. zusätzlich MSR) -Teil notwendig. Zusätzlich sind erforderliche Fahrzeuge (Radlader, Lkw) und Container zu berücksichtigen.

4 Massenbilanz und Kostenstrukturen

Die Investitionskosten sind hierbei besonders von folgenden Faktoren abhängig:

- Anlagendurchsatz,
- Anlagentechnik (Automatisierungsgrad, eingesetzte Aggregate, Aggregatstandard),
- Emissionsschutzmaßnahmen (Einhausung, Lüftungstechnik, Abluftreinigung und Ableitung (Kamin)),
- Baustandard (architektonische Gestaltung und Detailkonstruktion, Materialwahl, Wartungsfreundlichkeit und Unterhalt),
- Infrastruktur des Standortes (Versorgungsleitungen, Verkehrsanbindung, Nutzung evtl. vorh. Einrichtungen (z. B. Deponie mit Infrastruktureinrichtung),
- Baugrundsituation (Grundwasserstand, zulässige Bodenpressung, Topographie).

Die spezifischen Behandlungskosten (z. B. DM/a, DM/Mg) resultieren aus den

- investitionsabhängigen Kosten,
- betriebsabhängigen Kosten,
- Erlösen,
- verschiedenen sonstigen Kosten.

Die investitionsabhängigen Kosten sind linear abhängig von den Investitionskosten und werden beeinflußt von

- der Finanzierung (Zinssatz),
- der Abschreibungszeit für die Investitionen (z. B. Gebäude 15 bis 25 Jahre,

Tab. 3.22 Annuitäten bei Bioabfallkompostierungsanlagen (Zinssatz 6 %)

Gebäude:	10,3 % – 7,8 %
Maschinen:	16,1 % – 11,9 %
Fahrzeuge:	23,7 % – 16,1 %

Maschinen ca. 8 bis 12 Jahre, Fahrzeuge etc. 5 bis 8 Jahre), welche als Annuität zu kalkulieren sind.

Hieraus errechnen sich die Annuitäten bei Ansatz eines Zinssatzes in Höhe von 6 % (siehe Tab. 3.22).

Für eine Kostenabschätzung der betriebsabhängigen Kosten können die in Tabelle 3.23 dargestellten Ansätze entnommen werden.

Eventuelle Erlöse für Kompost und Wertstoffe (Metalle) sind bei einer überschlägigen Betrachtung nicht anzusetzen, da sie direkt von der Marktsituation abhängig und mit den Marketingaufwendungen zu verrechnen sind. Die Kostenersparnis bzw. Erlöse bei Nutzung der Wärmeenergie (z. B. aus der Abluft) können unter Berücksichtigung der hierfür erforderlichen Investitionen in Ansatz gebracht werden.

Verschiedene sonstige Kosten wie Ansätze für Wagnis und Gewinn, Mehrwertsteuer etc. sind von der gewählten Betriebsform abhängig und bei privatrechtlichen Betriebsformen anzusetzen. Aufgrund im Vergleich zum Eigenbetrieb anderer Kalkulationsgrundlagen treten diese Kosten jedoch bei privatwirtschaft-

Tab. 3.23 Ansätze für die Kostenschätzung von Betriebskosten (Angaben in Mg Inputbezogen) (nach [20] et al.)

Personalkosten	60.000–80.000 DM/Mitarbeiter · a
Reparatur- und Verschleißkosten	0,5–1,5 % der Gebäudeinvestitionen
	3,0–5,0 % der Maschineninvestitionen
	5,0–10 % der Fahrzeug- u. Geräteinvest.
Betriebsmittel und Energiekosten:	
elektr. Energie	0,2–0,3 DM/kWh bzw. 20–40 kWh/Mg
Kraftstoff (Diesel)	1,1–1,3 DM/l bzw. 2–6 l/Mg
Wasser, häusl. Abwasser	5–10 DM/m^3 0,1–0,5 m^3/Mg
sonstige Betriebsmittel, Analysenkosten	0,5–2 DM/Mg
Verwaltungskosten	5–20 % der Personalkosten
Versicherung und Steuern	1–2 % der Investitionskosten
Reststoffbeseitigung	150–450 DM/Mg Abfall

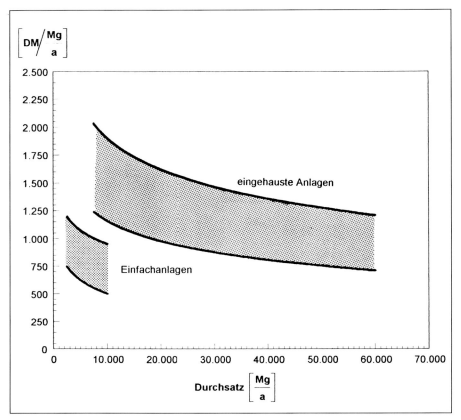

Abbildung 3.31:
Spezifische Investitionskosten von Kompostierungsanlagen [DM/Mg·a]

lichen Kalkulationen nicht zwangsläufig in Form höherer Betriebskosten in Erscheinung.

Auf Basis der Auswertung von Firmenangeboten, ausgeführten Anlagen und Literaturstellen lassen sich die Spannweiten der spezifischen Investitions- und Betriebskosten angeben. Hierbei sind Erschließungskosten, Grundstückskosten etc. nicht mit eingerechnet. Bei den spezifischen Investitionskosten von Kleinanlagen ist die Spannweite sehr groß.

Während die Investitionskosten für offene Anlagen (Mietenkompostierung) mit einfacher Grob- und Feinaufbereitung (Absiebung) im Bereich von ca. 600 bis 1 200 DM/Mg angesiedelt sind, liegen Anlagen mit einer Durchsatzleistung von ca. 6 000 Mg/a mit gekapselten Vorrottesystemen und überdachter Nachrotte bei 1 200 bis 1 400 DM/Mg. Bei Anlagen dieser Durchsatzleistung in vollgekapselter Form sind demgegenüber Investitionskosten von 1 600 bis 2 000 DM/Mg anzusetzen. Anlagen mit einer Durchschnittsleistung von 10 000 bis 15 000 Mg/a, welche in einer Vielzahl realisiert sind, liegen zwischen 1 000 und 1 800 DM/Mg. Mit zunehmender Durchsatzleistung werden die spezifischen Investitionskosten deutlich geringer, da durch Mehrschichtbetrieb und größere Dimensionierung von Aggregaten Kosten eingespart werden können.

Es ist zu beachten, daß speziell bei modulartig aufgebauten Anlagen kein linearer Zusammenhang von spezifischen Investitionskosten und Durchsatzleistung besteht, sondern jeweils bei Notwendigwerden eines neuen zusätzlichen Moduls Sprünge in den Investitionskosten auftre-

4 Massenbilanz und Kostenstrukturen

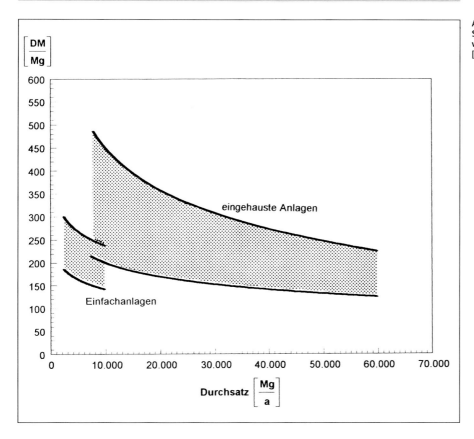

Abbildung 3.32:
Spezifische Gesamtkosten
von Kompostierungsanlagen
[DM/Mg]

ten. Während bei Anlagen kleiner 6000 Mg/a (häufig dezentrale, von der Landwirtschaft betriebene Kleinanlagen) in der Regel Mietenverfahren eingesetzt werden, sind bei Anlagen zwischen 6000 und 20000 Mg/a nahezu alle in Kap. 2.5. genannten Verfahren realisiert. Anlagen deutlich über 20000 Mg/a arbeiten in der Regel mit großtechnischen Umsetzgeräten bzw. Rottesystemen.

Entsprechend ergeben sich die **spezifischen Gesamtkosten** bezogen auf das Inputmaterial. Diese liegen bei Einfachanlagen bei 150 bis 300 DM/Mg, während bei Anlagen im Bereich von 10000 Mg/a abhängig vom bautechnischen und maschinentechnischen Aufwand Kosten von 180 bis 480 DM zu nennen sind. Bei größeren Anlagen mit ca. 20000 Mg/a schwanken die spezifischen Kosten von 180 DM (offene Mietenverfahren) bis 350 DM/Mg (gekapselte Verfahren), während bei Anlagen deutlich über 30000 Mg/a, welche nur in geringem Umfang realisiert sind, die spezifischen Kosten in einen Bereich von 180 bis 250 DM/Mg liegen.

Der Anteil der Kapitalkosten an den spezifischen Betriebskosten liegt i.d.R. im Bereich von 50 bis 65 %, der Personalkostenanteil bei 10 bis 15 %.

Generell ist zu beachten, daß niedrige Gesamtkosten i.d.R. auf einfachere maschinelle Ausstattung und geringe Anforderungen an die Emissionsbeherrschung sowie einfachere Baukonstruktionen hinweisen. Eine direkte Abhängigkeit der Kosten von den eingesetzten Intensivrottesystemen ist besonders bei den am weitesten verbreiteten Anlagen mit einem Durchsatz von 10000 bis 25000 Mg/a nicht gegeben.

IV Anaerobe Verfahren (Vergärung)

1 Einleitung

Anaerobe Prozesse sind bekannte biotechnologische Vorgänge, wie z. B. die Vergärung von Zucker zu Alkohol bei der Weinherstellung oder die Versäuerung von Milch zu Joghurt. Neben Mikroorganismen wie Hefen (Alkohol) und Milchsäurebakterien gibt es weitere Mikroorganismengruppen, die von der Vergärung energiehaltiger Ausgangssubstanzen leben. Zu ihnen gehören auch die Methanbakterien, die als Endprodukt ihres Stoffwechsels Methan und Kohlendioxid produzieren. Methanbakterien als Verursacher der Biogasbildung gibt es seit etwa 3,5 Milliarden Jahren auf der Erde. Sie zählen zu den ältesten Lebensformen. Der Mensch machte sich, ohne Kenntnis der zugrunde liegenden Vorgänge, vor 8000 bis 6000 Jahren Milchsäuregärung und alkoholische Gärung zur Haltbarmachung von Lebensmitteln [3] und seit Ende der zwanziger Jahre dieses Jahrhunderts die Methangärung zur Ausfaulung von Überschußschlamm in der Abwasserreinigung [4] zunutze. Die Technologie der anaeroben Behandlung organischer Abfälle mittels einer Biogasanlage ist seit langem bekannt, wurde jedoch bis in die jüngere Vergangenheit nur in sehr begrenztem Maße in der Ernährungs- und Agroindustrie sowie bei biologischen Abfällen in der chemischen Industrie genutzt.

Die Anaerobtechnologie ist besonders für die Verwertung stark wasserhaltiger organischer Gewerbe- und Industrieabfälle sowie für den organischen Anteil des Bioabfalls geeignet. Ein entscheidender Faktor für die zunehmende Akzeptanz der anaeroben Abfallbehandlung ist die Tatsache, daß, im Gegensatz zur Kompostierung, die bei der Vergärung freiwerdende Energie (Biogas) gefaßt und genutzt werden kann und damit die Einsparung fossiler Energieträger ermöglicht wird. Unter der Voraussetzung einer optimalen Energienutzung (Elektrizität und Wärme) trägt die Anaerobtechnik zur Reduzierung der globalen CO_2-Emissionen bei. Die Anaerobtechnik weist gegenüber der Kompostierung, insbesondere bei problematischen strukturarmen nassen Abfällen, wie z. B. Bioabfall aus dem Innenstadtbereich, Vorteile in der Behandlung sowie bei der Emissionsminimierung durch ihre geschlossenen Reaktoren und geringere Abluftvolumenströme auf. Dieser Entwicklung wird dadurch Rechnung getragen, daß heute immer mehr Anlagenbauer dazu übergehen, anaerobe Behandlungssysteme anzubieten.

2 Grundsätzliche Möglichkeiten der Vergärung

Zur biologischen Behandlung der organischen Abfälle stellt die Vergärung ein ökologisches Verfahren dar, bei dem ein emissionsarmer Fermentationsprozeß mit geschlossener Prozeßführung stattfindet. Das Vergärungsverfahren ist energetisch autark und produziert einen Energieüberschuß durch die Bildung von Biogas, das mehrheitlich aus Methan besteht.
Vergärungsanlagen fügen sich aufgrund ihrer geschlossenen Bauweise mit ihrer gesamten Infrastruktur (siehe Abb. 4.1) wie

2 Grundsätzliche Möglichkeiten der Vergärung

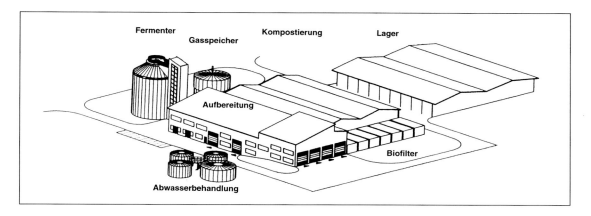

Abbildung 4.1:
Schematische Darstellung einer Vergärungsanlage

- verkehrstechnische Erschließung und Betriebsflächen,
- Betriebsgebäude,
- Behälter und Reaktoren

gegebenfalls in jedes Gewerbegebiet ein. Die einzelnen Anlagenbereiche

- Annahme,
- Aufbereitung,
- biologische Behandlung,
- Produktaufbereitung,
- Emissionsminimierung

werden nachfolgend ausführlich erläutert.

2.1 Technische Vergärungsverfahren

Grundsätzlich bieten sich verschiedene technische Möglichkeiten für eine anaerobe Fermentation von Feststoffen an. Sie unterscheiden sich in der Stofführung, in den Reaktionsbedingungen und in der Form der eingesetzten Reaktorsysteme. Mögliche Verfahrensalternativen sind:

- einstufige/zweistufige/mehrstufige Verfahren,
- Naßfermentation/Trockenfermentation,
- mesophile (35–37 °C)/thermophile (55–60 °C) Methanisierung,
- diskontinuierliche/kontinuierliche Betriebsweise.

Zuerst muß der Bioabfall aufbereitet werden, dann folgt der eigentliche Prozeß der Vergärung als Ein- oder Zwei- bzw. Mehrstufenprozeß (siehe Abb. 4.2). Beim Einstufenprozeß werden Hydrolyse, Säure-, Essigsäure- und Methanbildung räumlich in einem Reaktor simultan durchgeführt. Einstufige Verfahren sind durch die relativ einfache Verfahrenstechnik gekennzeichnet und werden sowohl als Naß- als auch als Trockenverfahren angeboten. Sie können sowohl mesophil als auch thermophil betrieben werden.

Der Zweistufenprozeß ordnet jeweils den Schritten Hydrolyse und Säurebildung sowie der Essigsäure- und Methanbildung räumlich einen getrennten Reaktor zu. Die Zwei- oder Mehrstufensysteme stellen den Schritten spezielle Reaktorräume (Stufen) mit biochemisch optimierten Bedingungen zur Verfügung. So ist bei der dreistufigen Vergärung die zweistufige Vergärung um eine Vorbehandlungsstufe erweitert. Durch pH-Wert Erhöhung soll der Aufschluß des Materials verbessert werden, um die Hydrolyse zu beschleunigen. Zwei- oder Mehrstufenprozesse sind durch eine aufwendigere Verfahrenstechnik gekennzeichnet. Ihr Vorteil liegt in der verbesserten Abbauleistung und der damit verbundenen kurzen Verweilzeit.

Beim Einstufenprozeß stellt der Abbau in einem Reaktor einen Kompromiß zwischen verschiedenen Milieubedingungen für die biologischen Abläufe dar, der zwangsläufig zu einer geringeren Leistung führen muß als bei einem Mehrstufensystem. Die geringere Abbauleistung beim Einstufensystem wird in der Regel durch eine längere Aufenthaltszeit im Reaktor

Abbildung 4.2:
Fließschema eines Ein- bzw. Zweistufenprozesses

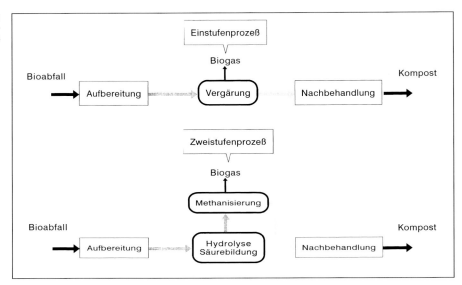

ausgeglichen. Mit dem verfahrenstechnischen Aufwand eines Vergärungssystems sind auch dessen betriebliche Risiken verbunden. So erfordern die komplizierteren mehrstufigen Verfahren im allgemeinen einen höheren Reparatur- und Wartungsaufwand als die einstufigen Verfahren [6]. Auf der andern Seite bedingt die kürzere Verweilzeit in den Fermentern bei den mehrstufigen Verfahren einen geringeren Bedarf an Reaktorvolumina.

Nur bei den einstufigen Verfahren zur Vergärung von Feststoffen wird zwischen Naß- und Trockenfermentation unterschieden. Dabei wird von Naßfermenta-

Abbildung 4.3:
Systematischer Überblick über Vergärungsverfahren

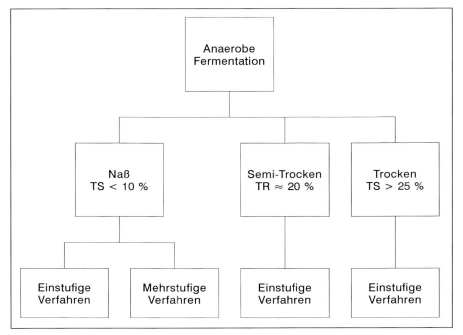

2 Grundsätzliche Möglichkeiten der Vergärung

tion gesprochen, wenn der Wassergehalt mehr als 90 % beträgt. Liegt dieser Wert unter 75 %, so wird von Trockenfermentation gesprochen. Der gewünschte Wassergehalt läßt sich durch Zugabe von Prozeßwasser beziehungsweise Impfschlamm einstellen. Trockenverfahren haben bezüglich des Reparatur- und Wartungsaufwandes einen Vorteil gegenüber Naßverfahren, da die Stoffströme aufgrund des geringeren Wassergehaltes kleiner ausfallen, so daß die Apparate und Maschinen im Volumen und in der Durchsatzleistung vermindert werden können. Andererseits ergeben sich bei den Naßverfahren Vorteile durch den vergleichsweise einfacheren Materialtransport.

Der mesophile Betrieb zeichnet sich gegenüber dem thermophilen durch einen stabilen Prozeß aus und bietet folgende Vorteile:

– einfache Verfahrenstechnik,
– hohe Betriebssicherheit aufgrund der stabilen biologischen Prozeßführung im mesophilen Temperaturbereich, da mesophile Bakterien ihren Stoffwechsel besser an Temperaturschwankungen anpassen können als thermophile Bakterien,
– minimaler thermischer Energiebedarf,
– betriebs- und kostengünstige Variante (kleine Wärmetauscher, geringer Wärmeisolieraufwand).

Die thermophile Fahrweise weist im Hinblick auf die erforderliche Hygienisierung Vorteile auf.

Ein weiteres Kriterium, das sich ebenfalls auf den Reparatur- und Wartungsaufwand bezieht, stellt die Art der Durchmischung und den Transport in den Fermentern dar. So sind bewegliche Einbauten in den Fermentern wie, z. B. Rührwerke, als problematisch zu beurteilen. Fermenter ohne bewegliche Einbauten, die eine Durchmischung z. B. durch Gaseintrag erreichen, weisen ihnen gegenüber eine geringere Störanfälligkeit und einen niedrigeren Wartungsbedarf auf. Die kontinuierliche Betriebsweise erfordert teilweise oder vollständige Durchmischung im Reaktor und setzt die kontinuierliche Beschickung voraus. Bei der diskontinuierlichen Fahrweise wird der Fermenter chargenweise beschickt oder im Batchbetrieb gefahren.

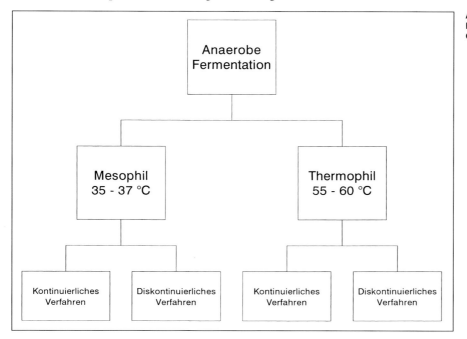

Abbildung 4.4: Betriebsweise des Gärreaktors

3 Technik der Vergärung

Getrennt erfaßter Bioabfall enthält noch eine Reihe von Stoffen, die auf den Prozeß störend wirken oder zu Betriebsstörungen führen. Daher muß eine mechanische Aufbereitung mit folgenden Aufgaben durchgeführt werden:

– Vorabseparation von Störstoffen,
– Vorabseparation von biologisch nicht abbaubaren Bestandteilen, um eine organisch hochangereicherte Fraktion zu erhalten und eine möglichst geringe Ballaststoffmenge durch den biologischen Behandlungsteil der Anlage zu befördern.

Eine Zerkleinerung der Abfälle ist notwendig mit dem Ziel der Oberflächenvergrößerung für den biologischen Prozeß sowie der Verbesserung der Homogenität und der Handhabbarkeit. Folgende Vorbehandlungsschritte sind erforderlich:

– Sichtkontrolle des angelieferten Materials auf große störende Teile.
– Eisenmetallentfernung.
– Zerkleinerung des Materials. Die gewünschten Stückgrößen liegen üblicherweise im Bereich zwischen 10 und 45 cm.
– Siebung zur Erzeugung unterschiedlicher Größenfraktionen.
– Ballistische Abscheider zur Auftrennung in eine Schwer- und eine Leichtfraktion.

Die biologische Prozeßstufe setzt sich zusammen aus:

– Vergärung,
– Nachbehandlung.

Die angelieferten Bioabfälle werden nach Durchlauf der Aufbereitung im Vergärungsreaktor behandelt. Die Gärreste werden mit Strukturmaterial gemischt, z. B. zerkleinertem Grünabfall, und in einem geschlossenem Rottesystem nachkompostiert.

3.1 Prinzipieller Aufbau von Vergärungsanlagen

Die zentrale Behandlungstechnik ist die Vergärung. Es kann sich hierbei je nach Anforderungen und Randbedingungen um ein nasses, trockenes, ein- oder mehrstufiges Verfahren bei mesophiler oder thermophiler Temperaturführung in kontinuierlichem oder diskontinuierlichem Betrieb handeln.
   Die für die Vergärung wesentlichen Verfahrensschritte sowie die unterschiedlichen Vergärungsverfahren werden ausführlich erläutert, beschrieben und bewertet. Bei Vorgehensweisen und Verfahren, die bei der Vergärung analog zur

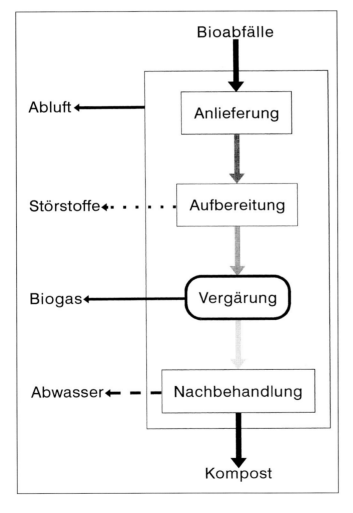

Abbildung 4.5:
Prinzipschema einer Vergärungsanlage

3 Technik der Vergärung

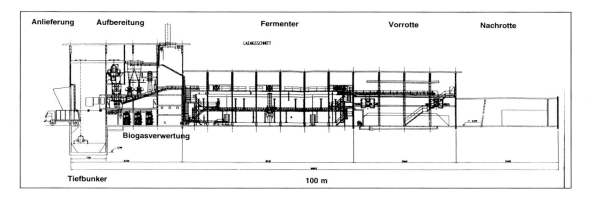

Abbildung 4.6:
Aufbau einer
Vergärungsanlage

Kompostierung eingesetzt werden, wird auf Kapitel III verwiesen.

3.2 Einrichtungen zur Wiegung und Registrierung, Eingangsbereich

Der Bioabfall wird mit Sammelfahrzeugen angeliefert, z. B. Preßplatten-, Drehtrommel- oder Containerfahrzeuge. Auf einer Fahrzeugwaage werden die anliefernden LKW kontrolliert, verwogen und registriert (siehe Kap. III 2.2), bevor sie dann durch schnellschließende Tore in die eingehauste Annahmehalle fahren. Der Anlieferbereich muß gleichzeitig der Vorgabe einer Zwischenpufferkapazität von zwei Tagen durch einen Bunker genügen. Dies kann je nach Materialkonsistenz in einem Flachbunker (strukturreich, z. B. Grünschnitt), Tiefbunker (naß, z. B. strukturarmer Bioabfall) oder in einem Tanklager (flüssige Monochargen) erfolgen.

In Abbildung 4.6 sind die unter Abbildung 4.5 prinzipiell aufgeführten Verfahrensschritte am Beispiel einer trockenen Vergärungsanlage dargestellt.

3.3 Einrichtungen zur Annahme und Zwischenspeicherung

Bioabfall und Grünabfall werden in der Annahmehalle angeliefert. Der Anlieferungsbereich für die Bioabfälle ist vorzugsweise als Schleusensystem mit Tiefbunker zur Zwischenspeicherung auszuführen. Die Fahrzeugschleuse verhindert ein unkontrolliertes Entweichen von Geruchs- und Keimemissionen. Der Einfahrtsbereich der anliefernden LKW sollte mindestens zwei Meter über dem restlichen Hallenbodenniveau liegen, um eine räumliche Trennung zwischen Anlieferung und Zwischenlagerung zu erreichen. Die Anlieferfahrzeuge fahren rückwärts durch die Tore bis zur Anfahrschwelle, die Hinterräder werden verriegelt, die Heckklappen der Fahrzeuge werden hochgefahren, die Fahrzeuge in den Tiefbunker entleert, die Heckklappen wieder geschlossen. Im Normalbetrieb kippen so die anliefernden LKW den Bioabfall direkt in den automatischen Annahmebunker, der eine Speicherkapazität von mindestens 30 bis 40 m³ vorweisen sollte. Er muß gekapselt und direkt punktuell über die Lüftungsanlage abgesaugt werden. Die Beschickung kann bei konventionellen Tiefbunkern mit einer Krananlage erfolgen oder der automatische Bunker ist mit hydraulisch angetriebenen Schubrahmen sowie Dosierrechen ausgerüstet. Letzterer ermöglicht einen gleichmässigen Austrag auf das Sammelband. Der Transport von der Annahme zur Aufbereitung geschieht mit einem Förderband oder mittels eines Greiferkrans (siehe Abb. 4.7), mit dem Abfälle direkt in eine langsamlaufende Schneckenmühle zur Primärzerkleinerung gelangen. Der Greiferkran ist programmierbar, so daß das Aufnehmen des Abfalls und die Beschickung der Schneckenmühle ohne Bedienungspersonal erfolgen kann.

Neben dem automatischen Annahmebunker sollte ein normaler Tiefbunker angeordnet sein, der für ein zweitägiges Speichervolumen bei einem Schüttgewicht von 0,5 Mg/m^3 konzipiert sein sollte. Auch hier können die LKW den Abfall abwerfen, ohne ihn mit den Reifen zu berühren. Der Tiefbunker sollte jedoch nur als reine Reserve genutzt werden. Der angelieferte Bioabfall ist in der Regel am gleichen Tag zu verarbeiten, um einer Verkeimung und Geruchsentwicklung durch längere Lagerung aus arbeitsschutztechnischen Gründen vorzubeugen. Deshalb ist eine entzerrte Anlieferung wünschenswert, um ausschließlich den automatischen Bunker beschicken zu können. Dies erfordert auch den geringsten Arbeitsaufwand für das Betriebspersonal. Der Tiefbunker muß für Reinigungszwecke über eine Rampe erreichbar sein, und es sollte eine Möglichkeit bestehen, vom Tiefbunker aus mittels eines Radladers die Mühle direkt mit Abfall zu beschicken. Auch die nicht zu vergärenden Strukturmaterialien und Grünabfälle werden in einen abgetrennten Teil dieses Tiefbunkers abgekippt und können ebenfalls mit dem Radlader der Zerkleinerung zugeführt werden, um gemeinsam mit der anaeroben Faulsuspension in die Nachkompostierung gefördert zu werden. Grobe Störstoffe müssen bereits im Bunkerbereich entfernt werden können.

Bei flüssigen Abfällen wird direkt in einen Tank entleert. Von dort werden die Abfälle in die biologische Behandlung gepumpt.

In den Fahrzeugschleusen und im Tiefbunkerbereich wird geruchs- und keimbelastete Abluft gezielt erfaßt und in einer Abluftreinigung behandelt.

3.4 Einrichtungen zur Aufbereitung

Grundsätzliches zu den Aggregaten die für Transport, Zerkleinerung und Aufbereitung von Bioabfällen benötigt werden, sind in Kapitel III 2.4 beschrieben. Hier werden die für die Anaerobtechnik spezifischen Abläufe und Aggregate, wie Stofflösen, Sichten und Trennen (siehe Abb. 4.8), genauer beleuchtet.

Aufbereitung bei der Naßvergärung

Die Aufbereitungslinie für den Bioabfall beinhaltet eine Zerkleinerungsstufe und die naßmechanische Aufbereitungstechnik. Durch die naßmechanische Aufbereitung werden Störstoffe mit hoher Effizienz und ohne Handsortierung vor der Vergärung entfernt. Außerdem wird eine homogen leicht vergärbare Bioabfallsuspension hergestellt.

Der Abfall wird aus dem automatischen Bunker z. B. mittels eines Muldengutförderbandes unter einem Magnetscheider durchgeführt, um magnetische

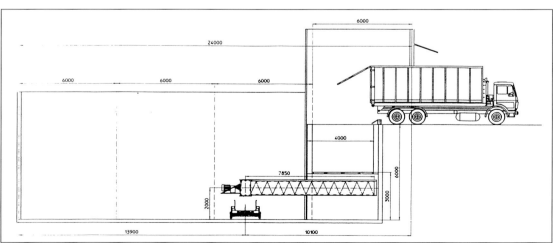

Abbildung 4.7: Annahme mit Tiefbunker

3 Technik der Vergärung

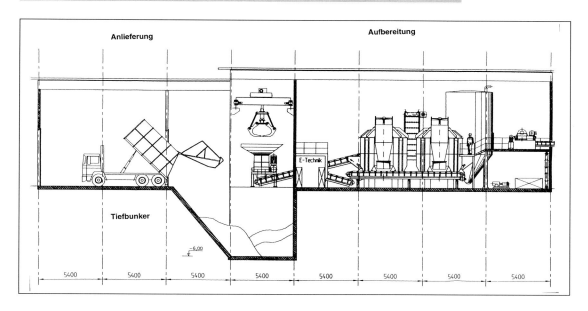

Abbildung 4.8: Anlieferung und nasse Aufbereitung

Metalle automatisch zu erfassen und in einen Container abzuwerfen. Anschließend erfolgt über eine kombinierte Mal/Mischmaschine nach der Zerkleinerung des Abfalls der Abwurf in einen Trogkettenförderer zum Transport in die Stofflöser (siehe Abb. 4.9). Dieser Behandlungschritt z. B. in einer Walzenmühle dient hauptsächlich dem Aufschlitzen und Aufreißen der mit Bioabfall gefüllten Plastik- und Papiersäcke. Gleichzeitig wird eine schonende Zerkleinerung und Homogenisierung des Bioabfalls vor der weiteren naßmechanischen Aufbereitungstechnik erzielt. Die schonende Zerkleinerung ist sehr wichtig, um die Zerstörung von schadstoffbelasteten Störstoffen, z. B. Batterien, zu verhindern. Die Störstoffe werden in den nachfolgenden Behandlungsschritten vollständig ausgeschleust, wodurch ein Eintrag von Schadstoffen in den Kompost minimiert wird. Die wichtigste Funktion der Mühle ist der Schutz der nachfolgenden Anlagenteile vor sperrigen Gegenständen. Die Magnetscheidung kann auch nach der Mühle angeordnet werden.

Ein Trogkettenförderer ermöglicht im Gegensatz zum Förderband den Transport über Steigungen > 25°, ist bauartbedingt voll gekapselt, verfügt über eine nicht unbedeutende Speicherkapazität und ist wartungsarm. Die naßmechanische Aufbereitung erfolgt in einem Löser (z. B. Abfallpulper). Im Pulper wird durch Zugabe von Prozeßwasser aus dem Bioabfall mit einem Wassergehalt (WG) von ca. 60 %mas. eine Bioabfallsuspension mit 90–95 %mas. WG hergestellt, die pump- und mischfähig und somit verfahrenstechnisch leicht handhabbar ist.

Für die Herstellung der Bioabfallsuspension sollte kein Frischwasser eingesetzt werden. Durch die Zugabe von Brauchwasser und der Teilrückführung von Zentrat kann der Trockensubstanzgehalt nahezu beliebig geregelt werden. Die Abfallpulper werden meistens im Batchbetrieb mit einer Verarbeitungszeit von etwa 1,0–1,5 h gefahren und beinhalten folgende Arbeitsvorgänge:

– Befüllen,
– Zerfasern und Auflösen,
– Abpumpen der Bioabfallsuspension,
– Befüllung mit gereinigtem Prozeßwasser,
– Rechenvorgang, Schwerstoffaustrag.

Der im Bioabfall enthaltene vergärbare organische Anteil wird im Pulper zerfa-

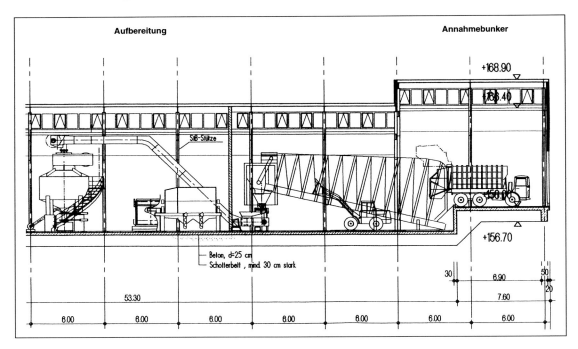

Abbildung 4.9: Aufbereitung bei der Naßvergärung

sert, suspendiert und teilweise gelöst, während die nicht abbaubaren Bestandteile (z. B. Kunststoff, Textilien, Metalle, Glas) unbeschädigt abgetrennt werden. In den Abfallpulpern wird z. B. mit strömungsmechanischen Kräften durch spezielle Turbinen oder mittels eines Laufrades schonend zerfasert.

Nach dem Lösevorgang werden die Schwerstoffe über eine Doppelschleuse ausgetragen, und die Suspension wird in eine Siebtrommel oder einen Hydrozyklon gepumpt. Hier erfolgt der Austrag der Leichtstoff- und/oder Sandfraktion. Insgesamt wird auf diese Weise eine vollautomatische Störstoffentfernung im kompletten System gewährleistet. Durch die Abtrennung dieser inerten Bestandteile werden Behälter, Pumpen und Zentrifugen vor Abrasion geschützt und damit die Betriebsdauer dieser Anlagenteile deutlich erhöht und eine Ablagerung von Sand im Fermenter minimiert. Die Beschickung der Bioreaktoren erfolgt gleichmäßig über einen Zwischenpuffer. Die Rohsuspension kann vorzugsweise in den Heizkreislauf des Bioreaktors eingeimpft werden.

Aufbereitung bei der Trockenvergärung

Die Abfälle werden direkt mittels eines Fördersystemes, z. B. Greiferkran, in eine langsamlaufende Mühle (z. B. Schneckenmühle) zur Primärzerkleinerung gegeben. Das Aufnehmen des Abfalls und die Beschickung der Primärmühle sollte ohne Bedienungspersonal erfolgen, z. B. mit einem programmierbaren Greiferkran. Eine Entnahmemöglichkeit von ungeeigneten Anlieferungen (Fehlchargen) ist vorzusehen.

Die Mühle übernimmt die Funktion eines Sackaufreißers und eines Schutzes der nachfolgenden Anlagenteile vor sperrigen Störstoffen durch Grobzerkleinerung. Das Zerkleinerungsaggregat sollte nach dem Prinzip einer Mehrfachschneckenmühle arbeiten und den Bioabfall zerkleinern. Die Primärmühle bewirkt gleichzeitig eine kontrollierte Dosierung des zerkleinerten Materials für den weiteren Prozeßverlauf.

Eisenteile werden mittels eines Überbandmagnetscheiders ausgelesen. Die noch im Abfallstrom befindlichen prozeßrelevanten Störstoffe, wie Kunststoffe, Plastikfolien, Nichteisenmetalle, Glas, Batterien etc., können bei der Feinaufbereitung entfernt werden. Der Materialstrom, praktisch frei von Eisenmetallen, gelangt zur Zweitzerkleinerung. Dort kann z. B. eine Schneidscheibenmühle das Material so zerkleinern, daß für den nachfolgenden Prozeß optimale Bedingungen geschaffen werden. Das Biomaterial gelangt nun über ein Förder- und Verteilsystem in die Zwischenbunker.

Anschließend wird der Abfall zu den Fermentern z. B. mittels Steigförderband und Förderspiralen transportiert. Die anfallenden Input-Mengen in die Fermenter sollten mittels einer Bandwaage gewogen und dokumentiert werden.

Sonderchargen sind bei Bedarf mittels Frontlader direkt in eine der beiden Mühlen aufzugeben. Ein Zugang zu den Mühlen ist z. B. durch ein Rolltor an der entsprechenden Stelle zu ermöglichen. Dieser Bereich ist mittels Ablufthauben abzudecken und gesondert abzusaugen.

3.5 Aufbereitung von gewerblichen Monochargen

Unter gewerblichen Monochargen werden Speiseabfälle aus Großanfallstellen (z. B. Kantinen und Gastronomie) sowie Panseninhalte verstanden. Die gewerblichen Abfälle müssen für die Vergärung geeignet sein. Das C/N-Verhältnis der Flüssigabfälle sollte > 20 und der TS-Gehalt der Flüssigabfälle < 10 % sein. Bei den Trockenvergärern sind die flüssigen gewerblichen Monochargenmengen, die in der Vergärungsanlage mitverarbeitet werden können, auf ca. 5 % des Inputs zu beschränken. Diese flüssigen Abfälle sind regelmäßig über einen Mischer beizugeben. Die angelieferten flüssigen Abfälle werden nach der Registrierung und deren mengenmäßiger Erfassung in den Annahmetank gepumpt und anschließend dem Zerkleinerungsaggregat zugeführt. In diesem werden die Feststoffe zerkleinert. Eine Pumpe fördert die zerkleinerten Flüssigabfälle zum Autoklaven. In diesem sind die Flüssigabfälle auf 70 °C zu

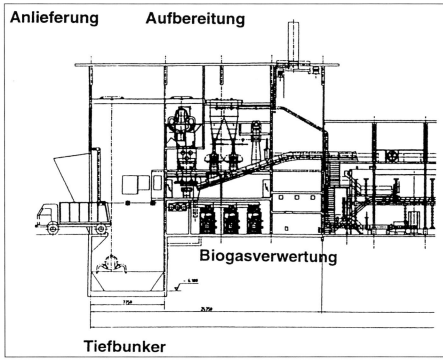

Abbildung 4.10: Aufbereitung bei der Trockenvergärung

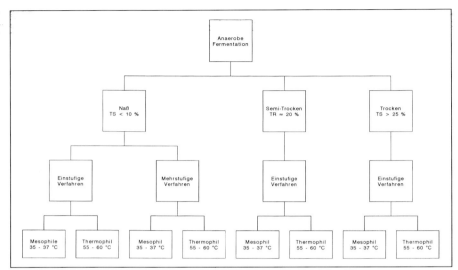

Abbildung 4.11: Verfahrenstechnische Aspekte

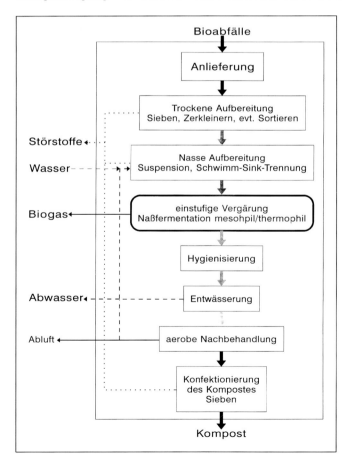

Abbildung 4.12: Einstufige Naßvergärung

erhitzen und unter ständigem Rühren während 30 Minuten auf dieser Temperatur zu halten. Als Heizmedium sollte das Heißwasser mit 85 °C von der Wärmeverteilung der BHKW's bezogen werden. Erhitzungszeit und Temperatur der Flüssigabfälle sind zu registrieren. Nach der Pasteurisierung im Autoklaven wird dessen Inhalt direkt in den Mischer abgelassen. Die Behandlung der Flüssigabfälle erfolgt chargenweise im 24h-Betrieb. Der Autoklav ist an das zentrale Abluftsystem anzuschließen. Die Steuerung der Flüssigabfallbehandlung muß automatisch erfolgen, z. B. durch eine SPS.

3.6 Vergärungssysteme

Vergärungsanlagen können mit den folgenden verfahrenstechnischen Aspekten verwirklicht werden:

– kontinuierlich/diskontinuierlich,
– mesophil/thermophil,
– Naß-/Trockenfermentation.

Einstufige Naßfermentation

Diese Bioabfallbehandlungsanlage besteht aus den verfahrenstechnischen Stufen Annahme, Aufbereitung, nasse Aufbereitung, nasse Vergärung und Entwässerung. Nachrotte, Feinaufbereitung und Lager werden nachgeschaltet. Die not-

3 Technik der Vergärung

wendigeAblufterfassung und Reinigung ist ebenfalls enthalten. Die Anlage sollte als geschlossenes System mit hoher Verfügbarkeit ausgelegt werden. Das Prozeßwasser der Vergärungsanlage muß einer externen oder betriebsinternen Abwasserbehandlungsanlage zugeführt werden. Der Ablauf wird zum Großteil wieder als Lösewasser für die Vergärung genutzt. Das Biogas der Vergärungsanlage wird in einem BHKW energetisch genutzt. Nach der Auflösung des Bioabfalls im Stofflöser (siehe Kap. IV 2.4) wird die pumpfähige Suspension über ein Sieb oder einen Hydrozyklon und eine Pumpenvorlage (Rohsuspensionspuffer) kontinuierlich in den Bioreaktor gepumpt. Die zugeführte Rohsuspension wird im Reaktor durch Mikroorganismen abgebaut und zum Teil in Biogas übergeführt. Die anaeroben Abbauvorgänge (siehe Kap. I) verlaufen simultan im geschlossenen, voll durchmischten Reaktor unter Einsatz langjährig bewährter Faulturmtechnik. Die notwendige Umwälzung über Pumpen und Wärmetauscher wird durch eine Gaseinpressung ergänzt, die zusätzlich den Gasertrag steigert. Die kontinuierlich Durchmischung des Methanreaktors ist wichtig, um Sedimentationsvorgänge zu vermeiden, eine gleichmäßige Nährstoffversorgung der Mikroorganismen zu gewährleisten und pH- und Temperaturgradienten auszugleichen. Die Zuführung von vorversäuerten Bioabfallchargen beeinträchtigt den biologischen Prozeß nicht, da täglich nur etwa 10 % an frischer Bioabfallsuspension zudosiert werden und das Prozeßwasser außerdem eine sehr hohe Pufferkapazität besitzt. Die Durchmischung des Reaktors erfolgt durch am Reaktorboden angeordnete Begasungssysteme, über die komprimiertes Biogas eingeblasen wird. Die dadurch auftretenden Dichteunterschiede erzeugen im Reaktor eine Schlaufenströmung und somit eine schonende Durchmischung. Dieses Verdichtersystem ist redundant auszuführen und gleichzeitig zur Vermeidung von Schwimmdeckenbildung einzusetzen. Es sollten keine mechanisch bewegten Teile im Methanreaktor eingesetzt werden, die zu längerem Ausfall durch Reparatur- und Wartungsarbeiten führen.

Der Reaktorinhalt wird mit einer Pumpe kontinuierlich über eine äußere Schleife umgewälzt und über einen in die Schleife integrierten Rohrwärmetauscher mit Wärmeenergie versorgt. Der Wärmetauscher ist so zu dimensionieren, daß die Wärmeenergie zum Aufheizen der Bioabfallsuspension auf Prozeßtemperatur und zum Ausgleich der Wärmestrahlverluste des Behälters ausreicht. Der Wärmetauscher ist für den Extremfall im Winter und für die Verarbeitung von gefrorenem Bioabfall zu dimensionieren. Die hydraulische Verweilzeit der Suspension im Reaktor beträgt 14–16 Tage. Während dieser Verweilzeit werden etwa 45–50 %mas. der zugeführten organischen Trocken-

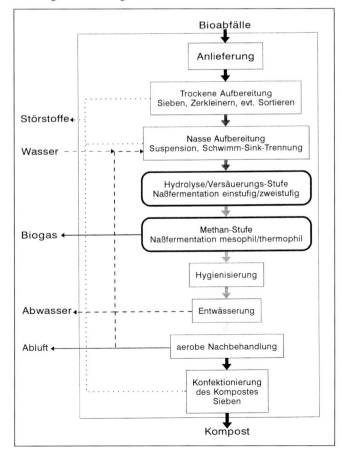

Abbildung 4.13: Mehrstufige Naßfermentation

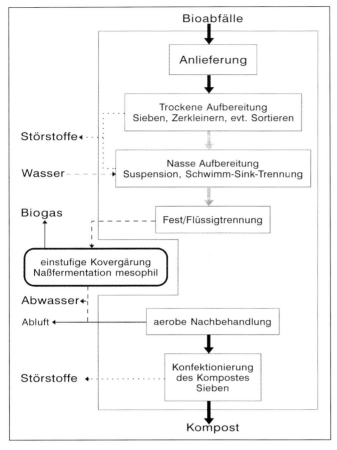

Abbildung 4.14: Einstufige Naßfermentation als Co-Vergärung

masse (oTS) abgebaut. Das System ist mit den entsprechenden Sicherheitsarmaturen auszurüsten. Bei Überschreitung eines Grenzdruckes muß das Biogas automatisch in einer Gasfackel verbrannt werden. Der einstufige mesophile (ca. 35 °C) oder thermophile (55 °C) Betrieb zeichnet sich durch einen stabilen Prozeß und hohe Abbaugrade aus. Aus der Bioabfallsuspension resultieren drei verschiedene Stoffströme:

– Zentrat- / Prozeßwasser,
– anaerobe Faulsuspension,
– Biogas.

Durch die Beschickung mit frischer Suspension wird ausgefaulte Suspension in den außenliegenden Faulsuspensionspuffer verdrängt. Dieser bildet die Vorlage für die Beschickung der beiden Siebbandpressen oder Vollmantelschneckenzentrifugen, die der Entwässerung dienen. Bei den Dekantern wird in einem Zentrifugalfeld, in dem hohe Sedimentationsgeschwindigkeiten erreicht werden, kontinuierlich in die Fest-Flüssigphase aufgetrennt. Die Verwendung von Schneckenpressen ist nicht zu empfehlen, da der Gärrest zu stark verdichtet wird und für die notwendige Nachrotte eine Rückbefeuchtung notwendig ist.

Zugehörig ist eine Flockmittelstation, die durch Zugabe von Flockungshilfsmittel eine wirksame Entwässerung erst ermöglicht. Durch Einsatz einer Siebbandpresse oder eines Dekanters wird bei der ausgefaulten und entwässerten Faulsuspension ein Trockenrückstand von 30–35 % erzielt, mit einem erdigen Aussehen und Geruch. Der organische Anteil der Rohsuspension reduziert sich auf 50 %. Die Masse des Endproduktes beträgt ca. 45 % der Eingangsmasse an Bioabfall.

Über ein Förderband wird ein in der Annahmehalle aufgestelltes Mahl/-Mischaggregat mit dem entwässerten Gärresten beschickt. Hier erfolgt die Zugabe von Grünabfall als Strukturmaterial für die nachfolgende Rotte.

Ein Teil des Gasstromes wird zur Umwälzung des Faulbehälters durch Einpressung über Gaslanzen im Kreis geführt. Diese Totaldurchmischung des Reaktors ist nur wenige Male am Tag für einige Minuten erforderlich. Die Energieverwertung kann bevorzugt in einem Blockheizkraftwerk erfolgen. Das Zentratwasser kann ebenfalls zur notwendigen Befeuchtung für die Nachrotte benutzt werden. Der verbleibende Rest wird gereinigt und abgeleitet. Gereinigtes Abwasser kann problemlos im Kreis geführt werden.

Zweistufige Naßfermentation Fest-/Flüssigtrennung

Vergärungsanlagen mit Fest/Flüssigtrennung werden zumeist bei der Covergärung eingesetzt. Hierbei wird ein Faulturm einer bestehenden Kläranlage als Fermentationsraum mitgenutzt und somit ausgelastet.

Zweistufige Fest-/Flüssigtrennung
Diese Variante kann wie in Abbildung 4.15 dargestellt umgesetzt werden.

Einstufige Trockenvergärung
Diese Bioabfallbehandlungsanlage besteht aus den verfahrenstechnischen Stufen Annahme, Aufbereitung, Vergärung und Entwässerung. Nachrotte, Feinaufbereitung und Lager werden nachgeschaltet. Die notwendige Ablufterfassung und Reinigung ist ebenfalls enthalten. Die Anlage sollte als geschlossenes System mit hoher Verfügbarkeit ausgelegt werden. Das Prozeßwasser der Vergärungsanlage muß einer externen oder betriebsinternen Abwasserbehandlungsanlage zugeführt werden. Das Biogas der Vergärungsanlage wird in einem BHKW energetisch genutzt. Die Aufbereitung wiederum läßt sich in folgende Schritte gliedern:

– Entnahme von Störstoffen und Fehlwürfen,
– Zerkleinerung und Beschickung.

Störstoffe und Fehlwürfe müssen eventuell manuell aussortiert werden, was einen hohen Aufwand zur Einhaltung arbeitsschutzrechtlicher Randbedingungen erfordert. Zum Zwischenspeichern des aufbereiteten Biogutes und zur Sicherung des kontinuierlichen Betriebes und Beschickung der Gärreaktoren sollte ein Zwischenbunker vorgeschaltet sein. Der Bunker ist für eine Verweilzeit von mindestens 2–3 Tagen auszulegen.

Während dieser Zwischenlagerung kann es zu hydrolytischen Prozessen, verbunden mit einer biologischen Selbsterhitzung kommen. Ein Schubboden fördert das Biomaterial chargenweise in einen Vorlagebehälter, in welchem überschüssiges Prozeßwasser zugemischt und eine Homogenisierung der ganzen Biomasse erreicht wird. Eine Feststoffpumpe fördert anschließend die befeuchtete Biomasse über den Wärmetauscher (thermophile Trockenvergärung) zum horizontal angeordneten Reaktor. Das zur Vergärung bestimmte Material, mit einer maximalen Korngröße von ca. 20 mm, wird über ein Beschickungssystem in die 2 liegenden Fermenter (2-straßig) gefördert. Der zugeführte Bioabfall wird im Reaktor durch Mikroorganismen abgebaut und zum Teil in Biogas übergeführt. Die anaeroben Abbauvorgänge (siehe Kap IV 1.1) verlaufen simultan im geschlossenen, teilweise durchmischten Reaktor im Pfropfenstromprinzip. Der ganze Gärprozeß im Reaktor basiert dann auf einer anaerob-thermophilen Trockenvergärung bei einer Temperatur von ca. 55 °C und einer Substratfeuchte von ca. 70 %. Die Verweilzeit beträgt ca. 15–20 Tage.

Im vollkommen abgeschlossenen, anaerob (unter Sauerstoffabschluß) arbeitenden Gärreaktor werden unerwünschte Pflanzensamen, Keimlinge und Mikroorganismen abgetötet. Der kontinuierlich beschickte, liegende Pfropfenstrom-

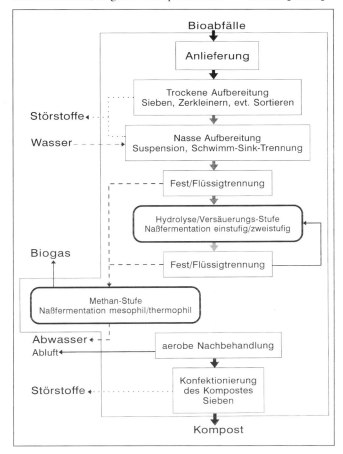

Abbildung 4.15: Mehrstufige Naßfermentation mit Fest-/Flüssigtrennung

reaktor ermöglicht eine hohe Gasausbeute und ist aufgrund seiner einfachen Regelbarkeit äußerst betriebssicher. Ein langsamdrehendes Rührwerk bewirkt eine optimale Entgasung, ohne jedoch den Reaktorinhalt zu vermischen. Der Wassergehalt des Speisproduktes, der pH-Wert und die Temperatur im Reaktor sowie die produzierte Gasmenge werden ständig überwacht. Der aus dem Reaktor abgezogene Gärreststoff wird durch eine weitere Feststoffpumpe zum Vorlagebehälter befördert. Ein Teil des Gärreststoffes wird zur Animpfung des frischen Materials rezirkuliert. Vom Vorlagebehälter wird darauf der Gärreststoff gravimetrisch der Pressentwässerung zugeführt. Die Presse trennt den Gärreststoff in einen Preßkuchen, den Frischkompost und das Preßwasser.

Der thermophile Betrieb bei ca. 55 °C zeichnet sich durch einen stabilen Prozeß und hohe Abbaugrade aus. Aus dem Bioabfall resultieren drei verschiedene Stoffströme:

– Prozeßwasser,
– anaerobe Faulsubstanz,
– Biogas.

Die Stahl- oder Stahlbetonfermenter sind ausgerüstet mit z. T. querliegenden Rührwerken, Sicherheits- und Absperrvorrichtungen. Durch einen Boden-Schubrahmen wird die Ablagerung von Sand und anderen Schwerteilen wirksam verhindert. Die Verweilzeit und damit der Abbau der organischen Trockensubstanz (oTS) wird so geregelt, daß für die nachfolgende Intensivrotte noch genügend oTS zur Verfügung steht. Die Gärrückstände werden mittels eines Vakuum-Druckfördersystems aus den Fermentern entnommen und der Entwässerungsanlage zugeführt. Das System ist vollständig geschlossen ausgeführt.

Ein Gasbehälter dient zur Pufferung des anfallenden Gases. Die Energie ist umweltfreundlich, da nur im Kreislauf befindliches CO_2 umgesetzt wird. Die Energieverwertung kann bevorzugt in einem Blockheizkraftwerk erfolgen. Das Prozeßwasser kann ebenfalls zur notwendigen Befeuchtung für die Nachrotte benutzt werden. Der verbleibende Rest wird gereinigt und abgeleitet. Gereinigtes Abwasser kann problemlos im Kreis geführt werden.

Die von den Fermentern kommenden Gärrückstände werden z. B. durch einen Preßschneckenseparator auf ein TS von 30–40 % entwässert. Der organische Anteil der Rohsuspension reduziert sich auf 50 %. Die Masse des Endproduktes (Gärreststoff) beträgt ca. 45 % der Eingangsmasse an Bioabfall. Der Kuchen mit einem erdigen Aussehen und Geruch geht in die Nachrotte, während das Preßwasser teilweise zur Befeuchtung der Rotte, bzw. der Korrektur der TS im Fermenter-Input verwendet wird. Darüber

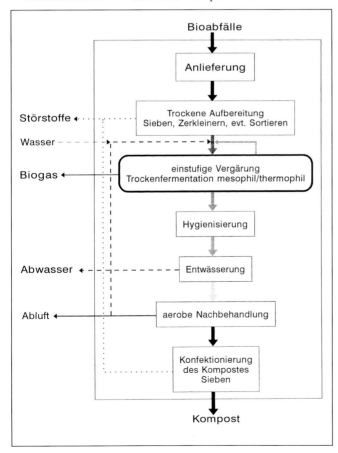

Abbildung 4.16:
Einstufige Trockenfermentation

Abbildung 4.17:
Lageplan einer trockenen Vergärungsanlage

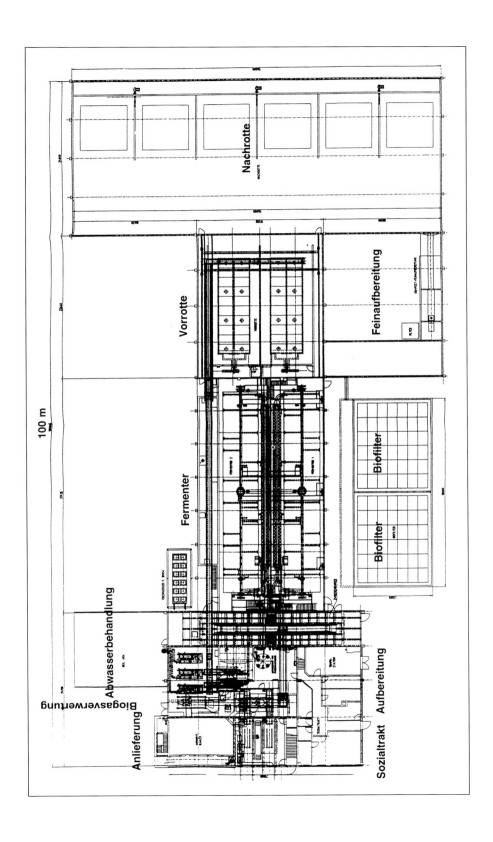

hinaus wird ein Teil des Preßwassers dem Brüdenkonzentrat zudosiert und über eine Abwasserreinigungsanlage behandelt und entsorgt. Die anfallenden Flüssigkeitsmengen werden gemessen und protokolliert.

Nachbehandlung
Durch Einsatz einer Siebbandpresse wird bei der ausgefaulten und entwässerten Faulsuspension ein Trockenrückstand von 30–35 % erzielt. Der organische Anteil der Rohsuspension reduziert sich auf 50 %. Die Masse des Endproduktes beträgt ca. 45 % der Eingangsmasse an Bioabfall.
Der zusammengeführte Festanteil, Preßkuchen und Feststoff aus der zweiten Entwässerungsstufe, muß automatisch über Förderbänder der Vorrotte zugeführt werden. Die Vorrottehalle ist als geschlossene Einheit (z. B. Rotteboxen mit je 1 Wocheninhalt) auszubilden. Hier findet die Umwandlung vom anaeroben in den aeroben Zustand statt; d. h. ein Frischkompost wird hergestellt. Die Verweilzeit in der Vorrotte beträgt zwischen 7 und 10 Tagen.
Über eine Bandwaage kann das der Nachrotte zugeführte Material verwogen und mit einem Steigeband zur Mischung (z. B. Paddelmischer) mit Strukturmaterial transportiert werden. Aus dem Paddelmischer erfolgt die kontinuierliche automatisierte Beschickung der Nachrotte.

3.7 Nachrotte, Feinaufbereitung und Lagerung

Grundsätzliches zu den Aggregaten, die für die Nachrotte und Lagerung benötigt werden, wurde in Kapitel III 2.6 beschrieben. Hier werden die für die Anaerobtechnik spezifischen Abläufe genauer beleuchtet. Die Nachrotte ist ebenfalls als völlig geschlossene Einheit auszubilden. Der Gärreststoff sollte bei diesem System zweimal pro Woche umgeschichtet werden. Bei der Mietenkompostierung wird über einen Abwurfpunkt der automatische Mietenaufsetzer erreicht. Es kann z. B. ein System aus-fahrbarer Förderbänder unter dem Hallendach abgehängt werden, um das automatische Aufsetzen der Miete zu gewährleisten oder ein bodenfahrbares System wie zur automatischen Beschickung von Rottetunneln verwendet werden. Nach einwöchiger Rotte werden die Mieten umgesetzt. Die Umsetzung kann vollautomatisch oder mittels Radlader erfolgen. Durch die Aufteilung in zwei Mieten pro Woche wird in der Nachrotte ein äußerst flexibler Ablauf ermöglicht. Nach vierwöchiger belüfteter Intensivrotte ist das Material hygienisiert und hat den erforderlichen Rottegrad erreicht. Die Nachrottemieten können über einen Spaltenboden von unten (Saug-/Druckbelüftung) zwangsbelüftet werden. Der Rottevorgang sollte über Temperaturmessung überwacht werden. Eine Befeuchtung sollte nach Bedarf über ein Betriebswassersystem erfolgen. Die Verweilzeit in der Nachrotte beträgt ca. 24 Tage. Es bietet sich eine Belüftung mit geheizter Luft an. Um einen Rottegrad von IV bis V sicherzustellen, sollte die gesamte Rottezeit mindestens 4 Wochen betragen. Der Abbaugrad in der Rotte wird im wesentlichen durch die Prozeßbelüftung, die Häufigkeit des Umwälzens des Rotteguts und die Verweilzeit beeinflußt. Nach Ablauf der Rottezeit wird der Kompost mittels eines Schaufelladers ausgetragen. Die Vor-/Nachrotte muß kontinuierlich entlüftet und die abgesaugte Luft über ein Biofilter an die Umgebung abgegeben werden.

Kompostlager
Nach Beendigung der Nachkompostierung wird der Fertigkompost abgesiebt und für maximal 6 Monate gelagert. Das Kompostlager sollte aus einem überdachten Bereich bestehen, der an zwei Seiten zum Windschutz mit Wänden versehen ist. Hier erfolgt die Lagerung in Tafelmieten bis 2,5 m Höhe sowie die Endsiebung in einem meist mobilen Gerät, das mittels Radlader beschickt wird. Übliche Fraktionen sind 0–12mm sowie größer 12mm. Gleichzeitig können dem Kompost durch eine integrierte Windsichtung Leichtteile entzogen werden.

3.8 Bauliche Gestaltung und Flächenbedarf von Vergärungsanlagen

Für die Errichtung einer Vergärungsanlage (siehe Abb. 4.18) sind folgende bautechnischen Leistungen erforderlich:

- Zufahrtsstraße
- Straßen- und Platzbefestigungen
- Entwässerung und Versorgungsleitungen
- Umzäunung
- Annahmehalle
- Aufbereitungshalle
- Fermentationsraum
- Rottehalle
- Feinaufbereitung
- Kompostlager
- Biofilter
- Betriebsgebäude
- Außenanlagen

Nachfolgend werden nur die für eine Vergärungsanlage spezifischen Bauteile genauer beschrieben. Bei den für die Erschließung und die aerobe Behandlung notwendigen Bauleistungen wird auf Kapitel III 2.7 verwiesen.

3.8.1 Bauliche Gestaltung

Die Annahme- und Aufbereitungshalle wird meistens als Stahlhalle mit wärmegedämmten Sandwichplatten als Wandverkleidung und wärmegedämmtem Dach errichtet. Sie ist wie folgt unterteilt:

Annahmehalle

Hier befinden sich z. B. der Automatikbunker oder der Tiefbunker. In manchen Anlagen sind in der Annahmehalle zusätzlich die Zerkleinerungs- und Mischmühlen für Bioabfall und Grüngut sowie das Magnetband untergebracht. Die Annahmehalle sollte für die Verarbeitung von gewerblichen Monochargen (siehe Kap. IV 3.5) nachträglich erweitert werden können.

Aufbereitungshalle

In der Aufbereitungshalle sind die in Kapitel IV 3.5 bereits beschriebenen Aggre-

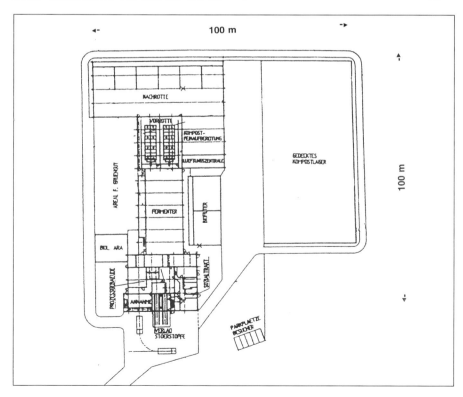

Abbildung 4.18:
Prinzipieller Lageplan einer Vergärungsanlage

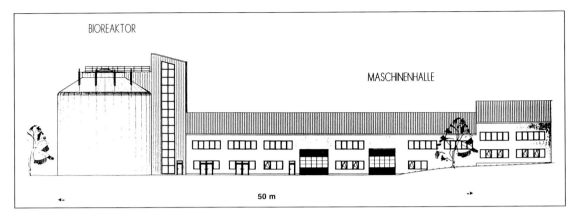

Abbildung 4.19: Ansicht einer nassen Vergärungsanlage

gate untergebracht. Ferner sind die Betriebsräume und die Energieverwertung integriert. Bei zweistöckiger Bauweise befinden sich im Erdgeschoß:

- Labor,
- Werkstatt,
- Lager,
- Niederspannungsraum,
- Gasraum,
- Energiezentrale mit BHKW, Heizkessel und Wärmeverteilung.

Im Obergeschoß sind zu finden:

- Schaltwarte,
- Aufenthaltsraum,
- Putzraum,
- Sanitärräume und Umkleideräume für Damen und Herren,
- Toiletten für Damen und Herren,
- Niederspannungsraum.

Fermentationsraum
Der Bioreaktor wird meist in Stahlbauweise errichtet. Bei der Naßvergärung kommt er als stehender (siehe Abb. 4.19) und bei der Trockenvergärung meist als liegender Behälter (siehe Abb. 4.17) zum Einsatz. Bei der intensiven (hochbelasteten) Vergärung, für die die Anlage auszulegen ist, sind alle notwendigen Einrichtungen vorhanden, um optimale Milieubedingungen für die Mikroorganismen im Faulraum zu erreichen und beizubehalten:

- Vorerwärmung der Rohsuspension auf Faulraumtemperatur,
- Umwälzung der Suspension im Faulraum.

Durch die Umwälzung bei der Naßvergärung mit Gaseinpressung oder durch den Einsatz einer Umwälzpumpe und bei der Trockenvergärung durch Rührwerke, wird eine weitgehende Homogenisierung im Faulraum erreicht. Damit werden die Stoffwechselprodukte gleichmäßig über die ganze Zellmasse der Bakterien verteilt und die vorhandene Reaktionsvolumina der Behälter optimal genutzt. Das Volumen ist für eine mindestens 16 tägige wahlweise mesophile oder thermophile Faulung ausreichend.

Rottehalle
Die Rottehalle kann ebenso wie die Annahme- und Aufbereitungshalle in Stahlbauweise wärmegedämmt errichtet werden. Unter den Mieten sorgt z. B. ein Spaltenboden für eine Luftversorgung in den entsprechenden versenkten Kanälen.

Feinaufbereitung
Das ausgetragene Material wird mittels einer Bandwaage gewogen, und die Mengen werden protokolliert. Sofern erforderlich, wird der Kompost feinaufbereitet. Hierfür wird er mit einem Sternsieb auf eine zu definierende Korngröße abgesiebt. Der Sieböberlauf wird im Windsichter weiterbehandelt, um Folienreste und andere Leichtstoffe vom Kompost abzutrennen. Der Windsichter arbeitet nach dem Umluftprinzip. Dadurch werden Staubemissionen praktisch ausgeschlossen.

Kompostlager
Auch das Kompostlager kann in Stahlkonstruktion errichtet werden. Die bei-

3 Technik der Vergärung

den windschützenden Außenwände werden in Trapezblech ausgeführt.

Außenanlagen
Im Außenbereich werden der Rohsuspensionspuffer, der Faulsuspensionspuffer, die Lösewasservorlage (bei Naßvergärung), die Abwasserreinigung sowie der drucklose Gasbehälter errichtet. Zur Fassung von unverschmutztem Regenwasser aus Dachflächen kann bei beengten Platzverhältnissen ein unterirdischer Puffer vorgesehen werden. Die Abwässer werden getrennt erfaßt, z. T. behandelt und abgeleitet. Die Fahrzeugwaage muß nach logistischen Gesichtspunkten angeordnet werden und kann sich z. B. zwischen der Nachrottehalle und dem Kompostlager befinden. Die Anlage muß komplett umzäunt werden.

3.8.2 Flächenbedarf

Der nachfolgend angegebene Flächenbedarf stellt eine vereinfachte Betrachtung für eine Vergärungsanlage mit 25 000 Mg/a Input dar, wobei die genauen Abmessungen jeweils den örtlichen Rahmenbedingungen und dem gewählten Vergärungsverfahren angepaßt werden müssen.

3.9 Betrieb

Eine Vergärungsanlage darf nur durch ausgebildetes Personal betrieben werden. Bei der Inbetriebsetzung und beim Probebetrieb muß das Betriebspersonal mit der Bedienung und Wartung der Vergärungsanlage vertraut gemacht werden. Der überwachte Betrieb erfolgt einschichtig an fünf Arbeitstagen pro Woche. Die Vergärung läuft im 24-Stunden-Betrieb. Der gesamte Prozeß wird durch eine SPS-Steuerung geregelt (siehe Kap. IV 3.9.3) und überwacht. Sämtliche Meß- und Alarmpunkte sind von der Steuerung zu erfassen und für einen reibungslosen Betrieb zu verarbeiten. Bestimmte Informationen werden ausgedruckt. Das Bedienungspersonal kann über einen Bildschirm mit mehreren Systemmasken den aktuellen Betriebszustand feststellen und manuell eingreifen. Gewisse Anlagenteile sind für den 12-Stunden- und 24-Stunden-Betrieb (siehe Tab. 4.2) ausgelegt und können außerhalb der Arbeitsschicht unbeaufsichtigt betrieben werden. Zur Gesamtanlage und zu den einzelnen Maschinen sind Betriebshandbücher zu erstellen, in denen die zu berücksichtigenden Sicherheitsmaßnahmen beim Betrieb, bei der Wartung und beim Unterhalt dargelegt sind. Diese Betriebshandbücher geben auch Anweisungen für das Führen der Anlage sowie das Verhalten bei Störungen. Die Maschinen und relevanten Prozeßschritte sind durch Sensoren zu überwachen. Die elektrische Anlagensteuerung wertet die gemeldeten Betriebsstörungen oder das Überschreiten von Grenzwerten aus und führt die vorprogrammierten Maßnahmen durch. Bei Gefahr wird das Personal akustisch und optisch gewarnt. Die Vorfälle werden protokolliert. Bei stillstehendem Fermenterrührwerk oder Umwälzung besteht die Möglichkeit, daß das sich bildende Biogas nicht aus dem Substrat austreten kann. Das Substratvolumen

Tab. 4.1 Flächenbedarf einer Vergärungsanlage (25.000 Mg/a)				
	Naßvergärung		Trockenvergärung	
	[m]	[m^2/Mg*d]	[m]	[m^2/Mg*d]
Annahmehalle	10 * 20	3	10 * 10	1,5
Aufbereitungshalle	25 * 25	9	20 * 20	6
Fermentationsraum	20	4,5	20 * 40	12
Rottehalle	50 * 50	36,5	20 * 80	23,5
Feinaufbereitung	20 * 20	6	20 * 20	6
Kompostlager	50 * 100	73	50 * 100	73
Biofilter	15 * 30	6,5	15 * 30	6,5
Betriebsgebäude	15 * 20	4,5	15 * 20	4,5

kann sich so vergrößern daß das Füllniveau im Fermenter unzulässig hoch wird. Das Betriebspersonal muß in diesem Fall mit der Austragspumpe Substrat aus dem Fermenter abpumpen. Wird das Substratniveau nicht auf diese Weise abgesenkt, so muß die zum Schutz des Fermenters vorgesehene mechanische Überfüllsicherung anspringen. Beim Erreichen des maximal zulässigen Füllniveaus öffnet sich der Schwimmerdeckel und läßt das überschüssige Substrat aus dem Fermenter austreten.

3.9.1 Betriebszeiten und Verfügbarkeit

Die normalen Betriebszeiten sind in der Tabelle 4.2 aufgeführt.

Die Verfügbarkeit einer Anlage hängt sehr stark von folgenden Faktoren ab:

- Betriebsführung,
- Qualifikation des Betriebspersonals,
- Größe und Art des Ersatzteillagers,
- Befolgung der Betriebs- und Wartungsvorschriften.

Unter der Voraussetzung, daß eine ordnungsgemäße Betriebsführung und Wartung der Anlage unter Befolgung der Betriebs- und Wartungsvorschriften erfolgt, ergeben sich folgende Zeitverfügbarkeiten, wie in Tabelle 4.3 aufgelistet.

3.9.2 Personalbedarf

Für den Betrieb und Unterhalt einer Vergärungsanlage sind die in Tabelle 4.4 aufgeführten Anforderungen durch das Personal zu erfüllen.

In der Tabelle 4.5 wird der Personalbedarf in Abhängigkeit von der Anlagengröße ohne Ferienablösung und Verwaltung abgeschätzt.

Bei einer Vergärungsanlage muß je nach Anlagendurchsatz mit 1 Person für 3000 bis 5000 Mg/a Input gerechnet werden.

3.9.3 Anlagensteuerung und Leittechnik

Die Anlagensteuerung sollte über eine fortschreibende Datenaufnahme mit statistischer Auswertung erfolgen, die eine direkte Rückkopplung auf den automatisierten Betrieb zuläßt. Die Steuerung über EDV erfolgt mindestens über folgende Parameter, die online gemessen werden:

- Temperaturmessung (Gärreaktor, Nachrotte, Prozeßwasser),
- Messung Druck und Füllstand (Gärreaktor, Prozeßwasserbehälter),
- CO_2-Anteil im Gas (Gärreaktor),
- Betriebsstunden aller Aggregate, wie z. B. Förderaggregate, Pumpen, An-

Tab. 4.2 Betriebszeiten einzelner Anlagenbereiche

Anlagenbereich	tägl. Betriebszeit [h/d]	wöchentl. Betriebszeit [d/Wo]	jährl. Betriebszeit [d/a]
Annahme	7	5	250
Aufbereitung	7	5	250
Vergärung	24	7	365
Entwässerung	12	5	250
Abwasserreinigung	24	7	365
Biogasverwertung	24	7	365
Nachrotte	24	7	365

Tab. 4.3 Verfügbarkeit der Vergärungsanlage

Anlagenteile	Normal [%]	Minimal [%]
Aufbereitung, Fermentation, Entwässerung, Kompostierung, Feinaufbereitung und Gasverwertung	90–95	85
Gasaufbereitung, Abluftbehandlung, Wärmeverteilung	95	90

Tab. 4.4	Anforderungen an das Personal		
A	Schichtführer (Betriebsleiter)	Anlageführen Steuerung Probenahme Produktanalyse Protokollführung Mängelbehebung	Mechaniker oder Elektriker
B	Stv. Schichtführer	wie Schichtführer Anlageunterhaltung	Mechaniker oder Elektriker
C	Hilfsarbeiter	Kranführen Radladerfahrer Probenahme Reinigung Mängelbehebung Schaufelladerbedienung Handauslesung	ungelernte Arbeitskraft

Tab. 4.5 Personalbedarf						
	Anlagengröße [Mg/a]	15.000	20.000	25.000	30.000	35.000
A	Schichtführer	1	1	1	1	1
B	Stv. Schichtführer	1	1	1	1	1
C	Hilfsarbeiter	3	3	4	4	5
	Summe	5	5	6	6	7
	[Mg/a] / Person	3.000	4.000	4.167	5.000	5.000

triebe, Heizaggregate, etc. (evtl. sinnvolle Zusammenfassung möglich),
- Probenehmer (2-h-Mischprobe, 12 Flaschen) im Ablauf Prozeßwasserspeicherung/-aufbereitung und Gärreaktor (vorzugsweise an mehreren Stellen für Mischprobe),
- Mengenmessung über Bandwaage in (Mg/h) oder gleichwertig, bzw. über Durchsatz in (m³/h) an den Bereichen:
- Input Gärreaktor,
- Input Nachrotte,
- Input Feinaufbereitung,
- Input Prozeßwasserspeicher,
- Mengenströme Rücklauf-Prozeßwasser in Gärreaktor und Nachrotte zur Befeuchtung,
- Menge abgeleiteten Wassers zur Kläranlage.

Im Bereich der Biogasverwertung:

- CH_4, CO_2, O_2,
- Temperatur: Gas, Fackeltemperatur,
- Druck am Verdichter,
- Gasmengenmessung,
- Betriebsstunden (Motoren, Gebläse/Verdichter, etc.),
- Leistung BHKW,
- Motorstarts.

Zum optimierten Betrieb der Anlage sind zudem geeignete Vorrichtungen an allen relevanten Verfahrensteilen einzurichten, die eine regelmäßige Probenahme und Bilanzierung folgender Stoffströme erlauben:

- Feststoffgehalt,
- Säurekapazität und Gehalt an organischen Säuren (Gärreaktor),
- Gasprobe,
- Wasserprobe.

Die Anlagensteuerung kann mit einer SPS realisiert werden, die mit einem Leitsystem verbunden ist. Die SPS hat folgende Aufgaben:

- Ablaufsteuerung des Prozesses (Verriegelungen),
- Signalaustausch mit der Anlage,
- Datenaustausch mit dem Leitsystem.

Die Anlagenbedienung und Visualisierung erfolgen mittels Monitor und Tastatur oder Maus. Protokolle und Störmeldungen werden auf einen Drucker ausgegeben. Die Steuerung der Vergärungsanlage kann über speicherprogrammierbare Steuerungen (SPS), die in einer zentralen Schaltwarte untergebracht sind, erfolgen. Zur Bedienung und Beobachtung, sowie zur Dokumentation des Anlagenbetriebes, kann ein Prozeßleitsystem (PLS), eingebettet in ein EDV-Netzwerk, eingesetzt werden. Das Leitsystem hat folgende Aufgaben:

– Bedienung des Prozesses ermöglichen (auch Handbetrieb),
– Visualisierung des Anlagenzustandes,
– Statistiken,
– Trendbildung,
– Protokollierungen,
– Datenaustausch mit der SPS,
– Visualisierung des Prozeßablaufes (Meßwerte und Betriebs-, Störmeldungen),
– Online-Registrierung und Speicherung aller elektrisch erfaßten Meßdaten und Betriebszustände in kurzen Intervallen,
– Bildung abgeleiteter (verrechneter) Meßwerte, softwaremäßige Bildung von Prozeßalarmen (Grenzwertüberschreitungen, Trends etc.),
– Ausgabe von Betriebsdiagrammen und Trends, vorkonfiguriert und frei wählbar,
– vollständige Eingriffs- und Bedienungsmöglichkeit für alle Aggregate /Funktionen,
– Fernalarmierung des Bedienpersonals über CITYRUF und Telefax,
– Einwahlmöglichkeit in die Anlage über das Telefon- / ISDN-Netz,
– Langzeitspeicherung der Betriebsdaten in einer SQL-Datenbank,
– Möglichkeit zur maskengeführten / menügeführten Eingabe von Betriebsdaten, die manuell zu erfassen sind,
– Pflichtkalender zur Abarbeitung von regelmäßigen bzw. vorab terminierten Aufgaben (Wartungen etc.),
– Auswertungsmöglichkeit mit interaktiv erstellbaren SQL-Abfragen sowie Übergabe in Standardsoftware zur Tabellenkalkulation / Diagrammerstellung und Textverarbeitung,
– Standard-PC-Arbeitsplatz mit Textverarbeitung / Tabellenkalkulation und Kommunikationssoftware (Fax etc.).

Der Prozeßrechner stellt ein zentrales Element des Systems dar. Hier läuft die eigentliche Visualisierungs- und Überwachungssoftware, die alle Aufgaben der Visualisierung und Registrierung übernimmt.

4 Emissionen und Emissionsminderung

Die spätere Betriebsanlage muß die bestehenden gesetzlichen Vorgaben wie:

– Bundesimmissionsschutz-Gesetz,
– Wasserhaushaltsgesetz,
– Bodenschutzgesetz,
– Abfallgesetz und
– Chemikaliengesetz (Arbeitsschutz)

mit den dazugehörenden Verordnungen, Erlassen, Technischen Anleitungen (TA's) usw. erfüllen.

4.1 Allgemeines

Allgemeine Ausführung zu Emissionen und Emissionsminderungsmaßnahmen sind in Kapitel III 3 dargelegt. Hier werden nur die für eine Vergärungsanlage spezifischen Emissionen und deren Minderungsmaßnahmen beschrieben.

4.2 Prozeß- und Kondenswasser

Bei der Vergärung von Bioabfällen fällt, abhängig vom WG des Inputs und des gewählten Vergärungsverfahrens, Abwasser an. Außerdem wird anlagenintern Prozeßwasser im Kreislauf geführt und in Prozeßwasserpuffern gespeichert. Das Abwasser muß ausgeschleust und vor der Direkt- oder Indirekteinleitung entsprechend den Anforderungen mechanisch-biologisch gereinigt werden. Nach der mechanischen Abtrennung der Feststoffe sind beim Abwasser die in Tabelle 4.6

Tab. 4.6 Inhaltsstoffe des Prozeßabwassers

Inhaltsstoffe	Einheit	Mittelwert	Bereich	Indirekt
Trockensubstanz	[% TS]	1,8	0,9–2,9	
CSB	[mgO$_2$/l]	13.500	3.000–24.000	400
BSB$_5$	[mgO$_2$/l]	1.500	700–3.500	
Ammonium	[mgN/l]	900	200–1.800	200
Phosphat	[mgP/l]	53	30–150	15
pH	[-]	7,9	7,6–8,5	
CSB/BSB$_5$	[-]	8,0	2,5–20	

dargestellten Durchschnittswerte zu erwarten. Das Prozeßwasser kann durch eine biologische Abwasserreinigung gereinigt werden, da keine Probleme hinsichtlich Schwermetallen und AOX zu erwarten sind.

Abwasserbehandlung bei Naßvergärung
Das Prozeßwasser wird dem Eindicker zugeleitet, der den Feststoffgehalt des Prozeßwassers z. B. unter Zusatz von Flockungshilfsmittel (FHM) reduziert. Mittels eines biologischen Verfahrens wird das anfallende Abwasser auf Indirekteinleiterqualität gereinigt, um danach wieder als Lösewasser im Bioabfallsuspenser eingesetzt bzw. als Überschußwasser in das öffentliche Kanalnetz eingeleitet zu werden. Für den thermophilen Betrieb ist eine Abwasserkühlung vorzusehen. Das Zentratwasser kann gegebenenfalls zur notwendigen Befeuchtung für die Nachrotte benutzt werden.

Abwasserbehandlung bei Trockenvergärung
Das bei der Preßentwässerung anfallende Wasser, welches noch einen Feststoffgehalt von ca. 15 % aufweist, wird einer zweiten Entwässerungsstufe zugeführt. In einem Dekanter mit vorgeschaltetem Hydrozyklon wird der verbleibende Grobsand abgeschieden und dem Gärreststoff beigegeben. Ein Teil des entsandeten Preßwassers wird am Anfang des Prozesses wieder zugemischt. Das Preßwasser weist nach wie vor einen Anteil an feinen partikulären Stoffen auf. Diese werden durch den Einsatz von Flockungshilfsmitteln im Dekanter bis zu einem Gehalt von ca. 2 % entfernt. Eine biologische Abwasserreinigung muß der mechanischen Reinigungsstufe folgen, um die geforderten Einleitungswerte zu erreichen. Der Überschuß an Preßwasser kann auch unter Vakuum und Nutzung der BHKW-Abwärme auf ca. 35–40 % TS eingedickt werden. Das Konzentrat wird dann der Nachrotte, das Brüdenkondensat der Behandlungsanlage zudosiert.

Abwasserbehandlungsanlage
Wenn eine Mitbehandlung in einer kommunalen Kläranlage oder eine landwirtschaftliche Verwertung der Prozeßabwässer nicht möglich ist, muß eine eigene biologische Abwasserbehandlungsanlage errichtet werden. Hier werden unter anoxischen (Denitrifikation) und sauerstoffhaltigen Bedingungen (Nitrifikation) die Abwasserinhaltsstoffe abgebaut. In einer biologischen Abwasserreinigungsstufe sind für den CSB-, BSB- und den Stickstoffabbau Bakterien verantwortlich. Die sich bildende Biomasse wird mittels Ultrafiltration vom Wasser abgetrennt.

4.3 Luft

Die Bereiche Annahme/Aufbereitungshalle, Intensivrotte und Vergärung werden durch die Biofilter-Anlage entsorgt. Die Bereiche Intensivrotte und Vergärung sind lufttechnisch von den übrigen Bereichen getrennt zu halten. Die Geruchsquellen »Mühlen und Entwässerungsanlage« sind mit Ablufthauben auszurüsten und einzeln abzusaugen. Die Frischluft tritt an definierten Stellen in die Halle ein und strömt zu den Absaugstellen hin. Hierbei erfolgt ein mindestens dreifacher Luftwechsel im offenen Hallenbereich. Die Rottehalle wird in ähnlicher Weise ablufttechnisch gestaltet, wobei im offenen Bereich ein fünffacher

Luftwechsel möglich sein sollte. Im Entwässerungsraum erfolgt ein mindestens dreifacher Luftwechsel. Während der Nichtbetriebszeiten in der Aufbereitungshalle und im Entwässerungsraum ist die Abluftmenge gemäß zu erstellendem Programm herunterzuregeln. Die Rottehalle sollte über ihr eigenes Lüftungsprogramm verfügen. Die Fermenterhalle ist mit einem eigenen Be- und Entlüftungssystem auszustatten, so daß die gesetzlichen Anforderungen an Arbeitsschutz und Gassicherheit erfüllt werden. In den kalten Jahreszeiten sollte die Aufbereitungshalle mittels Abwärme beheizt werden können. Bei der Rotte sollte möglichst eine Mehrfachnutzung der Abluft aus den verschiedenen Anlagenbereichen verfolgt werden, um eine günstigere Abluftbilanz zu erreichen und Kosten für die Ablufterfassung und -behandlung zu senken. Die Abluft aus der Entlüftung von Hallen kann als Frischluft für die Rotte genutzt und von dort als Prozeßabluft dem Biofilter zugeführt werden. Durch eine geeignete Luftführung läßt sich in der Regel die Luftmenge auf die verfahrenstechnisch notwendigen Mengen reduzieren. Dies führt zu geringeren Kosten für Ablufterfassung und -behandlung sowie geringere Emissionen. Die Abluftbehandlung erfolgt meistens über einen Biofilter, dem ein Luftwäscher vorgeschaltet sein sollte. Dieser dient nicht nur der Befeuchtung der Abluft, sondern scheidet außerdem Stäube und Aerosole ab. Sämtliche Bereiche der Anlage, in denen geruchsbeladene Abluft auftritt, sind mit Abluftanlagen zu versehen. Aus lüftungstechnischer Sicht läßt sich die Gesamtanlage in insgesamt fünf getrennte Bereiche einteilen:

Anlagenbereich	Luftwechselzahl
Fahrzeugschleuse	3- bis 5fach
Tiefbunkerbereich	3- bis 5fach
Maschinenhalle	1,5fach
Mietenbelüftung (Nachrotte)	3- bis 8fach
Nachrottehalle	2fach

In der Annahme- und Aufbereitungshalle wird ein durchschnittlich dreifacher Luftwechsel pro Stunde gefahren. Im Aufbereitungsteil sollten alle Aggregate eingehaust bzw. gekapselt werden, so daß hier jeweils eine Punktabsaugung zusätzlich zum eigentlichen Hallenluftwechsel erfolgt. Für den Betrieb der Be- und Entlüftung sollten mindestens die folgenden vier Betriebsarten vorgesehen werden:

Betriebsweise	Maßnahme
Normalbetrieb	Alle Tore geschlossen
Anlieferung durch LKW	Tor für Ein- und Ausfahrt offen
Betriebsverkehr durch Radlader	Tor für Ein- und Ausfahrt offen
Nachtbetrieb	Alles geschlossen, 50% der Lüfterleistung

Die Abluftströme müssen den Betriebsarten entsprechend automatisch eingestellt werden können. Der Biofilter sollte in mindestens 2 Einzelsegmente unterteilt werden, die jeweils getrennt angeströmt und abgesperrt werden können. Zur Überwachung des Biofilters (Durchflußwiderstand) sind die Biofilterventilatoren mit Differenzdruckschaltern auszurüsten. Die gereinigte Abluft wird in die Atmosphäre entlassen. Bevor die Abluft dem Biofilter zugeführt wird, sollte eine Konditionierung in einem vorgeschalteten Luftwäscher erfolgen. Die Mischluft aus der Mietenbelüftung und der Hallenabsaugung sollte gemeinsam in einem Luftwäscher befeuchtet werden, um gleichzeitig noch Stäube und Aerosole auszuwaschen und den Wassergehalt für den Biofilter zu optimieren. Die gesamten Abluftströme werden auf mindestens 15 °C erwärmt und dann im Biofilter behandelt. Ausgeführt wird der Biofilter meistens als Flächenfilter in Betonbauweise. Die Belüftung des Biofiltermaterials erfolgt über ein System aus Zuluftleitungen, Anströmkanälen und einem Luftverteilsytem. Das anfallende Sickerwasser wird über die Belüftungsöffnungen und den Bodenablauf in die Abwasserbehandlungsanlage entsorgt. Als Filtermaterial empfiehlt sich ein strukturell optimiertes Material aus der Grünabfallkompostierung oder Wurzelholz, welches sich durch eine hohe Standzeit auszeichnet und nur geringe Druckverluste hervorruft. Aufge-

4 Emissionen und Emissionsminderung

schüttet wird das Filtermaterial auf eine Höhe von ca. 1,5 m. In der Abluftleitung vor dem Biofilter ist die Temperatur und die Luftfeuchtigkeit sowie der Druckverlust über den Biofilter zu messen und zu registrieren. Sämtliche geruchsbeladenen Luftströme aus den Prozeßgebäuden (Annahmebunker, Handsortierkabine, Presse- und Hydraulikraum, Vor-und Nachrottehalle) werden zentral erfaßt und mit folgenden Eigenschaften dem Geruchsminderungssystem (Biofilter) abgegeben:

Es muß gewährleistet sein, daß die Geruchskonzentration nach dem Biofilter durchschnittlich 200 GE/m³ oder weniger beträgt, wobei der effektive Wert nur 70 % des Gewährleistungswertes betragen soll. Bezüglich der Geruchsmessung ist der Stand der Technik heranzuziehen:

– Geruchsmessung nach VDI-Richtlinie 3881 (05/86),
– Biofilter nach VDI-Richtlinie 3477 (12/91),
– als Olfaktometer wird der Typ TO5 oder TO6 verwendet,
– Messgenauigkeit der Olfaktometrie.

Die Grenzen des 95%-Vertrauensbereichs liegen bei guten olfaktometrischen Messungen unter Wiederholbedingungen um den Faktor 4 auseinander, so daß bei einem gewünschten Mittel von z. B. 100 GE/m³ die zulässige Bandbreite von 50 bis 200 GE/m³ als akzeptabel zu werten ist.

4.4 Biogasmenge, -zusammensetzung und -nutzung

In der Gasaufbereitung werden aus dem gewonnenen Biogas Wasser und ggf. vorhandene partikuläre Stoffe abgeschieden. Eine kurzzeitige Zwischenspeicherung erfolgt in einem drucklosen Membranspeicher. Dieser bewirkt insbesondere die Entkopplung von Gasproduktion und -verwertung und ist deshalb unabhängig von der Art der Biogasverwertung vorzusehen. Zwei parallele Gebläse befördern das Biogas zur Verwertung. Aus Sicherheitsgründen ist auch eine Gasfackel vorzusehen, um bei Überdruck das Gas sicher aus dem Prozeß zu nehmen und verläßlich zu entsorgen. Die erwartete Zusammensetzung des Biogases gibt Tabelle 4.8 wieder.

Die Verbrennungseignung des Brennstoffs Biogas wird in erster Linie durch seinen Gehalt an Methan bestimmt. Methan stellt den brennbaren Hauptbestandteil des Biogases dar und ist ein sehr energiereiches Gas. Tabelle 4.9 zeigt eine Zusammenstellung der wichtigsten Kennwerte von Methan.

In Verbrennungsanlagen kondensiert das in dem Brennstoff enthaltene Wasser nicht. Um den Heizwert H_u zu erhalten, muß die somit nicht nutzbare Kondensationswärme vom Brennwert H_o subtrahiert werden. Der angenommene Methangehalt des Biogases liegt bei 60 %vol. Bei einem H_o von 39819 kJ/m³ und einem H_u von 35883 kJ/m³ für Methan ergibt sich für das Biogas einer Vergärungsanlage rechnerisch ein Heizwert H_u von 21529,8 kJ/m³. Da der Methangehalt des Biogases der Vergärungsanlage schwankt, kann mit einem Heizwert H_u von 21 MJ/m³ gerechnet werden.

Abhängig von der Qualität, vor allem des Anteils und der Zusammensetzung

Tab. 4.7 Abluftkennwerte bei 25.000 Mg/a

	Einheit	Mittelwert
Luftmenge	m³/h	30.000
Temperatur	°C	15–40
Feuchtigkeit	%	97
Geruchkonzentration	GE/m³	4.000

Tab. 4.8 Biogaszusammensetzung

Inhaltsstoffe	Einheit	Mittelwert	Bereich
Methangehalt	Vol- % (trocken)	58	50–63
Kohlendioxid	Vol- % (trocken)	42	37–50
Wasser	Vol- % (bei 55 °C)	16	
Schwefelwasserstoff	ppm	200	100–500
Ammoniak	ppm	10	

Tab. 4.9   Kennwerte von Methan

	molare Masse M	Normvolumen V	Normdichte
CH_4	[kg/kmol] 16,043	[m³/kmol] 22,360	[kg/m³] 0,7175
	Brennwerte	Heizwerte	
	$H_{o,n}$ MJ/m³ 39,819	$H_{u,n}$ MJ/m³ 35,883	H_o MJ/kg 55,498	H_u MJ/kg 50,013
	Zündtemperat. 645 °C	0 °C	Zündgrenze 5,1 bis	20 °C 13,5 Vol-%

der organischen Trockensubstanz (oTS) des angelieferten Bioabfalls und der hydraulischen Verweilzeit, kann mit einer spezifischen Gasproduktion von 300–350 Nm³/Mg oTS und somit mit einem mittleren Gasanfall von 90–120 Nm³/Mg Bioabfall gerechnet werden. Der Energiegehalt beträgt bei einem durchschnittlichen Methangehalt von 60–65 %vol. etwa 6,0–6,5 kWh/Nm³ Gas, was ungefähr 60 % des Energiegehaltes von Erdgas entspricht. Der Gehalt an Schwefelwasserstoff ist stark abhängig vom Inputmaterial und liegt erfahrungsgemäß <500 mg/Nm³. Diese Konzentration an H_2S liegt deutlich unter den von den Herstellern angegebenen Grenzwerten.

Das im Methanreaktor anfallende Biogas wird vor der Verwertung in einem Kondensatabscheider mit Zyklon entwässert und über entsprechende Sicherheits- und Regelstrecken, inklusive Grobfilter und Kies- und Keramikfilter, gereinigt und optional über einen Entschwefler in den drucklosen Gasbehälter geführt. Ein Gasbehälter dient zur Pufferung des anfallenden Gases. Gleichzeitig wird ein Teilstrom zur Umwälzung des Faulbehälters durch Einpressung über Gaslanzen im Kreis geführt. Zwei redundante Verdichtergebläse erzeugen den benötigten Gasdruck für das installierte Blockheizkraftwerk. Die gewonnene Energie wird einerseits zur Deckung des Eigenenergiebedarfs, bzw. eines Teiles davon, verwendet oder in das öffentliche Netz eingespeist. Durch die gewonnene thermische Energie können der Faulturm und die Hallen beheizt werden. Die Energie ist umweltfreundlich, da nur im Kreislauf befindliches CO_2 umgesetzt wird.

Die Energieverwertung kann bevorzugt in einem Blockheizkraftwerk (BHKW) erfolgen, bei dem Wärme- und elektrische Energie produziert werden. Beide Energieformen werden, in den notwendigen Mengen, direkt intern genutzt. Der Überschuß an elektrischer Energie wird in das lokale Netz eingespeist. Die überschüssige Wärmeenergie kann auch an einen externen Verbraucher abgegeben werden.

Im Normalbetrieb ist das BHKW in der Lage, das anfallende Biogas zu verarbeiten. Sollte bei Service-Arbeiten oder aus anderen Gründen ein Gasüberschuß entstehen, so wird dieser über eine Hochtemperaturfackel abgebrannt. Die Energiebilanzen für die nasse und trockene Vergärung sind nachfolgend beispielhaft aufgeführt.

Es kann je nach Anlagengröße zwischen 35 und 39 % der im Gas enthaltenen Energie in Strom umgewandelt werden. Die Leistungsabgabe erfolgt über einen Drehstrom-Synchron-Generator. Über den Leistungsteil der Schaltanlage und Netzkuppelschalter wird die erzeugte elektrische Leistung über den Niederspannungsverteiler eingespeist.

Wie bereits zuvor beschrieben, ist der brennbare Hauptbestandteil des Biogases Methan. Darüber hinaus sind noch einige oxidierbare Spurenstoffe im Gas enthalten, die jedoch für die Ermittlung des Mindestluftbedarfs ohne Bedeutung sind. Für die Oxidation von 1 kmol CH_4 sind 2 kmol O_2 erforderlich. Der erforderliche Sauerstoff wird in der Regel der atmosphärischen Luft entnommen, mit 21 %vol. Sauerstoff und 79 %vol. Stickstoff.

Für die Verbrennung des Biogases der Vergärungsanlage, mit einer Methankon-

4 Emissionen und Emissionsminderung

zentration von 60 %vol. ergibt sich somit folgender Mindestluftbedarf:

1 m³ Biogas mit 100% CH4 bedarf 2,0 m³ O2
1 m³ Biogas mit 60% CH4 bedarf 1,2 m³ O2
Es muß eine theoretische Mindestluftmenge von 1,2/0,21 = 5,71 m³ Luft zur Verbrennung eines Kubikmeters Biogas der Vergärungsanlage bei einer Methankonzentration von 60 %vol., zur Verfügung gestellt werden. Die vom BHKW kommende Abwärme im Temperaturbereich von 90–98 °C kann in folgenden Betriebsbereichen genützt werden:

- Eindampfung von Preßwasserüberschuß,
- Heizen der Fermenter,
- Temperieren der Rottehalle,
- Klimatisieren der Betriebsräume,
- Hygienisierung der Sonderchargen.

Während die mehrstufigen Vergärungsverfahren einen anaeroben Abbau der organischen Substanz von 65 bis 70 % erreichen, liegt jener der einstufigen Verfahren i. d. R. zwischen 50 und 65 %. Damit verbunden ist ein höherer Gasertrag bei den mehrstufigen Verfahren. Bei den ein-

Tab. 4.10 Energiebilanz für einstufige Vergärungsanlagen (25.000 Mg/a)

		einstufige mesophile Naßvergärung		einstufige thermophile Trockenvergärung	
Spez. Gasproduktion	[Nm³/MgoTS]	320		300	
Biogasproduktion	[Nm³/a]	2.240.000		2.100.000	
Heizwert	[kWh/Nm³]	6,0		6,0	
Energiegehalt	[kWh/a]	13.440.000		12.600.000	
Verfügbarkeit	0,90	elektrisch	thermisch	elektrisch	thermisch
Leistung BHKW	[kW]	483	898	453	841
Energieproduktion	[kWh/a]	4.233.600	7.862.400	3.969.000	7.371.000
Energiebedarf	[kWh/a]	2.500.000	1.500.000	1.500.000	6.400.000
Überschuß	[kWh/a]	1.733.600	6.362.400	2.469.000	971.000
Stromertrag bei 0,15 DM/kWh	[DM/a]	260.040		370.350	

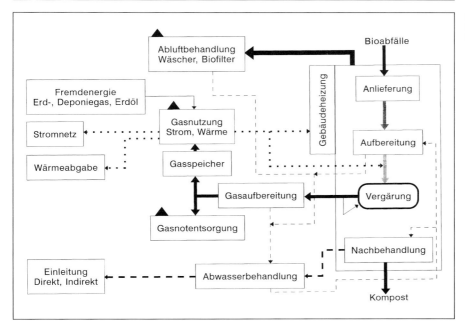

Abbildung 4.20: Gasnutzung und Gasentsorgung

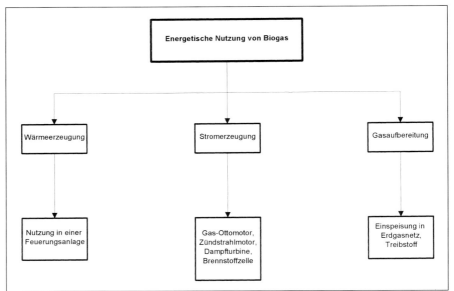

Abbildung 4.21: Verfahren zur energetischen Biogasnutzung

stufigen Verfahren kann ein hoher Abbaugrad der organischen Substanz durch eine längere Verweilzeit (bis zu 28 Tagen) der Abfälle im Gärreaktor erreicht werden.

Mit dem Abbau der organischen Substanz (oTS) und damit dem Gasertrag, korreliert der spezifische Energiegewinn eines Verfahrens. Während er bei den mehrstufigen Verfahren ca. 600 kWh/Mg Input beträgt, liegt er bei den einstufigen Verfahren im Mittel unter 550 kWh/Mg Input. Der Wärmegewinn aus einer Kraft-Wärme-Kopplung ist bei allen Verfahren im Vergleich zu deren Wärmebedarf höher. Bei einem Wärmegewinn von 300 bis 400 kWh/Mg Input beträgt der Wärmebedarf 50 (mesophil) bis 260 kWh/Mg (thermophil) des Inputs. Der Wärmeüberschuß schwankt zwischen 50 und 300 kWh/Mg Input. Die mesophilen Verfahren weisen eine höhere Nettoenergieausbeute auf, da für die Aufrechterhaltung der Prozeßtemperatur ein geringerer Anteil der produzierten Energie verbraucht wird. Dieser Vorteil spielt aber aufgrund der meist mangelnden Möglichkeit der Wärmevermarktung eine eher untergeordnete Rolle.

Der elektrische Energieüberschuß einer Anlage ist abhängig von deren Eigenbedarf. Diesbezüglich zeigen die Verfahren erhebliche Unterschiede. Bei einem Stromgewinn von 150 bis 200 kWh/Mg Input schwankt der Strombedarf der Anlagen zwischen 50 und 100 kWh/Mg Input. Der Stromüberschuß liegt zwischen 50 und 100 kWh/Mg Input. Diese enormen Differenzen lassen sich durch eine unterschiedlich aufwendige Verfahrenstechnik der einzelnen Verfahren erklären, auch hinsichtlich der Nachkompostierung. Die Abwärme wird über Wärmetauscher vom BHKW-Kreislauf in den Verteilerkreislauf übertragen und von dort an die einzelnen Verbraucher abgegeben. Zum Anfahren der Fermenter und zur Sicherstellung der Wärmeversorgung derselben ist bei Ausfall des BHKW eine flüssiggasbetriebene Stützheizung in den Verteilerkreislauf integriert.

Die in Abbildung 4.21 dargestellten Verfahren zur Biogasnutzung sind denkbar. Eine Nutzung des Biogases in Gas-Ottomotoren zur Stromerzeugung mittels Generatoren und Kraftwärmekopplung bietet sich vor allem wegen des problemlosen Transportes von elektrischer Energie an.

Die in großtechnischen Anlagen mögliche Verstromung des Biogases in einem

4 Emissionen und Emissionsminderung

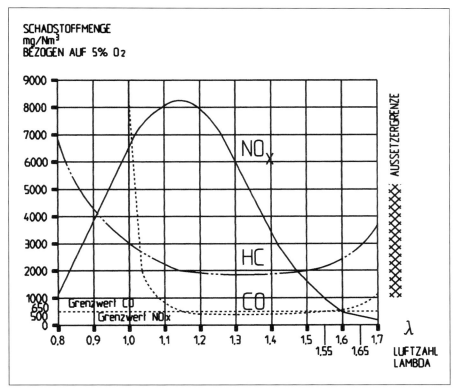

Abbildung 4.22:
Schadstoffemissionen abhängig von Luftzahl

Kondensations-Wärmekraftwerk kommt für Vergärungsanlagen nicht in Frage. Das Gas wird in einer Hochtemperaturbrennkammer mit Abhitzekessel, Dampfturbine und Generator verbrannt und energetisch genutzt. Es ist bei Kondensationskraftwerken auch möglich, den Dampf auszukoppeln und das hohe Temperaturniveau zur Abwassereindampfung oder Klärschlammtrocknung auszunutzen.

Eine Brennstoffzelle wandelt auf elektrochemischen Weg die im Wasserstoff gespeicherte thermische Energie direkt in elektrischen Strom und Wärme um, d. h. ohne den Umweg über die mechanische Energie durch einen Verbrennungsmotor. Das Prinzip einer Brennstoffzelle basiert darauf, daß Sauerstoffionen aus der Luft von der einen Elektrode durch einen Elektrolyten hindurchwandern und an der benachbarten Elektrode mit Wasserstoff (z. B. aus Biogas) zu Wasser reagieren. Der dabei notwendige Elektronenfluß kann als Nutzstrom über eine äußere Leitung direkt abgegriffen werden. Der theoretische Vorteil der Brennstoffzelle gegenüber einem Motor besteht einerseits darin, daß als Emissionen lediglich Wasserdampf und klimaneutrales Kohlendioxid entstehen, andererseits in einem markant erhöhten Wirkungsgrad, in dem die vorgängige mechanische Energieumwandlung (Verbrennungsmotor) entfällt. An dieser eleganten Technik der direkten Stromerzeugung, ohne den wirkungsgradfressenden Umweg über die mechanische Energie (Motor), wird weltweit noch gearbeitet. Sie kann noch nicht als serientauglich angesehen werden.

Für die Verwertung des Biogases aus den Vergärungsanlagen hat sich zur Zeit die Verstromung in Gas-Ottomotoren als ein vernünftiges Konzept in einer Kosten, Nutzen- und Verfahrenssicherheitsabwägung erwiesen.

Die Umwandlung erfolgt in magergemisch-aufgeladenen Gas-Ottomotoren mit Ladeluftkühler. Der Motor wird im Betrieb mit einem konstanten Luftüberschuß (Magerverbrennung) betrieben, so daß die Abgasemissionswerte nach der Verbrennung unterhalb der zulässigen Grenzwerte der TA-Luft liegen (siehe Abb. 4.22). Bei diesen Motoren werden durch die Magerverbrennung und Gemischaufladung die CO- und NO_x-Grenzwerte der TA Luft ohne Rauchgasreinigung eingehalten. Der Magermotor wird mit einem hohen Luftüberschuß betrieben (λ = 1,55 bis 1,65).

Das mit Unterdruck aus dem Vergärungsreaktor abgesaugte Gas wird entwässert und über eine Verdichterstation mit einem Vordruck von 60–80 mbar an der Gasstraße des Verbrennungsmotors zur Verfügung gestellt. In der Gasstraße wird der Gasüberdruck durch einen Regler auf Atmosphärendruck heruntergeregelt, so daß im Gasmischer Verbrennungsluft und Biogas mit gleichen Drücken zu einem homogenen Gemisch vermischt werden. Das zündfähige Gemisch wird durch einen Turbolader über Ladeluftkühler durch die Gemischdrosselklappe der Gemischleitung zugeführt. Die Leistungsabgabe erfolgt an einen Drehstrom-Synchron-Generator. Über den Leistungsteil der Schaltanlage und Netz-Kuppelschalter wird die erzeugte elektrische Leistung in das vorhandene Versorgungsnetz eingespeist. Der Überschußstrom wird einem Transformator zugeführt, der die Spannung von 380 V auf das vorhandene Hochspannungsnetz auftransformiert.

Die Emissionswerte der TA Luft für die Nutzung von Biogas in Verbrennungsmotorenanlagen und die garantierten Höchstwerte des Anlagenbauers sind in Tabelle 4.11 gegenübergestellt. Die Einhaltung oben genannter Grenzwerte wurde in der Vergangenheit durch mehrere Gutachten bescheinigt. Die SO_2-Emissionen sind abhängig vom Schwefelgehalt im Rohgas und durch die Motorverbrennung nicht beeinflußbar. Bei polyhalogenierten Dibenzodioxinen und Dibenzofuranen ist der Emissionsmassenstrom nach der TA Luft unter Beachtung des Grundsatzes der Verhältnismäßigkeit so weit wie möglich zu begrenzen. Ein konkreter Grenzwert für diese Stoffe ist in der TA Luft nicht vorgesehen.

Als Richtwert kann der Grenzwert der 17. BImSchV von 0,1 ng TE/m^3 herangezogen werden. Das Berechnungsverfahren zur Ermittlung der Toxizitätsäquivalente (TE) basiert auf den Empfehlungen der NATO/CCMS Arbeitsgruppe (1988) und ist in der 17. BImSchV beschrieben.

Der Schallpegel beträgt 65 dB (A) in 7 m Entfernung zum Aggregat.

Die Abwärme kann durch Tischkühler vernichtet oder ausgekoppelt werden, um den Fermenter, das Betriebsgebäude sowie die Maschinenhalle zu erwärmen und den Hydrolyserest zu hygienisieren.

Auf der Saugseite befinden sich zwischen dem Abgasturbolader und den Verbrennungsräumen Abblaseventile sowie eine Flammenrückschlagsicherung am Anfang der Gasstraße. Eine Gefährdung ist somit ausgeschlossen. Die Abgasleitung führt über einen Schalldämpfer und

Tab. 4.11 Abgaskonzentrationen (Bezug 5 % Sauerstoff)

		Garantie	Grenzwert
CO	ng TE/m^3	< 650	650
NO_x	ng TE/m^3	< 500	500
HC (ohne Methan)	ng TE/m^3	< 150	150
SO_x	ng TE/m^3	< 200	500
HCl	ng TE/m^3	< 10	30
HF	ng TE/m^3	< 2	5
Staub	ng TE/m^3	< 10	50
PCDF, PCDD$_{Toxizitätsäquivalente}$	ng TE/m^3	< 0,1	0,1

einen Abgaskamin ins Freie. Sie ist mindestens in PN 6 auszuführen, so daß hier eine Gefährdung ausgeschlossen werden kann.

Beheben der Störung durch Kontrolle, Austausch der Flammenrückschlagsicherung und Ursachenforschung. Die gesamte Anlage ist in Zonen zu unterteilen, die sich nach der Wahrscheinlichkeit des Auftretens einer explosionsfähigen Atmosphäre richten:

- **Zone 0** umfaßt Bereiche, in denen eine gefährliche explosible Atmosphäre durch Gase, Dämpfe oder Nebel ständig oder langzeitig vorhanden ist (z. B. Fermenter).
- **Zone 1** umfaßt Bereiche, in denen damit zu rechnen ist, daß eine gefährliche explosible Atmosphäre durch Gase, Dämpfe oder Nebel gelegentlich auftritt (z. B. das Innere von Rohrleitungen, Gebläsen und Armaturen, wenn gewährleistet ist, daß nicht über längere Zeit explosionsfähige Gasgemische gefördert werden).
- **Zone 2** umfaßt Bereiche, in denen damit zu rechnen ist, daß eine gefährliche, explosible Atmosphäre durch Gase, Dämpfe oder Nebel nur selten und dann auch nur kurzzeitig auftritt (z. B. Umgebung von Zone 1).

Die Zündung eines explosionsfähigen Gemisches durch Fackel, Gebläse, statische Auflagung oder betriebliche Störungen läßt sich nicht sicher vermeiden. Dagegen sind Anschlüsse von Meßgasleitungen als Zündquellen auszuschließen, wenn diese mit Deflagrationssicherungen versehen sind. Die elektrischen Betriebsmittel sind entsprechend der Zoneneinteilung explosionsgeschützt geplant. Es sind folgende verfahrenstechnische und technische Ex-Schutzmaßnahmen geplant:
- Inertisierung,
- Konzentrationsbegrenzung,
- flammendurchschlagsichere Einrichtungen,
- Werkstoffauswahl,
- Dichtheitsprüfung,
- technische Lüftung,
- Gaswarnanlage.

4.5 Massenbilanz

Für zwei einstufige Vergärungsanlagen mit 25000 Mg/a sind die Massenbilanzen in Tabelle 4.12 und 4.13 dargestellt.

Die in der Tabelle aufgeführten Positionen sind in Abbildung 4.23 erläutert. Der Anlageninput und -output sowie die Emissionspfade (a) bis (e) werden in die Bilanz miteinbezogen. Betrachtet werden nur die relevanten Verfahrensschritte 1 bis 7. Frischwasser (b) wird für die Erstverdünnung des Flockungshilfsmittels und für Reinigungszwecke in der Anlieferungs- und Aufbereitungshalle benötigt.

5 Betrieb und Kosten der Bioabfallvergärung

Die Kostenstrukturen von Vergärungsanlagen werden im wesentlichen von standortspezifischen Bedingungen und Erfordernissen bestimmt. Bei den verfahrenstechnisch aufwendigeren mehrstufigen Verfahren ist eine Wirtschaftlichkeit nur bei Anlagen mit höherem Jahresdurchsatz

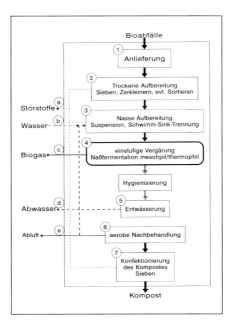

Abbildung 4.23: Massenbilanz einstufige nasse Vergärungsanlage

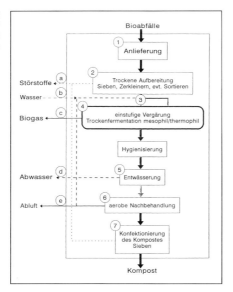

Abbildung 4.24: Massenbilanz einer einstufig trockenen Vergärungsanlage

kosten und Personalkosten sowie Erlöse aus dem Elektrizitätsverkauf. Zusätzlich wird das eingesetzte Kapital (Investition) über den jährlichen Wertverlust (Abschreibung) und die Kapitalverzinsung in den Betriebskosten berücksichtigt. Die spezifischen Betriebskosten nehmen mit zunehmendem Anlagendurchsatz ab. Die Schwankungsbreite zur Behandlung von Bioabfällen liegt aktuell zwischen 150 und 250 DM/Mg.

6 Entscheidungshilfen zur Auswahl und Beurteilung der Systeme

(> 25000 Mg/a) gegeben. In der folgenden Tabelle 4.14 sind die absoluten und spezifischen Betriebskosten in Abhängigkeit von der Anlagengröße dargestellt.

Die spezifischen Behandlungskosten umfassen sämtliche Betriebskosten wie Verbrauchsmittelkosten, Instandhaltungs-

Unabhängig von der technischen Auslegung des Verfahrens sowie von den zu verarbeitenden Inputmaterialien gelten für alle Anaerobanlagen folgende Zielvorgaben:

– optimale Betriebs- und Entsorgungssicherheit,
– optimale Produktqualität,

Tab. 4.12 Massenbilanz einstufige nasse Vergärungsanlage

	Input [Mg/a]	H₂O [Mg/a]	TS [Mg/a]	oTS [Mg/a]		Bemerkungen
1					40	[%] TS
	25.000	15.000	10.000	7.000	70	[%] oTS
2	-1.000	-600	-400		4	[%] Störstoffentn.(a)
	24.000	14.400	9.600	7.000		
3	40.700	40.700			40.700	[Mg/a] Wasserzugabe
	64.700	55.100	9.600	7.000		
4	-3.700	-200	-3.500	-3.500	50	[%] oTS Biogasbild.(c)
	61.000	54.900	6.100	3.500	200	[Mg/a] Wasserdampf (c)
					10	[%] TS
5	-45.750	-45.750			45.750	[Mg/a] Entwässerung
	15.250	9.150	6.100	3.500	40	[%] TS
6	-6.250	-5.550	-700	-700	20	[%] oTS Rotteverl.(e)
	9.000	3.600	5.400	2.800	60	[%] TS
7	-750	-300	-450		3	[%] Störstoffentn. (a)
	8.250	3.300	4.950	2.800		
(d)	Abwasser	-11.100			4.000	Frischwasser (b)
					3.500	Wasserdampf Biofil.(e)

6 Entscheidungshilfen zur Auswahl und Beurteilung der Systeme

- maximaler Energieertrag,
- minimaler Stoffaustrag,
- minimale Emissionen,
- minimaler Flächen- und Arbeitsbedarf,
- Minimierung der spezifischen Kosten (Invest- und Betriebskosten).

Der Vorteil der mehrstufigen Vergärungsanlagen liegt in der besseren Optimierungsmöglichkeit. Insbesondere die Verweilzeit der Gärsubstanz im Reaktor läßt sich dadurch verkürzen. Nachteilig ist der vergleichsweise höhere apparative Aufwand und die dementsprechend höhere Störanfälligkeit.

Der thermophile Temperaturbereich hat den Vorteil schnellerer Reaktionszeiten. Von Nachteil ist dagegen die übli-

Tab. 4.13 Massenbilanz einstufige trockene Vergärungsanlage

	Input [Mg/a]	H_2O [Mg/a]	TS [Mg/a]	oTS [Mg/a]		Bemerkungen
1					40	[%] TS
	25.000	15.000	10.000	7.000	70	[%] oTS
2	-750	-450	-300		3	[%] Störstoffentn.(a)
	24.250	14.550	9.700	7.000		
3	4.250	4.250			4.250	[Mg/a] Wasserzugabe
	28.500	18.800	9.700	7.000		
4	-3.700	-200	-3.500	-3.500	50	[%] oTS Biogasbild.(c)
	24.800	18.600	6.200	3.500	200	[Mg/a] Wasserdampf (c)
					25	[%] TS
5	-9.300	-9.300			9.300	[Mg/a] Entwässerung
	15.500	9.300	6.200	3.500	40	[%] TS
6	-6.333	-5.633	-700	-700	20	[%] oTS Rotteverl.(e)
	9.167	3.667	5.500	2.800	60	[%] TS
7	-750	-300	-450		3	[%] Störstoffentn.(a)
	8.417	3.367	5.050	2.800		
(d)	Abwasser	-8.183			3.000	Frischwasser (b)
					5.500	Wasserdampf Biofil.(e)

Tab. 4.14 Kostenzusammenstellung

Kapazität der Vergärungsanlage	Mg/a	25.000	30.000
Investitionen			
Anlagentechnik (AT)	DM	15.000.000	16.000.000
Bautechnik (BT)	DM	8.000.000	9.000.000
Gesamtkosten incl. MwSt	DM	23.000.000	25.000.000
jährliche Kosten			
Kapitaldienst AT; 10 a; 7,0 %	DM/a	2.025.000	2.160.000
Kapitaldienst BT; 20 a; 7,0 %	DM/a	680.000	765.000
Betriebskosten	DM/a	1.130.000	1.356.000
Versicherung	DM/a	20.000	20.000
Personalkosten	DM/a	750.000	750.000
Elektrizität	DM/a	-350.000	-420.000
Entsorgungskosten	DM/a	250.000	300.000
Gesamtsumme jährl.	DM/a	4.854.650	4.931.000
Spezifischer Behandlungspreis	DM/Mg	194	164

Tab. 4.15 Marktübersicht ergänzt nach [8]

Einstufige Verfahren trocken			Mehrstufige Verfahren naß mit Feststoffabtrennung		
BAUER Komp. (»BK«)	D	th	AN (»BIOTHANE-RIJKENS«)	D/NL	m/th
Bühler (»KOMPOGAS«)	CH	th	BTA/MAT	D	m
BRV	CH	th	NOELL (»FAL-ANAEGIE«)	D	m/th
DEM	NL	th	PAQUES (»PRETHANE-RUDAD-BIOPAQ«)	NL	m
FUNNELL INDUSTRIES	USA	m			
HAASE (»ATF«)	D	m/th			
HEIDEMIJ (»BIOCEL«)	NL	m			
HERHOF	D	m/th			
HGG	D	m/th			
OWS (»DRANCO«)	B	th			
STEFFEN ING. (»3A«)	D	m			
VALORGA/Steinmüller	F/D	m/th			
naß			naß ohne Feststoffabtrennung		
BTA/MAT Kovergärung	D	m	BANS (»BIOCARP«)	D	m/th
BTA/MAT	D	th	BIO-SYSTEM/BI-UTEC (»ANATECH«)	D	m/th
DBA/OUTOKUMPU(»WABIO«)	D/SF		DML	D	m/th
HAASE	D	m	DSD-CTA (»Plauener Verfahren«)	D	m
ITALBA/STADT BELLARIA (»SOLIDIGEST«)	I	m	D.U.T	D	m/th
KRÜGER (»BIGADAN«)	DK	m	ENTEC (»ENROMA«)	A	m/th
NOELL (»FAL-ANAERGIE«)	D	m	IMK	D	m/th
PAQUES (»BIOLAYER«)	NL	m/th	LINDE-KCA	D	m/th
ROEDIGER (»BIOSTAB«)			ML (»METHAKOMP«)	D	m/th
SINDING/STADT HERNING	DK	th	SKET	D	m
SNAM-PROGETTI			STADT BORAS	S	m
			TBW (»BIOCOMP«)	D	m/th
			THYSSEN/AVECON (»WAASA«)	D	th
			UHDE-SCHWARTING	D	m/th

cherweise geringere Nettogasausbeute, da der Reaktorinhalt stärker aufgeheizt werden muß.

Vorteile bei den Naßverfahren ergeben sich insbesondere durch den vergleichsweise einfacheren Materialtransport (konventionelle Schlammfördertechnik) sowie durch eine besser zu gewährleistende Durchmischung des Reaktorinhalts und eine vollautomatisierte Aufbereitungstechnik ohne Handsortierung. Eine große Bandbreite von Abfällen kann unabhängig vom Wasser-, Störstoffgehalt und Versäuerungsgrad verarbeitet werden. Daraus ergibt sich eine bessere Verarbeitung von gewerblichen Monochargen. Ein wesentlicher Nachteil ist das größere Reaktorvolumen und die erheblich erhöhten Abwassermengen.

Die Tabelle 4.15 enthält eine systematisierte Marktübersicht, wobei m für mesophil, th für thermophil stehen. Das Herkunftsland wurde ebenfalls angegeben.

V Hygieneaspekte der biologischen Abfallbehandlung und -verwertung

1 Einleitung

Am 6. 10. 1994 wurde das neue Kreislaufwirtschafts- und Abfallgesetz (KrW-/AbfG) zur Vermeidung, Verwertung und Beseitigung von Abfällen verkündet und am 7. 10. 1994 sind die darin enthaltenen Ermächtigungen zum Erlaß von Rechtsverordnungen in Kraft getreten. Im übrigen trat das neue Artikelgesetz erst am 7. 10. 1996 in Kraft.
Nach einem der Grundsätze der gemeinwohlverträglichen Abfallbeseitigung des § 10 Abs. 4, KrW/AbfG sind Abfälle so zu beseitigen, daß das Wohl der Allgemeinheit nicht beeinträchtigt wird. Eine Beeinträchtigung liegt insbesondere vor, wenn

1. Die Gesundheit der Menschen beeinträchtigt,
2. Tiere und Pflanzen gefährdet,
3. Gewässer und Boden schädlich beeinflußt,
4. schädliche Umwelteinwirkungen durch Luftverunreinigungen oder Lärm herbeigeführt,
5. die Belange der Raumordnung und der Landesplanung, des Naturschutzes und der Landschaftspflege sowie des Städtebaus nicht gewahrt oder
6. sonstdie öffentliche Sicherheit und Ordnung gefährdet oder gestört werden.

Nach § 41 Abs. 1 KrW-/AbfG sind an die Überwachung sowie Beseitigung von Abfällen aus gewerblichen oder sonstigen wirtschaftlichen Unternehmen oder öffentlichen Einrichtungen, die nach Art, Beschaffenheit oder Menge *in besonderem Maße gesundheits-, luft- oder wassergefährdend ... sind oder Erreger übertragbarer Krankheiten enthalten oder hervorbringen können, besondere Anforderungen* zu stellen. Sie werden als »*besonders überwachungsbedürftige Abfälle zur Verwertung*« eingestuft.

Für den Bereich der landwirtschaftlichen Düngung (§ 8 KrW-/AbfG) können Anforderungen zur Sicherung der ordnungsgemäßen und schadlosen Verwertung festgelegt werden, wenn Abfälle zur Verwertung als Sekundärrohstoffdünger oder Wirtschaftsdünger im Sinne von § 1 des Düngemittelgesetzes auf landwirtschaftlich, forstwirtschaftlich oder gärtnerisch genutzte Böden aufgebracht werden sollen. Hier können durch Rechtsverordnungen Verbote oder Beschränkungen erlassen oder auch Untersuchungen der Abfälle oder Wirtschaftsdünger, des Bodens oder Maßnahmen zur Vorbehandlung solcher Stoffe oder andere geeignete Maßnahmen vorgeschrieben werden. Wenn das Bundesministerium für Umwelt, Naturschutz und Reaktorsicherheit von der Ermächtigung keinen Gebrauch macht, können die Landesregierungen dies tun, oder diese Ermächtigung auf andere Behörden übertragen.

Aus diesen gesetzlichen Vorgaben läßt sich die Auffassung des Gesetzgebers erkennen, daß er neben anderen Bedrohungen des Wohls der Allgemeinheit auch Krankheitserreger für Mensch, Tier oder Pflanze als solche versteht. Während die Grundsätze des § 10 Abs. 4 KrW-/AbfG für alle Abfälle gelten, also auch solche, die in privaten Haushalten anfallen, wird im § 41 Abs. 1 noch einmal besonders auf die Abfälle aus gewerblichen und ähnlichen Einrichtungen Bezug genommen, die u. a. auch »Erreger übertragbarer Krankheiten enthalten bzw. hervorbringen« können und deshalb als besonders überwachungsbedürftig klassifiziert werden. Damit ist u. a. auch der Bereich der gewerblichen Speiseabfälle gemeint, die sowohl bei der Kompostierung als auch bei der anaeroben Behandlung von Abfallstoffen eine zunehmende Bedeutung erlangen. Es muß weiterhin auch davon ausgegangen werden, daß sich der Begriff der Krankheitserreger nicht nur auf solche bezieht, die den Menschen befallen können, sondern auch auf Erreger für Krankheiten, die bei Tieren und Pflanzen auftreten.

Dies ist hervorzuheben, weil besonders häufig mit Krankheitserregern behaftete Stoffe wie Abwasser, Fäkalien, Klärschlamm und ähnliche Stoffe aus Siedlungsabfällen und vergleichbare Stoffe aus anderen Quellen als sogenannte »Sekundärrohstoffdünger« in den § 1 Nr. 2a des durch Artikel 4 des KrW-/AbfG geänderten Düngemittelgesetzes (DüMG vom 15. November 1977, BGBl I S. 2134, zuletzt geändert durch das Gesetz vom 27. September 1994, BGBl I S. 2705) aufgenommen wurden. Glücklicherweise ist der Bundesminister für Ernährung, Landwirtschaft und Forsten (BMELF) ermächtigt (§ 5 DüMG), durch Rechtsverordnung das gewerbsmäßige Inverkehrbringen bestimmter Stoffe nach § 1 Nr. 2a bis 5 und bestimmter Düngemittel nach § 2 Abs. 3 zu verbieten oder zu beschränken, soweit dies zum *Schutz ... der Gesundheit von Menschen, Haustieren oder Nutzpflanzen oder zur Abwehr von Gefahren für den Naturhaushalt erforderlich ist.*

Speziell die Seuchenhygiene bei Mensch, Tier und Pflanze wird in der aufgrund des DüMG erlassenen Düngemittelverordnung vom 9. Juli 1991 (DüMV, BGBl, I S. 1450) sowie im § 1 der 2. Verordnung zur Änderung düngemittelrechtlicher Vorschriften vom 16. Juli 1997 (BGBl I S. 1835) angesprochen. In der dieser Verordnung als Anlage 1 (zu § 1 Abs. 1, § 2 Abs. 3, §§ 6 und 7) angefügten Düngemittel-Typenliste wird in Abschnitt 3 – Organische und organisch-mineralische Düngemittel – als Vorbemerkung für die Spalte 5 (Zusammensetzung; Art der Herstellung) ausgeführt: **»Aufbereiten im Sinne der Spalte 5 ist das Aufbereiten zu seuchenhygienisch unbedenklichen Produkten, frei von Krankheitskeimen. Rückstände der Arzneimittelproduktion dürfen nicht zugesetzt sein**. Diese Aussage wird im § 1 der geänderten DüMV noch einmal dadurch unterstrichen, daß **Düngemittel mit organischen Bestandteilen nur in den Verkehr gebracht werden dürfen, wenn sie »im Hinblick auf die Verursachung von 1. Krankheiten bei Mensch oder Tier durch Übertragung von Krankheitserregern und 2. Schäden an Pflanzen, Pflanzenerzeugnissen oder Böden durch Verbreitung von Schadorganismen unbedenklich sind«.**

Von den seuchenhygienisch relevanten Stoffen sind bei den Abschnitten 3 und 3a in Spalte 5 ausdrücklich erwähnt: **Aufbereitung** von tierischen oder pflanzlichen Stoffen, tierischem Eiweiß, Blut, entfetteten/entbeinten Knochen, Guano, Siedlungsabfällen, Rindenhumus, Fischabfällen, Gülle durch Entwässern und Trocknen; **Zugabe** von Blut, Wirtschaftsdüngern, Bioabfall aus privaten Haushaltungen, Klärschlamm. In allen Stoffen, die hier zur Aufbereitung bzw. Zugabe aufgeführt sind, können Krankheitserreger für Mensch und Tier sowie auch für Pflanzen vorhanden sein. Durch die Vorschrift ihrer Aufbereitung zu krankheitserregerfreien und damit seuchenhygienisch unbedenklichen Produkten kommt zum Ausdruck, welch hohen Stellenwert der Gesetz- bzw. Verordnungsgeber der hygienischen Problematik im Bereich der Düngemittelgesetzgebung einräumt [46].

Güte- und Prüfbestimmungen für Kompost der Bundesgütegemeinschaft Kompost (zugleich RAL-Gütezeichen für Kompost, RAL-GZ 251)

Die Bundesgütegemeinschaft Kompost e.V. hat auf der Basis der RAL-GZ 251 Güte- und Prüfbestimmungen zur Erteilung eines Gütezeichens für Kompost festgelegt. Diese basierten für den Bereich der Hygiene auf den Empfehlungen des Merkblattes 10 der Länderarbeitsgemeinschaft Abfall [51]. Es wird in den **Qualitätskriterien** und **Güterichtlinien** für **Frischkompost** und **Fertigkompost** gefordert, daß der Rotteprozeß zu seuchenhygienisch unbedenklichen Produkten führt, die auch frei von keimfähigen Samen und austriebfähigen Pflanzenteilen sind. Der Nutzer des Gütezeichens muß die seuchenhygienische Wirksamkeit des Rotteverfahrens jederzeit belegen können.

Nachdem die LAGA im Februar 1995 [51] eine Neufassung des Merkblattes M 10: »Qualitätskriterien und Anwendungsempfehlungen für Kompost« in ihrer Vollsitzung verabschiedet hat, paßt die Bundesgütegemeinschaft Kompost e.V. (BGK) ihre Güte- und Prüfbestimmungen dem Inhalt der jeweils gültigen Fassung des M 10 an, wobei es ihr als eigenständigem eingetragenen Verein für die Erteilung eines Gütezeichens freigestellt bleibt, über die Vorgaben des M 10 hinausgehende Anforderungen an die Komposte zu stellen. Jedenfalls räumt die Bundesgütegemeinschaft Kompost e.V. auch den hygienischen Anforderungen an die Kompostqualität einen hohen Stellenwert ein, weshalb sie zur Spezifizierung des Prüfsystems nach LAGA-Merkblatt M 10 ein Hygiene-Baumusterprüfsystem vorgelegt hat, das die Standardisierung der »Prototypenprüfungen« in Form definierter »Baumusterprüfungen« ermöglicht. Die sich hieraus ergebende Liste geprüfter Baumuster wird regelmäßig aktualisiert. Sie enthält alle nach diesem Prüfsystem anerkannten Baumuster und dient dem Anlagenbetreiber zur Feststellung der Einhaltung der baumusterspezifischen Anforderungen der Hygiene im laufenden Anlagenbetrieb (Temperatur-/Zeitprotokolle), der Genehmigungsbehörde zur Feststellung, ob ein geprüftes Baumuster vorliegt und aus diesem Grunde bei bestehender RAL-Gütesicherung von zusätzlichen Prozeßprüfungen (Inbetriebnahmeprüfungen) abgesehen werden kann [8]. Die Güte- und Prüfbestimmungen sowie Druchführungsbestimmungen zur RAL-Gütesicherung Kompost, das Hygiene-Baumusterprüfsystem sowie die Antragsunterlagen dazu, sind bei der BGK erhältlich (Schönhauserstr. 3, D-50968 Köln). Auf die hygienebezogenen Aussagen des M 10 wird nachstehend noch näher eingegangen.

Abschließend wird darauf hingewiesen, daß die »Kommission Bewertung wassergefährdender Stoffe (KBwS)« beim Bundesumweltministerium das Wassergefährdungspotential von Komposten bewertet hat:

1. Grünabfälle, Bioabfälle und Rohkomposte, soweit hieraus landwirtschaftlich verwertbare Komposte hergestellt werden können, sind i. d. R. als »schwach wassergefährdend« zu bewerten.

2. Fertigkomposte aus Bio- und Grünabfällen, die ausgereift sind, sind i. d. R. als »im allgemeinen nicht wassergefährdend« anzusehen, soweit sie eine Qualität aufweisen, in der sie landwirtschaftlich/gärtnerisch verwertet werden können.

Es handelt sich hierbei jedoch lediglich um eine »orientierende Empfehlung«, die nicht in der Verwaltungsvorschrift wassergefährdender Stoffe (VwVwS) veröffentlicht werden wird.

2 Vorgaben der Bioabfallverordnung (BioAbfV)

Diese Verordnung gilt für unbehandelte und behandelte Bioabfälle und Gemische, die zur Verwertung auf landwirtschaftlich, forstwirtschaftlich oder gärtnerisch genutzte Böden aufgebracht oder zum Zweck der Aufbringung abgegeben werden sowie die Behandlung und Untersuchung solcher Bioabfälle und Gemische [9].

Während im LAGA-Merkblatt M 10 Qualitätsmerkmale und Anforderungen u. a. zur seuchen- und phytohygienischen Unbedenklichkeit nur für das Endprodukt Kompost aus Kompostierungsanlagen Berücksichtigung finden, sind in dem Anhang 2 zu dieser BioAbfV Anforderungen zur Prüfung der seuchen- und phytohygienischen Unbedenklichkeit für

Produkte nach einer biologischen Behandlung sowohl aus der Aerobbehandlung (Kompostierung) als auch aus der Anaerobbehandlung (Vergärung) enthalten. Es werden die Prüfvorgaben und Methoden zur Prüfung der seuchen- und phytohygienischen Unbedenklichkeit beschrieben, die eine »direkte« und »indirekte« Prozeßprüfung sowie eine Produktprüfung umfassen.

Wegen der grundsätzlichen Bedeutung werden die **Anforderungen an die Prozeßführung** nachstehend im vollen Wortlaut abgedruckt:

»Die Prozeßsteuerung in Kompostierungsanlagen muß so erfolgen, daß über einen Zeitraum von mehreren Wochen ein thermophiler Temperaturbereich und eine hohe biologische Aktivität bei günstigen Feuchte- und Nährstoffverhältnissen sowie eine optimale Struktur und Luftführung gewährleistet sind. Der Wassergehalt soll mindestens 40 % betragen und der pH-Wert um 7 liegen. Im Kompostierungsverfahren muß im Verlauf der Kompostierung eine Temperatur von mindestens 55 °C über einen möglichst zusammenhängenden Zeitraum von 2 Wochen oder von 65 °C (bei geschlossenen Anlagen: 60 °C) über 1 Woche im gesamten Mischgut einwirken.

In Vergärungsanlagen muß die Abfallmatrix so behandelt werden, daß eine Mindesttemperatur von 55 °C über einen zusammenhängenden Zeitraum von 24 Stunden sowie eine hydraulische Verweilzeit im Reaktor von mindestens 20 Tagen erreicht wird. Bei niedrigeren Betriebstemperaturen oder kürzerer Einwirkungszeit muß entweder eine thermische Vorbehandlung der Inputmaterialien (70 °C; 1 Stunde) oder eine entsprechende Nachbehandlung der Produkte (Erhitzung auf 70 °C; 1 Stunde) bzw. eine aerobe Nachrotte der separierten Gärrückstände (Kompostierung) durchgeführt werden; Wirtschaftdünger in landwirtschaftlichen Kofermentationsanlagen (einzelbetriebliche und Gemeinschaftsanlagen) bleiben davon unberührt, soweit Bestimmungen des Tierseuchenrechts dem nicht entgegenstehen. Noch nicht hygienisierte Inputmaterialien sind so aufzubewahren, daß sie nicht mit bereits erhitzten, kompostierten oder vergorenen Materialien in Berührung kommen können.

Für eine hinreichende Überwachung des Behandlungsprozesses müssen für die Einlage und Entnahme von Proben Öffnungen in den Anlagen zur Behandlung biologisch abbaubarer Abfälle vorhanden sein.«

Mit der **direkten Prozeßprüfung** wird durch Einbringen von Test- oder Indikatororganismen der Wirkungsgrad des Verfahrens aus hygienischer Sicht für den gesamten Verfahrensablauf ermittelt. Die **indirekte Prozeßprüfung** beinhaltet eine fortlaufende, automatische Temperaturkontrolle an mindestens drei repräsentativen Zonen in den für die thermische Inaktivierung relevanten Prozeßabschnitten bzw. Anlagenteilen. Die **Produktprüfung** als sog. Endproduktkontrolle stellt eine regelmäßige Prüfung des abgabefertigen Kompostes und Gärrückstandes im Rahmen der Fremdüberwachung dar und soll gewährleisten, daß das Endprodukt hygienisch unbedenklich ist.

Der Umfang der Prüfung zur Seuchen- und Phytohygiene, die Anzahl der Untersuchungsgänge und Prüforganismen sowie Angaben zur Probenzahl sind in der Tabelle 5.1 aufgelistet. Weitere Einzelheiten sind dem Anhang 2, der am 1.10.1998 in Kraft getretenen BioAbfV zu entnehmen.

3 Phytohygienische Problematik

Die Anwendung von Kompost als Bodenverbesserungsmittel oder Bestandteil von Topf- bzw. Containermedien im Gartenbau impliziert zwei Voraussetzungen für die Kontrolle von Pflanzenkrankheiten. Das Produkt sollte frei von Pathogenen sein und seine Anwendung darf keine Krankheitserreger stimulieren, die bereits im Boden oder anderen mit Kompost behandelten Substraten vorhanden

3 Phytohygienische Problematik

Tab. 5.1 Prüfungsumfang des Nachweises der seuchen- und phytohygienischen Unbedenklichkeit bei Kompostierungs- und Vergärungsanlagen (Stand 1. Oktober 1998) [9]

Qualitätsparameter	direkte Prozeßprüfung	indirekte Prozeßprüfung	Produktprüfung
Seuchen- und phytohygienische Unbedenklichkeit	Kontrolle des Wirkungsgrades des Verfahrens	Fortlaufende Temperaturkontrolle	Endproduktkontrolle[3, 4]
Seuchen- und Phytohygiene	– Neu errichtete Kompostierungs- und Vergärungsanlagen (innerhalb von 12 Monaten nach Inbetriebnahme), – bereits geprüfte Anlagen bei Einsatz neuer Verfahren oder wesentlicher Änderung der Verfahren/Prozeßführung (innerhalb von 12 Monaten nach Einsatz/Änderung), – bestehende Anlagen ohne Hygieneprüfung der Anlage oder des Verfahrens innerhalb der letzten fünf Jahre vor Inkrafttreten dieser Verordnung (innerhalb von 18 Monaten nach Inkrafttreten dieser Verordnung).	– Kontinuierliche Temperaturmessung an drei repräsentativen Stellen im Hygienisierungsbereich (-teil) – prüffähige Aufzeichnung von Daten (u.a. Umsetztermine; Feuchtigkeitsgehalt; Befüllung/Entleerung)	Regelmäßige Prüfung des abgabefertigen Kompostes und Gärrückstandes auf hygienische Unbedenklichkeit
Anzahl der Untersuchungsgänge	2 Untersuchungsgänge; **bei offenen Anlagen einer im Winter**	Permanente, nachprüfbare Aufzeichnung (5 Jahre Aufbewahrung)	Kontinuierlich über ein Jahr verteilt, mindestens jedoch – halbjährlich (Anlagen-Durchsatzleistung ≤ 3000 t/a), – vierteljährlich (Anlagen-Durchsatzleistung > 3000 t/a)
Anzahl der Prüforganismen — Seuchenhygiene	1 Testorganismus (*S. senftenberg* W 775, H$_2$S-neg.)	–	Salmonellen (in 50 g Kompost oder Gärrückstand nicht nachweisbar)
Anzahl der Prüforganismen — Phytohygiene	3 Testorganismen (Plasmodiophora brassicae, Tabak-Mosaik-Virus, Tomatensamen)	–	Keimfähige Samen und austriebsfähige Pflanzenteile; weniger als 2 pro Liter Prüfsubstrat
Probenzahl (je Testdurchgang): Seuchenhygiene Phytohygiene	24[1, 2] 36[1, 2]	– –	Anlagendurchsatz in Jahrestonnen: 1. ≤ 3000 (6 Proben/Jahr) 2. > 3000–6500 (6 Proben/Jahr + je angefangener 1000 t eine weitere Probe), 3. > 6500 (12 Proben/Jahr + je angefangener 3000 t eine weitere Probe)
Summe, gesamt	60		

[1] Halbe Probenzahl bei kleinen Anlagen (Mengendurchsatz ≤ 3000 t/a)
[2] Die direkte Prozeßprüfung in Vergärungsanlagen kann auch in mehreren Durchgängen hintereinander erfolgen. So kann z.B. der für die thermische Inaktivierung relevante Anlagenteil in drei Chargen an drei aufeinanderfolgenden Tagen untersucht werden.
[3] Die Aussagen zur seuchenhygienischen Unbedenklichkeit von behandelten Materialien gelten nur, wenn sowohl die Endproduktprüfungen als auch die Prozeßprüfungen bestanden wurden.
[4] Die Proben sind Sammelmischproben (ca. 3 kg) aus je fünf Teilproben des abgabefertigen Produktes.

sind. Das Vorkommen von Pathogenen in Kompost hängt davon ab, ob sie im Ausgangsmaterial vorhanden sind und ob die Hygienisierungsprozesse während der Kompostierung wirksam waren. Populationen von Pathogenen treten häufig in großen Mengen in altem Pflanzengewebe auf, wo Ruheformen für das Überleben während der Abwesenheit von empfänglichen Pflanzen gebildet werden. Sie gelangen in großen Mengen in das Kompostierungssystem, wenn Ernterückstände einen Hauptbestandteil des Rohmaterials ausmachen. Die Ernterückstände enthalten Reste von Feld- und Gewächshausfrüchten sowie Obst- und Gemüsereste in der organischen Fraktion von Haushalts- und Gartenabfällen. Durch den bestehenden Trend zur Getrenntsammlung organischer Abfallstoffe von anderem Hausmüll nimmt die Menge des kompostierbaren Materials in vielen Ländern zu und damit auch die mögliche Menge von phytopathogenen Erregern [18].

Dieser Problemkreis hat bei den früheren Diskussionen um die Hausmüllkompostierung verhältnismäßig wenig Beachtung gefunden, während die seuchenhygienischen Aspekte im Vordergrund standen. Durch die Einführung der getrennten Bioabfallsammlung und -verwertung sind darin, in Abhängigkeit von der Jahreszeit, folgende Stoffe pflanzlicher Herkunft zu finden: Rasenschnitt, Baum- und Strauchschnitt, Blumen, Fallobst, Wurzelstrünke, Laub, Tannengrün, Obst- und Gemüseabfall. In allen diesen Abfällen können Erreger von Pflanzenkrankheiten und Pflanzenschädlinge vorkommen [40].

Tab. 5.2 Übersicht über pflanzenpathogene Bakterien und deren Wirtspflanzen ([56]; modifiziert)

Pathogen	Wirtspflanzen	Krankheitsbezeichnung	Thermale Inaktivierung °C	Bemerkungen zur Lebensdauer in vitro
Xanthomonas campestris	Weißkohl, Kohlrabi, Steckrüben, Blumenkohl	Schwarzadrigkeit des Kohls	44–52	Lebensdauer auf Agar 4–6 Monate, auf Kartoffeln bei 12 °C 1 Jahr
Pseudomonas marginalis	Salat, Endivie	Bakterielle Salatfäule	52–53	1 Jahr
Pseudomonas phaseolicola	Bohnen	Fettfleckenkrankheit	49–50	?
Pseudomonas lacrimans	Gurke	Bakterien-Blattfleckenkrankheit	47–48 bzw. 49–50	Überwintert in Pflanzenrückständen
Pseudomonas tabaci	Tabak	Wildfeuer	47–49 bzw. 49–51	ca. 6 Mon. lebensfähig in Blättern atypischer Wirte
Corynebacterium michiganense	Tomate	Bakterienwelke der Tomate	?	Überdauert 4 Jahre in Rückständen
Corynebacterium sepedonicum	Kartoffel	Bakterienringfäule	50	Überdauert längere Zeit in Rückständen
Erwinia phytophthora	Kartoffel, Möhre	Schwarzbeinigkeit Bakterienfäule	47–53	Überdauert in Rückständen
Erwinia amylovora	Kernobst, Zierpflanzen	Feuerbrand	bei Kompostierung gem. LAGA-M10	Überdauert in Rückständen
Agrobacterium tumefaciens	Verschiedene Wirtspflanzen	Wurzelkropf	50–52	Überdauert mehrere Jahre im Boden

3 Phytohygienische Problematik

3.1 Schaderreger in Stoffen pflanzlicher Herkunft

Ähnlich wie bei den Seuchenerregern gibt es auch im Pflanzenbereich verschiedene Gruppen von Schaderregern: Bakterien, Viren, Pilze, tierische Schädlinge (Nematoden) und Unkräuter [56, 18].

Bakterien können als Phytopathogene eine Reihe von Pflanzenkrankheiten verursachen, wobei die Infektion überwiegend vom Boden her erfolgt (siehe Tab. 5.2). Allerdings können sie keine Sporen bilden, wie manche menschen- oder tierpathogene Bakterien. Deshalb sind sie empfindlicher gegen äußere Einflüsse. Die bisherigen Untersuchungen über das Verhalten von phytopathogenen Bakterien bei der Kompostierung zeigen, daß dieser Prozeß die davon befallenen Abfälle pflanzlicher Herkunft wirksam hygienisiert. *Erwinia amylovora*, der Erreger des Feuerbrandes bei Obstbäumen und Zierpflanzen, wurde zerstört, wenn infizierte Schößlinge einem Kompostierungsprozeß von 7 Tagen bei 40 °C oder mehr ausgesetzt waren, jedoch nicht bei niedrigeren Temperaturen.

Zwei andere Bakterien waren sogar noch weniger resistent, z. B. *Erwinia carotovora* var. *chrysantemi* und *Pseudomonas phaseolicola* bei Chrysanthemenstecklingen bzw. Bohnenblättern. Auch die **anaerobe Fermentation** von Pflanzenmaterial wirkt sich negativ auf das Überleben von Pathogenen aus. *Clavibacter michiganense* als Erreger des bakteriellen Tomatenkrebses wurde in einem Anaerobreaktor mit Tomatenabfällen bei 35 °C zerstört. Die zur Verfügung stehenden Daten machen es sehr unwahrscheinlich, daß ein ordnungsgemäß hergestellter Kompost mit bakteriellen phytopathogenen Erregern befallen ist [18, 56].

Viren befallen nicht nur Menschen und Tiere, sondern auch Pflanzen. Ihre Vermehrung kann nur in lebenden Zellen stattfinden. Etwa ein Sechstel der Pflanzenviren kommen im Boden vor (siehe Tab. 5.3). Sie infizieren die Pflanzen über die Wurzeln, Zwiebeln oder den Sproß. In den meisten gärtnerisch oder landwirtschaftlich genutzten Böden treten Viren auf. Sogar in Pflanzschulen, wo der Pflanzengesundheit mehr Aufmerksamkeit gewidmet wird als in Produktionsbetrieben, sind die Böden oft infiziert. Bei einigen hitzeresistenten Pflanzenviren sind die Literaturangaben über ihre Resistenz bei der Kompostierung widersprüchlich. Tabakmosaikvirus (TMV) wurde in Kompost festgestellt, der aus Resten von befallenen Tabakpflanzen hergestellt war, obwohl die Kompostierung sechs Wochen lang bei 50–70 °C erfolgte. Extrakte aus Kompost reduzierten die Infektiosität des TMV sehr stark, ohne jedoch eine völlige Inaktivierung zu bewirken. Andererseits fanden andere Untersucher, daß das TMV in Kompostmieten aus einer Mischung von Bioabfall und Holzhäcksel seine Infektiosität völlig verlor, sogar in Proben, bei welchen die Maximaltemperatur unter 65 °C gelegen hatte [40]. Die Infektiosität des Virus wurde an Testpflanzen untersucht. Die Autoren betonen aber, daß es sich möglicherweise um eine reversible Inaktivierung gehandelt haben könnte (Adsorption, ohne das Virusmolekül zu zerstören), anstelle einer irreversiblen Inaktivierung durch Zerstörung des Virus. Hinweise auf das Vorkommen einer reversiblen Inaktivierung bei TMV liegen von anderer Seite vor [18].

Pilze haben bei Hygienisierungsstudien an Komposten mehr Aufmerksamkeit erfahren als andere Pathogene. Insbesondere sind für die Kompostierung solche Arten von Bedeutung, die ungünstige Umweltbedingungen durch Bildung von widerstandsfähigen Dauersporen oder auch sogenannte Sklerotien überstehen können (siehe Tab. 5.4). Die meisten pilzlichen Pathogene werden schnell inaktiviert. Dies trifft auch für sklerotienbildende Pilze als Ruheformen zu, wie z. B. *Sclerotium rolfsii, Sclerotinia trifoliorum, Verticillium dahliae* und *Sclerotium cepivorum* bzw. *sclerotiorum*. Trotz ihrer bekannten Resistenz gegen widrige Bedingungen und ihrer Langlebigkeit im Boden sind sie unfähig, die Temperaturen auszuhalten, die bei der Kompostierung während der Hocherhitzungsphase auftreten [18].

Tab. 5.3 Übersicht über pflanzenpathogene Viren und deren Wirtspflanzen* [56]

Pathogen	Wirtspflanzen	Krankheitsbezeichnung	Thermale Inaktivierung °C	Bemerkungen zur Lebensdauer in vitro
Y-Virus	Kartoffel, Tabak, Tomate	Strichelkrankheit	52–60	1–2 Tage bei Zimmertemperatur (ZT)
X-Virus	Kartoffel, Tomate, Tabak, Paprika, Eierfrucht	Mosaik	68–69 bzw. 72–74	Mehrere Wochen bis zu 1 Jahr
Aucuba-Virus	Kartoffel, Tabak, Tomate	Aucuba-Mosaik	63–65	3–4 Tage
Tabakringflecken-Virus	Kartoffel, Tabak, Buschbohne, Gurke	Bukettkrankheit, Tabakringflecken, Ringfleckenkrankheit der Gurke	60–65	3–4 Tage bei ZT
Rattle-Virus	Kartoffel, Tabak	Stengelbuntkrankheit, Maukekrankheit	75–80	1 Monat bei ZT
Tabakmosaik-Virus	Tabak, Tomate, Paprika	Tabakmosaik Tomatenmosaik	90–92 in trockenen Blättern 150	Mehrere Monate; in trockenen Blättern mehrere Jahrzehnte
Tabaknekrose-Virus	Tabak, Gartenbohne	Tabaknekrose	86–95	20 Tage
Tabakrippenbräune-Virus	Tabak, Kartoffel (latent)	Tabakrippenbräune	60–62	50 Tage bei 20–22 °C
Ackerbohnenmosaik-Virus	Ackerbohne, Erbse	Echtes Ackerbohnenmosaik	66–70 bzw. 75	6–7 Tage
Erbsenmosaik-Virus	Erbse, Ackerbohne	Gewöhnl. Erbsenmosaik	60–64 bzw. 55	2 Tage
Bohnenmosaik-Virus	Gartenbohne, Limabohne	Gewöhnl. Mosaik der Gartenbohne	56–58 bzw. 50–55	24–36 Std.
Gelbes Bohnenmosaik-Virus	Gartenbohne, Erbse	Gelbes Mosaik der Gartenbohne	56–60 bzw. 50–55	24–36 Std.
Blumenkohlmosaik-Virus	Verschied. Kohlarten	Blumenkohlmosaik	75–80	5–6 bzw. 7–14 Tage
Gurkenmosaik-Virus	Gurke, Melone, Kürbis, Spinat, Erbse, Bohne, Salat, Tomate, Sellerie	Gurkenmosaik Gelbfleckigkeit Selleriemosaik	60–70	3–4 Tage bei ZT
Aucuba-Mosaik-Virus	Gurke, Melone	Grünscheckungsmosaik der Gurke	80–90	1 Jahr
Kohlringflecken-Virus	Blumenkohl, Weißkohl, Meerrettich, Spinat, Tabak, Rhabarber, Zierpflanzen	Schwarzringfleckigkeit des Kohls, Meerrettichmosaik	59–60 bzw. 56–65	2–3 Tage
Salatmosaik-Virus	Salat, Endivie	Salatmosaik	55–60 bzw. 54	48 Stunden bei ZT
Rübenmosaik-Virus	Spinat, Rote Rübe, Mangold, Erbse	Spinatmosaik	55–60	3–4 Tage bei ZT
Zwiebelmosaik-Virus	Zwiebel, Poree	Gelbstreifigkeit der Zwiebel	75–80	100 Stunden im Blatt bei 29 °C

* Nicht aufgeführt sind:
a) mechanisch nicht übertragbare bzw. sehr labile Viren;
b) Viren, die bisher in Deutschland nicht nachgewiesen worden sind

3 Phytohygienische Problematik

Tab. 5.4 Übersicht über pflanzenpathogene Pilze und deren Wirtspflanzen [56]

Pathogen	Wirtspflanzen	Krankheitsbezeichnung	Bemerkungen
Plasmodiophora brassicae	Kohlsorten	Kohlhernie	Überdauert mehrere Jahre im Boden
Phoma lingam	Viele Kohlsorten	Umfallkrankheit	Überdauert a. Rückständen im Boden
Phoma apiicola	Sellerie	Sellerieschorf	Überdauert auf Rückständen
Peronospora brassicae	Kohl	Kohlperonospora	Überdauert auf Rückständen
Peronospora spinaciae	Spinat	Falscher Mehltau des Spinates	
Peronospora destructor	Zwiebel	Falscher Mehltau an Zwiebeln	Dauerorgane
Marssonina panattoniana	Salat	Fleckenkrankheit	Überdauert a. Rückständen im Boden
Sclerotinia minor	Salat	Sclerotinia-Fäule	Überdauert auf Rückständen
Botrytis cinerea	Salat	Salatfäule	Überdauert im Boden
Bremia lactucae	Salat, Endivien	Falscher Mehltau des Salates	
Cercospora beticola	Mangold, Rübe	Blattfleckenkrankheit	Dauerorgane
Aphanomyces raphani	Rettich	Rettichschwärze	Dauerorgane
Alternaria porri	Möhren	Möhrenschwärze	Überdauert auf Rückständen
Septoria apii	Sellerie	Sellerieblattfleckenkrankheit	Überdauert auf Rückständen
Albugo tragoponis	Schwarzwurzel	Weißer Rost	
Albugo candida	Meerrettich	Weißer Rost	Dauerorgane
Turburcinia cepulae	Zwiebel	Zwiebelbrand	Überdauert bis zu 10 Jahre im Boden
Sclerotium cepivorum	Zwiebel	Mehlkrankheit der Zwiebel	Dauerorgane überdauern mehrere Jahre
Botrytis allii	Zwiebel	Grauschimmelfäule	Dauerorgane
Uromyces appendiculatus	Bohne	Bohnenrost	Dauerorgane
Mycosphaerella pinodes	Erbse	Welkekrankheit	Dauerorgane
Ascochyta pinodella	Erbse	Welkekrankheit	Dauerorgane
Erysiphe polygoni	Erbse	Erbsenmehltau	Dauerorgane
Cladosporium cucumerinum	Gurke	Gurkenkrätze	Dauerorgane
Sclerotinia sclerotiorum	Gurke	Stengelfäule der Gurke	Dauerorgane
Septoria lycopersici	Tomate	Septoria-Blattfleckenkrankheit	Überdauert in Pflanzenresten
Alternaria solani	Tomate	Alternaria-Blattfleckenkrankh.	Überdauert in Pflanzenresten
Didymella lycopersici	Tomate	Tomatenstengelfäule	Überdauert a. Pflanzenrest. im Boden
Rhizoctonia solani	Kartoffel	Wurzeltöterkrankheit	Dauerorgane
Phytophthora infestans	Kartoffel, Tomate	Kraut- und Knollenfäule	Überdauert in Rückständen
Synchytrium endobioticum	Kartoffel	Kartoffelkrebs	Dauerorgane
Verticillium ablo-atrum	Kartoffel	Pilzringfäule	Dauerorgane

Biotrophe Pilze, die dickwandige Ruhesporen bilden, sind weniger leicht auszumerzen. Sie sind obligate wurzelinfizierende Parasiten. Die Ruhesporen sind widerstandsfähig gegen Austrocknung sowie Hitze, und sie überleben im Boden viele Jahre. In der Regel sollten bei der Kompostierung Temperaturen von mindestens 60 °C bei genügender Feuchte über mehrere Stunden einwirken, um die Ruhesporen abzutöten. Ein Beispiel ist *Olpidium brassicae*, der Vektor für Viren bei Salat und anderen Ernteprodukten. Bei phytohygienischen Untersuchungen ist der Bekämpfung von *Plasmodiophora brassicae* viel Aufmerksamkeit gewidmet worden, da der Erreger eine ernsthafte Bedrohung für die Kohlproduktion darstellt, weil Kompost auf Kohlfeldern angewandt wird. Die Literaturangaben dazu sind sehr widersprüchlich. Extreme waren das Überleben während der Kompostierung über 3 Wochen bei 65 °C und die völlige Ausmerzung nach 24 Stunden in Kompost bei 54 °C. Offensichtlich spielen auch andere Faktoren außer der Temperatur bei der Ausmerzung dieses Pilzes eine Rolle. Für einige andere Ruhesporen bildende Pilze sind noch Informationen über ihr Verhalten bei der Kompostierung dringend erforderlich. Pilze sind auch hochempfindlich gegenüber den Einflüssen **anaerober Fermentation**, wie für *Fusarium oxysporum* f. sp. *dianthi* (Erreger der Welkekrankheit bei Nelken) und *Sclerotium cepivorum* (Mehlkrankheit bei Zwiebeln) gezeigt werden konnte. Es wäre wichtig zu wissen, ob das auch für biotrophe Parasiten zutrifft, die dickwandige Ruhesporen bilden [18].

Nematoden (Älchen) sind tierische Schädlinge, von denen manche einen

Tab. 5.5 Übersicht über pflanzenpathogene Nematoden und deren Wirtspflanzen* [56]

Pathogen	Wirtspflanzen	Bemerkungen
Ditylenchus dipsaci	Rote Rübe, Mangold, Kohlrabi, Möhren, Kartoffel, Erbsen, Gartenbohne, Zwiebel, Sellerie, Gurke, Salat, Spinat, Erdbeeren	Überdauert in Pflanzenrückständen und im Boden unter bestimmten Voraussetzungen bis zu 2 Jahren
Ditylenchus destructor	Kartoffel	
Heterodera schachtii	Rote Rübe, Mangold, Kohlrabi, Sellerie, Kohlarten, Radies, Spinat	Zystenbildner; Larven können bis zu 1 Jahr, Zysten bis zu 6 Jahren im Boden überdauern
Heterodera rostochiensis	Kartoffel, Tomate	Zystenbildner; Larven überdauern bis zu 9 Monaten, Zysten bis zu 7 Jahren im Boden
Heterodera goettingiana	Erbse	Zystenbildner
Pratylenchus pratensis	Rote Rübe, Mangold, Möhren, Kartoffel, Tabak, Erbse, Zwiebel, Schnittlauch, Kohlarten, Salat, Meerrettich, Radies	Überdauert in Wurzeln und im Boden
Aphelenchoides parietimes	Möhren, Kartoffel, Zwiebel	
Aphelenchoides ritzemabosi	Tabak, Salat	Überdauert bis zu 4 Monaten im Boden
Aphelenchus avenae	Möhren, Zwiebel	
Meloidogyne spp.	Rote Rübe, Möhren, Kartoffel, Tabak, Erbse, Gartenbohne, Zwiebel, Sellerie, Kohlarten, Endivie, Gurke, Salat, Meerrettich, Petersilie, Rhabarber, Schwarzwurzel, Spinat, Tomate	Gallenbildner; *M. hapla* z.B. überdauert über 6 Monate im Boden

* Die Abtötungstemperatur für Nematodenlarven liegt bei 52 °C, für Zysten und Eipakete dagegen bei höheren Temperaturen

sehr großen Wirtspflanzenkreis haben, während andere sich nur auf eine einzige Pflanzenart spezialisieren (siehe Tab. 5.5). Von großer Bedeutung sind hier vor allem solche Nematoden, die in der Lage sind, sogenannte Zysten zu bilden. Bei diesen Zysten handelt es sich um Weibchen, die in Dauerformen umgewandelt sind. Sie sind ausgefüllt mit Eierpaketen oder Larven, je nach dem, um welche Art es sich handelt. Diese Zysten können viele Jahre im Boden überleben. Wenn geeignete Bedingungen auftreten, d. h. wenn Wirtspflanzen in der Nähe wachsen, werden diese Larven zum Schlüpfen angeregt und wandern zu den Wurzeln der Wirtspflanzen hin, die sie dann befallen [56]. Die Überlebensdaten von Nematoden bei der Kompostierung zeigen, daß sie dagegen empfindlich sind. Dies trifft auch für die zystenbildenden Spezies und Wurzelgallenbildner zu, die gegen ungünstige Bedingungen im Boden, wie Austrocknung und Chemikalien, resistenter sind als die meisten anderen Nematoden. Bei einem hochwirksamen Kompostierungsverfahren für Haushaltsabfälle wurden die Wurzelgallennematoden *Meloidogyne incognita* var. *acrita* an Tomaten in allen acht durchgeführten Versuchen abgetötet. Das gleiche wurde auch für *M. incognita* an Paprika bei der

Tab. 5.6 Übersicht über Unkräuter als Konkurrenten für Kulturpflanzen* [56]

Deutscher Name	Botanische Bezeichnung
Gemeiner Erdrauch	*Fumaria officinalis*
Hirtentäschelkraut	*Capsella bursa pastoris*
Kleine Brennessel	*Urtica urens*
Bingelkraut	*Mercurialis annua*
Stumpfblättriger Ampfer	*Rumex obtusifolius*
Knäuelblütiger Ampfer	*Rumex conglomeratus*
Krauser Ampfer	*Rumex crispus*
Kleiner Sauerampfer	*Rumex acetosella*
Großer Sauerampfer	*Rumex acetosa*
Flohknöterich	*Polygonum persicaria*
Ampferknöterich	*Polygonum lapathifolium*
Vogelknöterich	*Polygonum aviculare*
Windenknöterich	*Polygonum convolvulus*
Vogelmiere	*Stellaria media*
Niederliegendes Mastkraut	*Sagina procumbens*
Knäuelhornkraut	*Cerastium glomeratum*
Weißer Gänsefuß	*Chenopodium album*
Vielsamiger Gänsefuß	*Chenopodium polyspermum*
Rote Taubnessel	*Lamium purpureum*
Stengelumfassende Taubnessel	*Lamium amplexicaule*
Schwarzer Nachtschatten	*Solanum nigrum*
Ehrenpreis-Arten	*Veronica spec.*
Wegerich-Arten	*Plantago spec.*
Franzosenkraut	*Galinsoga parviflora*
	Galinsoga quadriradiata
Gemeines Kreuzkraut	*Senecio vulgaris*
Frühlingskreuzkraut	*Senecio vernalis*
Echte Kamille	*Matricaria chamomilla*
Hundskamille-Arten	*Anthemis spec.*
Einjähriges Rispengras	*Poa annua*

* Die wichtigsten, im Gartenbau vorkommenden Arten, deren Verbreitung hauptsächlich durch Samen erfolgt. Dauerunkräuter sind nicht aufgeführt.

Kompostierung von Küchen- und Gartenabfällen gefunden. Nematoden sind gegen hohe Temperaturen empfindlicher als die meisten anderen Phytopathogenen. Obgleich nur wenige Untersuchungen bei der Kompostierung von infizierten Ernterückständen durchgeführt wurden, unterstützen die Ergebnisse die Schlußfolgerung, daß ein sachgemäß hergestellter Kompost über eine Hochtemperaturrottephase und eine Nachrotte frei von pflanzenpathogenen Nematoden ist [18].

Unkräuter sind keine Phytopathogenen im eigentlichen Sinne, sie konkurrieren allerdings mit den Kulturpflanzen um Nährstoffe, Licht, Wasser und anderes und sind daher in Kulturen unerwünscht (siehe Tab. 5.6). Unkrautsamen bleiben einige Jahre im Boden keimfähig. Wenn ein Garten umgegraben oder ein Feld umgepflügt wird, werden diese Samen wieder an die Oberfläche gebracht und können danach auskeimen. Solche Unkrautsamen können durchaus in bestimmten Jahreszeiten auch im Biomüll enthalten sein [56].

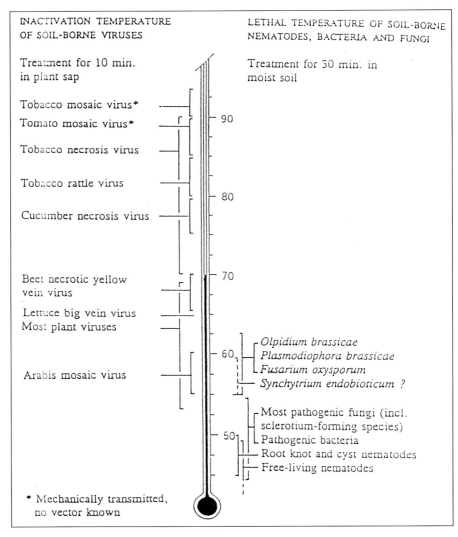

Abbildung 5.1: Inaktivierungstemperaturen für pflanzenpathogene Erreger [18]

3 Phytohygienische Problematik

Die Inaktivierung und Zerstörung der Erreger von Pflanzenkrankheiten bei der Kompostierung wird durch verschiedene Faktoren bewirkt: 1. die bei der ersten Rottephase entstehenden hohen Temperaturen, 2. Toxizität von Abbauprodukten, 3. enzymatischer Abbau und 4. mikrobieller Antagonismus. Die unterschiedlichen Inaktivierungstemperaturen für Phytopathogene sind in Abb. 5.1 zusammengefaßt. Als Schlußfolgerung wird angegeben, daß die entstehenden Temperaturen während der ersten aeroben Kompostierungsphase von Ernterückständen und häuslichem Bioabfall die für eine Abtötung der meisten Erreger erforderliche Grenze übersteigen. Die für eine komplette Eliminierung eines Pflanzenpathogens erforderliche Temperatur ist vom Umfang des Erregervorkommens abhängig. Auch der Einfluß von Materialfeuchtigkeit auf die Thermosensitivität von Erregern ist belegt. Erhöhte Widerstandsfähigkeit unter trockenen Bedingungen ist die Regel und wurde mehrfach nachgewiesen. Das Auftreten von Trockennestern im Kompostmaterial ist wahrscheinlich der Hauptgrund für das Überleben von Pathogenen in Komposthaufen oder -mieten, bei denen man anhand der erreichten Temperaturen deren Eliminierung erwartet hatte. Ein Mindestfeuchtegehalt von 40 % wird deshalb empfohlen. Über die Interaktionen zwischen Hitzeresistenz und pH-Wert des Substrates liegen nur ungenügende Informationen vor. Die Zerstörung oder der Verlust der Infektiosität von Phytopathogenen in Komposten bei deren Herstellung die erforderlichen thermischen Bedingungen nicht erreicht wurden, werden der Aktivität toxischer Umwandlungsprodukte oder dem direkten Abbau pathogener Strukturen durch die Mikroflora zugeschrieben. Beweise für die Beteiligung toxischer Verbindungen werden hauptsächlich von Beobachtungen beim Abbau unter **anaeroben Bedingungen** abgeleitet. Enzymatischer Abbau ist möglicherweise einer der Mechanismen für die Inaktivierung von Viren, da sie bei dem Abbau pflanzlicher Rückstände der proteolytischen Aktivität der Mikroflora ausgesetzt sind. Daten über die Anfälligkeit von Virusproteinen gegen die bei der Kompostierung vorherrschenden Bedingungen fehlen noch. Beim Tabakmosaikvirus gibt es Hinweise dafür, daß sein Abbau mit einer hohen mikrobiellen Aktivität einhergeht. Auch mikrobieller Antagonismus scheint ein Hauptfaktor bei den erregerunterdrückenden Eigenschaften von Reifkompost zu sein. Als Haupteffekt wird ein erhöhtes Niveau von Fungistase infolge der Konkurrenz zwischen Pathogenen und der Kompostmikroflora beschrieben, während Mykoparasitismus und Amensalismus infolge Bildung von antifungalen Substanzen in geringerem Maße beteiligt sind. Die Autoren ziehen die Schlußfolgerung, daß wirkliche Beweise für die Rolle eines oft behaupteten mikrobiellen Antagonismus, der zum Abbau von Phytopathogenen bei der Kompostierung beiträgt, bisher nicht erbracht wurden [18].

Zusammenfassend läßt sich feststellen, daß die überwiegende Mehrheit der bisher untersuchten Phytopathogenen, die bei der Kompostierung von Pflanzenabfällen vorherrschenden Bedingungen nicht überlebt, wenn auch einige wenige ungeschädigt davonkommen. Zu den in dieser Hinsicht kritischen Phytopathogenen zählen die hitzeresistenten Viren, einige biotrophe Pilze und wenige Stämme von *Fusarium oxysporum*. Unter den an der Inaktivierung von Phytopathogenen beteiligten Faktoren wird die Temperatur als der Hauptfaktor bei der aeroben Kompostierung angesehen und bei dem anaeroben Abbau die dabei entstehenden toxischen Stoffe. Obgleich auch toxische Produkte zur Abtötung von Pathogenen bei der Kompostierung beitragen, ist die Temperatur der beste Parameter für die Beurteilung der Hygienisierung, da die Temperatur viel leichter überwacht werden kann als die Bildung von toxischen Metaboliten. Die gegenwärtigen Methoden für Probennahmen und Feststellung von Phytopathogenen im Kompost erlauben keine verläßliche Bewertung des Erregerbefalls im Endprodukt Kompost. Der derzeit dafür am besten geeignete Weg ist die Festlegung der Bedingungen, die für eine Hygienisierung bei der Kompostierung eingehalten werden müssen (so wie es in der Neufassung des LAGA-Merkblattes M 10 bzw. der BioAbfV erfolgt ist). Es wird nicht möglich sein, jegliches Risiko völlig auszuschließen, jedoch werden mit der Auswahl der Testorganismen *P. brassicae,* Tomatensamen und Tabakmosaikvirus die allermeisten Phytopathogenen abgedeckt [18, 56, 40, 67].

3.2 Phytosanitäre Wirkungen von Komposten

Nach [22] sind phytosanitäre Effekte von Komposten oder organischen Düngern seit alters her bekannt. Einen bemerkenswert hohen Grad an Suppressivität besitzen Felder in China gegenüber bodenbürtigen Schaderregern, die seit Jahrhunderten in Bewirtschaftung mit vornehmlich organischer Düngung sind.

In unseren Breiten geriet mit der Entwicklung der Landwirtschaft bereits vorhandenes Wissen in Vergessenheit, und infolge der Konzentration auf eine einseitige Förderung des biologisch-technischen Fortschritts in der Landwirtschaft kam es zu einer Vernachlässigung der Forschung und des Einsatzes natürlicher Regelungsfaktoren von Schaderregern. So wurde bereits Ende der 50er Jahre der Begriff des antiphytopathogenen Potentials des Bodens geprägt und in Untersuchungen dargestellt, daß es durch differenzierte Kenntnisse über den Wirt, den Krankheitserreger und die Kompostwirkungen möglich war, die Kohlhernie in ihrer Wirkung einzuschränken. Phytosanitäre Wirkungen von Komposten, suppressive Wirkungen oder das antiphytopathogene Potential sind Sammelbezeichnungen für etwa die gleiche Sache: Sie bezeichnen alle die Wirkungen einer Vielzahl von Einflußfaktoren von Komposten auf die Schaderreger, die Pflanzen und den Boden in seiner chemisch-physikalisch-biologischen Komplexität. Insbesondere den biologischen Mechanismen wird ein bedeutender Anteil am Phänomen der Suppressivität von Komposten gegenüber bodenbürtigen Schaderregern zugeschrieben. Im Wesentlichen sind dies nach heutigem Kenntnisstand antibiotische Wirkungen von Antagonisten, die Konkurrenz um essentielle Nahrungsstoffe zwischen pathogenen und anderen Mikroorganismen und der Hyperparasitismus.

Die intensivsten Kenntnisse über die Fähigkeit von Komposten, bodenbürtige Schaderreger einzuschränken, stammen aus den USA. Seit Anfang der 80er Jahre wurden an der Columbus University, Ohio, mit Komposten aus Eichenrinden bemerkenswerte Ergebnisse bei der Einschränkung von *Rhizoctonia solani* und *Phytium ultimum* bei verschiedensten Kulturpflanzen erzielt. Es gelang bei weiteren Untersuchungen, einige wesentliche Schutzmechanismen zu identifizieren. In der Anfangsphase (1983/84) konnten zunächst einige bereits bekannte pilzliche Antagonisten (*Trichoderma spp., Gliocladium spp.*) als Träger der suppressiven Wirkung ausgemacht werden, vorausgesetzt, daß einige wichtige Kriterien der Komposte wie das Alter, die Kompostierungsart und die Nährstoffverhältnisse berücksichtigt wurden. Aufgrund derartiger Erkenntnisse wandte man sich neben der Bestimmung weiterer Antagonisten, wie Bakterien und Aktinomyceten, der näheren Berücksichtigung dieser zunächst qualitativen Eigenschaften der Komposte zu. Für *Rhizoctonia spp.* konnten neben der bereits bekannten hyperparasitären Wirkung durch Antagonisten auch Merkmale genereller Suppressivität durch Nahrungskonkurrenz (z. B. um Cellulose) festgestellt werden. Wegen der Dezimierung des Inokulums schließt man jedoch nach wie vor auf spezielle Mechanismen. Dagegen lassen die Untersuchungen zu *Phytium ultimum* bisher kaum den Schluß auf spezielle Suppressivität zu. Gestützt durch neuere enzymatische Testmethoden zur Bestimmung der mikrobiellen Aktivität in einem Medium und Beobachtungen zur Entwicklung des Schaderregers wurde die Rolle des Mikroorganismenbesatzes bei der Konkurrenz um bestimmte essentielle Nährstoffe (Cellulose, Glucose, Asparagin) von Schaderre-

3 Phytohygienische Problematik

gern und Mikroorganismen als bedeutendes Merkmal phythiumsuppressiver Kompostmedien erkannt. Verursacht durch den fortgeschrittenen Zersetzungsgrad des Kompostes liegen diese Nährstoffe im Mangel vor, und es tritt ein fungistatischer Zustand des Schaderregers ein, der auch durch Wirtspflanzen mit hoher Exsudatbildung in der Rhizosphäre nicht aufgehoben wird. Aufgrund dieser Erkenntnisse sind die Kompostmedien auf Eichenrindenbasis in Ohio in Gärtnereien im Einsatz und haben Torfsubstrate ersetzt, da diese zum großen Teil aus Kanada importiert werden mußten. Neben der Anwendung von Komposten auf Rindenbasis ist eine weitere Anzahl von Komposten beschrieben worden, bei denen ähnliche Effekte zu erzielen waren. Als Zuschläge zu Substraten für Zierpflanzen wurde die Wirkung von Klärschlammkomposten auf *Rhizoctonia solani* und *Phythium spp.* beschrieben. Ebenso liegen dazu Berichte aus Israel über die positive Wirkung mit Komposten vor, die aus der festen Substanz der Gülleseparierung hergestellt wurden. Suppressive Effekte bei der Kompostanwendung in der Landwirtschaft liegen bisher nur vereinzelt aus den USA insbesondere im Bereich des Feldgemüseanbaus vor. In Deutschland ist diese Anwendung wegen der viel strengeren gesetzlichen Regelung für die landwirtschaftliche Verwertung von Klärschlamm und Klärschlammkompost nicht möglich. Für die Landwirtschaft und den Weinbau interessant waren in den letzten Jahren die Berichte und Forschungsergebnisse einer Arbeitsgruppe der Bonner Universität, die mit positiven Ergebnissen bei der Anwendung von Kompostextrakten gegen den Falschen Mehltau des Weins, *Plasmopara viticola*, und die bedeutendste Krankheit im Kartoffelanbau, die Kraut- und Knollenfäule *(Phytophtora infestans)* auf sich aufmerksam machte [22]. Die Ergebnisse einer weiteren Untersuchung aus dieser Arbeitsgruppe belegen, daß ein praxisrelevanter Einsatz der umweltverträglichen Kompostextrakte gegen die vier wichtigsten pilzlichen Erreger des Weinbaus durchaus möglich ist: *Plasmopara viticola, Uncinula necator, Botrytis cinerea* und *Pseudopezicula tracheiphila*. Probleme bei der praktischen Anwendung treten bisher noch immer durch die nur schwer zu gewährleistende Standardisierung auf. Problematisch ist weiterhin die nur protektive und bei sehr starkem Befallsdruck bisher noch nicht ausreichende räumlich und zeitlich begrenzte Wirkung der Kompostextrakte. Weiteres Ziel muß sein ein standardisiertes Produkt zu entwickeln, das unter festgelegten Bedingungen in großen Mengen herstellbar, für den Anwender einfach in anwendbare Form überführbar und bei gegebenem hohen Wirkungsniveau gegen möglichst viele pilzliche Erreger einsetzbar sein sollte. Die vorliegenden Ergebnisse machen weitere Untersuchungen sinnvoll. Die Durchführbarkeit des Verfahrens sollte im praktischen Weinbau durch private Betriebe weiter erprobt werden [70].

Untersuchungen mit Grün- und Bioabfallkomposten aus der getrennten Sammlung organischer Abfälle aus Haus und Garten haben in verschiedenen Aufwandmengen positive Ergebnisse gegen die beiden Wurzelbranderreger *Phytium ultimum* und *Rhizoctonia solani* bei Leguminosen und Roten Beten ergeben. Besonders deutlich waren die Ergebnisse unter sterilen Bedingungen mit Sand als Basismedium. Derzeit wird in umfangreicheren Untersuchungen die Anwendung dieser Komposte als Zuschlagstoffe zu Einheitserdesubstraten getestet und versucht darzustellen, unter welchen Bedingungen die in sterilen Systemen gezeigten Ergebnisse auch auf natürliche Verhältnisse zu übertragen sind. Dazu gehört auch der Testeinsatz von Komposten in natürlich infizierten Böden. Aus den Resultaten lassen sich jedoch bisher noch keine allgemein gültigen Aussagen ableiten, insbesondere was die Wirkungsspektren der Kompostmedien angeht, die Schlüsse auf eine spezielle Herstellung von Komposten unter dem Gesichtspunkt der Steigerung phytosanitärer Effekte zulassen. Dies gilt bisher nur für einzelne gut beschriebene Verfahren und Komposte. Offene Fragen bestehen bei den Wirkungsmechanismen und der Möglichkeit ihrer Vorhersagbarkeit mit geeigneten Methoden, die auch in der Praxis Anwendung finden könnten [22].

4 Human- und veterinärhygienische Problematik

4.1 Krankheitserreger im Bioabfall

Es ist bekannt, daß in den festen und flüssigen Siedlungsabfällen Krankheitserreger vorhanden sein können. Bereits zu Beginn dieses Jahrhunderts (1908) hat man sich für die Frage der mikrobiellen Gefährdung des Menschen durch pathogene Keime in Kehricht und Müll interessiert und entsprechende Untersuchungen mit Typhusbakterien, Paratyphus-B- und Pseudodysenteriebakterien sowie Milzbrandbazillen unter verschiedenen Temperaturbedingungen in Stubenkehricht gemacht. Dabei blieben die Typhuserreger über 40 Tage und die anderen drei genannten Bakterienarten über 80 Tage lang lebensfähig. Die Abtötungszeiten der verwendeten Keime wurden nicht ermittelt. An Gewebsstückchen angetrocknete Dysenteriebakterien starben nach 19 Tagen im Kehricht ab, Choleravibrionen waren bereits nach 24 Stunden inaktiviert. Wenn der Müll Kohlen- und Brikettasche enthielt, hielten sich Typhusbakterien 115 Tage, Paratyphus-B-Bakterien 136, Dysenteriebakterien 48 Tage und Pseudodysenterieerreger 69 Tage am Leben. In einem aus Küchenabfällen bestehenden Müll waren die entsprechenden Absterbezeiten 4, 24, 5 und 20 Tage. Im Staub der Umgebung der mit Typhusbakterien infizierten Stoffstückchen waren diese Erreger noch nach 44 Tagen nachweisbar. Diese Angaben wurden 1928 durch einen anderen Untersucher nachgeprüft und bestätigt. Wobei außerdem festgestellt wurde, daß Fliegen auch von Küchenabfällen Typhusbakterien aufnehmen können. Daraus wird gefolgert, daß Haus- und Küchenabfälle sowie der Kehricht in der Umgebung des Menschen immer eine Gefahr bedeuten, sei es durch direkte Übertragung von infektiösen Stoffen oder über die Verschleppung von Infektionserregern durch Insekten [80].

Als nach dem zweiten Weltkrieg die ersten Hausmüllkompostierungsanlagen gebaut wurden (z. B. Baden-Baden, Bad Kreuznach, Heidelberg) lebte die Diskussion über die gesundheitliche Gefährdung von Menschen und Tieren durch Hausmüll wieder auf. Dies um so mehr, als bei diesen Kompostwerken kommunaler Klärschlamm mit verwendet wurde, von dem man wußte, daß er alle von infizierten Menschen in das Abwasser ausgeschiedenen Krankheitserreger in konzentrierter Form enthielt. Um hier u. a. Klarheit aus der Sicht der Human- und Veterinärhygiene zu schaffen, vergab das damalige Bundesinnenministerium an die Arbeitsgemeinschaft für kommunale Abfallwirtschaft (Baden-Baden) und an die Arbeitsgemeinschaft Giessener Universitätsinstitute für Abfallwirtschaft Forschungsaufträge. Deren Ergebnisse sind aus den Gebieten Human- und Veterinärhygiene im Handbuch der Müll- und Abfallbeseitigung (Erich Schmidt-Verlag, Berlin) unter den Kennzahlen 5000–5165 sowie 6618–6620 in den Jahren 1964–1968 veröffentlicht. Spezielle hygienische Untersuchungen bei der Verwertung fester und flüssiger Siedlungsabfälle wurden mit Milzbrandbazillen und deren Sporen, *Salmonella enteritidis*, dem Rotlauferreger *Erysipelothrix rhusiopathiae* und dem Psittakosevirus durchgeführt. Darüber hinaus wurde der internationale Erkenntnisstand in den Fragen der Hygiene der Müllbeseitigung umfassend dargestellt [80, 81].

Nachdem die Kompostierung von unsortiertem Hausmüll in Deutschland weitgehend verlassen wurde und stattdessen die getrennte Sammlung und Kompostierung von Bioabfall flächendeckend eingeführt werden soll, ist die Diskussion um das Vorkommen von Krankheitserregern im Rohmaterial und

4 Human- und veterinärhygienische Problematik

Kompost erneut aufgelebt. Dabei konzentriert sich das Interesse besonders auf die häuslichen Küchenabfälle, die mit Krankheitserregern belastet sein können und dadurch ein Infektionsrisiko nicht nur für Menschen, sondern auch für Tiere darstellen. Man muß dazu wissen, daß Komposte nicht immer in den Boden eingearbeitet, sondern häufig auch nur auf die Bodenoberfläche aufgebracht werden. Dadurch können in den Hausgärten Hunde und Katzen mit dem Kompost in Berührung kommen, aber auch wildlebende Vögel und Nagetiere. Wenn der Kompost noch Krankheitserreger enthält, können sich diese Tiere bei Kontakt mit dem Material infizieren. Deshalb ist neben der Humanhygiene auch die Veterinärhygiene daran interessiert, daß Bioabfallkompost seuchenhygienisch unbedenklich ist.

Die Hauptquelle für Infektionserreger im Bioabfall wird derzeit in den Küchenabfällen gesehen. Dies wird durch Ergebnisse aus lebensmittelhygienischen Untersuchungen bestätigt. Nach Angaben des Bundesinstitutes für gesundheitlichen Verbraucherschutz und Veterinärmedizin in Berlin (BgVV) ist weltweit ein Anstieg von Lebensmittelinfektionen festzustellen, wobei die Einschleppung verschiedener Keime auf den weltweiten Warenverkehr und die veränderten Verzehrsgewohnheiten zurückzuführen ist [3]. Es werden die verschiedensten Bakterien, Viren, Pilze und Parasiten genannt. Eine Auswahl ist in der Tabelle 5.7 aufgeführt. Genannt werden u. a. Salmonellen, *E.coli*, Yersinien, Streptokokken, Staphylokokken, Enteroviren, Askariden, *Aspergillus fumigatus*. Darüber hinaus wurden von einzelnen Untersuchern Enterokokken, Pseudomonaden, Klebsiellen, Enterobacteriaceen, Proteus-, Serratia- und Citrobacterarten nachgewiesen. Eine nicht unbedeutende Rolle spielen die zunehmenden Infektionen der von Tieren stammenden Lebensmittel durch Salmonellen. Besonders Geflügel- und Schweinefleisch sind davon betroffen, aber auch Eier sowie Rohwurstprodukte. Auch bei Hundefutter wurden in knapp 6 % der rohen tierischen Organe Salmonellen nachgewiesen. Weiterhin wurden Salmonellen auch in unbehandelten Trockenprodukten gefunden wie Kräuter, Gewürze, Tees, Trockengemüse, Trockenpilze und Spargel. Zusätzliche Quellen für Krankheitserreger sind auch kontaminierte Papiertaschentücher, Servietten und Einmalhandtücher aus Haushaltungen, in denen sich Kranke befinden [68].

Man muß also damit rechnen, daß im Bioabfall immer Krankheitserreger vorhanden sein können. Dies wird auch durch eigene Untersuchungen bestätigt, bei welchen in dem an drei Kompostwerken angelieferten Bioabfall in 43 von 58 untersuchten Proben, also in 74 % des Rohmaterials, 17 verschiedene Serovare von Salmonellen nachgewiesen wurden (*S.anatum, blockley, derby-5, enteritidis, gaminara, hadar, infantis, livingston, london, mbandaka, newport, orion* var. 3, 15, *saint-paul, schleissheim, thompson, typhimurium, virchow*). Die Konzentration der Salmonellen lag im Bereich von $2,0 \times 10^{-1}$ bis $1,6 \times 10^{4}$ KBE/g TS [68].

Tab. 5.7 Mögliches Vorkommen von obligat oder fakultativ pathogenen Erregern in Bioabfall aus häuslichen Abfällen (nach Literaturangaben)

Bakterien	Viren
Salmonella	Parvo-Virus
Shigella	Adeno-Virus
E. coli	Herpes-Virus
Yersinia	Picorna-Virus
Campylobacter	Calici-Virus
Enterobacter	Reo-Rota-Virus
Klebsiella	Flavi-/Pesti-Virus
Citrobacter	Retro-Virus
Proteus	Orthomyxo-Virus
Pseudomonas	Paramyxo-Virus
Serratia	Corona-Virus
Streptococcus	
Staphylococcus	

Parasiten	Pilze
Taenieneier	Aspergillus-Arten
Ascarideneier	z.B. *A. fumigatus* und andere Schimmelpilze

Weitere Quellen für Krankheitserreger sind die Fäkalien in der Einstreu von Käfigen für Heimtiere, die in die Bioabfalltonne entleert wird, ebenso wie Hunde- und Katzenkot, der mit Rasenschnitt in die Bioabfalltonne oder mit Parkabfällen direkt in ein Bioabfallkompostwerk gelangt. Diese Situation kann verstärkt werden, wenn, wie z. B. in der Schweiz vorgeschlagen, auch Babywindeln zum Bioabfall zugelassen und mit kompostiert werden. Dadurch würde sich die Palette der pathogenen Mikroorganismen um die Erreger kindlicher Infektionen erweitern, die über den Darm ausgeschieden werden.

Neben den bakteriellen spielen auch virale Krankheitserreger eine Rolle, die über Lebensmittel in den Bioabfall gelangen können. Von den spezifisch menschenpathogenen sind in Milch, Butter, Käse, Fleisch, Bratwurst, Fisch, Austern und Muscheln bevorzugt nachgewiesen worden: Poliomyelitis-Virus, Hepatitis-A-Virus, Coxsackie- und ECHO-Virus, Reovirus, Adenovirus. Viren gelangen auch durch klinisch erkrankte oder inapparent infizierte Familienmitglieder, Besucher und Haus-/Heimtiere, die Träger und Ausscheider von Viren sein können, in den Haushalt und damit auch in den Bioabfall. Zu rechnen hat man fast ständig mit Entero-, Reo-, Rota-, Adeno- oder Influenzaviren, häufig auch mit Rhino-, Orthomyxo- und Paramyxoviren sowie mit Herpesviren. Weniger von Bedeutung sind Calici- und Retroviren. Tabelle 5.8 enthält eine Aufstellung von Viren, die im Haushalt auftreten. Daraus ist ersichtlich, daß alle dort aufgeführten Viren neben dem Menschen auch für Tiere pathogen sind und deshalb das Interesse der Veterinärhygiene und -medizin beanspruchen.

In eigenen Untersuchungen konnte erstmals das Vorkommen von Viren in der Luft von drei Bioabfallkompostierungsanlagen nachgewiesen werden. Dabei handelte es sich um Enteroviren aus der Familie der Picornaviridae: ECHO 7 und 11, Coxsackie B 4, B 5 und B 6. Darüber hinaus wurden in zwei der drei Bioabfallkompostwerke noch Herpes simplex-Viren im Anlieferungsbereich nachgewiesen. Wenn auch alle isolierten Viren aus der Luft in den verschiedenen Arbeitsbereichen der Kompostwerke stammten, kann angenommen werden, daß sie primär mit dem angelieferten Bioabfall in die Kompostwerke kamen und dort im Verlauf der einzelnen Arbeitsschritte mit Staubpartikeln in die Luft an den untersuchten Arbeitsplätzen gelangten [62, 63].

Eine weitere Gruppe von Mikroorganismen, die bei der Kompostierung eine Rolle spielen, sind die Pilze. Ihre Hauptaufgabe im Ökosystem ist der Abbau von biologisch inaktivem Material im Zusammenwirken mit anderen Kleinlebewesen. Es gibt außerordentlich zahlreiche Pilzarten, die sowohl im Bioabfall als auch im

Tab. 5.8 Bedeutung von Viren im Haushalt ([53], geändert)

Virusarten	Wirte	Verbreitung	Bedeutung
Parvo	Haustier (Mensch)	evtl. bei Krankheit	+/-
Adeno	Mensch, Hund	Ständig	++
Herpes	Mensch, Haustier	Häufig	+
Picorna	Mensch, Haustier	bes. bei Krankheit	++
Calici	Kind, Katze	Selten	+/-
Reo/Rota	Mensch, Haustier	Ständig	+++
Corona	Kind, Haustier	evtl. bei Krankheit	+
Orthomyxo	Mensch, Haustier	Häufig	++
Paramyxo	Mensch, Hund	Häufig	++
Retro	Haustier, Mensch	Selten	+/-

+++ bis +/- = größere bis geringe Bedeutung

4 Human- und veterinärhygienische Problematik

Kompostierungsprozeß auftreten. Ein herausragender Vertreter davon ist *Aspergillus fumigatus*, der einerseits für den Abbau von organischem Material auch bei der Kompostierung und anschließend im Boden seine Bedeutung hat, andererseits aber beschuldigt wird, einer der schlimmsten pathogenen Mikroorganismen für das in Kompostwerken beschäftigte Personal sowie die in der Nähe von Kompostwerken lebenden Anwohner zu sein.

Das hat im Zusammenhang mit der vom früheren Bundesgesundheitsamt ausgelösten öffentlichen Diskussion unter dem Motto »Gefahr aus der Biotonne?« (13.11.1991) dazu geführt, daß die Frage der Einbeziehung von Pilzen in die mykologische Überwachung der Kompostierung bis zum Endprodukt von einem Vertreter der klinischen Mykologie aufgeworfen wurde (s. Anhang 1). Die Ferne des Laborforschers von der Alltagspraxis der Abfall- und Umweltmikrobiologie hat sogar zu der Behauptung geführt, daß die Pressemitteilung des BGA vom 13.11.91 »besonders die Abfallmikrobiologen schockierte«, was tatsächlich keineswegs der Fall war, weil sie über jahrzehntelange praktische Erfahrungen und ein riesiges Untersuchungsmaterial verfügen und sich nicht auf Einzelbefunde zu berufen brauchen wie der Veranlasser der Pressemitteilung des BGA.

Das Bundesgesundheitsamt selbst hat in den »Erläuterungen« vom 6.2.92 zu seiner o.a. Pressemitteilung darauf hingewiesen, daß »die in der Pressemitteilung genannte Pilzart, *Aspergillus fumigatus*, sich u. a. in allen Komposten findet, unabhängig vom Ausgangsmaterial, allerdings in verschiedenen Keimdichten und dies in Abhängigkeit vom Kompostierungsstadium. Demzufolge ist *A. fumigatus* in unserer Umwelt verbreitet, was ein mögliches Vorkommen solcher Sporen in der Einatmungsluft erklärt«. Diese durchaus richtige Auffassung (s. Anhang 2) des BGA ist auch der Grund dafür, daß die allgegenwärtigen Pilze bzw. ihre Sporen nicht in die seuchenhygienische Überprüfung neu entwickelter und bereits in Betrieb befindlicher Kompostierungsverfahren einbezogen wurden, weil man seit langem weiß, daß es nicht möglich ist, einen Kompost frei von Pilzen zu erzeugen, es sei denn, man sterilisiert ihn nach Abschluß des Rotteprozesses. Im übrigen verweist das Robert Koch-Institut in seiner Pressedienst-Ausgabe 19/95 vom 19.7.95 darauf, es werde bei der Diskussion über die Biotonne als Streuquelle für Schimmelpilzsporen, und damit als Gesundheitsrisiko für **schwer immungeschwächte** Patienten, oft übersehen, »daß der normale Haushalt noch sehr viel mehr Quellen für Pilze bietet, die zu deutlich höherer Exposition führen können, als sie beim Öffnen der Biotonne zu erwarten ist...« (s. Anhang 3).

Die Kompostierung kommunaler Abfälle geht zurück bis fast 1000 Jahre v. Chr., als man den Müll der Stadt Jerusalem auf einem Platz im Tal Hinnom sammelte. Das organische Material wurde kompostiert, der anorganische Teil in einem dauernd unterhaltenen Feuer verbrannt [31]. Seit dieser Zeit und wahrscheinlich auch schon vorher haben Menschen Umgang mit kompostiertem Material gehabt. Selbst der medizinische Mykologe weist darauf hin, daß »die Aufgabe der Pilze im Ökosystem der Natur darin besteht, zusammen mit anderen Kleinlebewesen biologisch inaktives oder totes Material abzubauen, zu kompostieren. Jede der vielen Pilzarten ist dank bestimmter Enzymausstattungen zum Abbau der verschiedensten Materialien von Pflanze, Tier und Mensch befähigt und spezialisiert«. Diese wissenschaftlich untermauerte Erkenntnis läßt dann die Frage aufwerfen, warum man die so hilfreichen Mikroorganismen während des Kompostierungsprozesses abtöten soll, wenn das kompostierte Material anschließend wieder dem Boden zugeführt wird, in dem die vorher mit großem technischen und finanziellen Aufwand vernichteten Pilze in hohen Konzentrationen bereits vorhanden sind. Da die gleichen Pilze auch in beträchtlichen Mengen in der Außenluft, dem Straßenstaub, im Wald und somit praktisch überall vorkommen, träte selbst nach Vernichtung aller Pilze im Kompost bei dessen Lagerung durch Anflug von außen eine Wiederbesiedlung mit Pilzen sein, durch die der ursprüngliche Zustand wieder hergestellt wäre.

Dies wird auch von der bekannten italienischen Kompostforschergruppe so gesehen, die eine komplette Sterilisierung von Kompost ablehnt, weil sie unökonomisch ist und, sehr wichtig, durch Vernichtung des Konkurrenzpotentials der Kompostmikroflora, eine Reinfektion der Kompostmasse durch Anflug, und damit verbunden, ein maßloses Wachstum pathogener Keime, wie z. B. von Salmonellen, in dem ursprünglich entseuchten Material fördern würde. Außerdem betonen die italienischen Kollegen, daß der Boden als nahezu invariabler Bestimmungsort für Kompostprodukte bereits bestimmte Infektionserreger wie z. B. *Clostridium tetani, Cl. botulinum, Aspergillus fumigatus* enthält, so daß es ein überflüssiges

Tab. 5.9 Komponenten von Biomüll und ihre hygienische Bedeutung [11]

Komponente	A	B
FLEISCHRESTE (Roh oder unzureichend erhitzt)		
– Fleischabschnitte, Sehnen, Schwarten	+	-
– Knochen, Knorpel	+	-
LEBENSMITTEL TIERISCHER HERKUNFT		
– Eierschalen	+	-
– verschiedene Fleisch- und Milchprodukte	+	-
– Rohmilchprodukte	+	-
– Abfälle von Fischen und Meeresfrüchten	+	-
SONSTIGE ABFÄLLE (Tier und Mensch)		
– verschmutztes Verpackungsmaterial für Fleisch und tierische Produkte	+	-
– Einstreu und Abfälle von Heimtieren	+	+
– benutzte Einmaltaschentücher und Hygieneartikel	+	-
– Windeln	+	-
HAUSHALTSABFÄLLE von		
– Kartoffeln	-	+
– Möhren	-	+
– Zwiebeln	-	+
– Tomaten	-	+
– Gurken	-	+
– Salat	-	+
– Kohl	-	+
– Bohnen	-	+
– Schnittblumen	-	+
– Balkon- und Zimmerpflanzen	-	+
GARTENABFÄLLE		
– Äste und Stauden	-	+
– Früchte	-	+
– Laub und Rasenschnitt (fäkale Verschmutzung)	(+)	+
ANDERE ABFÄLLE (vegetabil)		
– Papier	-	-
– Pappe	-	-
– organisches Verpackungsmaterial (z.B. Holzwolle)	-	-

A = Können Träger von Krankheitserregern für Mensch und/oder Tier sein
B = Können Träger von Krankheitserregern für Pflanzen sein

4 Human- und veterinärhygienische Problematik

Unternehmen und Geldverschwendung wäre, zu versuchen, pathogene Mikroorganismen im Kompost zu eliminieren, die natürlicherweise im Boden vorkommen [26]. Deshalb erscheint es auch nicht notwendig, Vertreter verschiedener Pilzgattungen als Testkeime in die seuchenhygienische Überprüfung von Kompostierungstechnologien routinemäßig einzubeziehen, da sie nur die alte Erkenntnis bestätigen würde, daß diese Pilze auch im durchgerotteten Kompost noch vorhanden sind.

Hier greift dann der Vorschlag des Bundesgesundheitsamtes, die Bevölkerung darüber aufzuklären, daß der Inhalt einer Bioabfalltonne zu einer Infektionsquelle für abwehrgeschwächte Personen werden kann, und daß deswegen diese Personengruppe – im Gegensatz zu gesunden Menschen – beim Umgang mit Bioabfall besonders vorsichtig sein muß, sei es die Biotonne oder der Kompost. Darüber hinaus sollte allgemein darauf hingewiesen werden, Biotonnen und Eigenkomposter nicht im Wohnbereich (z. B. Küche, Balkon, Keller) aufzustellen.

Im übrigen sei auf die Ausführungen in dem Fachbuch »Mykologie« hingewiesen, in dem im Abschnitt »Pathogenese« u. a. ausgeführt wird: »Die Entwicklung nahezu aller Mykosen dürfte durch prädisponierende Faktoren gefördert werden ... Als prädisponierende Grundleiden kommen in Frage: Hypo- und Agammaglobulinämien, Diabetes mellitus, Langzeitbehandlung mit breitspektrig wirksamen Antibiotika und anderen Chemotherapeutika, immunsuppressive Behandlung bei Allergien, Asthma, Organtransplantationen usw. sowie Corticosteroid-Therapie im allgemeinen, Kontrazeptiva, konsumierende Krankheiten wie Tuberkulose, Alkoholismus und sonstige Schwächezustände. Die typische Infektion erfolgt durch Einatmen von Keimen mit nachfolgender Besiedlung von Bronchien oder Lungengewebe ... Die weitaus meisten Erreger finden, selbst wenn sie auf die »richtige« Stelle eines an sich empfänglichen Wirtes gelangen, keine für sie geeigneten Bedingungen vor. Entweder reicht die Keimzahl für eine Infektion nicht aus (einzelne Keime genügen nur bei *Coccidioides*) oder die Keime fallen der allgemeinen Infektabwehr (zelluläre Abwehr, Flimmerepithel) zum Opfer, die Infektionen verlaufen dann abortiv oder stumm, sie »gehen nicht an«. Immunreaktionen sorgen später dafür, daß auch haftende Infektionen sich nicht ausbreiten können. Und trotzdem erkranken Menschen und Tiere an Mykosen. Das muß dann daran liegen, daß Einrichtungen der Resistenz oder Immunität des Wirtes versagt haben oder vom Erreger »überspielt« worden sind. Infektionschancen für die meisten Mykosen dürften fast ständig bestehen, so daß sich jeder Mensch mehrmals täglich mit *Candida albicans*, *Aspergillus fumigatus* oder einem pathogenen Vertreter der Mucoraceae infizieren könnte. Im Rahmen dieser ständigen Kontakte kann auch ein sonst Gesunder irgendwann einmal eine Mykose aquirieren, doch wahrscheinlich verläuft sie dann eher unauffällig, subklinisch und trägt zur Entwicklung seiner Immunreaktivität bei« [58].

Zusammenfassend kann man feststellen, daß die meisten Infektionserreger im Bioabfall aus den Haushalten selbst stammen, wobei die Küchenabfälle i. d. R. wohl die Hauptrolle spielen. Aus veterinärmedizinischer Sicht muß deshalb bei der Kompostierung von Bioabfällen gewährleistet sein, daß eventuell vorhandene Krankheitserreger inaktiviert oder soweit zahlenmäßig reduziert werden, daß sie keine Infektionen mehr verursachen können. In Tabelle 5.9 sind die Komponenten von Biomüll noch einmal in ihrer hygienischen Bedeutung aufgeführt [82].

4.2 Hygieneprobleme der Sammlung und Abfuhr von Bioabfall

Die **Sammlung** der Bioabfälle im Haushalt soll in besonderen, dicht schließenden Behältern erfolgen, die möglichst häufig in die Bioabfalltonne entleert werden. Diese Sammelbehälter im Wohnbereich sollten nach jeder Entleerung gründlich ausgewaschen werden. Die Bioabfalltonnen sind möglichst im Freien an schattigen Plätzen aufzustellen. Bioabfallcontainer werden i. d. R. an besonderen Abfallsammelstellen innerhalb der Mehrfamilienhausbebauung plaziert. Die Bioabfalltonnen und -container müssen dicht schließen, um Befall mit Ungeziefer und Schädlingen zu unterbinden. Es wird empfohlen, wenn möglich, auch die Biotonnen nach jeder Entleerung gründlich zu reinigen, um eine Anreicherung schädlicher Mikroorganismen, besonders von Pilzen, an den Innenwänden zu vermeiden. Grundsätzlich soll nach jedem Umgang mit Bioabfall, ob im Haushalt oder an der Biotonne, eine gründliche Reinigung der Hände und nicht bedeckter Unterarme mit Seife erfolgen.

Man hat versucht, durch Veränderung der Konstruktion von Bioabfalltonnen die Nachteile der Standard-Hausmülltonnen für die Aufbewahrung von Bioabfall (Anaerobie, üble Gerüche, Sickerwasser) zu minimieren. Dabei hat sich eine Tonne mit Gitterrostboden, Be- und Entlüftungsöffnungen in den Seitenwänden und im Deckel sowie Stegen im Innenraum am besten bewährt. Die Autoren ziehen daraus die Schlußfolgerung, man solle den Bioabfall bis zur Abfuhr so lagern, daß bereits in den Tonnen die gleichen Abbauprozesse einsetzen, die bei späterer Kompostierung angestrebt werden. Ein weiterer Vorteil sei die geringe Geruchsbelästigung während der Standzeit und bei der Entleerung der Tonnen in das Sammelfahrzeug [48]. Untersuchungen über den Einfluß dieser Tonnenkonstruktion auf die Infektionserreger im Rohmaterial fehlen aber noch.

Die Frage der **Standzeiten** der Bioabfalltonnen wird seit Jahren heftig diskutiert. Am 17. Juni 1992 fand im damaligen Bundesgesundheitsamt (BGA) ein Fachgespräch zu Hygienefragen der Biotonne statt, bei dem auch die Standzeiten zur Sprache kamen. Das BGA favorisierte einen wöchentlichen Abfuhrrhythmus, während zahlreiche andere Teilnehmer aufgrund von Untersuchungsergebnissen bzw. wirtschaftlichen Erwägungen eine Abfuhr im Abstand von zwei Wochen für ausreichend hielten [52]. Umfangreiche und sehr eingehende Untersuchungen mit Einbeziehung der Aspekte Bakteriologie, Insektenbefall und Geruchsbelästigung kamen zu dem Ergebnis, daß »sich bezüglich der Lockwirkung von Abfällen auf Insekten und der Entwicklung von Insekten in den Abfallbehältern, der mikrobiellen Belastung sowie der Geruchsentwicklung in den Abfalltonnen keine Notwendigkeit zu einer wöchentlichen Abfuhr der verschiedenen Abfallarten ableiten läßt« [72].

Seit dieser Zeit sind von verschiedenen Arbeitsgruppen weitere Untersuchungen zu diesem Fragenkomplex durchgeführt worden, die z. T. auch wieder einander widersprechende Ergebnisse erbrachten. Deshalb hat das Umweltbundesamt am 7.11.1995 erneut zu einem Arbeitsgespräch in Berlin eingeladen. Dort wurden einleitend 8 Kurzreferate gehalten zu den Themenbereichen Einsammlung von Bioabfall und Restmüll in Abhängigkeit von der Gebietsstruktur, den Abfuhrintervallen und der Zusammensetzung des Abfalls, Geruchs- und Hygieneproblematik, Einfluß der Tonnenkonstruktion, gesundheitliche Risiken durch Fliegen, Ratten und Lästlinge, Eigenkompostierung. Die anschließende sehr lebhafte Diskussion war untergliedert in die Bereiche: Bedeutung von Bakterien, Bedeutung von Pilzen, Bedeutung von Schädlingen und Lästlingen, Empfehlungen für immunsupprimierte Personen, Akzeptanzprobleme wegen Geruchsbelästigungen und dem Auftreten von Maden, technische Lösungen.

Bei den **Bakterien** bestand weitgehende Übereinstimmung, daß aus ihrem Vorkommen im Abfall noch kein gesundheitliches Risiko für die Benutzer der Biotonnen erkennbar ist, zumal die im Abfall vorhandenen Erreger vorher den Haushalt durchlaufen haben. Für endgültige verbindliche Aussagen fehlen aber noch immer statistische Daten oder epidemiologische Studien. Bei Müllwerkern liegen die Verhältnisse etwas anders, da bei ihnen in Einzelfällen bestimmte, i. d. R. auf bakterielle Endotoxine zurückzuführende Symptome und eine signifikant

4 Human- und veterinärhygienische Problematik

erhöhte Sensibilisierung gegen thermophile Aktinomyceten festgestellt wurden. Hierzu besteht weiterer Forschungsbedarf.

Bei den **Pilzen** wurde ihre Bedeutung als Bedrohung der menschlichen Gesundheit sehr kontrovers diskutiert, zumal an einem Fallbeispiel gezeigt wurde, daß offenbar der Pilzbefall von Wohnräumen ebenfalls eine noch nicht quantifizierbare Bedeutung hat. Bei einer Verlängerung des Abfuhrintervalls von 7 auf 14 Tage scheint die Konzentration von Schimmelpilzsporen beim Öffnen der Biotonne nicht signifikant anzusteigen.

Intensiv wurde auch die Frage der **Schädlinge** und **Lästlinge** behandelt, ohne zu einer einheitlichen Auffassung zu führen, zumal einige Diskutanten auf sich widersprechende Ergebnisse und/oder angebliche Mängel der Untersuchungsmethodik verwiesen. Offenbar scheint es aber so zu sein, daß diese Problematik mit der Gebietsstruktur verknüpft ist. Bei der Ein- und Zweifamilienhausbebauung werden weniger Beschwerden registriert als bei der Mehrfamilienhausbebauung oder gar in Gewerbegebieten. Offenbar gibt es auch einen Lerneffekt bei den Benutzern der Biotonne, weil bei längerer Benutzung die Probleme immer weniger wurden, was aber eventuell auch mit dem vermehrten Einwurf kritischer Abfälle in die Restmülltonne zu erklären wäre.

Relative Einigkeit bestand beim Thema **Ratten** darüber, daß dabei zwischen der Biotonne und der Eigenkompostierung unterschieden werden sollte. Wichtig ist, daß die Biotonnen stets fest verschlossen werden, was bei der Eigenkompostierung im Freien in Komposthaufen nicht möglich ist.

Die Behandlung des Themas **immunsupprimierter Personen** brachte keine neuen Erkenntnisse. Einigkeit bestand darin, weiterhin zu empfehlen, daß Personen mit einem geschwächten Immunstatus Kontakt mit der Biotonne meiden sollen. Es wurde aber auch darauf hingewiesen, daß die Sammelgefäße für Bioabfall im Haushalt und die Biotonne nur eine der vielen möglichen Streuquellen von Schimmelpilzen darstellen. Eine gezielte Beratung der betroffenen Patienten durch die Ärzte sei sehr wichtig. Dazu muß aber die Frage erlaubt sein, was bisher von den zuständigen Institutionen getan wurde, um die Ärzteschaft über diesen Problemkreis aufzuklären und sie mit einschlägigem Informationsmaterial zu versorgen.

Auch die **Akzeptanzproblematik bei der Biotonne aufgrund von Geruchsbelästigungen und dem Auftreten von Maden** wurde sehr kontrovers diskutiert. Es fehlen ausreichende Kenntnisse über die an der Geruchsbildung beteiligten Moleküle und damit über ihre Wirkung und mögliche Toxizität. Es gebe bisher keine Hinweise dafür, daß mit der Emission von Geruchsstoffen aus Bioabfall ein gesundheitliches Risiko für die Benutzer von Biotonnen verbunden ist. Hingegen sollen ekelauslösende Reaktionen bis zur Übelkeit und hysterischem Verhalten beobachtet worden sein.

Als technische Lösungen werden für die Sammelgefäße im Haushalt und die Biotonne gut verschließbare Behälter befürwortet. Das Behältervolumen soll ausreichend groß sein, um Überfüllung und damit offenstehende Deckel zu vermeiden. Um anaerobe Zustände vermeiden zu helfen, sind Strukturmaterialien zu verwenden (Grün- und Gartenabfälle) sowie Knüll- und Zeitungspapier einzusetzen, jedoch kein Hochglanzpapier. Die Biotonnen sollen keiner Sonneneinstrahlung ausgesetzt sein, um Temperaturerhöhung im Innern zu vermeiden. Es wird auch eine Biotonne mit einem in den Deckel eingebauten Biofilter von einer Arbeitsgruppe empfohlen, wohingegen andere Teilnehmer meinten, der gleiche Effekt sei auch mit einer gut verschlossenen Tonne zu erreichen. Weiterhin wurde die Zugabe von gelöschtem Kalk, evtl. auch mit Bentonit vermischt, empfohlen, um die Geruchsbildung zu vermindern.

Zum Thema regelmäßige **Reinigung der Biotonne** gab es keinen Konsens, wobei insbesondere die Kostenfrage eine Rolle spielte. Auch zwischen den Anhängern eines 7- bzw. 14tägigen **Abfuhrrhythmus** für die Biotonne wurde keine Einigung erzielt, zumal Zahlen vorgelegt wurden, daß in NRW z. B. in fast 70 % aller Fälle die 14tägige Abholung die Regel ist. Aus dem Saarland wurde von einem Entsorgungsbetrieb mitgeteilt, daß nur ca. 60 % der Biotonnenbesitzer ihre Gefäße regelmäßig entleeren lassen, während von 40 % bereits heute ein Intervall praktiziert wird, das schon deutlich über 14 Tagen liegt. Es wurde u. a. auch der Vorschlag gemacht, in den Sommermonaten alle 7 Tage und in der übrigen Zeit alle 14 Tage abzufahren. Dem wurde entgegengehalten, daß eine wöchentliche Abfuhr bis zu 40 % teurer sei als eine 14tägige, wozu der Tagungsvorsitzende darauf hinwies, daß die Kosten der Entsorgung nicht Gegenstand des Arbeitsgespräches seien, sondern überwiegend hygienische Gesichtspunkte in entsprechende Empfehlungen einmünden sollten.

Die **Abfuhr** des Bioabfalls erfolgt in dafür vorgesehenen Spezialfahrzeugen. Das dabei beschäftigte Personal trägt Schutzkleidung und Arbeitshandschuhe, die gleichzeitig eine Schutzfunktion gegen direkten Kontakt mit den Abfalltonnen bzw. ihrem Inhalt erfüllen. In den Pausen sollten die Müllwerker, soweit möglich, vor dem Essen-Trinken-Rauchen die Hände mit Seife waschen und nach der Arbeitsschicht Gelegenheit erhalten, sich gründlich zu duschen, ehe sie ihre eigene Kleidung wieder anlegen.

Eine Stadt in Baden-Württemberg machte die Erfahrung, daß bei der Abfuhr von Bioabfall im Sommer die Bevölkerung bei heißem Wetter sich über den üblen Geruch beschwerte, der von den Sammelfahrzeugen ausging. Durch Hinzuziehung des Herstellers der Fahrzeuge konnte eine technische Lösung gefunden werden, mit der alle Sammelwagen nachgerüstet wurden, wonach die Beschwerden aufhörten.

Das ausführliche Protokoll dieses Arbeitsgespräches kann beim Umweltbundesamt angefordert werden [42]. Neuere Ergebnisse mikrobieller Emissionen bei der Sammlung und Behandlung von Bioabfällen liegen auch von anderer Seite vor [23, 54, 71].

4.3 Problematik von Speiseabfällen bei der gewerblichen Kompostierung

In diesem Zusammenhang muß zwischen den Küchenabfällen aus Haushaltungen und den Speiseabfällen aus gewerblichen Betrieben unterschieden werden.

Bei der gewerblichen Kompostierung von Bioabfällen liegen die Verhältnisse etwas anders als bei der Eigenkompostierung (siehe 4.4). Prinzipiell sind von Tieren stammende Küchenabfälle kompostierbar, was auch für gewerbliche Speiseabfälle zutrifft. Dennoch sind große Kompostwerke nicht unbedingt an diesen Abfällen interessiert, weil insbesondere die aus dem gewerblichen Bereich stammenden infolge des oft hohen Wassergehaltes zu technischen Problemen führen, falls nicht genügend saugfähiges Material, insbesondere bei der Mietenkompostierung, vorhanden ist. Dann besteht die Gefahr, daß der Mietenfuß versumpft, was zu unerwünschten anaeroben Zonen führt. In manchen Fällen tritt die überschüssige Flüssigkeit aus den Mieten heraus, verschmutzt die Umgebung und kann besonders bei sommerlichen Temperaturen Anlaß zur Geruchsbildung und Attraktion von Ungeziefer und Schadnagern geben.

Es dürfte allgemein bekannt sein, daß Tierkörper, Tierkörperteile und Erzeugnisse, die von Tieren stammen, aufgrund des Tierkörperbeseitigungsgesetzes grundsätzlich in Tierkörperbeseitigungsanstalten (TBA) zu beseitigen sind. Da diese Forderung für den Bereich Küchenabfall aus Haushalten und Speiseabfall aus dem gewerblichen Bereich nicht durchsetzbar ist, wurde von den obersten Veterinärbehörden eine Kompromißlösung gefunden, wonach die Verpflichtung zur Beseitigung von Tieren stammender Speisereste in einer TBA erst bei einem Aufkommen von mehr als 10 kg je Tag und Anfallstelle beginnt. Diese Verpflichtung entfällt, wenn die Speisereste nach vorheriger Sterilisation in amtlich zugelassenen Anlagen für die Verfütterung in – überwiegend – Schweinemastbetrieben verwendet werden. Von

4 Human- und veterinärhygienische Problematik

Tieren stammende Abfälle, die gewichtsmäßig unterhalb dieser Grenze liegen, dürfen demnach auch in Kompostierungsanlagen beseitigt werden. Von verschiedenen Seiten werden nun Bedenken laut, ob in diesen Kompostierungsanlagen die angewandten Techniken ausreichen, um auch virale Tierseuchenerreger, wie z. B. die der Europäischen Schweinepest oder der Maul- und Klauenseuche, sicher abzutöten. Diese Fragen wurden durch die jüngsten Schweinepestfälle in deutschen Schweinebeständen ausgelöst, weil nach den neuen Richtlinien zur Tierseuchenbekämpfung in der EU keine vorbeugenden Schutzimpfungen gegen z. B. die beiden genannten Tierseuchen mehr erlaubt sind. Durch diese Ereignisse und Fragestellungen wurde ein enormer Forschungsbedarf ausgelöst, da es bisher offenbar keine Untersuchungen über das Verhalten dieser beiden und anderer Virusarten bei der Bioabfallkompostierung gibt. Die bisherigen Aussagen beruhen i. d. R. auf Analogieschlüssen aus Laboruntersuchungen über die Temperaturresistenz dieser Viren in verschiedenen Medien, wie z. B. Gülle, oder – in einem Fall – auch in Stallmist [61].

Angesichts der Erfahrungen bei der klassischen Schweinepest mit Beteiligung von Speiseresten bei Primärausbrüchen in den letzten Jahren wurde es notwendig, eine weitgehende Erfassung von Speiseresten aus dem gewerblichen Bereich anzustreben. Diese Feststellung veranlaßte eine Diskussion über den Begriff »geringe Menge von Tierkörperteilen und Erzeugnissen«, der bisher mit 10 kg festgelegt war. Dabei kam eine Expertenrunde im Bundesministerium für Ernährung, Landwirtschaft und Forsten (BMELF) zu der Feststellung, es sei notwendig, den Begriff »geringe Menge« in Anlehnung an ein Urteil des OVG Münster bundeseinheitlich neu auszulegen. Danach liegt eine »geringe Menge« dann nicht mehr vor, wenn in Gaststätten und Einrichtungen zur Gemeinschaftsverpflegung mehr Tierkörperteile und Erzeugnisse als in einem privaten 4-Personen-Haushalt anfallen. Aufgrund des Ergebnisses dieser Expertenrunde hat das BMELF die Bundesländer gebeten, die neue Auslegung ausnahmslos zum baldmöglichsten Zeitpunkt anzuwenden. Wenn also Speiseabfälle nach den Vorschriften des Tierkörperbeseitigungsgesetzes zu beseitigen sind, muß dies in Zukunft in einer TBA erfolgen. Ihre Abgabe an andere Einrichtungen bedarf – ggf. mit Zustimmung des Beseitigungspflichtigen – einer Ausnahmegenehmigung.

Durch diese neue Regelung entfällt praktisch die Möglichkeit der Verwertung gewerblicher Speiseabfälle in Kompostierungsanlagen, weil davon auszugehen ist, daß in jedem Betrieb mit gewerblicher Herstellung von Speisen wie Großküchen, Caterer, Restaurants, Kantinen etc. arbeitstäglich mehr Tierkörperteile und Erzeugnisse anfallen als in einem 4-Personen-Haushalt.

Die Schweinepestfälle der jüngsten Zeit haben auch verstärkte Nachfragen im Rahmen der sog. dezentralen Bioabfallkompostierung ausgelöst, weil sowohl tierhaltende Landwirtschaftsbetriebe, die sich für die Durchführung der Bioabfallkompostierung als Nebenerwerb interessieren als auch Betriebe mit Nutztieren – z. B. Schweinezüchter und -mäster, die in der Umgebung von Bioabfallkompostierungsanlagen liegen, Befürchtungen hegen, daß sie sich mit dem rohen Bioabfall Seuchenerreger in ihren Betrieb holen könnten bzw. das Virus über die Luft oder durch Nagetiere von der Kompostanlage aus in ihren Tierstall verschleppt wird. Es herrscht also gegenwärtig eine große Unsicherheit darüber, ob die Bioabfallkompostierung in der Lage ist, evtl. in den von Tieren stammenden Abfällen aus Haushalten und gewerblichen Betrieben enthaltene Tierseuchenerreger sicher zu inaktivieren. Diese Befürchtungen wurden u. a. ausgelöst durch die Tatsache, daß einige der jüngsten Schweinepestfälle durch die illegale Verfütterung von Speiseabfällen bzw. importiertem Wildschweinfleisch ausgelöst wurden. Obwohl bei der Kompostierung von Bioabfall unter den im LAGA-M 10 bzw. der BioAbfV bereits genannten Temperatur- und Zeitkonditionen eine hohe Sicherheit aus seuchenhygienischer

Sicht anzunehmen ist, wird z. B. von der Bezirksregierung Schwaben in Bayern als Genehmigungsbehörde für Bioabfallkompostierungsanlagen die Auflage empfohlen, daß die Entfernung solcher Anlagen zum nächsten Standort landwirtschaftlicher Nutztiere 300 m betragen und das Rottematerial der Kompostmieten bis zum Abschluß der Selbsterhitzung von einer 10 cm dicken Materialschicht bedeckt sein muß, die keine Speiseabfälle enthalten darf.

Ein staatliches Veterinäramt in Baden-Württemberg hat im Rahmen des Neubaues eines Testkomposthofes als an der Anhörung beteiligte Behörde für die Genehmigung u. a. folgende Vorschläge gemacht: Die räumliche Distanz zur Wohnbebauung und zu Standorten landwirtschaftlicher Nutztiere muß mindestens 300 m betragen. Lebensmittel verarbeitende Betriebe und andere hygienisch sensible Einrichtungen wie Krankenhäuser, Kindergärten u. ä. sollten sich nicht in unmittelbarer Umgebung der Anlage befinden. Keimemittierende Anlagenteile sollen eingehaust werden. Die organisatorische und, soweit möglich, bauliche Trennung in reine und unreine Arbeitsbereiche bzw. Anlagenteile ist zu gewährleisten. Ein Hygieneplan ist zu erstellen. Die Verwendung von Speiseabfällen aus Gaststätten oder Großküchen ist aus seuchenhygienischen Gründen nicht zu gestatten. Ein Bekämpfungsplan für Schadnager und Insekten ist auszuarbeiten. Weiterhin wird die Einhaltung folgender Temperatur-/Zeitkombinationen gefordert: 55 °C über zwei Wochen oder 65 °C über eine Woche. Der abgabefertige Kompost muß regelmäßig auf seuchenhygienische Unbedenklichkeit kontrolliert werden. Im Falle einer Seuchengefahr muß das Betreiben der Anlage durch die zuständige Behörde mit entsprechenden Auflagen verbunden werden können.

Diese Maßnahmen sollen zusätzlich zum Einfluß der Rottetemperatur auf möglicherweise vorhandene Krankheitserreger einen weiteren Schutz von Nutztierbeständen im Umfeld von Bioabfallkompostierungsanlagen bewirken.

Man kann i. d. R. davon ausgehen, daß durch die amtliche Fleischuntersuchung von Schlachttierkörpern in den Schlachtstätten nur gesunde Ware zum Verbraucher gelangt. Bei der Schweinepest hat sich aber gezeigt, daß infizierte Tiere, die sich im virämischen Stadium befinden, nicht immer bei der Fleischuntersuchung erkannt werden, so daß ihr Fleisch und die Knochen in den Küchenbereich von Haushalten und Gewerbebetrieben gelangen können. Nicht erhitzte Fleischabschnitte und ausgebeinte Knochen können dann über den Bioabfall in den Kompostwerken landen und mit ihnen evtl. auch noch infektiöses Virus. In solchen Fällen muß die sachgemäße Kompostierung gewährleisten, daß die Viren inaktiviert werden. Gezielte Untersuchungen zu diesem Fragenkomplex fehlen bisher. Es werden jedoch derzeit intensive vergleichende Untersuchungen zum Verhalten von viralen und bakteriellen Krankheitserregern während der Kompostierung von Speiseabfällen durchgeführt.

Schwierig ist auch die hygienische Effizienz von Kompostierungssystemen verschiedener Hersteller aufgrund ihrer eigenen Angaben zu beurteilen. Das Institut für Abfallwirtschaft in Witzenhausen hat eine Veröffentlichung unter dem Titel »Herstellerforum Bioabfall« herausgegeben, in der Verfahren der Kompostierung und anaeroben Abfallbehandlung im Vergleich aufgeführt sind. Differenziert nach Kompostierungs- bzw. Anaerobverfahren waren den Anlagenbauern, die sich darin präsentieren, 12 Themenbereiche vorgegeben, unter denen jeweils der Bereich Nr. 8 die **Hygiene** ist [45].

Eine verkürzte Auswertung der Angaben zum Themenbereich »Hygiene« für die Kompostierungssysteme zeigt Tabelle 5.10. Nur in 3 von 19 Fällen wird auf eine Überprüfung der Hygienisierungswirkung in Zusammenarbeit mit unabhängigen wissenschaftlichen Instituten hingewiesen. In keinem Fall wird das Vorliegen von Gutachten, jedoch in einem Fall die sichere Hygienisierung des Endprodukts als Verfahrensgarantie erwähnt.

Dieses aus hygienischer Sicht recht mäßige Ergebnis unterstreicht deshalb

4 Human- und veterinärhygienische Problematik

wieder einmal, wie wichtig die im LAGA-Merkblatt 10 und der Bioabfallverordnung vorgeschriebenen Prototyp- und Inbetriebnahmeprüfungen sowie die Endproduktkontrollen bzw. Folgeprüfungen für den hygienischen Bereich durch unabhängige wissenschaftliche Institute sind.

Wie das einzige in der Tabelle 5.10 vorhandene Beispiel zeigt, sind Kaufinteressenten für Kompostierungsanlagen gut beraten, wenn Sie auf der sicheren **Hygienisierung der Endprodukte als Verfahrensgarantie** bestehen.

Da Entwicklungen in USA gerne nach Europa überschwappen, sei in diesem Zusammenhang auf eine aus unserer Sicht sehr bedenkliche Entwicklung hingewiesen. Es werden dort spezielle Anla-

Tab. 5.10 Firmenangaben für den Themenbereich Hygiene [Herstellerforum Bioabfall, 45]
  – Komposttechnik –

Verfahren	Hygiene
BÜHLER-Wendelin-Tafelmiete	Temperatur bei Umschichtung automat. erfaßt und dokumentiert; Wassergehalt wird gemessen und entsprechend beeinflußt
COMPOTEC-Bioferm-Verfahren	Pathogene Keime werden im Kompost abgetötet: Landeshygiene-Institut Oldenburg
BABCOCK-Rottetunnel	Temperatur kann auf den für Hygienisierung erforderlichen Bereich eingestellt und aufrechterhalten werden
ENVITAL-Rottetrommel	Voruntersuchungen bestätigen zuverlässige Hygienisierung d. ges. Materials
GEOTEC-Tunnelkompostierung	Optimierte Prozeßführung stellt vollständige Hygienisierung sicher
GICOM-Verfahren (Tunnel)	Kompost entspricht Anforderungen des LAGA-M10 sowie der Gütegemeinschaft Kompost
HERHOF-Boxenkompostierung	Bestandteil der Verfahrensgarantie. Regelmäßige Überprüfung durch unabhängige Institute
HUTEC HOLZMANN-Bio-rapid-System	Temperaturen über 65 °C werden länger als 2 Wochen eingehalten
KOCH-AE+E-Kompostierungsverfahren	Während der Intensivrotte werden mehrmals Temperaturen über 60 °C erreicht.
LESCHA-Verfahren	Grad der Hygienisierung ist von Verweilzeit bei Intensivrotte i.d. Trommel abhängig und frei wählbar.
MABEG-System Ernst (belüftete Mietenkompostierung)	Zweiwöchige Hauptrotte reicht aus um hygienischen Frischkompost auszutragen
ML-Bio-Containerkompostierung	Hygienisierung erfolgt nach 2-wöchiger Rotte in Containern: Hygiene-Institut Gelsenkirchen
PASSAVANT Dynam. Zeilenkompostierung	erfüllt Bedingungen zur Hygienisierung; Temperatur > 65 °C sicher über 1–2 Wochen oder > 55 °C über 3–4 Wochen
RETHMANN Brikollare-Verfahren	Thermische Hygienisierung findet im gesamten Rottegut bis in die äußersten Randbereiche statt, da Umluftführung, Lufttemperatur > 55 °C für mehrere Wochen erreicht
SUTCO-Biofix+Kompoflex-Verfahren	Verfahren stellt Temperaturverlauf i.d. ersten Intensivrottewoche von > 65 °C sicher
THYSSEN-Dynacomp-Verfahren	Bei Gesamtrottezeit von ca. 10 Wochen ist das Rottegut länger als 3 Wochen im Temperaturbereich > 55 °C
UT-mobile Containerkompostierung	Der fertige Kompost mit Rottegrad IV oder V ist hygienisch unbedenklich
VAR-Kompost.system	Es ist das Bestreben d. VAR ein hygienisch vertretbares Endprodukt herzustellen
WEISS-Bio-Rotteturm	Infolge Materialführung im Rotteturm durch unterschiedliche Temperaturzonen wird sichere Hygienisierung erreicht. (Nur 2 von 29 Referenzanlagen werden mit Bioabfall bzw. Hausmüll, der Rest mit Klärschlamm betrieben, d. Verf.)

gen für die Kompostierung von Tierkadavern erprobt bzw. schon gebaut. Diese z. T. mit staatlicher Unterstützung entwickelten Technologien kompostieren Kadaver von Geflügel und Schweinen, Abfälle der Aquakultur von Lachsen sowie von Fischfabriken. In England wird Fischabfall auch bereits in East Anglia kompostiert. Diese Entwicklung braucht uns bisher nicht zu schrecken, solange in der EU die Richtlinie Tierkörperbeseitigung 90/667/EWG v. 27.11.1990 und in Deutschland die nationale Tierkörperbeseitigungsgesetzgebung gelten. Sie zeigt aber einen Trend auf, der sicher von den deutschen Veterinärbehörden, aber auch von der Fleischmehlindustrie aufmerksam zu beobachten sein wird [21, 77, 2, 3, 20].

4.4 Hygienische Besonderheiten der Eigenkompostierung

4.4.1 Einleitung

Die Eigenkompostierung von organischen Küchen- und Gartenabfällen ist ein traditionelles Verfahren für die nutzbringende Verwertung von haushaltseigenen Abfällen. Gegenüber der kommunalen Bioabfallsammlung und -verwertung stellt die Eigenkompostierung ein beträchtliches Reduktionspotential bezüglich Transport- und Sammelaufwand, Größe von Verarbeitungsanlagen und Aufwand zur Kompostvermarktung dar. In einer eingehenden Untersuchung wurde von anderer Seite zu diesem Themenbereich Stellung genommen, wobei insbesondere die standortspezifischen Randbedingungen mit ihren vielen Einzelfaktoren, die abfallwirtschaftliche Bedeutung, die Technik und Verfahren der Eigenkompostierung sowie die Qualität und Anwendung selbsterzeugter Komposte besprochen werden. Unter Berücksichtigung der Schwierigkeiten einer genauen Feststellung der selbst verarbeiteten Mengen kommt die Studie zu dem Ergebnis, daß etwa 4,2 Mio Mg/a von eigenkompostierter Masse in den alten Bundesländern anfallen, die unter Berücksichtigung der neuen Bundesländer auf ca. 5,3 Mio Mg/a hochgerechnet wird.

Die Eigenkompostierung findet i. d. R. nach zwei verschiedenen Verfahrensweisen statt: entweder werden die einzelnen Abfallchargen schichtweise zu einer Miete bzw. einem Komposthaufen aufgesetzt oder man verwendet die sog. Komposter, die im Handel in den verschiedensten Ausführungen angeboten werden. Da bei der Eigenkompostierung auch organische Küchenabfälle verwertet werden, die im äußeren Erscheinungsbild, z. B. gegenüber den reinen Gartenabfällen, deutlich abfallen, wurde angenommen, daß die Eigenkompostierung an fehlender ästhetischer und hygienischer Akzeptanz scheitern könnte, zumal die Küchenabfälle in der Küche nicht beliebig lagerfähig sind und bei offener Kompostierung Ratten, Mäuse, Vögel und Lästlinge angelockt werden können. Hinzu kommt, daß der systemlose Komposthaufen oft unansehnlich aussieht, durch die schwankenden Milieubedingungen ein sich lange hinziehender Verlauf des Abbaus erfolgt und ein Ungezieferbefall nicht verhindert werden kann. Umständliche Handhabung und hoher Platzbedarf werden außerdem als Nachteile erwähnt [92, 93].

Die handelsüblichen Kleinkomposter sind i. d. R. geschlossen und kompakt gebaut, wodurch das rottende Material zusammengehalten wird und ein Schutz vor Durchnässung infolge starker Niederschläge besteht. Die Durchlüftung wird durch perforierte Wände und Bodenplatten begünstigt. Manche Typen besitzen keine Bodenplatte und bringen dadurch das Rottegut in direkten Kontakt mit dem Erdboden (Regenwürmer). Die Kleinkomposter mit Deckel bieten auch Schutz gegen Vögel und Nager. Als ein besonderes Problem gilt die unterschiedliche Verrottung von oben nach unten. Das am Fuß liegende reife Material ist anwendungsfähig, während die Verrottungsintensität nach oben hin abnimmt. Auch stößt die Entnahme auf Schwierigkeiten, wenn der Kernbereich angegraben wird, weil entweder Material von oben nachfällt oder der ganze Komposter

4 Human- und veterinärhygienische Problematik

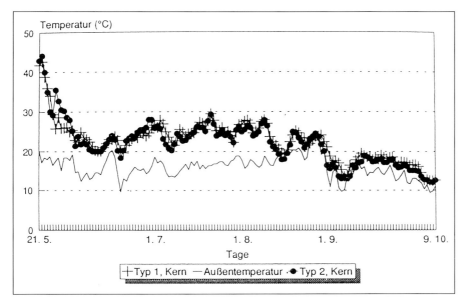

Abb. 5.2:
Tagesmittel der Außentemperatur und der Temperatur in der Kernzone der Kompostertypen 1 und 2, Sommerversuch

seine Stabilität verliert. Wie an anderer Stelle bereits ausgeführt, können im häuslichen Bioabfall die verschiedensten Krankheitserreger für Menschen, Tiere und Pflanzen vorkommen, die durch Küchenabfälle, Papiertaschentücher, Gemüse-, Obst- und Pflanzenreste, Wurzeln, Blumen, Topfpflanzen etc. eingebracht werden.

Nach BioAbfV (1998) müssen im Verlauf der Gesamtkompostierungszeit bei offenen Verfahren bzw. Systemen (Mietenkompostierung) über zwei Wochen mindestens 55 °C im gesamten Mischgut erreicht werden oder über eine Woche mindestens 65 °C. Für geschlossene Verfahren, bei denen eine gleichmäßig hohe Temperatur im gesamten Material zur gleichen Zeit vorhanden ist, gilt eine Maximaltemperatur von 60 °C über eine Woche als ausreichend. Der Anfangswassergehalt soll mindestens 40 % betragen und der pH-Wert um 7 liegen.

Für die Eigenkompostierung sind weitere Bedingungen wichtig, weil dabei Küchenabfälle zusammen mit pflanzlichen und anderen organischen Abfällen vom Erzeuger kompostiert werden. Kennzeichnend ist, daß keine Abfälle von Dritten angenommen werden. Aus diesen Ausgangsmaterialien hergestellte Komposte dürfen nur auf den Grundstücken der Beteiligten verwendet werden. Die Weitergabe an Dritte darf nur nach einer vorherigen hygienisch-mikrobiologischen Untersuchung des Kompostes erfolgen (Endproduktkontrolle).

4.4.2 Seuchenhygienische Untersuchungen an Kleinkompostern

Es bestand begründeter Anlaß zu der Annahme, daß bei der Eigenkompostierung weder im aufgeschichteten Komposthaufen noch in den käuflichen Kompostern diese vorgegebenen Temperaturen erreicht bzw. eingehalten werden. Deshalb wurden Untersuchungen an fünf handelsüblichen Kompostertypen durchgeführt, die sich in Form, Fassungsvermögen, Material und Isolierung unterschieden [68]. In die auf gewachsenem Boden aufgestellten Komposter wurden wöchentlich ca. 20 Liter Bioabfall gegeben. Außerdem wurden Keimträger mit Salmonellen und den Eiern des Schweinespulwurms *Ascaris suum* eingelegt und die Temperatur an den Einlagestellen mit einem stündlich registrierenden Gerät gemessen. Es wurde je ein Versuch im Sommer (142 Tage) und im Winter (127 Tage) durchgeführt. Die Abbildungen 5.2–5.5 zeigen je zwei typische Temperaturverlaufskurven von Eigenkompostern im Sommer und im Winter sowie zum Vergleich die Winterverlaufskurve einer Kompostmiete in einem Kompostwerk mit fünfmaligem Umsetzen (siehe Abb. 5.6).

Im **Sommerversuch** wurden die höchsten Temperaturen im Kern zu Versuchsbeginn nach der Füllung der Komposter für die Probeneinlage mit einem kurzzeitigen Maximum von 42 °C erreicht, die sich dann auf 20–30 °C einpendelten und nach etwa 3 Monaten in den Bereich zwischen 20 und 10 °C absanken (siehe Abb. 5.2, 5.3). Bei diesen Temperaturen war nicht zu erwarten, daß die **Salmonellen** restlos inaktiviert werden. Die Ergebnisse haben diese Vermutung bestätigt. In keinem der Komposter waren die Salmonellen bei Versuchsabschluß nach 142 Tagen völlig verschwunden. Die Spulwurmeier waren am Versuchsende zwischen 70 und 100 % noch ansteckungsfähig. Nur in einem Typ waren keine Wurmeier mehr nachzuweisen.

Im **Winterversuch** war der Kompostierungsprozeß in allen fünf Kleinkompostertypen durch ein sehr niedriges Temperaturniveau gekennzeichnet. Die Messungen in den Kernbereichen ergaben fast deckungsgleiche Kurven (siehe Abb. 5.4, 5.5). Die höchsten Temperaturen wurden mit 20 °C kurz nach der ersten Füllung mit Bioabfall erreicht. Als die Außentemperatur unter den Gefrierpunkt absank, waren die Komposter bis in den Kern durchgefroren. In keinem Kompostertyp waren die **Salmonellen** bei Versuchsabschluß nach 127 Tagen abgetötet. Die **Spulwurmeier** waren in allen fünf Kompostern zwischen knapp 65 und 100 % noch ansteckungsfähig.

Die vorstehend besprochenen Untersuchungsergebnisse belegen, daß weder im Sommer noch im Winter in fünf verschiedene Kleinkompostertypen eingebrachte Salmonellen bei der Kompostierung von Bioabfall unschädlich gemacht werden. Die ebenfalls dem Rotteprozeß beigegebenen Spulwurmeier (*Ascaris suum*) wurden im Sommer nur in einem Kompostertyp nach 142 Tagen in ihrer Ansteckungsfähigkeit auf Null reduziert, während eine Herabsetzung der Infektionstüchtigkeit bei den 4 anderen Kompostertypen nur zwischen 0 % und ca. 75 % eintrat. Das bedeutet, daß die Entseuchung des Rottegutes selbst im Sommer ungenügend war.

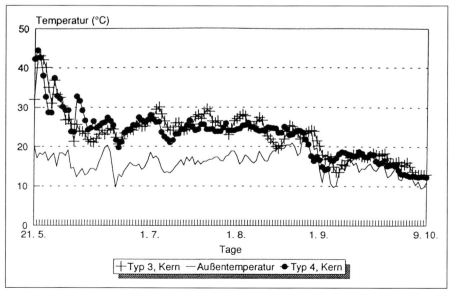

Abbildung 5.3: Tagesmittel der Außentemperatur und der Temperatur in der Kernzone der Kompostertypen 3 und 4, Sommerversuch

4 Human- und veterinärhygienische Problematik

Die Untersuchungen haben weiter ergeben, daß aus seuchenhygienischer Sicht optimale Rottebedingungen in Kleinkompostern nur schwer herzustellen sind. Die von anderer Seite hervorgehobene Reduzierung der wärmeabstrahlenden Oberfläche von Kleinkompostern gegenüber einem Komposthaufen sowie die sich im Winter auf den Abbau der OTS positiv auswirkende Wärmedämmung eines Komposters haben sich bei unseren Untersuchungen auf die seuchenhygienische Qualität des Rotteproduktes nicht merkbar ausgewirkt. Hingegen kann die Beobachtung bestätigt werden, daß durchgehend abgedeckte Komposter im Sommer auch bei feuchten Abfällen zur Austrocknung neigen und deshalb im Bedarfsfall bewässert werden müssen.

Der Rotteprozeß kommt im Kleinkomposter offenbar nur langsam in Gang. Die schichtweise Befüllung verhindert eine Homogenisierung der organischen Bestandteile, wie dies bei den häufig umgesetzten Mieten in größeren Kompostierungsanlagen der Fall ist. Abb. 5.6 zeigt die typische Temperaturverlaufskurve einer Miete im Winter in einem Bioabfallkompostwerk im Vergleich zu den Temperaturverläufen in den fünf Kleinkompostern im Sommer und im Winter in den Abb. 5.2–5.5. In dieser Kurve kommt die Bedeutung des Umsetzens einer Kompostmiete besonders gut zum Ausdruck. Der Schwachpunkt bei der Mietenkompostierung ist die Randzone, die in Abb. 5.6 zwar kurzzeitig am dritten Tag 60 °C erreichte, dann aber auf 19 °C absackte, nach dem ersten Umsetzen wieder 52 °C erreichte, dann auf unter 10 °C zurückfiel und erst nach dem zweiten Umsetzen wieder 60 °C erreichte. Diese für die Erregerabtötung wichtige Summation hoher Temperaturen kann nur durch das Umsetzen der Mieten, aber nicht in den Kleinkompostern erreicht werden.

Im Winter kommt in den Kompostern der Rotteprozeß praktisch zum Erliegen, so daß das Rottegut bei Minusgraden der Außentemperatur bis in den Kern durchfriert. Davon blieb auch der Inhalt des mit Styropor isolierten Komposters nicht verschont. Der beobachtete Rückgang der frei im Bioabfall suspendierten Salmonellen von der Ausgangskonzentration 10^8 KBE/g TS um einige Zehnerpotenzen ist weniger auf den Einfluß der Rottetemperatur als vielmehr auf die bekannten antagonistischen Einflüsse toxischer Zersetzungsprodukte, von anti-

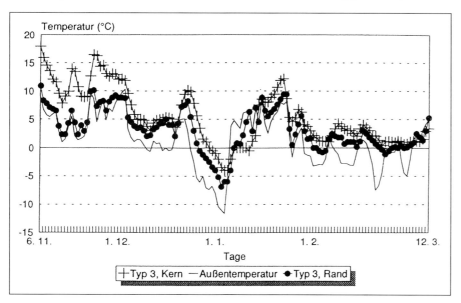

Abb. 5.4:
Tagesmittel der Außentemperatur und der Temperatur in der Kern- und Randzone des Kompostertyps 3, Winterversuch

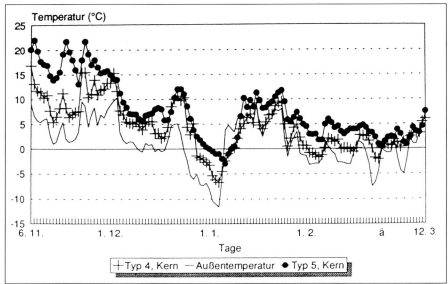

Abb. 5.5: Tagesmittel der Außentemperatur und der Temperatur in der Kernzone der Kompostertypen 4 und 5, Winterversuch

biotikaähnlichen Hemmstoffen etc. zurückzuführen. Im Endeffekt ist die Bioabfallkompostierung in Kleinkompostern mit einer Langzeitlagerung z. B. von seuchenhygienisch bedenklichem Klärschlamm vergleichbar.

Auch auf dem Gebiet der Phytohygiene liegt eine Untersuchung mit Kleinkompostern für die Eigenkompostierung vor. Dabei kamen 2 Kompostertypen zum Einsatz und zwar jeweils drei Behälter von jedem Typ. Als Testorganismen wurden das Tabakmosaikvirus (TMV) sowie Wurzelgallenälchen (*Meloidogyne incognita*) eingesetzt. Auch hier war, ähnlich wie bei den eigenen Untersuchungen, ein kurzfristiger Temperaturanstieg beim Befüllen der Komposter zur Einlage der Proben zu beobachten, worauf die Temperatur schnell wieder absank in den Bereich zwischen 20 °C und 30 °C, zum Teil noch tiefer. Beide Versuchsreihen wurden zwischen Mai und Oktober durchgeführt, so daß keine Aussage über das Temperaturverhalten im Winter vorliegt. Es darf aber angenommen werden, daß der Temperaturverlauf ähnlich verlaufen wäre, wie bei den eigenen Untersuchungen. Als Ergebnis kommt die Autorin zu dem Schluß, daß es während der Kompostierung in den beiden Behältertypen nicht zur vollständigen Inaktivierung der Testorganismen kam. »Dennoch kann diese Art der Abfallvermeidung und die Anwendung des selbst erzeugten Kompostes im Hausgarten nur empfohlen werden. Die Annahme bleibt, daß der Nutzen die möglicherweise auftretenden phytosanitären Gefahren eindeutig überwiegt« [39].

Um eine Gefährdung von Menschen, Tieren und Pflanzen durch Krankheitserreger im nicht ausreichend entseuchten Rotteprodukt von Kleinkompostern zu vermeiden, sollten einige Dinge beachtet werden.

4.4.3 Empfehlungen für die Eigenkompostierung

1. Die Kompostierungsdauer in Kleinkompostern sollte mindestens 6 Monate betragen, Wenn die Kapazität des Komposters für diese Zeitdauer nicht ausreicht, muß entweder ein zweiter Komposter benutzt werden oder der vorhandene entleert und der Inhalt an anderer Stelle im Garten kompakt neu aufgesetzt werden. Nach Ablauf dieser 6-monatigen Kompostierzeit muß der Kompost umgesetzt und ohne Zugabe von Frischmaterial weitere 6 Monate nachgerottet werden.

4 Human- und veterinärhygienische Problematik

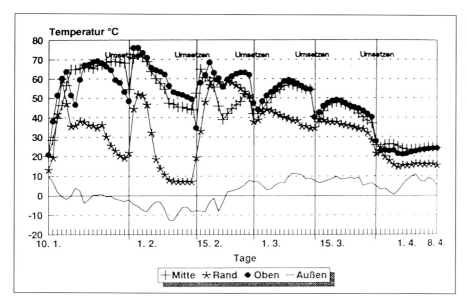

Abb. 5.6:
Tagesmittel der Außentemperatur und der Temperaturen in den Mietenpunkten (Oben, Mitte, Rand) während des Kompostierungsprozesses, Winterversuch

Nach Ansicht eines anderen Autors ist das Rottegut aus Kleinkompostern nach 6 Wochen ohnehin nur als Mulchmaterial verwendbar, während für seine Verwendung als Substrat für Pflanzungen eine Reifung von 5–7 Monaten erforderlich ist. Die aus seuchenhygienischen Gründen empfohlene Gesamtrottedauer von einem Jahr kommt daher auch der Qualitätsverbesserung zugute [93].

2. Um das Risiko des Eintrags von Krankheitserregern in den Bioabfall für die Eigenkompostierung zu minimieren, sollte
   – keine Haustierstreu, Mist oder Kleintierkadaver beigemischt werden, da sie eine Hauptquelle für Parasiteneier darstellen, die u. U. länger als ein Jahr entwicklungsfähig bleiben können
   – die Zugabe von nachweislich stark mit Salmonellen behafteten Lebensmittelabfällen wie
     – Eierschalen
     – Geflügelreste
     – rohes Schweinefleisch
     unterbleiben;
   – am besten auf die Zugabe jeglichen von Tieren stammenden Materials völlig verzichtet werden. Dies trägt auch zur Vermeidung von Lästlingen, Schädlingen und Schadnagern im Umfeld der Kleinkomposter bei. Diese negativ belasteten Abfälle sollten der Restmülltonne zugeführt werden.

3. Um die seuchenhygienische Beschaffenheit des Rottegutes aus Kleinkompostern zu verbessern, kann die desinfizierende Wirkung von Kalk benutzt werden. Dazu kann man bei der Entleerung des im Haushalt üblichen Sammelgefäßes für Bioabfall in den Kleinkomposter – in Abhängigkeit von der Größe des Sammelgefäßes – eine oder mehrere Handvoll Löschkalk dem Bioabfall beimischen, ohne daß der Rotteprozeß nachteilig beeinflußt wird.

4. Kleinkomposter sollten aus hygienischen Gründen – entgegen den Empfehlungen mancher Hersteller bzw. Vertreiber – weder auf Balkonen noch in Kellern aufgestellt werden. Empfehlenswert sind Gartenbereiche mit ausreichendem Abstand zum Wohnhaus oder benachbarter Wohnbebauung.

5. Die Entfernung des Bioabfalls aus den Haushalten sollte mehrmals pro Woche erfolgen. Nach dem Umgang mit Abfällen im Haushalt, der Befüllung

des Kleinkomposters und der Entnahme bzw. der Anwendung von Kompost mit bloßen Händen sollten die Hände und unbedeckten Unterarme möglichst mit Seife gründlich gewaschen werden.
6. Bei Beachtung der Empfehlungen unter Nr. 1 kann das nicht ganz ausschließbare phytohygienische Restrisiko noch weiter vermindert werden.

Wenn die unter 1–6 gegebenen Empfehlungen beim Umgang mit Komposthaufen oder Kleinkompostern im Rahmen der Eigenkompostierung beachtet werden, kann für Personen mit normalem Immunstatus ein Risiko mit ziemlicher Sicherheit weitgehend ausgeschlossen werden [85, 59 60].

4.4.4 Keimemissionen bei der Kompostierung

Es ist unbestritten, daß bei der Kompostierung Keime eine bedeutende Rolle spielen. Ohne Mikroorganismen kann kein aerober Abbau der organischen Substanz von Bioabfall stattfinden. Daran sind, wie weiter oben bereits kurz erwähnt, auch die Pilze als wichtige Bestandteile des Ökosystems entscheidend beteiligt. Aus dieser Tatsache hat sich in der Öffentlichkeit eine z. T. emotionsgeladene Diskussion entwickelt, so daß von verschiedenen Seiten die Kompostierung des Bioabfalls wegen ihrer »Gefährlichkeit für das in Kompostwerken beschäftigte Personal sowie für die in der Umgebung solcher Werke lebenden Personen« überhaupt in Frage gestellt wird.

Bereits bevor diese Diskussion in Gang kam, wurden von zahlreichen wissenschaftlichen Institutionen im In- und Ausland Untersuchungen über die Keimemissionen bei den verschiedenen Kompostierungsverfahren und auch bei der Wertstoffsortierung durchgeführt. Die Ergebnisse all dieser Untersuchungen können wegen ihres enormen Umfangs hier nur zusammenfassend dargestellt werden [28, 78, 57, 69, 24, 27, 12]. Bei der Kompostierung mit den Stationen Sammlung, Abholung, Kompostwerk und Anwender des Produkts tritt eine Vielzahl von Mikroorganismen auf, deren Menge und Art mit den derzeit vorhandenen Methoden auch nicht annähernd bestimmt werden kann. Deshalb beschränkt sich die quantitative Bestimmung der Luftkeimflora vielfach auf die Erfassung der Gesamtkeimzahl (überwiegend Bakterien, wenn auch seit kurzer Zeit bekannt ist, daß Viren auftreten) und Gesamtpilzzahl sowie einige durch mikrobiologische Methoden leicht zu erkennende Keime, wie *Escherichia coli* und andere Enterobacteriaceen, aerobe Sporenbildner, *Staphylococcus aureus*, *Enterococcus faecium* und *Aspergillus fumigatus*.

Zur Frage der Keimemissionen beim Öffnen und Schließen von Biotonnen wurden Ergebnisse aus einem Verbundvorhaben mit vorläufigen Schlußfolgerungen veröffentlicht [32, 33]. Aus hygienischer Sicht ist dabei für den Nutzer bei ordnungsgemäßem Umgang mit der Biotonne von keiner gesundheitlichen Gefährdung auszugehen. Auch eine zweiwöchige Standzeit der Biotonneninhalte ist vertretbar und nicht mit einem erhöhten Gesundheitsrisiko verbunden. Zwar sind die Keimzahlen sowohl im Substrat der Biotonnen als auch in der Umgebungsluft nach zwei Wochen etwas höher als nach einer Woche Standzeit, die Konzentration der für die Bewertung des gesundheitlichen Risikos für den Benutzer entscheidenden Luftkeime sowie die Tatsache, daß der Beschickungsvorgang nur eine sehr kurze Zeitspanne in Anspruch nimmt, lassen jedoch eine gesundheitliche Gefährdung nicht erwarten. Immungeschwächte und allergiekranke Bürger sollten allerdings vorgenannte Tätigkeit meiden. Diese müssen aber auch in anderen Bereichen des Alltagslebens, bei denen sie beispielsweise mit Pilzsporen oder Allergenen in Kontakt kommen können, ständig gewisse Vorsichtsmaßregeln beachten [15, 38].

Sowohl die Hygieneuntersuchungen als auch parallel durchgeführte Geruchsmessungen bestätigen grundsätzlich die Zulässigkeit einer 14tägigen Leerung für den Bioabfall, die damit als Regellösung empfohlen werden kann. Um die Akzep-

4 Human- und veterinärhygienische Problematik

tanz des Systems zu erhöhen, steht eine Verkürzung des Leerungsintervalls auf einen wöchentlichen Rhythmus, hauptsächlich während der Sommermonate, zur Diskussion. Dies würde jedoch zu organisatorischen Problemen und Mehrkosten bei der Bioabfallsammlung führen. Praxiserfahrungen aus vielen Gebieten zeigen zudem, daß mögliche Probleme im Wesentlichen im ersten Jahr nach Einführung der Biotonne auftreten und diese in den darauffolgenden Jahren durch den Gewöhnungsprozeß und die bewußtere Handhabung bei der Befüllung deutlich abnehmen. Entsprechende Untersuchungen bei den Sammelfahrzeugen stehen noch aus.

In den Kompostwerken werden bei allen Arbeitsschritten (abladen, sortieren, mischen und/oder abfüllen, lagern, transportieren) Luftkeime emittiert. Dabei handelt es sich um meso- und thermophile Actinomyceten, Bakterien und Schimmelpilze oder – sofern sie zur Sporenbildung befähigt sind – auch um Sporen. Sowohl bei den offenen wie auch geschlossenen Verfahren treten mehr oder weniger starke Keimfreisetzungen auf, durch welche die Luft im Freien oder in den eingehausten Anlagen belastet wird [62, 74]. Festgestellte Luftkeimkonzentrationen in den einzelnen Anlagen sind nicht unbedingt miteinander vergleichbar, weil die Art und Menge der Mikroorganismen von benutzten Verfahren und der damit verbundenen Technik abhängt. Dies hängt auch mit der Staubentwicklung zusammen, weil man davon ausgeht, daß die meisten Staubpartikeln mit Mikroorganismen besetzt sind, wenn auch bisher noch kein eindeutiger Bezug zwischen beiden Parametern hergestellt wurde. Das Werksgelände an sich weist infolge von Fahrzeugverkehr und Staubentwicklung einen stets schwankenden Luftkeimgehalt auf. Ein wichtiger Faktor für die Vergleichbarkeit von Ergebnissen verschiedener Untersucher ist die Tatsache, daß die angewendeten Luftkeimsammelgeräte in ihren Ergebnissen so stark voneinander abweichen, daß ein Vergleich derzeit schlechterdings unmöglich scheint. Dies wirkt sich auch auf den Vergleich von Luftkeimwerten in unbelasteten Gebieten, weitab von Kompostwerken, hemmend aus. Hinsichtlich der Viren gibt es noch keine Vergleichsmessungen in der dafür erforderlichen Quantität. Im übrigen sind die ermittelten Virusmengen sehr gering, und zählbare Mengen von Enteroviren wurden nur im Bereich der Anlieferung gefunden. Dabei ist die Frage noch ungeklärt, ob das verarbeitete Material immer die Virusquelle ist, weil die dort tätigen Menschen bisher als Quelle noch nicht sicher ausgeschlossen werden konnten [12].

Ein wichtiger Punkt ist bei solchen Betrachtungen über die mögliche Gefährdung des Personals oder auch der Umgebung von Kompostwerken durch Luftkeime die Größe der keimtragenden Partikeln. Der für diese Zwecke verwendete Luftkeimsammler ist in der Lage, Partikelgrößen von $>7\,\mu m$ bis etwa $1{,}1\,\mu m$ auf 5 Sammelstufen zu unterscheiden, wobei man davon ausgeht, daß i. d. R. nur Partikeln $<5\,\mu m$ die tieferen Lungenbereiche erreichen, während die übrigen durch Abwehrmechanismen wie Schleimbildung und Aushusten wieder nach außen befördert werden [47].

Betreffs der Ausbreitung von Luftkeimen über die Grenzen von Kompostwerken hinaus haben bisher sporadisch durchgeführte Messungen ergeben, daß schon in einer Entfernung von 50–100 m die Hintergrundwerte (normale Luftkeimzahlen in einer unbelasteten Vergleichsregion) erreicht werden. Wenn die Meßstellen eine Entfernung von über 200 m ab Keimquelle überschreiten, kann in bewachsenem oder bebautem Gelände keine Zuordnung der gemessenen Werte mehr vorgenommen werden, da andere Keimquellen in dazwischenliegenden Bereichen nicht auszuschließen sind [12].

International heftig diskutiert wird auch der Vorschlag zur Einführung von Grenzwerten für die Zahl von Gesamtbakterien (5–10 000 koloniebildende Einheiten – KBE – je m³ Luft), gram-negativen Bakterien (1000 KBE/m³ Luft) sowie die Endotoxinkonzentration von 0,1–0,2 µg/m³ Luft. Endotoxine werden beim Zerfall gram-negativer Bakterien freigesetzt, wodurch es zu Fieber und grippeartigen Symptomen kommen kann.

Da eine Diskussion jeder einzelnen Untersuchung an dieser Stelle nicht möglich ist, werden nachfolgend nur die Schlußfolgerungen der einzelnen Arbeitsgruppen zur Frage der Gefährdung von Personal der Wertstoffsortieranlagen und Kompostwerke sowie in deren Umfeld wohnenden Personen zusammengefaßt aufgeführt. Weitere Details bezüglich Einzelwerten sind der angegebenen Literatur zu entnehmen.

Bezüglich der **Wertstoffsortieranlagen** kommt ein erfahrener Autor zu folgenden Feststellungen. Untersuchungen haben zu dem übereinstimmenden Ergebnis geführt, daß die Belastung der Luft mit Mikroorganismen bei der Wertstoffsortierung höher ist als normal. Dabei entsteht die Frage, inwieweit derart erhöhte Luftkeimbelastungen für den Menschen gefährlich sind, besonders wenn man davon ausgeht, daß es sich um Personal handelt, das in der Regel gesund ist und dessen Abwehrsystem dann intakt ist. Das entbindet die Betreiber solcher Anlagen aber nicht von der Verpflichtung, die Belastung der Raumluft mit Stäuben und Mikroorganismen so gering wie möglich zu halten. Andererseits sind die medizinischen Kenntnisse über die erforderliche Infektionsdosis ziemlich lückenhaft. Anders ausgedrückt kann man sagen, daß eine über das Normalmaß hinausgehende Luftbelastung mit Mikroorganismen nicht unweigerlich zu einer Erkrankung führt. Dieses Dilemma stellt die in Empfehlungen oder Verordnungen erfolgte **Festlegung von Grenzwerten** in Frage. Jede Festsetzung wäre somit willkürlich, insbesondere deshalb, weil epidemiologische Untersuchungen fehlen. Auch die **Festsetzung von Richtwerten** wäre willkürlich. Man könnte sie bestenfalls versuchsweise einbringen, müßte sie aber als zu erprobende Richtgrößen ohne Sanktionscharakter betrachten. Man könnte sie auch im Rahmen einer individuellen internen »Qualitätskontrolle« anwenden, um Abweichungen von dem jeweiligen Luftbelastungsstandard sofort nachgehen zu können. Außerdem wäre eine Festlegung von Grenz- oder Richtwerten problematisch, da derzeit die Meßmethodik für Mikroorganismen, wie bereits erwähnt, nicht vereinheitlicht ist, so daß bei den Meßwerten Abweichungen bis zu zwei Zehnerpotenzen im Vergleich verschiedener Keimsammelgeräte auftreten. Eine Festlegung von Werten wäre bei dieser Sachlage ebenso willkürlich. Dessen ungeachtet müssen alle möglichen technischen Maßnahmen zum Schutze des Personals durchgeführt und weitere Forschungen begonnen werden, um auch epidemiologisch gesicherte Überwachungswerte zur Verfügung zu haben [69].

Auch die umfangreiche Literaturstudie eines anderen Hygieneinstituts kommt zu einem ähnlichen Ergebnis wie der vorgenannte Autor. Die Luftkeimkonzentrationen schwanken stark, wobei in Kompostwerken bei bestimmten Arbeitsschritten höhere Pilzsporenkonzentrationen auftreten können. Die Endotoxinkonzentrationen lagen im Vergleich zu Arbeitsplätzen im landwirtschaftlichen Bereich (Schweine- und Geflügelstallungen, Futtermittelindustrie) eindeutig niedriger und bei den meisten Untersuchungen unter der Schwelle bei der nach Erkenntnissen einer Gruppe von Autoren respiratorische Symptome ausgelöst werden [24].

Eine umfassende Bewertung zahlreicher Einzelbefunde von Luftkeimmessungen im Kompostierungsbereich kommt ebenfalls zu der Feststellung, daß die Erfassung und Bewertung von Keimbelastungen noch mit vielen offenen Fragen verbunden ist. Dies bezieht sich auf die Vergleichbarkeit der Ergebnisse verschiedener Luftkeimsammelgeräte. Sogar bei jedem einzelnen Meßverfahren sind die Schwankungen sehr hoch und die Einflußfaktoren, die dies verursachen, lassen sich nicht erfassen. Hier besteht erheblicher Forschungsbedarf [47]. Die Forderung nach Festlegung von Grenzwerten muß nach den vorliegenden Kenntnissen abgelehnt werden. Die noch fehlende Meßsicherheit ließe allenfalls die **Erprobung von Richtwerten** zu, die durch

4 Human- und veterinärhygienische Problematik

Klärung von epidemiologisch-arbeitsmedizinischen Zusammenhängen auf einer statistisch zuverlässigen Basis verifiziert werden müßten [12].

Auch die EG-Richtlinie (90/679 EWG) über den Schutz der Arbeitnehmer gegen Gefährdung durch biologische Arbeitsstoffe bei der Arbeit trifft für den Bereich der Kompostierung zu. Sie bildete die Grundlage für ein Symposium, das die TÜV-Akademie Hannover veranstaltete. Ein Bericht darüber unter der Überschrift »Grenzwerte für biologische Arbeitsstoffe?« wird wegen der Bedeutung der darin gemachten Aussagen für das Thema von Luftkeimemissionen in Abfallwirtschaftsanlagen im vollen Wortlaut abgedruckt [27].

»Ziel der Richtlinie ist der Schutz der Arbeitnehmer vor der Gefährdung ihrer Sicherheit und Gesundheit, der sie aufgrund der Exposition gegenüber biologischen Arbeitsstoffen bei der Arbeit ausgesetzt sind oder sein könnten, einschließlich der Vorbeugung gegen eine solche Gefährdung. Von besonderer Bedeutung sind dabei Bestimmungen zum unbeabsichtigten Umgang mit biologischen Arbeitsstoffen, die erstmals in dieser Form festgeschrieben werden. Ein unbeabsichtigter Umgang mit biologischen Arbeitsstoffen liegt bei Tätigkeiten vor, bei denen eine Exposition gegenüber biologischen Arbeitsstoffen möglich ist. Eine gezielte Handhabung der biologischen Arbeitsstoffe stellt aber nicht den eigentlichen Zweck der Tätigkeit dar, wie z. B. in der Landwirtschaft oder der Abfallwirtschaft. Gerade im Zusammenhang mit dem unbeabsichtigten Umgang ist es teilweise problematisch, Beurteilungskriterien für etwaige Risiken festzulegen, denen Beschäftigte ausgesetzt sind, da die einwirkenden Organismen oft sehr heterogen sind. Ein mögliches Beurteilungskriterium wäre die Übertragung des Grenzwertkonzeptes aus dem Bereich chemischer Gefahrstoffe auf den Bereich der biologischen Arbeitsstoffe.

In Geflügel- und Schweineställen werden Gesamtluftkeimkonzentrationen bis zu 10^8 koloniebildende Einheiten (KBE) pro m³ Luft beschrieben, davon etwa 10^4 gramnegative Bakterien. Für den Bereich der Abfallwirtschaft liegen insgesamt weniger Daten vor, wobei die Keimzahlen im Vergleich zur Landwirtschaft in Abfallbehandlungsanlagen jedoch geringer sind. Die Gesamtkeimzahl von Bakterien überschreitet in der Regel 10^4 KBE pro m³ Luft nicht, die für gramnegative Bakterien liegt unter 10^4 KBE pro m³ Luft. Die Wirksamkeit der Einhausung von Sortierarbeitsplätzen oder des Einbaus von Filtern in Fahrzeugkabinen zur Verbesserung der Luftqualität an Arbeitsplätzen kann angezweifelt werden. Daten anderer Forschergruppen und eigene Ergebnisse lassen keine nennenswerte Reduzierung der Luftkeimgehalte nach erfolgten Arbeitsschutzmaßnahmen erkennen.

Von einigen *Aspergillus*-Arten, die als Pilz- und Pilzsporenbelastung in der Abfallentsorgung auftreten können, sind gesundheitliche Risiken bekannt. Eine statistisch abgesicherte wissenschaftliche Basis für eine Korrelation von Luftkeimkonzentration und Erkrankungsgeschehen liegt jedoch bislang nicht vor. Dies liegt an der Tatsache, daß für die Beschäftigungsstruktur in der Entsorgungswirtschaft eine hohe Fluktuationsrate charakteristisch ist. Epidemiologische Aussagen zum Erkrankungsgeschehen bei Wertstoffsortierungs- und Kompostierungsanlagen sind daher nur schwer möglich. Es gibt kaum Langzeitbeschäftigte und infolge dessen keine Daten zu Dosis-Wirkungs-Beziehungen zwischen Langzeitexposition und gesundheitlichen Beeinträchtigungen. Die Bestimmungen der KBE als Lebendkeimzahl allein ist zur Beschreibung des Risikos beim Umgang mit biologischen Arbeitsstoffen nicht ausreichend, da tote Mikroorganismen nicht erfaßt werden, obwohl ihre Zerfallsprodukte z. B. Einfluß auf eine Allergenisierung haben können. Ferner werden Endotoxine durch die Ermittlung der Lebendkeimzahl nicht erfaßt.

Wegen der schlechten hygienischen Bedingungen in vielen Wertstoffsortierungsanlagen sind auch für den Bereich der Entsorgungswirtschaft Berufskrankheiten wie z. B. die exogene allergische

Alveolitis zu befürchten. Das Land Niedersachsen hat daher als erstes Bundesland versucht, durch ein Bündel von Maßnahmen die Luftqualität in den Anlagen an den entsprechenden Arbeitsplätzen zu verbessern. Dazu gehört u. a. eine standardisierte Meßmethodik und ein technisch abgeleiteter Richtwert für die Bestimmung der Leistungsfähigkeit lüftungstechnischer Anlagen. Demnach ist die Wirksamkeit lüftungstechnischer Anlagen gegeben, wenn die Lebendkeimzahl unter 10^4 KBE pro m^3 Luft und der Endotoxingehalt unter 0,1 µg pro m^3 Luft liegt.

Die Festlegung eines medizinisch begründeten Grenzwertes für biologische Arbeitsstoffe setzt das Vorhandensein einer definierten Noxe voraus, die bekannte (schädliche) Effekte auf den menschlichen Organismus hat. Die Pathomechanismen müssen dafür genauso bekannt sein wie die individuelle Empfindlichkeit sowie die Art und Dauer der Exposition von Beschäftigten. Wie oben ausgeführt, sind die Voraussetzungen für die Festlegung eines solchen Grenzwertes für biologische Arbeitsstoffe zur Zeit nicht gegeben. Im Hinblick auf einen »Orientierungswert« im Bereich der Kompostierung ist als Pathomechanismus die sensibilisierende Wirkung bedeutsam, eine Gefährdung durch Infektion ist von geringerer Wichtigkeit. Das Keimspektrum bei der Kompostierung ist durch thermotolerante Bakterien und Pilze gekennzeichnet. Für diese Organismen könnten Leitkeime festgestellt werden, da die Bestimmung der Gesamtkeimkonzentration auf Speziesebene wenig praktikabel erscheint.

Ein weiteres Problem liegt in der Meßtechnik. Verschiedene Meßmethoden und Luftkeimsammelgeräte können sehr unterschiedliche Ergebnisse liefern; selbst bei gleichen Meßmethoden werden hohe Schwankungen der Meßwerte festgestellt. Um die Schwankungsbreite gering zu halten und somit eine sichere Aussage über die Luftkeimbelastung zu erhalten, sind ca. 15 Messungen pro Meßpunkt derzeit in der Diskussion. Auch die Bestimmung des Endotoxingehaltes in der Luft als weitere Meßgröße für biologische Arbeitsstoffe ist noch problematisch. Der Limulus-Test ist zwar sehr empfindlich, jedoch von begrenzter Spezifität. Es besteht die Gefahr des Auftretens falsch-negativer Resultate (z. B. bei Störeffekten im Hinblick auf die bivalenten Kationen im Testansatz).

Da die Gefährdungen durch biologische Arbeitsstoffe auf pathogenen, toxischen und allergenen Wirkungen beruhen, ist zwischen diesen zu differenzieren. Die Pathogenität von Mikroorganismen hängt im wesentlichen von der Infektiosität, dem Infektionsweg bzw. der Eintrittspforte und den Pathogenitätsmechanismen ab. Die Luftkeimbelastung unterscheidet sich qualitativ bei verschiedenen Tätigkeiten im Bereich der Entsorgungswirtschaft. So ist bei der Abwasserbehandlung hauptsächlich mit einer Exposition gegenüber gramnegativen Bakterien der Risikogruppe II (primär opportunistische Krankheitserreger) zu rechnen. Beim Umgang mit Hausmüll sind einige gramnegative Bakterien, grampositive Bakterien und Pilze von Bedeutung. Bei der Kompostierung hingegen spielen gramnegative Bakterien keine Rolle, da aufgrund der heißen Rotte thermophile Actinomyceten und thermophile *Aspergillus*-Arten bevorzugt auftreten.

Um Dosis-Wirkungs-Beziehungen erkennen und damit mögliche Gefahren beim Umgang mit biologischen Arbeitsstoffen festlegen zu können, müssen geeignete Meßmethoden für biologische Arbeitsstoffe entwickelt werden. Diese sollten eine einfache, schnelle, preiswerte und sichere Erfassung der relevanten biologischen Arbeitsstoffe ermöglichen. Summenwerte in Form von KBE sind als Beurteilungskriterium für eine mögliche Gefährdung hingegen nicht geeignet. Die Aufstellung eines wissenschaftlich fundierten Grenzwertes für biologische Arbeitsstoffe ist daher zunächst nur für die toxische Wirkung von Endotoxinen vorstellbar. Für Endotoxine ließe sich ein Orientierungswert nach den Regeln der klassischen Toxikologie festlegen, der bei verbesserter Datenlage in einen Grenzwert überführt werden könnte.

Die Rechtsunsicherheit bleibt für alle

bestehen, die Anlagen planen, errichten oder betreiben, in denen ein Umgang mit biologischen Arbeitsstoffen zum täglichen Betriebsablauf zählt.« (s. dazu auch [23, 54, 66, 71, 16, 44, 37, 76, 17 25]).

Die umfassendste Studie zum Thema Bioaerosole in Verbindung mit Kompostierungsanlagen wurde in den USA anhand von 200 Literaturangaben und Fallstudien durchgeführt [57]. Im Januar 1993 wurde eine Expertengruppe durch den Composting Council, die Environmental Protection Agency (EPA), das Landwirtschaftsministerium (USDA) und das Nationale Institut für Arbeitssicherheit und -gesundheit (NIOSH) zu einer Arbeitstagung zusammengerufen. Während dieser Veranstaltung wurde von 25 Wissenschaftlern und Ingenieuren die Frage analysiert und diskutiert: *Wird durch die Kompostierung von Klärschlamm und Bioabfall die Gesundheit und das Wohlbefinden der Bevölkerung und die Umwelt gefährdet?* In den darauf folgenden 22 Monaten prüften die Teilnehmer der Arbeitstagung sowie neun weitere berufene Gutachter die wiederholt vorgelegten Versionen eines Statusberichtes zur Fragestellung. In diesen Monaten neu zugänglich gewordene Veröffentlichungen und Untersuchungsberichte wurden dabei noch berücksichtigt. In dem 50 Seiten langen Bericht kommen die Experten u. a. zu folgenden Schlußfolgerungen:

1. Die Bevölkerung ist nicht gefährdet durch systemische oder Gewebsinfektionen infolge von Bioaerosolemissionen, die von Kompostierungsaktivitäten ausgehen.
2. Immunsupprimierte Individuen unterliegen erhöhtem Risiko durch Infektionen von verschiedensten opportunistischen Krankheitserregern, wie *Aspergillus fumigatus*, der nicht nur in Kompost auftritt, sondern auch in anderen sich selbst erhitzenden organischen Materialien in der natürlichen Umwelt.
3. Asthmatische und allergisch veranlagte Individuen haben ein erhöhtes Risiko durch Reaktionen auf Bioaerosole von vielfältigen Umwelteinflüssen und organischen Staubquellen, einschließlich Kompost. *A. fumigatus* ist nicht das einzige oder gar das allerwichtigste in Betracht kommende Bioaerosol bei der Risikoabschätzung für das Organic Dust Toxic Syndrome (ODTS), Mucous Membrane Irritation (MMI) und Hypersensitivity Pneumonitis (HP), die auftreten können, wenn Individuen organischen Stäuben ausgesetzt sind. Die Summe der luftgetragenen Allergene, die sensibilisieren und anschließend asthmatische oder allergische Ereignisse auslösen, kann mit den gegenwärtig zur Verfügung stehenden Informationen nicht definiert werden, besonders unter Berücksichtigung von Variationsbreite der Sensitivität bei betroffenen Individuen, der zahlreichen Quellen für Allergene in der natürlichen Umgebung und der Vielfalt von Bestandteilen und Bioaerosolen. Die Aussichten für solch eine präzise Definition sind wegen dieser Faktoren vorläufig begrenzt.
4. Trotz der Tatsache, daß einige Bioaerosole Berufsallergien und -krankheiten verursachen können und daß einige dieser Bioaerosoltypen in der Luft von Bioabfallkompostierungsanlagen vorhanden sind, unterstützen die greifbaren epidemiologischen Daten nicht die Vermutung des Auftretens von allergischen, asthmatischen, akuten oder chronischen Respirationskrankheiten bei der allgemeinen Bevölkerung, die bei oder in der Nähe von verschiedenen untersuchten offenen und einer geschlossenen Kompostierungsanlage lebt.

Folglich ist die Antwort, die sich aus der Fragestellung bei Beginn der Arbeitstagung ergibt: **»Kompostierungsanlagen sind keine außergewöhnliche Gefährdung für die Gesundheit und das Wohlbefinden der Öffentlichkeit«.**

Die wichtigste Grundlage für diese Schlußfolgerung ist die Tatsache, daß man die Arbeiter als den am meisten gefährdeten Teil der Gemeinschaft betrachtet hat. Dort, wo man die Gesundheit der Arbeiter über Zeiträume bis zu zehn Jahren in einer Kompostierungsanlage überprüfte, wurden keine signifikanten gesundheitlichen Auswirkungen gefunden. Außerdem ergaben in den meisten Fällen die Untersuchungen von Bioaerosolen in Wohngebieten um Kompostierungsanlagen herum auf aerobe Bakterien, thermophile Pilze und *A. fumigatus*, daß die luftgetragenen Konzentrationen sich nicht signifikant von den Hintergrundkonzentrationen (ohne Kompostwerk) unterschieden. Ein wahrscheinlicher Grund, daß das Bioaerosolniveau sich nicht signifikant von dem Hintergrundniveau unterschied, liegt darin, daß auch die natürlicherweise auf der sich durch Selbsterhitzung abbauenden organischen Substanz wachsenden und dann aerosolierten Bakterien in die ganze Umwelt weithin verstreut werden.

5. Die berufliche Belastung durch Bioaerosole in Kompostierungsanlagen kann signifikant sein, in Abhängigkeit von den Verhältnissen in der Anlage, den Tätigkeitsbereichen und deren Nähe. Die Arbeiter in Kompostierungsanlagen sind den Kompostbioaerosolen deutlich stärker ausgesetzt als die Bevölkerung in der Umgebung. Wie jedoch bereits oben festgestellt, sind bei dem Personal solcher Anlagen keine signifikanten Differenzen bezüglich der allgemeinen und respirischen Fitness gegenüber unbelasteten Personen aufgetreten. Andererseits sind negative gesundheitliche Einflüsse bei einigen Arbeitern in Pilzzuchten sowie Holzschnitzel und Baumrinde verarbeitenden Betrieben beobachtet worden. Es legt nahe, bei zukünftigen arbeitsmedizinischen Studien systematische Abschätzungen für MMI, ODTS und HP und ähnliche Gesundheitsstörungen bei geringen chronischen Belastungssituationen vorzunehmen, wie z. B. allgemeine Belastungen mit 10^4–10^5 KBE/m^3 Luft.

6. Wegen der fortgesetzten Bedenken in der Öffentlichkeit und wegen des großen Spielraums potentieller respiratorischer Reaktionen auf organische Stäube wären zusätzliche Untersuchungen hilfreich, um das offensichtliche Fehlen nachteiliger gesundheitlicher Auswirkungen von Kompostierungsanlagen zu überprüfen. Zwei Arten von Studien (epidemiologische und Belästigungen betreffend) wären hilfreich, um die potentiellen Auswirkungen von Bioaerosolen aus jeglicher Quelle – Kompostierung oder andere – zu definieren. Epidemiologische Studien könnten helfen, die Dosis-Wirkungs-Beziehungen zu bestimmen. Wenn sie sorgfältig geplant und durchgeführt werden, könnten sie möglicherweise jeden negativen Gesundheitseffekt auf die Bevölkerung im Umfeld einer Kompostierungsanlage klar dokumentieren. Solche epidemiologischen Studien sind teuer und schwierig und sind bisher noch nicht durchgeführt worden. Falls sie durchgeführt würden, müßten sie objektive Meßmethoden wie Lungenfunktionsprüfung, Serologie auf Antigene von Kompostbioaerosolen und mikrobielle Serotypen in dem beeinflußten Umfeld umfassen, ebenso wie vollständige Krankengeschichten von Betroffenen und andere geeignete Maßnahmen um Reizrekationen auf organische Stäube zu quantifizieren.

7. Belästigungsstudien sind viel leichter durchzuführen. Sie können und haben nützliche Informationen zu weit geringeren Kosten ergeben. Wenn sie sorgfältig geplant sind und in Gemeinden im Umfeld von Kompostierungsanlagen durchgeführt werden, in Verbindung mit der Bestimmung von aktuellen Belastungen, können diese Studien dazu dienen, die Belästigung in Verbindung mit dem Vorkommen oder Fehlen von Bioaerosolen und anderen Faktoren, wie üble Gerüche, Reizungen, Unbehagen, Lärm, visuelle Bedenken und Verkehr, zu belegen. Die Verfahren für die Abschätzung von Belästigungen sind vorhanden und könnten nützlich sein für die Bewertung von Auswirkungen auf die An-

4 Human- und veterinärhygienische Problematik

wohner, weil sie einen systematischen Mechanismus bieten für die Protokollierung von Beobachtungen (olfaktoriell oder andere), Bestätigungen, Korrelationen und Interpretationen. Die Erweiterung von Belästigungsstudien durch eine begrenzte Zahl von objektiven Messungen könnte bei der Aufschlüsselung von Korrelationen in Ursachen und Wirkungen hilfreich sein.

In neueren Veröffentlichungen zu dem im Rahmen des bereits erwähnten Symposiums der TÜV-Akademie Hannover diskutierten Fragenkomplexes werden die von DRIESEL (1995) berichteten Ergebnisse weiter ergänzt. So wurde die Problematik der Festsetzung mikrobiologischer Grenz- und Richtwerte in der Umwelthygiene noch einmal ausführlich beleuchtet, wobei ausgehend von der bisherigen Praxis der Festlegung die grundsätzlichen und speziellen Probleme dieses Vorgehens diskutiert und daraus die Bedingungen für eine Festlegung abgeleitet werden. Dabei kommt der Verfasser zu dem Ergebnis, daß die Festlegung von Grenz- oder Richtwerten auf dem Gebiet der Umwelthygiene nur sinnvoll ist, wenn

- sich epidemiologische Kreisläufe über ein Umweltkompartiment oder ein Untersuchungsgut schließen können und dafür auch der klinische Beweis erbracht wird
- die verursachenden Mikroorganismen ausreichend lang in der Umwelt überleben und sie für begrenzte Zeit in großer Menge oder über längere Zeit konstant emittiert werden
- das Untersuchungsgut infektionsfördernde Umstände bewirkt (z. B. mechanische Schädigung, Erregervermehrung im Milieu)
- die quantitative Keimbestimmung durch zuverlässige und reproduzierbare Verfahren gesichert ist
- das biologische Bezugsystem das **gesunde Individuum** ist, dessen Abwehrkräfte weder durch Krankheit oder medikamentöse Therapie geschwächt sind
- gewährleistet ist, daß in anderen Bereichen bzw. Kompartimenten des natürlichen Lebensraumes der Bezugspopulation unter normalen Lebensbedingungen nicht gleich hohe oder höhere Keimbelastungen durch die gleiche Art auftreten [13].

Bei dem 53. Informationsgespräch des Arbeitskreises für die Nutzbarmachung von Siedlungsabfällen im März 1996 über »Hygieneaspekte bei der biologischen Abfallbehandlung« [4] wurden zu den hier interessierenden Themenbereichen weitere wichtige Referate gehalten, die aber aus Platzgründen nicht detailliert besprochen werden können und deshalb im Original nachgelesen werden müssen: Methoden und Problematik der Keimzahlbestimmung und deren Bewertung (JAGER u. ECKRICH), Luftkeimbelastung der Müllwerker während der Einsammlung von Bioabfall bei ein- und zweiwöchigen Sammelsystemen (BIDLINGMAIER, ENGESSER u. GÖTTLICH), Keimemissionen aus Biotonnen in Abhängigkeit von der Abholfrequenz, dem Behältersystem und der Jahreszeit (PHILIPP, HAUMACHER u. KÖHLER), Erfahrungen mit dem Einsatz von Biotonnen mit Biofiltern hinsichtlich der Hygiene (MATHYS, KLUS u. REHMS), Fliegen und Lästlinge bei der Abfallsammlung in Abhängigkeit von Abfallart und Abfuhrrhythmus (SCHERER), Keimemissionen im Umfeld von Kompostierungsanlagen (ECKRICH, JAGER, E. u. JAGER, J.), Keimemissionen bei offener Mietenkompostierung (ZAISS u. GROBELNY), Emission von Pilzsporen aus Biofiltern (VISSIENNON, HUWE u. KLICHE), Umsetzung der Arbeitsschutzregelung der EU-Verordnung »Biologische Arbeitsstoffe« (BUSCHHAUSEN-DENKER), Arbeitsschutzproblematik bei Kompostierungsanlagen aus gewerbeärztlicher Sicht (SCHAPPLER-SCHEELE), Arbeitsschutzmaßnahmen für Mitarbeiter in biologischen Behandlungsanlagen (GRÜNER).

Die Ergebnisse aller Referate können grob dahingehend zusammengefaßt werden, daß bei keiner Untersuchung übereinstimmende und reproduzierbare Ergebnisse erzielt wurden, die bereits zum jetzigen Zeitpunkt eine endgültige Festlegung von Richt- und Grenzwerten für Luftkeime bei Sammlung, Transport und

Verarbeitung von Bioabfall und der Anwendung von Kompost rechtfertigen würden. Alle Autoren stimmen darin überein, daß weitere Untersuchungen dazu dringend erforderlich sind, wobei insbesondere ganz gezielt Standardisierungsmöglichkeiten für die anzuwendenden Verfahren gesucht und erprobt werden müssen, um zu reproduzierbaren, objektiven und in die Praxis umzusetzenden Ergebnissen zu kommen. Bis dieses Ziel erreicht ist, muß mit allen derzeit vorhandenen technischen Möglichkeiten angestrebt werden, das in der Bioabfallsammlung, -aufbereitung und -verwertung tätige Personal sowie das Umfeld von Kompostierungsanlagen vor Bioaerosolen zu schützen. Um den gesamten Fragenkomplex abschließend und objektiv evaluieren zu können sind außerdem sorgfältig geplante und von erfahrenen Biostatistikern begleitete epidemiologische Untersuchungen bei Müllwerkern in der gesamten Arbeitskette der Bioabfallhandhabung und im Umfeld von Kompostwerken unbedingt erforderlich, um die emotionale Diskussion in der Öffentlichkeit durch wissenschaftlich fundierte Ergebnisse zu versachlichen. Dazu könnte man bei deren Vorbereitung auf die in den USA gemachten positiven und negativen Erfahrungen mit epidemiologischen Studien zurückgreifen [57].

Die Deutsche Bundesstiftung Umwelt [25] hat kürzlich im Rahmen ihres Förderschwerpunktes »Bioabfallverwertung« die Ergebnisse von drei Verbundforschungsvorhaben zur Hygiene der Bioabfallkompostierung vorgelegt, die sich mit der Phytohygiene (PCT, 1997) sowie der Human-/Veterinärhygiene mit den Teilbereichen »Substrathygienische Untersuchungen« und »Lufthygienische Parameter« befassen.

Das abgeschlossene Vorhaben zur Phytohygiene hat mit vielen neuen Erkenntnissen wesentliche Unklarheiten im Bereich der Phytohygiene der Bioabfallkompostierung beseitigt. Dadurch wurde es ermöglicht, ein klareres Bild dieses von Seiten der pflanzenbaulichen Kompostverwerter immer wieder hinterfragten Bereiches zu zeichnen. Dies gilt für die aktuell verwendeten Prüfsysteme, die zugrundeliegenden einzelnen Testmethoden, die Widerstandfähigkeit relevanter Pathogene während der Kompostierung und natürlich auch für den Status der Phytohygiene in den praxisrelevanten Verfahrensbereichen (Kompostanlagen, Hausgartenkompostierung, Flächenkompostierung). Dabei hat sich das System der Prozeßprüfungen zur Phytohygiene als handhabbar und zielführend sowohl unter Berücksichtigung abfallwirtschaftlicher als auch pflanzenbaulicher Gesichtspunkte erwiesen. Durch die kontinuierliche Integration der gewonnenen Ergebnisse in die Gremienarbeiten bei der Erstellung aktueller Regelwerke zur Bioabfallkompostierung hat das Vorhaben auch eine direkte Praxisumsetzung erfahren.

Die substrat- und lufthygienischen Untersuchungen brachten zusammengefaßt folgende Ergebnisse:

Die Untersuchungen zur Luftkeimbelastung in verschiedenen Arbeitsplatzbereichen mit unterschiedlichen Gerätschaften ergaben große Schwankungsbreiten in den gemessenen Werten, wobei geschlossene Kompostwerke, was die Luftkeimgehalte am Arbeitsplatz angeht, keine erkennbaren Vorteile gegenüber offenen Anlagen bringen.

Aufgrund der erarbeiteten Ergebnisse kann im Hinblick auf die Keimfreisetzung keines der untersuchten Kompostierungsverfahren bevorzugt werden, zumal die diskutierten Grenz- bzw. Richt- oder Überwachungswerte in allen Bereichen der beprobten Anlagen in Abhängigkeit der angewandten Meßmethoden meist überschritten wurden.

Die Forderung nach Luftkeimgehalten in Kompostierungsanlagen, die denen der Außenluft entsprechen, ist unrealistisch, nach vorliegenden Erfahrungen ist eine lufttechnische Maßnahme dann als erfolgreich anzusehen, wenn sie den Luftkeimgehalt am Arbeitsplatz um mindestens 2 Zehnerpotenzen senkt. Durch lufttechnische und organisatorische Maßnahmen kann der Luftkeimgehalt im Kompostwerk selbst sowie in der Abluft deutlich gesenkt werden.

4 Human- und veterinärhygienische Problematik

Eine Beurteilung des möglichen gesundheitlichen Zustandes der Arbeitnehmer in Kompostierungsanlagen kann nur abgegeben werden, wenn parallel zu den lufthygienischen Messungen entsprechend begleitende spezifische arbeitsmedizinische Untersuchungen folgen.

Die in dem Verbundvorhaben erarbeiteten Ergebnisse zeigen, daß bei guter Rotteführung und richtigem Management der Anlagen ein seuchenhygienisch unbedenklicher Kompost erzeugt werden kann. Als einfache und zuverlässige Methode zur Überprüfung der Hygienisierungswirkung eignen sich Salmonellen sowohl für die Prozeßprüfungen der Anlagen als auch für die Produktprüfung des Kompostes.

Die Keimbelastung der Luft ist an allen Arbeitsplätzen in der Kompostierung, auch wenn lüftungstechnische Maßnahmen erfolgreich angewendet werden, um 1 bis 2 Zehnerpotenzen höher als in der Außenluft. Technische und organisatorische Maßnahmen zur Absenkung des Luftkeimgehaltes sind aus Gründen des Arbeits- und Umweltschutzes notwendig und erfolgreich.

4.4.5 Schlußfolgerungen

Es ist durch Luftkeimmessungen im nationalen und internationalen Bereich belegt, daß bei der Wertstoffsortierung und in Bioabfallkompostierungsanlagen in bestimmten Arbeitsbereichen erhöhte Gehalte an bestimmten Luftkeimen wie grampositiven und gramnegativen Bakterien, thermophilen Aktinomyzeten, Pilzen und Viren auftreten können, die u. U. gesundheitliche Beschwerden bei dem in solchen Anlagen tätigen Personal verursachen könnten. Einschlägige Untersuchungen sind sehr widersprüchlich und epidemiologische Nachweise stehen noch immer aus. Auch die Frage einer Gefährdung der Anlieger von Kompostierungsanlagen wird ohne ausreichende Beweise noch immer mehr emotional als sachverständig in der Öffentlichkeit diskutiert. Es sind von den verschiedensten Seiten Vorschläge für weiterführende Untersuchungen unterbreitet worden, die aber i. d. R. nicht ohne finanzielle Unterstützung seitens der öffentlichen Hand durchgeführt werden können und gerade im Hinblick auf die letztlich für eine abschließende Beurteilung nötige Gewinnung auswertbarer epidemiologischer Erkenntnisse außerordentlich kostenintensiv sind. Ob das von einer deutschen Autorengruppe für Umweltverträglichkeitsstudien (UVS) aufgestellte Postulat »durch eine fachgerechte Kompostierung werden (darüber hinaus) keine nennenswerten partikel-, keim- oder gasförmigen Luftschadstoffe emittiert« ohne intensive epidemiologische Untersuchungen Bestand haben wird, bleibt abzuwarten [5]. Es ist deshalb damit zu rechnen, daß noch einige Zeit vergehen wird, bis feststeht, ob z. B. die skandinavischen Grenzwertvorschläge für die Konzentration von Luftkeimen und Endotoxinen oder andere Werte in die Praxis umsetzbar sind oder andere Lösungen gesucht werden müssen.

Um in dieser Interimszeit, die evtl. noch einige Jahre dauern kann, für die Arbeitnehmer in Wertstoffsortier- und Kompostierungsanlagen den Schutz vor Luftkeimen zu verbessern und damit gleichzeitig auch eine Keimemission in die Umgebung zu minimieren, sollten in solchen Anlagen bereits jetzt mögliche technische Verbesserungen ausgeführt werden, die auf freiwilliger Basis und ohne behördliche Auflagen erfolgen können und nachstehend präzisiert sind [62, 74].

Aus hygienischer und arbeitsmedizinischer Sicht sollten zur Reduzierung des Infektionsdrucks durch mikrobiell kontaminierte Aerosole alle eingehausten und umschlossenen Arbeitsbereiche mit einer ausreichenden Absaug- und Abluftreinigungsanlage ausgerüstet sein. Die Abluft sollte über Kompostfilter gereinigt werden. Diese haben sich sowohl beim Zurückhalten von Geruchsstoffen als auch von Keimen bewährt.

Die gesamten Anlagen sollten regelmäßig gereinigt werden, um so eine Staubvermehrung zu vermeiden.

Die Planung neuer Anlagen sollte, neben einer Trennung der Einzelbereiche, weitgehende Automatisierung vorsehen.

Für Arbeiten im Anlieferungs- und Kompostbereich sollten verschiedene Radlader benutzt werden, um eine Verschleppung von Keimen zu vermeiden. Ist eine Trennung der Geräte hier nicht möglich, sollten diese beim Wechseln zwischen den Arbeitsbereichen Anlieferung (unreine Seite) zum Mieten- und Kompostbereich (reine Seite) gereinigt werden. Hierfür empfiehlt sich der Einsatz eines Heißwasser-Hochdruckreinigers.

Weiter sollte das Personal durch entsprechende Kleidung, Atemschutz und auch einen auf den Arbeitsplatz zugeschnittenen Hygieneplan (z. B. Hände und nicht bedeckte Unterarme waschen und desinfizieren, Eß-, Trink- und Rauchverbot an den Arbeitsplätzen) geschützt werden. Arbeitskleidung darf nicht in den privaten Bereich mitgenommen werden. Die Reinigung der Arbeitskleidung hat durch den Arbeitgeber zu erfolgen.

Das gesamte Personal muß vor der Einstellung arbeitsmedizinisch auf eventuelle Gesundheitsrisiken, wie z. B. Allergien, untersucht werden. Dabei ist der Immunstatus hinsichtlich Hepatitis A und B zu überprüfen. Regelmäßige Belehrung hinsichtlich des Arbeits- und Unfallschutzes und eine laufende arbeitsmedizinische Überwachung sind notwendig. Immunsuppressive Menschen sollten in der Bioabfallkompostierung nicht eingesetzt werden.

Der lufthygienische Status von Arbeitsplätzen und -bereichen sollte regelmäßig untersucht werden. Hierfür müßte eine entsprechende Regelung gefunden werden. Da es noch keine standardisierten Sammelverfahren gibt, sollten solche schnellstens entwickelt bzw. empfohlen werden.

Der *Anlieferungsbereich* der untersuchten Anlagen war unterschiedlich gestaltet. Bei Anlieferungen mit Tiefbunker und Kranempore empfiehlt es sich, das angelieferte Material ohne Zwischenlagerung direkt in den Tiefbunker abzukippen. Dieser sollte grundsätzlich mit Staubschürzen ausgerüstet sein, um das beim Abkippvorgang nötige Personal vor Aerosolen zu schützen. Durch diese Maßnahmen kann auf Radladerarbeiten in diesen Anlieferungen, die mit eine Hauptursache für das Entstehen von staubhaltigen und damit keimhaltigen Aerosolen darstellen, verzichtet werden. Krankanzeln sollten gekapselt sein und mit möglichst unbelasteter bzw. filtrierter Außenluft belüftet werden. Die Türen sind stets geschlossen zu halten.

Bei Anlieferungen ohne Tiefbunker kann auf Radlader nicht verzichtet werden. Hier müssen die Radladerkabinen mit Schwebstofffiltern ausgerüstet und zusätzlich voll klimatisiert werden. Dabei sollte darauf geachtet werden, daß bei den Radladertätigkeiten die Fahrerkabinen stets geschlossen sind. Regelmäßige Überprüfung und Wartung sind erforderlich.

Tunlichst sollte die Anlieferung nur an Toren mit einer Fahrzeugschleuse erfolgen, was sich auch bei Müllverbrennungsanlagen bewährt hat. In neueren Anlagen erfolgt die Entleerung der Sammelfahrzeuge mit Hilfe geeigneter technischer Vorrichtungen bereits derart, daß die Fahrzeuge im Freien stehend den Müll in die Anlieferungshalle entleeren, ohne daß der Fahrer die Halle betritt und sich dem Staub aussetzen muß. *Maschinenhallen* sollten mit einer ausreichenden Absauganlage ausgerüstet werden. Transportbänder sollten abgedeckt und Fallstrecken für Wertstoffe, Abfall und Kompost vermieden werden. Durch räumliche Abtrennung der verschiedenen Bereiche und eine örtliche Absaugeinrichtung könnte der Infektionsdruck gemindert werden.

Handsortierbereiche in der Bioabfallkompostierung sollten bei Erstellung neuer Anlagen voll automatisiert werden, z. B. mit elektronisch steuerbaren Greifarmen, da solche Arbeitsplätze aus arbeitsmedizinischer Sicht auf Dauer nicht tragbar sind. Bereits bestehende Handsortierbereiche sollten mit einer ausreichend dimensionierten Absauganlage über den Bändern ausgestattet werden. Zusätzlich muß für genügend Frischluft gesorgt werden.

Sämtliche Arbeiten in *Rottehallen* sollten aufgrund der Keimbelastung und

4 Human- und veterinärhygienische Problematik

der extremen Temperatur- und Feuchtigkeitsverhältnisse möglichst vollautomatisch ohne Personal durchgeführt werden. Radladerkabinen sollten mit Schwebstoffiltern ausgerüstet und zusätzlich voll klimatisiert werden. Dabei ist auch hier darauf zu achten, daß bei den Radladertätigkeiten die Fahrerkabinen stets geschlossen sind. Die Maschinen müssen regelmäßig überprüft und gewartet werden.

Die *Kompostaufarbeitungsbereiche* sollten auch möglichst vollautomatisiert werden, da Arbeitsplätze in diesen Bereichen lufthygienisch belastet sind. Bei bestehenden Anlagen muß das Personal entsprechende Schutzkleidung und Atemschutz tragen. Bei eingehausten Anlagen kann zusätzlich eine Absaugvorrichtung installiert werden.

Die *gesamte Abluft* aus geschlossenen Kompostierungsanlagen sollte zum Schutz der Umgebung vor mikrobiellen Aerosolen in Biofiltern gereinigt werden.

Die vorstehenden Schlußfolgerungen und Empfehlungen sind als vorläufig anzusehen. Sie können nach Auswertung neuer Untersuchungsergebnisse durch arbeitsmedizinische Arbeitsgruppen noch modifiziert werden.

Weitere Hinweise zu den Themen Hygiene der Bioabfallkompostierung sowie Arbeitsschutz finden sich in der Fachliteratur [34, 28, 71, 35, 57, 14, 36, 43, 79, 23, 54, 29, 55, 25].

4.5 Hygieneproblematik anaerober Systeme

Die anaerobe Behandlung von Reststoffen ist in der Klärwerkstechnik seit Jahrzehnten etabliert. Im landwirtschaftlichen Bereich gab es einzelne Anlagen, und erst im Zusammenhang mit den Ölkrisen vermehrte sich die Zahl landwirtschaftlicher Biogasanlagen. Nachdem sich die Lage auf dem Weltölmarkt wieder beruhigt hatte, ebbte das Interesse der Landwirtschaft an Biogasanlagen wieder ab. Erst nachdem das Prinzip der Ko-Fermentation aufkam und dadurch auch wirtschaftliche Interessen ins Spiel kamen, wurden wieder landwirtschaftliche Biogasanlagen diskutiert, wobei zunächst die Ko-Fermentation von Gülle mit gewerblichen Speiseresten, Fettabscheiderinhalten und Flotaten im Vordergrund stand. Auch im Kommunalbereich macht sich seit den achtziger Jahren ein Trend zu anaeroben Verfahren für die Bioabfallvergärung bemerkbar. Nach Auffassung von Fachleuten ist die Gärtechnik nicht der Ersatz der klassischen Kompostierung. Sie würde aber in den nächsten Jahren ganz massiv an Bedeutung zunehmen, weil sie klare Vorteile gegenüber der Kompostierung habe, wie z. B. geringer Platzbedarf, modulare Bauweise, Netto-Energiegewinnung, keine Geruchsprobleme wegen der kompakten und geschlossenen Bauweise sowie die unproblematische Verarbeitung von nassen Abfällen [30, 45, 73, 88].

Die hygienische Problematik der Anaerobbehandlung organischer Masse ist seit vielen Jahren im Bereich der Klärschlammvergärung untersucht, da sich herausgestellt hat, daß bei der fast ausschließlich mesophilen Faulung im Klärschlammsektor und der Funktionsweise der überwiegend stehenden Anaerobbehälter die Abtötung der in größerem Umfang im Klärschlamm vorhandenen Krankheitserreger nicht gewährleistet ist. Dieses Problem wurde von der ATV/VKS-Arbeitsgruppe »Entseuchung von Klärschlamm« intensiv bearbeitet. Für die Verfahren Schlammpasteurisierung (Vorpasteurisierung), aerob-thermophile Schlammpasteurisierung (ATS), aerob-thermophile Schlammbehandlung mit anschließender Faulung, Behandlung von Klärschlamm mit Kalk als CaO (Branntkalk, ungelöschter Kalk), Kompostierung von Klärschlamm in Mieten oder Reaktoren wurden Verfahrens- und Prozeßbedingungen sowie Durchführungshinweise zur Verfahrenskontrolle erarbeitet, die eine seuchenhygienische Unbedenklichkeit des Endproduktes gewährleisten [1].

Im landwirtschaftlichen Bereich unterliegen die Biogasanlagen im Seuchenfall veterinärrechtlichen Regelungen. Zur Vorbeugung gegen Infektionsgefahren in Güllegemeinschaftsanlagen wurden von einer Autorengruppe wichtige Empfehlungen ausgearbeitet [41]. Vereinzelte Untersuchungen an güllebetriebenen Biogasanlagen zeigten, daß bei mesophilem Betrieb keine ausreichende Sicherheit für die Inaktivierung eventuell auftretender Krankheitserreger gegeben ist. Deshalb werden von einigen Bundesländern bei der Genehmigung von landwirtschaftlichen Biogasanlagen zur Ko-Fermentation mit Speiseabfällen, Fettabscheiderinhalten und Flotaten besondere Auflagen sowohl für mesophilen als auch thermophilen Betrieb gemacht. Der wichtigste Bestandteil dieser Auflagen ist für den **mesophilen Bereich**, daß die Speiseabfälle vor der Vergärung auf eine Korngröße von weniger als 1 cm zu zerkleinern und unter Verwendung eines Rührwerkes anschließend bei mindestens 70 °C über die Dauer von mindestens 30 Minuten zu erhitzen sind. Dazu kommen noch eine Anzahl weiterer Nebenbestimmung nach § 8 Abs. 4 des Tierkörperbeseitigungsgesetzes.

Für die **thermophile Arbeitsweise** einer landwirtschaftlichen Biogasanlage mit Ko-Fermentation von Krankenhaus- und anderen Speiseabfällen wurde von einer Genehmigungsbehörde angeordnet, daß die Speiseabfälle nach der Zerkleinerung auf 1 cm wenigstens 20 Tage lang bei einer Mindesttemperatur von 55 °C zu vergären sind. Die Temperatur des Vergärungsvorganges ist mit einem Temperaturschreiber aufzuzeichnen. Auch diese Genehmigung enthält noch weitere Nebenbestimmungen nach § 8 Abs. 4 des Tierkörperbeseitigungsgesetzes. Ob in einer bundeseinheitlichen endgültigen Regelung die thermophile Biogasbehandlung ohne die bei mesophiler Betriebsweise erforderliche Vorerhitzung von Speiseabfällen betrieben werden kann, wird noch wissenschaftlich untersucht. Die Bioabfallverordnung regelt in ihrem Anhang 2 u. a. die Temperaturvorgaben und die Zeitdauer nur für Vergärungsanlagen die Bioabfälle vergären, jedoch nicht für Stoffe, die den Bestimmungen des Tierseuchenrechts unterliegen (z. B. Kofermentation von Gülle mit Speiseabfällen). Eindeutig geklärt ist auch noch nicht die seuchenhygienische Effizienz der sogenannten Pfropfenströmung bei horizontalen Biogasreaktoren. In einem Positionspapier »Kofermentation« (KTBL 1997) werden verfahrenstechnische, stoffliche, betriebliche und hygienische Aspekte sowie die rechtlichen Rahmenbedingungen beschrieben, um dem Landwirt eine Entscheidungshilfe für die Anwendungsmöglichkeiten der Kofermentation zugeben.

Im Auftrag der dänischen Energiebehörde wurden dort an verschiedenen mesophilen und thermophilen Biogas-Großanlagen Untersuchungen zum Verhalten von Bakterien und Parasiten durchgeführt sowie die Überlebensfähigkeit von Viren bei normaler Lagerung und vergleichend dazu in einer Biogasanlage ermittelt. Untersuchungen mit dem Schweinepestvirus und dem Virus der Maul- und Klauenseuche (MKS) wurden unter Laborbedingungen angestellt. Resultierend aus den Untersuchungen wurden Empfehlungen zur Transporthygiene, für den Vergärungsprozeß und die laufende mikrobiologische Kontrolle der Hygienisierung in den Anlagen postuliert. Für den Vergärungsprozeß gelten dabei folgende Vorschriften:

– **thermophile Anlagen:**
  eine gesicherte Aufenthaltszeit der Biomasse im Reaktor von mindestens 2 Stunden bei mindestens 55 °C, oder mindestens 4 Stunden bei mindestens 50 °C, oder ähnliche Kombinationen zwischen diesen Extremen.
– **mesophile Anlagen:**
  eine gesicherte Aufenthaltszeit der Biomasse in einem besonderen Hygienisierungstank von mindestens 4 Stunden bei mindestens 55 °C, oder mindestens 8 Stunden bei mindestens 50 °C, oder ähnliche Kombinationen zwischen diesen Extremen.

Die Passagedauer durch den Fermenter muß in beiden Fällen durchschnittlich mindestens 48–72 Stunden betragen.

Für Abfallarten, bei denen ein höheres Ansteckungsrisiko besteht (z. B. kommunaler Klärschlamm, Hausmüll, Speise- bzw. Lebensmittelreste) wird eine Vorbe-

4 Human- und veterinärhygienische Problematik

handlung von mindestens einer Stunde bei mindestens 70 °C gefordert. Ob hierbei auch andere Temperatur-/Zeit-Kombinationen möglich sind, muß noch näher untersucht werden [7]. Inzwischen werden in Dänemark etwas modifizierte Vorschläge für die Behandlung und Hygienisierung biogener Abfälle bei der Kofermentation gemacht [6].

Die vorgenannten dänischen veterinärhygienischen Untersuchungen in Biogas-Großanlagen bei Vergärung von Gülle und organischen Abfällen mit den daraus resultierenden Empfehlungen zeigen, daß aus veterinärhygienischer Sicht eine Verwertung dieser organischen Stoffe in Biogasanlagen vertretbar ist. Nicht verwertbar in Biogas-Großanlagen sind »internationale« Nahrungsmittelabfälle beim Luftverkehr und verendete Tiere. Diese müssen in Müllverbrennungsanlagen bzw. in Tierkörperbeseiti-

Tab. 5.11 Firmenangaben für den Themenbereich Hygiene [Herstellerforum Bioabfall, 45] – Anaerobtechnik –

Verfahren	Hygiene
AN-Anaerobverfahren	A. 33–35 °C 2–4 Tage, B. 65 °C 1 Std.
IMK-Verfahren	2-stufig aerob (70 °C), anaerob (A od. B, 10–12 Tage). Durch hohe Temperaturen bei Intensivrotte vollständige Hygienisierung (Gutachten)
Kompogas	B. 55 °C ca. 15–20 Tage (Gutachten)
DBA-WABIO-Verfahren	Nach A (14–18 Tage) Erhitzung auf 70 °C ca. 30–60 Min. (Gutachten)
Plauener Verfahren	1. Stufe 8–12 °C, pH 3,5–4,0, 3–5 Tage; A. 30–35 °C, 8–12 Tage (Gutachten über Endprodukt »Humus«)
ATF-Verfahren	A. oder B. 15–25 Tage; nur A, dann Nachrotte 70 °C 4–8 Wo.; Endprodukt entspr. Bundesgütegem. Kompost
HERHOF-Anaerob-Aerob-Verfahren	1. Stufe aerob 55 °C 1–2 Tage; 2. Stufe anaerob 35 °C ?Tage; 3. Stufe aerob 65 °C 3 Tage, insges. 7–10 Tage
Linde-KCA-Verfahren	A. 32–37 °C bzw. B. 55–59 °C (Teilhyg.), 12–18 Tage; hyg. Nachrotte; Co-Ferment. Gülle + hyg. Bioabfall in Ref.anlage
BTA-Verfahren	Vorbehandlung 70 °C 1 Std. falls keine Nachkomp.–A. 35–37 °C 14–16 Tage; Nachkompostierung in Boxen 7–10 Tage
ML-Metha Komp.-Verfahren	A. ? °C ?Tage; Hyg. im nachgesch. ML-Bio-Containerverf. ? °C ?Tage; für Bio-Cont.verf. Unters. d. Hyg.-Inst. Gelsenkirchen, S. Tab. 5.12
DRANCO-Verfahren	B. 50–55 °C, 15–30 Tage Teilhyg.; Nachkompostierung 10–15 Tage, 60 °C 4–5 Tage »werden erwartet«
PAQUES-Prethane-Biopaq-Verfahren	A1. 35–40 °C ?Tage; A2. 35–38 °C 12–24 Std., insges. 3–5 Tage; Nachkompostierung in Rottezellen 55–60 °C 3–4 Tage
BIOSTAB-Verfahren	A. 30–35 °C; B. kann einges. werden: AC 18–20 Tage, »es werden alle Anforderungen der Hygiene erreicht«
UHDE-Schwarting-Verfahren	B. 55 °C, »mehrere Tage (etwa 7) hygienisiert«
3 A-Verfahren	1. Aerob-2. Anaerob-3. Aerob; »durch 1.+3. mit Temp. über 60 °C kann hygienisch einwandfreier Kompost sichergestellt werden«
Biocomp-Verfahren	A. 35–40 °C ?Tage; B. 55 °C 2 Wo.; Nachkomp. 75 °C 4 Wo. Hyg.-pflichtige Substanzen vor Behandlung 70 °C 30 Min erhitzt
WAASA-Verfahren	B. ? °C ?Tage; »die Verweilzeiten im Gärreaktor korrelieren mit den Temp./Zeitkombinationen f. Schlammpasteur. d. ATV/VKS-AG Entseuchung von Klärschlamm«
VALORGA-Verfahren	A. 37–40 °C 24 Tage, B ist möglich oder aerobe Nachbehandlung 60 °C 14 Tage oder thermische Nachbehandlung zur Hygienisierung

A = mesophil
B = thermophil
Gutachten = Nach Herstellerangaben liegt ein seuchenhygienisches Gutachten vor.
? = Daten lagen bis Redaktionsschluß nicht vor.

gungsanlagen entsorgt und/oder verarbeitet werden.

Bei der Anaerobtechnik im kommunalen Bereich werden Bioabfälle mit verarbeitet, so daß im Prinzip hier die gleichen Bedingungen aus hygienischer Sicht vorliegen wie bei der Kompostierung, d. h. es treten Krankheitserreger im Rohmaterial auf, weswegen die technischen Prozesse zu einer seuchenhygienischen Unbedenklichkeit der Endprodukte führen müssen. Diese Fragen werden in dem LAGA-Merkblatt M 10 nicht angesprochen, jedoch in der Bioabfallverordnung ausführlich abgehandelt [9].

Ein Versuch, etwas Übersichtlichkeit in die Anaerobthematik zu bringen, wurde vom Institut für Abfallwirtschaft Witzenhausen in einer Schrift unternommen »Herstellerforum Bioabfall – Verfahren der Kompostierung und anaeroben Abfallbehandlung im Vergleich« [45]. Dazu wurden Firmen, die sich daran beteiligen wollten, Themenbereiche für das Gebiet Anaerobtechnik vorgegeben, die sie bei der Beschreibung ihrer Anlagen berücksichtigen sollten: Inputmaterial, Aufbereitung und Störstoffausschleusung, Steuerung des Vergärungsprozesses, Biogas, Energiebilanz, Wasserbilanz, Aufbereitung des Gärreststoffes, **Hygiene**, Arbeitsschutz, Geruchsemissionen, technische Neuentwicklungen, Referenzanlagen.

Eine ähnliche Umfrage bei Herstellern bzw. Planern von Anaerobanlagen wurde vom Kuratorium für Technik und Bauwesen in der Landwirtschaft (KTBL) durchgeführt. Die Tabellen 5.11 und 5.12 sind ein Versuch, aus den teilweise ver-

Tab. 5.12 Firmenangaben für den Themenbereich Hygiene (KTBL-Arbeitspapier 219: Kofermentation, 1995) – Anaerobtechnik –

Verfahren/Planer/Hersteller	Hygienisierung
AAT Abwasser- u. Abfalltechnik GmbH + Co.–Österreich	Erwähnt, aber keine näheren Angaben
Bauer Kompost GmbH-BRD	Bei thermophilem Betrieb, 15–20 Tage
BEA GmbH-BRD	Pasteurisierung 70 °C mind. 1 Stunde
BWSC A/S – Dänemark	thermophil 50–55 °C /15 Tage, vorpasteur.b.Bedarf 70 °C 1 Std. ges. Biomasse »nachhyg.« 55 °C 4 Std.
Biogaskontor-BRD	Keine Angaben
BTA-BRD	s. Tab. 5.11 (d. Verf.)
DSD-CTA GmbH-BRD	s. Tab. 5.11 (d.Verf.) Plauener Verfahren
Entec GmbH-Österreich	Keine Angaben
Henze Harvestore GmbH-BRD	Keine Angaben
IEG GmbH-Österr.	Erwähnt, keine näheren Angaben
INNOVAS GbR-BRD	Seuchenhyg. bedenkl. Material über Hygienisierungsstation im Annahmebereich, keine näheren Angaben
Krüger Hölter Wassertechnik GmbH-BRD	»Sichere Hygienisierungsstufe, Nachweis durch wiss. Begleitprogramm«
Linde-KCA-Dresden GmbH-BRD	Keine Angaben, s. aber Tab. 5.11 (d. Verf.)
Lipp GmbH-BRD	Keine Angaben
METACON ApS-Dänemark	Keine Angaben
NOVATECH GmbH-BRD	»Betonfermenter mit Hygienisierung«, keine näheren Angaben
Ingenieurbüro Schneider-BRD	Keine Angaben
Ingenieurbüro Schnell-BRD	Erwähnt, keine näheren Angaben, 36 °C 40 Tage
Schwarting-Uhde GmbH-BRD	1. Stufe 35°-37 °C, 2. Stufe 52°-55 °C »garantierte Verweilzeit (Pfropfenströmung)«; s. auch Tab. 5.11 (d. Verf.)
SKET SMM GmbH-BRD	Keine Angaben
TBW GmbH-BRD	»Vorlagebehälter je nach Anforderung gerührt u. beheizbar (Hygien. bei 70 °C)«

4 Human- und veterinärhygienische Problematik

schwommenen oder unvollständigen Angaben für beide Umfragen eine Übersicht zum Thema »Hygiene« zu erarbeiten. Von 18 Firmen (siehe Tab. 5.11) erwähnen nur 5 das Vorliegen eines Gutachtens bzw. einer Untersuchung über die hygienische Wirksamkeit ihres Verfahrens. Ausreichende Angaben über die Art der gutachterlichen Untersuchungen sind in keinem Fall gemacht worden. In der anderen Auswertung (siehe Tab. 5.12) wird nur in einem Fall für den Bereich Hygiene ein »Nachweis durch wissenschaftliches Begleitprogramm« erwähnt, jedoch ohne nähere Angaben. In 15 Fällen sind entweder gar keine Angaben zur Hygiene gemacht oder die Worte »Hygiene« bzw. »Hygienisierung« sind nur erwähnt.

Die Vorstellungen einzelner Hersteller über die Anforderungen an das Endprodukt aus hygienischer Sicht scheinen recht unterschiedlich zu sein. Wobei die Sachlage ganz eindeutig ist, daß auch die Endprodukte der Anaerobtechnik die gleichen hygienischen Bedingungen erfüllen müssen, wie sie im LAGA-Merkblatt M 10 für Komposte und in der Bioabfallverordnung festgeschrieben sind. Hier sei nur ein Beispiel angeführt. Ein Hersteller, der für die mit seiner Anlage erzeugten Endprodukte hygienische Unbedenklichkeit aufgrund eines Gutachtens postuliert, teilte auf Anfrage mit, daß bei drei (!) Proben, die er zur Hygieneprüfung an eine Untersuchungsstelle eingeschickt hat, keine Salmonellen festgestellt wurden. Daraus wird die Schlußfolgerung gezogen, daß die mesophil arbeitende Anlage ein seuchenhygienisch unbedenkliches Produkt erzeugt. Begründet wird dies damit, daß – da keine thermische Hygienisierung stattfindet – andere Milieubedingungen wie Nahrungskonkurrenz zwischen begünstigten Mikroorganismen und Krankheitserregern, Stoffwechsel-Zwischenprodukte, die giftig auf Krankheitserreger wirken, Absenkung des pH-Wertes im Verlauf der Hydrolyse- und Versäuerungsphase sowie die Abwesenheit von Sauerstoff zum Absterben der Krankheitserreger und Unkrautsamen führen. Eine Nachrotte für den Vergärungsrückstand sei deshalb nicht erforderlich. Nur bei der Verwertung seuchenhygienisch problematischer organischer Reststoffe (z. B. Küchenabfälle aus Krankenhäusern, organische Reststoffe von Luftverkehrsgesellschaften; Hinweis d. Verf.: Speisereste aus Flugzeugen und Seeschiffen müssen nach § 39 der Binnenmarkt-Tierseuchenschutzverordnung unschädlich beseitigt werden, d. h., sie dürfen weder bei der anaeroben Fermentation noch bei der Kompostierung Verwendung finden. In Deutschland werden sie i. d. R. der Müllverbrennung zugeführt) solle vorsorglich eine thermische Hygienisierungsvorstufe vorgesehen werden. Wenn man aber die Liste der für diese Anlage zur Verwertung zugelassenen Abfälle liest: u. a. Fettabfälle, Inhalt von Fettabscheidern, Molke, Magen- und Darminhalte, Geflügelkot, Schweine- und Rindergülle, Mist, Leimleder, Küchen- und Kantinenabfälle, Rohschlamm, dann tauchen ernsthafte Zweifel auf, ob alle in diesen Abfällen auftretenden Krankheitserreger bei der mesophilen Arbeitsweise der Anlagen auch mit Sicherheit unschädlich gemacht werden. Schon die Tatsache, daß diese Schlußfolgerungen aufgrund von nur drei Untersuchungen allein des Endproduktes gezogen wurden (wobei zur Entnahmetechnik des Probenmaterials, dem Umfang der Probennahme sowie zur Frage, ob in dem Rohmaterial überhaupt Salmonellen vorhanden waren, keine Angaben gemacht wurden), läßt erhebliche Bedenken an der Gültigkeit solcher Aussagen aufkommen, vor allem, wenn man sich die bereits vorstehend erwähnten veterinärbehördlichen Auflagen für den Betrieb thermophiler und mesophiler landwirtschaftlicher Biogasanlagen mit Ko-Fermentation von gewerblichen Speiseabfällen bzw. aus Krankenhäusern zusammen mit Fettabscheiderinhalten und Flotaten vor Augen hält. Dazu kommen noch zahlreiche Nebenbestimmungen, wie u. a. Einrichtung einer reinen und unreinen Seite sowie laufende Durchführung von Reinigungs- und Desinfektionsmaßnahmen. Alle Betreiber von anaeroben Ko-Fermentationsanlagen mit Verwertung gewerblicher Speiseabfälle müssen sich darüber klar sein, daß sie für diese Abfallart eine veterinärbehördliche Genehmigung nach § 8 Abs. 2 Nr. 2 des Tierkörperbeseitigungsgesetzes benötigen, die mit entsprechenden Nebenbestimmungen (§ 8 Abs. 4) und laufender Kontrolle seitens des zuständigen Amtstierarztes verbunden ist.

Bei der Fülle von Krankheitserregern, die in den Bioabfall gelangen können, liegt es auf der Hand, daß auch für diese Abfallgruppe entsprechende seuchenhygienische Vorbeugungsmaßnahmen durchgeführt werden müssen.

Auch die beiden Tabellen 5.11 und 5.12 ergeben – ähnlich wie Tabelle 5.10 für den Kompostbereich – aus hygienischer Sicht noch ein unbefriedigendes Bild von der Bereitschaft der Hersteller/Planer von Anaerobanlagen sich mit dem Thema Hygiene oder Hygienisierung intensiver auseinanderzusetzen bzw. den Nachweis der sicheren Hygienisierung durch unabhängige, für diese Art von Untersuchungen zugelassene Institute erbringen zu lassen. Dies sollte allen Interessenten für den Kauf von Anaerobanlagen zu denken geben und sie zu großer Vorsicht mahnen. Die Betreiber von Anaerobanlagen unterliegen nämlich, genauso wie die Kompoststeller, dem Produkthaftungsgesetz für die von ihnen gelieferten Produkte. Angenommen, es wird nachgewiesenermaßen durch die Verwertung einer unsachgemäß hygienisierten Charge ein Seuchenzug von Schweinepest mit hohen Tierverlusten ausgelöst, so kann das für den Anlagenbetreiber u. U. ruinöse Folgen haben. **Interessenten sollten sich deshalb von den Anbietern schriftliche Garantien darüber geben lassen, daß ihre Anlagen von amtlich anerkannten unabhängigen Fachinstituten auf ihre hygienische Leistungsfähigkeit überprüft wurden, die auch für den laufenden Betrieb als Garantieleistung zugesichert wird.** Als Vorbild für die unbedingt mit Testkeimen durchzuführenden Hygieneprüfungen von Prototypen, bei der Inbetriebnahme und die Endproduktkontrollen können die im LAGA-Merkblatt 10 für den Kompostierungsbereich festgeschriebenen Verfahren dienen, die nach Inkrafttreten der Bioabfallverordnung modifiziert wurden und für Anaerobanlagen ebenfalls gültig sind (siehe Tab. 5.1, sowie [9]).

Insgesamt gesehen fehlen also noch viele Informationen zur Frage der Hygienisierung bei der anaeroben Ko-Fermentation. Deshalb besteht auf diesem Sektor ein erheblicher Forschungsbedarf, z. B. zur Frage der Tenazität von Tierseuchenerregern, wie der Viren von Schweinepest, Aujeszkyscher Krankheit, Maul- und Klauenseuche, oder der erforderlichen Temperatur-/Zeitkombinationen zur Abtötung von Seuchenerregern in der meso- und thermophilen Anaerobbehandlung. Auch die Methoden zur laufenden seuchen- und phytohygienischen Kontrolle und damit Überwachung der verschiedenen Anlagentypen und -verfahren müssen noch erarbeitet bzw. vereinheitlicht werden. Der Teil anstehender Fragen zur Seuchenhygiene wird durch derzeit laufende Forschungsvorhaben geklärt, wichtige Vorhaben zur Phytohygiene müssen aber noch in Angriff genommen werden.

Aus hygienischer Sicht ist es sehr zu begrüßen, daß die seitherige Ungleichbehandlung der Hygieneproblematik bei der Kompostierung von Bioabfällen gegenüber deren Verarbeitung in Anaerobverfahren durch die Bioabfallverordnung endgültig beseitigt wurde. Dadurch wird nun eine für Hersteller und Betreiber von Anaerobanlagen gleichermaßen übersichtliche Situation geschaffen.

Weitere wichtige Aussagen zu diesem Themenbereich finden sich in der in- und ausländischen Fachliteratur [49, 10, 87, 75, 64, 89, 66, 65].

ANHANG 1
Gefahr durch die Bio-Tonnne?
Das Bundesgesundheitsamt in Berlin weist darauf hin, daß es für abwehrgeschwächte Menschen eine gesundheitliche Gefährdung durch die Bioabfalltonne gibt: Schon ein Öffnen der Tonne kann für eine Infektion mit Pilzsporen über die Atemluft genügen. Diese Personen müssen – im Gegensatz zu gesunden Menschen – beim Umgang mit Bio-Abfall besonders vorsichtig sein. Das bedeutet in

erster Linie, den Kontakt mit dem Inhalt der Bioabfalltonnen (Komposten) zu meiden.

Die aus Gründen des Umweltschutzes an sich sinnvolle verstärkte Kompostierung von Bioabfall birgt neben den Vorteilen auch Gefahren. Unter den Organismen, die für eine rasche Zersetzung biologisch toten Materials bestimmt sind, befinden sich mikroskopisch kleine Pilzarten, die in der Lage sind, eiweiß- und kohlehydrathaltiges Material sehr schnell abzubauen. Auch das menschliche Gewebe besteht aus Eiweißen und Kohlehydraten und kann unter bestimmten Umständen von Pilzen zerstört werden. Für Gesunde sind diese zwar nicht gefährlich, wohl aber für Menschen, deren körpereigene Abwehr in Haut oder Schleimhaut fehlt oder gestört ist.

Damit kann der Inhalt einer Bioabfalltonne im Frühstadium der Kompostierung zu einer Infektionsquelle für Abwehrgeschwächte werden. Dort fehlt die konkurrierende und ausgleichende Flora, wie sie in den natürlichen Wiesen-, Wald- und Ackerböden gegeben ist. Außerdem fehlt die keimhemmende Wirkung des UV-Lichtes, wie es im Freien vorliegt. Bei dem oft unbekannten und zufälligen Inhalt (Lebensmittelreste, Haustierfäkalien) der Bioabfalltonne ist die Anreicherung der verschiedensten Mikroorganismen möglich. Dies gilt ganz besonders für infektiöse Pilzarten. Die Keimflora besteht in bestimmten Phasen des Kompostierungsprozesses überwiegend aus Pilzen der Art **Aspergillus fumigatus**. Auch das Endprodukt der Bioabfallkompostierung verfügt über einen hohen Gehalt an **Aspergillen** und **Mucoraceen** samt deren Sporen. Beide Pilze sind die Erreger der häufigsten, oft tödlich verlaufenden invasiven Pilzinfektionen abwehrgeschwächter Menschen.

Eine Untersuchung des BGA ergab: In einem Gramm Bioabfallkomposterde fanden sich ca. 50 000 infektionstüchtige Einheiten des Pilzes **Aspergillus fumigatus**. Die Probe stammte aus der Kompostieranlage einer deutschen Großstadt. Die Verarbeitung dieses Kompostes im Freiland ist durch die rasch ökologisch ausgleichende Flora natürlicher Böden und die Sonneneinstrahlung unproblematisch. Aber als Topferde für Zimmerpflanzen sollte dieser Kompost aus Bioabfall ohne vorherige Hitzebehandlung (Dämpfung) nicht verwendet werden, und zwar wegen des hohen Gehalts an gesundheitlichen **Aspergillen** und **Mucoraceen**, deren Sporen in die Raumluft gelangen und über die Atemwege aufgenommen werden können.

Besonders gefährdet sind hier Leukämiekranke, Patienten, bei denen infolge einer Organtransplantation das Abwehrsystem unterdrückt wurde, chronisch Lungen-, Leber- und Nierenkranke. Weitere Risikogruppen sind Menschen mit Tuberkulose, schwerem Diabetes, AIDS, Tumorerkrankungen unter entsprechender Behandlung, Asthma bronchiale sowie Patienten, die unter Kortikosteroidbehandlung stehen. Sie alle sollten jede Beschäftigung mit dem Inhalt von Bioabfalltonnen meiden.

Aus diesen und allgemein siedlungshygienischen Gründen fordert das BGA einen kritischeren und materialgerechten Umgang mit diesen Kompostprodukten, um nachteilige Auswirkungen auf die menschliche Gesundheit zu vermeiden. Zusätzlich sollten die Behälter, in denen Bioabfall gesammelt wird, jede Woche entleert und gründlich mit Wasser gereinigt werden.

ANHANG 2
Erläuterungen zum Umgang mit der »Biotonne« und Kompost
Sehr geehrte Damen und Herren,
das Bundesgesundheitsamt hat auf seine Pressemitteilung Nr. 50/91 vom 13.11.1991 »Gefahr durch die Biotonne?« eine Vielzahl von Anfragen und Zuschriften von Behörden und besorgten und interessierten Bürgern erhalten, so daß eine individuelle Antwort jeder einzelnen Anfrage wegen Arbeitsbelastung der davon betroffenen Mitarbeiter nur unter Inkaufnahme noch längerer Verzögerungen bei der Beantwortung möglich gewesen wäre. Es ist deshalb nach Beratungen mit dem Umweltbundesamt entschieden worden, ein Antwortschreiben

zu verfassen, das möglichst viele an uns gerichtete Fragen beantwortet und eine gemeinsame Stellungnahme des Umweltbundesamtes und des Bundesgesundheitsamtes enthält. Wir bitten um Verständnis, daß wir auch Ihre Anfrage damit beantworten:

In der Pressmitteilung 50/91 des Bundesgesundheitsamtes wurde auf die Gefährdung gesundheitlich vorgeschädigter Personen unter besonderer Berücksichtigung spezieller Pilze wie **Aspergillus fumigatus** und Mucoraceen, bei der Abfallentsorgung hingewiesen. Dabei wurde nur zur neu eingeführten »Bioabfalltonne« Stellung genommen, ohne vergleichende Bewertung mit der herkömmlichen Haushaltsabfalltonne.

Bei allgemein-hygienischen Untersuchungen von Einsammelsystemen, die im Auftrag des Umweltministeriums von Baden-Württemberg (1988) durchgeführt wurden, wurde festgestellt, daß die Keimzahl der Schimmelpilze und Hefen bei den untersuchten Abfallarten (Haushaltsabfälle, Biomüll, Naßmüll nach verschiedener Standzeit) bei ca. 10^8 koloniebildungsfähiger Einheiten (KBE)/g Abfall aller Müllfraktionen lag.

Diese Untersuchung wurde ohne Artdifferenzierung durchgeführte weiterführende Untersuchungen sind vorgesehen. Beim Öffnen der Mülltonne lagen die Meßwerte der Luftkeimzahlen alle um 10^3 KBE/m^3 Luft. Beim Einfüllvorgang lagen die Luftkeimzahlen über den Tonnen in allen Müllfraktionen etwa um den Faktor 10 höher. Salmonellen konnten in den untersuchten Müllproben nicht nachgewiesen werden.

Diese hohen Keimzahlen von nicht weiter identifizierten Pilzen berechtigen zu dem **vorsorglichen Hinweis** der Pressemitteilung des BGA, daß bei der Sammlung von Bioabfall oder der Beschickung von Abfalltonnen eine **Infektionsgefahr** durch Pilzsporen für **Abwehrgeschwächte** besteht.

Bei der Verrottung von biogenem Abfall kommt es während des Sammelns in Sammelgefäßen, der Biotonne und besonders im Frühstadium der Kompostierung in Abhängigkeit von einem unbekannten und zufälligen Inhalt (z. B. Lebensmittelreste, Haustierfäkalien usw.) zu einer möglichen Anreicherung verschiedener Mikroorganismen u. a. auch von Pilzen. Deshalb sollten derartige Gefäße nicht in Innenräumen aufbewahrt werden.

Bei der Kompostierung von Abfällen im Garten wird eine Infektionsgefahr durch Pilzsporen als gering bewertet.

Die in der Pressemitteilung genannte Pilzart, **Aspergillus fumigatus**, findet sich u. a. in allen Komposten, gleich welchen Ausgangsmaterials, allerdings in verschiedenen Keimdichten und zwar in Abhängigkeit des Kompostierungsstadiums. Demzufolge ist **A. fumigatus** in unserer Umwelt verbreitet, insbesondere im landwirtschaftlichen Bereich, was ein mögliches Vorkommen solcher Sporen in der Einatmungsluft erklärt.

Selbstverständlich sind immungeschwächte Personen im häuslichen Bereich auch durch andere Infektionsbiotope und damit Infektionsquellen gefährdet.

Es erscheint aber verständlich, daß es kein vergleichbares Biotop im Wohnbereich gibt, das über so hohe Keimdichten von Pilzen (bis jetzt unbekannter Arten) verfügt, wie sie bei den Abfalltonnen festgestellt werden konnten. Deshalb ist der Hinweis der Pressemitteilung des BGA, der sich auf den Bioabfall als optimales Nährsubstrat für Pilze und mögliche Infektionsquelle für Abwehrgeschwächte bezieht, berechtigt. Als gefährdete Risikogruppen gelten: Leukämiekranke, Patienten, bei denen infolge einer Organtransplantation das Abwehrsystem medikamentös unterdrückt ist, chronisch Lungen-, Leber- und Nierenkranke, Personen mit Tuberkulose, schwerem Diabetes, AIDS, Tumorerkrankungen unter entsprechender Behandlung, Asthma bronchiale, sowie Patienten, die unter Kortikosteroidbehandlung stehen.

Was die Epidemiologie aerogener Pilzinfektionen betrifft, muß darauf hingewiesen werden, daß bei unserer Wohnkultur die Innenraumluft über einen höheren Gehalt an interessierenden

Pilzsporen verfügen kann als die Außenluft. Nach Untersuchungen des BGA kann die Raumluft auch frei von Pilzarten, wie z. B. **A. fumigatus**, **A. flavus** und **Mucoraceen** sein. Beobachtungen weisen darauf hin, daß bei entsprechenden Immundefekten größere Sporenmengen, z. B. von **Aspergillus** spp. für das Angehen einer Infektion notwendig sind als sie üblicherweise in der Außenluft nachgewiesen werden können. Deshalb sind Biotope, bei denen auf engstem Raum wie etwa auf Bioabfall höchste Sporenmengen zur Ausbildung kommen können, in der nächsten Umgebung Abwehrgeschwächter zu verhindern. Es wird daher empfohlen, daß betroffene Personen sich nicht in belasteten Bereichen aufhalten bzw. ihre Exposition verringern, z. B. auf Topfpflanzen im Wohnbereich (wegen des Wachstums von Pilzen in der Topferde) und auf Waldspaziergänge (wegen Laubverrottung) verzichten. Darauf hatte das BGA bereits im Jahre 1987 öffentlich hingewiesen.

Zusammenfassung
Nach den bisher vorliegenden Untersuchungen ist die hygienische Vertretbarkeit der in der Bundesrepublik praktizierten Abfallsammelsystme grundsätzlich zu bejahen, wobei allerdings zu bemerken ist, daß höchste Keimdichten von Schimmelpilzen und Hefen bisher unberücksichtigt blieben.

Daß sich besonders gefährdete Personen in allen Lebenslagen vorsichtiger verhalten als ihre Mitmenschen, ist Gegenstand gesundheitlicher Aufklärung und war das Ziel der Pressemitteilung des BGA. Es bestand deshalb kein Grund, das System der getrennten Bioabfallsammlung und –kompostierung wegen des Vorkommens von Pilzsporen pauschal in Frage zu stellen. Es wird jedoch empfohlen, die Standzeiten der Mülleinsammelgefäße – auch aus hygienischen Gründen – insbesondere in der warmen Jahreszeit auf möglichst kurze Zeiträume zu begrenzen.

Bei Einhaltung der gängigen Hygienegepflogenheiten besteht für gesunde Bürger, d. h. Personen mit nicht massiv beeinträchtigtem Immunsystem, beim Umgang mit der Mülltonne und Kompostierung keine Gefährdung.
Mit freundlichen Grüßen
gez.
Dr. habil. H. Lange-Aschenfeldt
Direktor und Professor

ANHANG 3
Robert-Koch-Institut empfiehlt, Schimmelpilz-Streuquellen im Haushalt zu vermeiden

Seit einigen Jahren wird darauf hingewiesen, daß die Bio-Tonne als Streuquelle für Schimmelpilzsporen ein Gesundheitsrisiko für schwer immungeschwächte Patienten birgt.

In der Tat begünstigt die Wärme, die bei der Verrottung von organischem Material entsteht, das Wachstum menschenpathogener Pilze, besonders von *Aspergillus fumigatus*. Darüber hinaus müssen siedlungshygienische Gesichtspunkte (organische Abfälle ziehen Fliegen, Lästlinge und Ratten an) und die Geruchsbelästigung durch verrottenden Abfall berücksichtigt werden. Aus diesen Gründen befürwortet das Robert-Koch-Institut zumindest für die Sommermonate eine wöchentliche Leerung von Bio- wie auch Restmülltonnen.

Es wird allerdings oft übersehen, daß der normale Haushalt noch sehr viel mehr Quellen für Pilze bietet, die zu deutlich höherer Exposition führen können, als sie beim Öffnen der Biotonne zu erwarten ist: verschimmelte Lebensmittel wie Obst oder Gemüse zum Beispiel, aber auch Gewürze wie gemahlener Pfeffer (Fabrikware) oder Blumenerde. Auch der Restmüll enthält in der Regel organisches Material wie Essensreste, Tierfäkalien u. a., so daß sich darin ebenfalls Schimmelpilze vermehren können. Eine wichtige Quelle für Pilze ist auch Vogelkot, der große Mengen an Sporen enthalten kann.

Für Gesunde sind die Schimmelpilze ungefährlich. Patienten jedoch, deren Immunsystem z. B. bei AIDS oder nach einer Transplantation durch Medikamente geschwächt ist, können schwere Pilzinfektionen (Mykosen) vor allem der Atemwege erleiden. Menschen mit allergischer

Veranlagung können auf eine Exposition gegen Schimmelpilze mit Asthma-Anfällen reagieren. Patienten mit Immunschwäche oder mit Neigung zu allergischen Erkrankungen wie Asthma rät das Robert Koch Institut deshalb zu Vorsichtsmaßnahmen: Verschimmelte Lebensmittel sollten unverzüglich weggeworfen werden; Müllbehälter in der Wohnung – nicht nur die für Biomüll – täglich geleert und gereinigt werden. Müllbehälter mit organischem Material gehören nicht auf den Balkon oder die Terrasse. In Zimmern von Schwerkranken haben Topfpflanzen mit Blumenerde nichts zu suchen. Die Erde kann Schimmelpilze enthalten und daher den Patienten gefährden.

Zu beachten ist darüber hinaus, daß bei manchen Renovierungsarbeiten – z. B. wenn fest verlegte Teppiche, Linoleum oder Dämmaterial z. B. aus Decken entfernt werden – viel Staub aufgewirbelt wird, der große Mengen an Pilzen enthalten kann.

Immungeschwächte und Asthmatiker sollten derartige Arbeiten daher nicht selbst vornehmen.

Herausgeber: Referat Öffentlichkeitsarbeit – Robert-Koch-Institut

VI Qualität von Kompost aus Bio-, Garten- und Parkabfällen

1 Einleitung

Kompost ist ein »Multifunktionsprodukt«, denn er eignet sich für sehr unterschiedliche Anwendungszwecke:

- Zur Düngung aufgrund seiner Gehalte an Pflanzennährstoffen,
- zur Bodenverbesserung aufgrund seiner Gehalte an organischer Substanz und basisch wirksamen Stoffen,
- als Mischkomponente zur Herstellung von Vegetationstragschichten (Mutterboden),
- als Mischkomponente zur Herstellung von Kultursubstraten (Blumenerden).

Entsprechend den Anwendungszwecken müssen verschiedene Qualitätsmerkmale betrachtet und für die Bewertung herangezogen werden. Neben wertgebenden Eigenschaften und Inhaltsstoffen gehören hierzu auch wertmindernde Inhaltsstoffe, z. B. Verunreinigungen mit Fremdstoffen. Qualitätsmerkmale und Inhaltsstoffe werden im wesentlichen durch die verwendeten Ausgangsstoffe sowie durch die Behandlung dieser sogenannten Kompostrohstoffe in der Kompostierungsanlage bestimmt (siehe Tab. 6.1). Damit sind auch die Einflußmöglichkeiten aufgezeigt, die der Hersteller von Kompost bezüglich der Qualität seiner Produkte hat: Auswahl geeigneter organischer Abfälle und gegebenenfalls Zuschlagsstoffen sowie Gewährleistung einer fachgerechten Kompostierung.

Kompostierung nach dem Stand der Technik beginnt mit der sortenreinen Getrenntsammlung von Bio-, Garten- und Parkabfällen. Der Stand der Technik ist in der Dritten allgemeinen Verwaltungsvorschrift zum Abfallgesetz, TA Siedlungsabfall, niedergelegt [1]. Bezüglich der Anforderungen an die Qualität der erzeugten Komposte verweist Ziff. 5.4.1.2 der TA Siedlungsabfall auf das Merkblatt M 10 der Länderarbeitsgemeinschaft Abfall (LAGA) vom 15.02. 1995 [16]. Dieses Merkblatt enthält Anforderungen und Angaben zu wesent-

Tab. 6.1 Abhängigkeit der Kompostqualität von verschiedenen Einflußfaktoren

Qualitätskriterien	primär abhängig von
Hygiene	Verfahrenstechnik[1]
Rottegrad	Verfahrenstechnik[1]
Pflanzenverträglichkeit	Verfahrenstechnik[1]
Erwünschte Inhaltsstoffe (z.B. Gehalt an organischer Substanz und Pflanzennährstoffen)	Kompostrohstoff[2]
Unerwünschte Inhaltsstoffe (z.B. Gehalt an Schwermetallen)	Kompostrohstoff[2]
Optischer Gesamteindruck (z.B. Gehalt an Fremdstoffen)	Kompostrohstoff/Verfahrenstechnik[1,2]

[1] Aspekte der Verfahrenstechnik: Aufbereitung des Rohmaterials, Rotteführung, Rottedauer, Feinaufbereitung des Endproduktes.
[2] Kompostrohstoffe: Art und Zusammensetzung, Trennvorgaben, Sortenreinheit.

lichen Qualitätsmerkmalen sowie zur Güteüberwachung und Deklaration. Es lehnt sich im wesentlichen an die Vorgaben der RAL-Gütesicherung Kompost der Bundesgütegemeinschaft Kompost e. V. an [17]).

Zwar ist Kompost eines der ältesten Dünge- und Bodenverbesserungsmittel. Als Handelsdünger und damit Wirtschaftsgut sind qualitativ hochwertige Komposte jedoch erst in Folge des abfallrechtlichen Verwertungsgebotes und der damit einhergehenden getrennten Sammlung organischer Bio-, Garten- und Parkabfällen in größeren Mengen in Erscheinung getreten. Seit Inkrafttreten des Kreislaufwirtschafts- und Abfallgesetzes (KrW-/AbfG) [2] sind Komposte darüber hinaus nach Düngemittelrecht zugelassene Sekundärrohstoffdünger.

Für die Anwender im Landschaftsbau, Gartenbau, der Landwirtschaft oder im Hobbygartenbau zählen insbesondere die durch Gütezeichen zugesicherten Qualitätseigenschaften, ein ansprechender Gesamteindruck sowie eine gleichbleibend hohe Qualität der angebotenen Produkte.

Da die Kompostrohstoffe im Jahresverlauf nach Art, Menge und Zusammensetzung Unterschiede aufweisen, variieren auch die Merkmaleigenschaften der daraus erzeugten Komposte in einem bestimmbaren Bereich. Durch geeignete verfahrenstechnische Maßnahmen der Behandlung kann der Schwankungsbereich einzelner Merkmaleigenschaften aber eingeengt werden. Auf diese Weise können trotz der Vielfalt verwendeter Kompostrohstoffe Komposte mit weitgehend definierten und gleichbleibenden Eigenschaften erzeugt werden.

Grundsätzlich sollen die für die verschiedenen Anwendungszwecke relevanten Eigenschaften und Inhaltsstoffe deklariert werden. Eine Begrenzung unerwünschter Inhaltsstoffe erfolgt ferner durch Richt- oder Grenzwerte. Anwendungsempfehlungen dienen schließlich dem zweckentsprechenden Einsatz des Produktes und verhindern Schäden durch falsche Anwendung.

Im folgenden werden die für die Anwendungszwecke relevanten Qualitätskriterien und die Praxis der Gütesicherung beschrieben. Vorschriften zur repräsentativen Probenahme und zur Untersuchung von Kompost sind im Methodenbuch zur Analyse von Kompost der Bundesgütegemeinschaft zusammengefaßt [5].

2 Physikalische Merkmale

2.1 Volumengewicht

Das Volumengewicht von Kompost – auch Rohdichte genannt – ist abhängig vom Anteil an feinkörnigen mineralischen Bestandteilen und vom Wassergehalt. Der Anteil an feinkörnigen Bestandteilen wird durch die Art und Zusammensetzung der Kompostrohstoffe, die Aufbereitungstechnik und die Behandlung bei der Kompostierung sowie durch die Rottedauer bestimmt. Mit zunehmender Rottedauer kommt es zu einem Ver-

Tab. 6.2 Volumengewicht von Kompost

Kenngröße	Volumengewicht frisch [g/l FS]	Volumengewicht trocken [g/l TS]
Mittelwert (Median)	700	434
10 %-Perzentil	557	k.A.
90 %-Perzentil	872	k.A.

10 %-Perzentil: 10 % der Analysen liegen unter diesem Wert
90 %-Perzentil: 10 % der Analysen liegen über diesem Wert
k.A. = keine Angabe

2 Physikalische Merkmale

Tab. 6.3 Wassergehalt von Kompost	
Kenngröße	Wassergehalt [Gew. % FS]
Mittelwert (Median)	38,0 %
10 %-Perzentil	29,5 %
90 %-Perzentil	47,4 %

10 %-Perzentil: 10 % der Analysen liegen unter diesem Wert
90 %-Perzentil: 10 % der Analysen liegen über diesem Wert

lust an organischer Substanz und zu einer Anreicherung an spezifisch schwerer mineralischer Substanz.

Das Frischvolumengewicht von Kompost beträgt im Mittel 700 g/l bzw. 0,7 t/m³ (siehe Tab. 6.2). Verschiedene Qualitätsparameter von Komposten werden üblicherweise auf das Volumen der Frischsubstanz bezogen, so z. B. der Salzgehalt und die löslichen Pflanzennährstoffe. Für die Umrechnung der auf die Frischmasse bezogenen Analysenwerte ist die Kenntnis des Volumengewichtes bzw. der Rohdichte erforderlich.

2.2 Wassergehalt und Trockensubstanz

Hohe Wassergehalte sind unerwünscht. Sie erhöhen das Volumengewicht von Kompost, begünstigen bei der Lagerung Fäulnisprozesse (Geruchsprobleme), vermindern die Streufähigkeit und erhöhen Transport- und Ausbringungskosten. Ist Kompost dagegen zu trocken, wird er hydrophob (wasserabweisend) und verursacht bei Verladung, Transport und Ausbringung Staubemissionen. Kompost sollte daher weder zu naß noch zu trocken, sondern leicht feucht sein.

Bei überdachten oder eingehausten Kompostierungsverfahren ist der Wassergehalt in der Regel durch verfahrenstechnische Maßnahmen gut steuerbar. Bei offener, unüberdachter Mietenkompostierung, haben dagegen die Menge und Verteilung des Jahresniederschlages sowie das Volumen des Rottekörpers in Relation zur exponierten Oberfläche einen wesentlichen Einfluß auf den Wassergehalt des Endproduktes.

Der Wassergehalt von Kompost beträgt im Mittel 38 % (siehe Tab. 6.3). Anzustreben sind Wassergehalte zwischen 20–45 % (lose Ware) bzw. 20–35 % (Sackware).

Bei der Bewertung des Wassergehaltes ist zwischen dem Wassergehalt in Gew.-% und der Feuchtigkeit, die unterschiedliche Komposte bei gleichem Wassergehalt aufweisen können, zu unterscheiden. Im Gegensatz zum Wassergehalt ist die Feuchtigkeit ein sensorisches Qualitätsmerkmal und beschreibt, wie sich Kompost anfühlt: trocken, feucht oder naß. Je höher der Gehalt an organischer Substanz in Kompost ist, um so mehr Wasser kann bei gleicher Feuchtigkeit gebunden werden. Vor diesem Hintergrund sind in Rindenkomposten z. B. höhere Wassergehalte tolerierbar als in Komposten mit geringeren Gehalten an organischer Substanz.

2.3 Körnung und Korngrößenzusammensetzung

Handelskomposte werden in verschiedenen Körnungen angeboten. Die Körnung bezeichnet üblicherweise die Maschenweite des Siebes, mit der Kompost zum Verkauf aufbereitet wird. Danach werden unterschieden

– feinkörnige Komposte ≤ 12 mm Siebmaschenweite,
– mittelkörnige Komposte ≤ 25 mm Siebmaschenweite,
– grobkörnige Komposte ≤ 40 mm Siebmaschenweite.

Feinkörnige Komposte werden hauptsächlich für den Hobbygartenbau und als Mischkomponente für Kultursubstrate

Tab. 6.4 Bewertung des Strukturgehaltes von Kompost in Abhängigkeit vom Anteil strukturwirksamer Bestandteile > 2 mm

Siebfraktion > 2 mm	struktur-los	struktur-arm	struktur-haltig	struktur-reich	sehr struktur-reich
Vol. % [1]	< 10	10–30	30–50	50–70	> 70

[1] Die Summe der Fraktionen in Vol. % ergibt immer mehr als 100, da die Volumina bei Rückmischung z.T. ineinander übergehen.

angeboten. Mittelkörnige Komposte dominieren im Garten- und Landschaftsbau sowie in der Landwirtschaft. Grobkörnige Komposte werden in der Rekultivierung und zum Teil in der Landwirtschaft eingesetzt.

Die Korngrößenzusammensetzung beschreibt, aus welchen Anteilen siebfähiger Partikel Kompost zusammengesetzt ist. In Anlehnung an die bodenkundliche Klassifizierung der Körnung werden für Kompost Bestandteile > 2 mm als im bodenkundlichen Sinne strukturwirksame Bestandteile angesehen [13]. Nach dieser Definition können Komposte entsprechend ihrem Anteil an strukturwirksamen Bestandteilen charakterisiert und in bestimmte Gruppen von »strukturlos« bis zu »sehr strukturreich« eingeteilt werden (siehe Tab. 6.4).

Komposte aus Bio-, Garten- und Parkabfällen sind je nach Ausgangsmaterialien und Aufbereitung strukturarm bis strukturreich.

2.4 Wasserlöslicher Salzgehalt

Kompost enthält wasserlösliche Salze, meist Chloride und Sulfate der Alkali- und Erdalkalimetalle. Der Salzgehalt in Kompost aus Bio-, Garten- und Parkabfällen resultiert überwiegend aus den Gehalten an Kalium und Chlorid. Nährstoffreiche Komposte weisen in der Regel höhere, nährstoffarme Komposte dagegen niedrigere Salzgehalte auf.

Der Salzgehalt von Kompost beträgt im Mittel 4,1 g/l Frischmasse. Komposte aus Bioabfällen weisen höhere Salzgehalte auf als Komposte aus Garten- und Parkabfällen (siehe Tab. 6.5).

Der Salzgehalt wird indirekt über die elektrische Leitfähigkeit im wässrigen Kompostextrakt ermittelt. Er ist ein Summenparameter, der Auskunft über mögliche Wurzelschäden aufgrund zu hoher Salzgehalte geben soll. Bei der Anwendung von Kompost zur Düngung und Bodenverbesserung kommt diesem Aspekt allerdings wenig Bedeutung zu, weil die Aufwandmengen in Relation zum Volumen des beaufschlagten Bodens unbedenklich sind. Relevant ist der Salzgehalt dagegen bei der Verwendung von Kompost als Mischkomponente in Erden und Substraten. Hier soll der Salzgehalt möglichst gering sein.

2.5 pH-Wert

Der pH-Wert gibt Auskunft über den Gehalt an Wasserstoffionen; der Neutralpunkt zwischen sauer und basisch liegt bei pH 7. Zu Beginn der Kompostierung

Tab. 6.5 Gehalt an wasserlöslichen Salzen

Kenngröße	Kompost aus Bio-, Garten- und Parkabfällen [g/l FM]	Kompost aus Bioabfällen [g/l FM]	Kompost aus Garten- und Parkabfällen [g/l FM]
Mittelwert (Median)	4,1	6,4	3,0
10 %-Perzentil	1,9	k.A.	k.A.
90 %-Perzentil	7,8	k.A.	k.A.

10 %-Perzentil: 10 % der Analysen liegen unter diesem Wert
90 %-Perzentil: 10 % der Analysen liegen über diesem Wert

Tab. 6.6 pH-Wert in Kompost	
Kenngröße	pH-Wert
Mittelwert (Median)	7,4
10 %-Perzentil	7,0
90 %-Perzentil	7,8

10 %-Perzentil: 10 % der Analysen liegen unter diesem Wert
90 %-Perzentil: 10 % der Analysen liegen über diesem Wert

sinkt der pH-Wert der Kompostrohstoffe in einen leicht sauren Bereich ab und steigt im Verlauf der Rotte wieder an. Am Ende der Rottezeit stellt sich dann ein pH-Wert im leicht basischen Bereich ein.

Der mittlere pH-Wert von Kompost beträgt 7,4 (siehe Tab. 6.6). Hohe pH-Werte in Kompost wirken der Bodenversauerung entgegen. Ursachen der »natürlichen« Bodenversauerung sind Säuren des Regens (H_2CO_3, H_2SO_3, HNO_3), Entstehung von Säuren bei der Umsetzung organischer Substanz im Boden (Mineralisation, Nitrifikation), Freisetzung von Wurzelsäuren mit der Nährstoffaufnahme durch die Pflanzen sowie Verlust an basisch wirksamen Kationen (Ca^{++}, Mg^{++}, K^+, Na^+) in Folge Auswaschung und Nährstoffentzug. In Folge dieser Prozesse bedarf der Kulturboden – ausgenommen kalkreicher Boden – einer geregelten Zufuhr basisch wirksamer Stoffe, die in Kompost reichlich enthalten sind.

3 Biologische Merkmale

3.1 Hygiene

Komposte müssen den Anforderungen der Seuchenhygiene genügen, d. h. frei von möglichen Krankheitserregern sein. Dies wird erreicht, wenn Krankheitserreger für Mensch, Tier und Pflanze mit Sicherheit unschädlich gemacht werden. Zahlreiche hygienische Untersuchungen an Kompostierungsverfahren beweisen, daß die hygienischen Anforderungen bei ordnungsgemäßem Betrieb durch Rottevorgänge erfüllt werden [15]. In einem Überblick hat BOLLEN [4] die Wirkungsmechanismen aufgeführt, denen hinsichtlich der Abtötung von Pathogenen eine besondere Bedeutung zukommt. Diese sind

– Abtötung von Pathogenen und ihrer Dauerstadien durch Hitzeeinwirkung während der termophilen Phase der Kompostierung,
– Inaktivierung von Pathogenen durch mikrobielle Antagonisten,
– letale Wirkung toxischer Substanzen, die während und nach der termophilen Phase bei der Umsetzung organischer Substanzen entstehen können.

Die Prüfverfahren auf seuchenhygienische Unbedenklichkeit beinhalten human-, veterinär- und phytohygienische Untersuchungen. Die im Merkblatt M 10 der Länderarbeitsgemeinschaft Abfall (LAGA) geforderten hygienischen Untersuchungen betreffen die Verfahrenstechnik der Kompostierung [16]. Hierbei wird festgestellt, ob bei ordnungsgemäßem Rottebetrieb Krankheitserreger zuverlässig abgetötet werden.

Die Bundesgütegemeinschaft hat die Untersuchungsmethoden und die Bewertung von Untersuchungsverfahren in einem Hygiene-Baumusterprüfsystem spezifiziert [9]. Dieses System hat auch weitgehend Eingang in die Bioabfallverordnung (BioAbfV) vom 21. 9. 1998 gefundden. Aufgrund der bei ordnungsgemäßer Rotte gegebenen »Hygienisierung« des Rottegutes ist die Prüfung des Endproduktes Kompost auf hygienisch relevante Keime in der Regel nicht mehr erforderlich. Werden im Einzelfall solche Untersuchungen aber durchgeführt, beziehen sie sich für den Bereich der Human- und Veterinärhygiene auf den Nachweis von Salmonellen und im Bereich der Phytohygiene auf den Nachweis von Erregern der Kohlhernie. Letztere Untersuchungen kommen insbesondere in Betracht, wenn Kompost als Mischkomponente für die Herstellung von Anzuchtsubstraten für den Gemüsebau verwendet werden soll.

Tab. 6.7 Anzahl keimfähiger Samen und austriebfähiger Pflanzenteile in Komposten

Kenngrößen	Keimfähige Samen und austriebsfähige Pflanzenteile [Anzahl je l FS]
Mittelwert (Median)	0,1
10 %-Perzentil	0,0
90 %-Perzentil	0,6

10 %-Perzentil: 10 % der Analysen liegen unter diesem Wert
90 %-Perzentil: 10 % der Analysen liegen über diesem Wert

3.2 Keimfähige Samen und austriebfähige Pflanzenteile

Aufgrund hoher Anteile an Garten- und Parkabfällen ist bei der Kompostierung davon auszugehen, daß die Kompostrohstoffe höhere Gehalte an keimfähigen Samen und austriebfähigen Pflanzenteilen – landläufig Beikräuter oder Unkräuter genannt – aufweisen können.

Verständlicherweise sind vor allem im Erwerbsgartenbau und im Hobbygartenbau Bedenken über eine mit Komposteinsatz verbundene zusätzliche Verunkrautung der Flächen zu finden. Erfahrungen mit betriebseigenen Komposten im Erwerbsgartenbau sowie Hausgartenkomposten im Hobbygartenbau bestätigen in der Tat, daß bei ungünstiger Rotteführung die Abtötung der Keimfähigkeit von Pflanzensamen nicht gewährleistet ist, und daß es bei der Anwendung solcher Komposte zu einer zusätzlichen Verunkrautung kommen kann.

Im Verlauf eines ordnungsgemäßen Kompostierungsprozesses, der den Anforderungen der Hygiene genügt, werden aber auch die Anforderungen an die »Unkrautfreiheit« erfüllt.

So werden in Kompost enthaltene keimfähige Samen und austriebfähige Pflanzenteile im Rahmen der RAL-Gütesicherung regelmäßig überprüft. Gütegesicherte Komposte enthalten danach im statistischen Mitttel lediglich eine Anzahl von 0,1 keimfähigen Samen oder austriebfähigen Pflanzenteilen je Liter (siehe Tab. 6.7).

Ausgehend von Untersuchungsergebnissen für die natürliche Verunkrautung von Flächen mit ca. 100 Pflanzen je Quadratmeter Boden sowie verschiedenen Angaben über wirtschaftliche Schadensschwellen zwischen 0–150 Pflanzen je Quadratmeter für Kulturpflanzenbestände, muß sichergestellt werden, daß eine zusätzliche Verunkrautung aufgrund von Kompostanwendung weniger als 5 Pflanzen je Quadratmeter beträgt oder gar nicht zu erwarten ist. Dies ist der Fall, wenn bei der Prüfung von Kompost auf keimfähige Samen weniger als 2 keimende Pflanzen je Liter Prüfsubstrat gezählt werden. Ein solcher Kompost wird als »weitgehend frei von keimfähigen Pflanzensamen« bezeichnet. Als »frei von keimfähigem Pflanzensamen« wird Kompost bezeichnet, wenn im Keimversuch keine keimfähigen Pflanzensamen gefunden werden, bzw. die Anzahl keimender Pflanzen < 0,5 Pflanzen je Liter Prüfsubstrat beträgt [14].

3.3 Pflanzenverträglichkeit

Die Pflanzenverträglichkeit von Kompost ist ein komplexes Qualitätskriterium, das von vielfältigen Einflußfaktoren bestimmt wird. Die Bewertung der Pflanzenverträglichkeit von Kompost erfolgt im Pflanzenversuch mit Sommergerste. Geprüft werden Mischungen von Einheitserde mit 25 % bzw. 50 % Kompostanteil. Die Erträge werden prozentual in Relation zum mittleren Ertrag eines Vergleichssubstrates (Einheitserde) ausgedrückt [13].

Die Anforderungen an die Pflanzenverträglichkeit von Kompost beziehen sich auf

– die Pflanzenverträglichkeit im vorgesehenen Anwendungsbereich,
– die Freiheit von phytotoxischen Stoffen,

3 Biologische Merkmale

– die Vermeidung einer Stickstoffimmobilisation bei Anwendung von Komposten.

Die Erfüllung dieser Anforderungen werden im Pflanzenversuch nachgewiesen. Aufgrund dieser Prüfungen wird Kompost als pflanzenverträglich qualifiziert, wenn der Relativertrag gegenüber dem Vergleichssubstrat > 90 % beträgt. In Prüfmischungen mit 25 % Kompostanteil liegt die mittlere Pflanzenverträglichkeit bei 108 %, in Prüfmischungen mit 50 % Kompostanteil bei 98 % (siehe Tab. 6.8).

Zur Anwendung als Dünge- und Bodenverbesserungsmittel wird Kompost empfohlen, wenn er in der Prüfmischung mit 25 % Kompostanteil pflanzenverträglich ist. Als Mischkomponente für Kultursubstrate kann Kompost empfohlen werden, wenn er in der Prüfmischung mit 50 % Kompostanteil pflanzenverträglich ist.

3.4 Rottegrad

Der Rottegrad von Kompost gibt darüber Auskunft, wie weit die biologisch leicht abbaubare organische Substanz umgesetzt wurde. Er kennzeichnet den aktuellen Stand des Abbaugeschehens und stellt eine Stufe auf einer allgemein gültigen Skala von Kennwerten dar, die den Rottefortschritt vergleichbar charakterisieren (siehe Tab. 6.9). Die mit fortschreitender Kompostierungsdauer sich verringernde umsetzbare Masse wird durch biochemische Parameter wie Temperaturentwicklung oder Sauerstoffbedarf angezeigt.

Der Rottegrad eines Kompostes wird durch die Selbsterhitzungsfähigkeit des Prüfsubstrates in Devargefäßen oder durch die Messung der Atmungsaktivität im Sapromat festgestellt. In der Regel werden die Ergebnisse der Selbsterhitzungsfähigkeit herangezogen, um den Rottegrad von Kompost zu bestimmen. Als Frischkomposte werden Komposte bezeichnet, deren Rottegrad II oder III beträgt. Als Fertigkomposte werden Komposte mit Rottegrad IV oder V ausgewiesen.

Die Unterscheidung zwischen Frischkompost und Fertigkompost ist u. a. wesentlich, weil er auch Einfluß auf andere Merkmaleigenschaften hat (z. B. Geruch, Lagerfähigkeit, Pflanzenverträglichkeit).

Tab. 6.8 Pflanzenverträglichkeit von Kompost

Kenngröße	Pflanzenverträglichkeit bei 25 % Kompost in der Prüfmischung [%]	Pflanzenverträglichkeit bei 50 % Kompost in der Prüfmischung [%]
Mittelwert (Median)	107,8	98,0
10 %-Perzentil	96,0	76,4
90 %-Perzentil	119,7	116,2

10 %-Perzentil: 10 % der Analysen liegen unter diesem Wert
90 %-Perzentil: 10 % der Analysen liegen über diesem Wert

Tab. 6.9 Rottegrade von Kompost [16]

Rottegrad[1]	T max °C[2]	Produktbezeichnung
I	> 60	Kompostrohstoff
II	> 50–60	Frischkompost
III	> 40–50	Frischkompost
IV	> 30–40	Fertigkompost
V	< 30	Fertigkompost

[1] Rottegrad nach Merkblatt M 10 der LAGA [16]
[2] Maximaltemperatur im Selbsterhitzungsversuch [5]

Tab. 6.10 Gesamtgehalte an Pflanzennährstoffen

Kenngröße	Nges. [% TM]	P$_2$O$_5$ges. [% TM]	K$_2$Oges. [% TM]	MgOges. [% TM]	CaOges. [% TM]
Mittelwert (Median)	1,2 %	0,6 %	1,0 %	0,7 %	3,7 %
10 %-Perzentil	0,8 %	0,3 %	0,5 %	0,3 %	2,2 %
90 %-Perzentil	1,6 %	1,0 %	1,5 %	1,3 %	6,8 %

10 %-Perzentil: 10 % der Analysen liegen unter diesem Wert
90 %-Perzentil: 10 % der Analysen liegen über diesem Wert

Tab. 6.11 Gehalte an löslichen Pflanzennährstoffen

Kenngröße	Nlösl. [mg/l FM]	P$_2$O$_5$lösl. [mg/l FM]	K$_2$Olösl. [mg/l FM]	MgOlösl. [mg/l FM]
Mittelwert (Median)	167	931	3078	228
10 %-Perzentil	59	498	1663	163
90 %-Perzentil	496	1461	4494	315

10 %-Perzentil: 10 % der Analysen liegen unter diesem Wert
90 %-Perzentil: 10 % der Analysen liegen über diesem Wert

Während Fertigkomposte im Pflanzenbau universell einsetzbar sind, unterliegen Frischkomposte verschiedenen Anwendungsbeschränkungen.

4 Pflanzennährstoffe und organische Substanz

Komposte enthalten alle für die Pflanzenernährung notwendigen Haupt- und Spurennährstoffe. Die Gehalte an Pflanzennährstoffen in Kompost sind zwar geringer als in üblichen Handelsdüngern. Aufgrund der im Vergleich zu Handelsdüngern höheren Aufwandmengen an Kompost werden dem Boden jedoch auch erhebliche Mengen an Pflanzennährstoffen zugeführt. Bei den empfohlenen Aufwandmengen nach »guter fachlicher Praxis« gemäß Düngeverordnung [3] sind die Frachten an Pflanzennährstoffen aus Kompost mit üblichen Düngungsmaßnahmen vergleichbar.

Als Hauptnährstoffe gelten Stickstoff (N), Phosphat (P$_2$O$_5$), Kalium (K$_2$O), Magnesium (MgO) und Calcium (CaO). Als Spurennährstoffe Eisen, Mangan, Zink, Kupfer, Bor und Molybdän.

Hinsichtlich der Düngung sind bei den Pflanzennährstoffen zu unterscheiden

– Gesamtgehalte, d. h. analytische Gesamtgehalte,
– lösliche Gehalte, d. h. analytisch ermittelte lösliche Gehalte,
– düngewirksame Gehalte, d. h. für die Düngung im Anwendungsjahr anrechenbare Gehalte.

Die einzelnen Pflanzennährstoffe sind unterschiedlich pflanzenverfügbar. Bei der Düngeplanung können daher nicht immer die Gesamtgehalte zugrunde gelegt werden.

4.1 Hauptnährstoffe

Die in Kompost enthaltenen Hauptnährstoffe sind in Tabelle 6.10 aufgeführt. Einfluß auf den Gehalt an Pflanzennährstoffen haben v.a. die verwendeten Kompostrohstoffe sowie die Rotteführung. Je nach Herkunft können Komposte beim Gehalt an Pflanzennährstoffen Unterschiede bis zum Faktor 5 aufweisen. Betrachtet man dagegen die von den einzelnen Herstellern erzeugten Komposte, ist eine relativ gleichbleibende Qualität festzustellen. Für einzelne Chargen aus spezifischen Kompostanlagen zu erwartende Schwankungen im Gehalt an Pflanzen-

4 Pflanzennährstoffe und organische Substanzen

nährstoffen betragen in der Regel weniger als 30 % der deklarierten Werte.

Die löslichen Gehalte an Pflanzennährstoffen sind in Tabelle 6.11 aufgeführt. Sie sind insbesondere bei der Verwendung von Kompost als Mischkomponente für Kultursubstrate relevant und werden aus diesem Grunde auch in Volumeneinheit der Frischsubstanz angegeben. Sowohl bei den Gesamtgehalten als auch bei den löslichen Pflanzennährstoffen sind in Abhängigkeit von den verwendeten Kompostrohstoffen erhebliche Unterschiede festzustellen (siehe Tab. 6.12). Komposte aus Bioabfällen weisen signifikant höhere Gehalte auf als Komposte aus Garten- und Parkabfällen. Wird dies für die Anwendung von Kompost als Dünge- und Bodenverbesserungsmittel begrüßt, verlangt der Gartenbau bei Einsatz von Kompost in Kultursubstraten dagegen eher niedrige Gehalte an löslichen Pflanzennährstoffen.

Bei den für die Düngung anrechenbaren Gehalten an Pflanzennährstoffen werden für Phosphat (P_2O_5) und Kalium (K_2O) die Gesamtgehalte, d.h. 100 % zugrunde gelegt. Stickstoff kann dagegen nur in geringem Umfang in die Düngeplanung einbezogen werden, weil der überwiegende Teil des Stickstoffs in der organischen Substanz des Kompostes gebunden und daher für die Pflanze nicht verfügbar ist.

In der Regel geht man für Stickstoff im Anwendungsjahr von einer Verfügbarkeit von lediglich 1–10 % aus. Einen Anhaltspunkt über den für die Düngung anrechenbaren Anteil an Stickstoff gibt der in 0,01 m $CaCl_2$-Lösung extrahierbare Anteil. Dieser liegt in Komposten aus unterschiedlichen Ausgansstoffen zwischen 3,7 und 8,8 % (siehe Tab. 6.13).

4.2 Spurennährstoffe

Neben den Hauptnährstoffen (Makronährstoffen) benötigen Pflanzen auch sogenannte Spurennährstoffe (Mikronährstoffe). Zu diesen Spurennährstoffen, die nur in geringen Mengen benötigt werden, zählen Eisen (Fe), Mangan (Mn), Zink (Zn), Kupfer (Cu), Chlor (Cl), Bor (B) und Molybdän (Mo). Da Chlor als Spurenelement weit verbreitet ist und Mangelsituationen bzw. Überschußprobleme in der Praxis nicht auftreten, kann es im Zusammenhang mit Düngungsfragen unberücksichtigt bleiben.

Die Bedeutung der Spurenelemente und der Düngung mit Spurenelementen steigt. War der Mangel an Mikronährstof-

Tab. 6.12 Pflanzennährstoffe in Bioabfallkomposten und Komposten aus Garten- und Parkabfällen

Kenngröße		Maßeinheit	Kompost aus Bioabfällen	Kompost aus Garten- und Parkabfällen
N	gesamt	% TS	1,4	1,0
	löslich	mg/l FS	340	120
P_2O_5	gesamt	% TS	0,8	0,5
	löslich	mg/l FS	1300	800
K_2O	gesamt	% TS	1,3	0,8
	löslich	mg/l FS	4000	2500

Tab. 6.13 $CaCl_2$-lösliche Gehalte an Stickstoff und Mineralstickstoff in Kompost in % des Gesamtgehaltes [13]

		Kompost aus Bioabfällen [%]	Kompost aus Garten- und Parkabfällen [%]
Gesamt	$N_{ges.}$	100,0 %	100,0 %
$CaCl_2$-lösl.	N_{CaCl2}	8,8 %	3,7 %
Mineralstickstoff	N_{min}	3,0 %	1,6 %

Tab. 6.14 Gehalte an Spurennährstoffen

Element		Maßeinheit	Mittelwert
Eisen	(Fe)	g/kg TM	12
Mangan	(Mn)	mg/kg TM	580
Bor	(B)	mg/kg TM	26
Molybdän	(Mo)	mg/kg TM	3
Zink	(Zn)	mg/kg TM	196
Kupfer	(Cu)	mg/kg TM	44

Quellen: Fe, Mn, B, Mo (12), Zn, Cu (13).

fen früher bei mittlerem Ertragsniveau auf nährstoffarme Böden beschränkt, so ist in den letzten Jahrzehnten eine zunehmende Verbreitung des Mangels auch auf besseren Böden festzustellen. Gerade in der intensiven Landwirtschaft mit hohen Erträgen wird das Ertragsniveau immer häufiger durch den Mangel an Spurenelementen begrenzt [11]. Wie Tabelle 6.14 zeigt, enthält Kompost alle für die Pflanzen erforderlichen Spurennährstoffe in ausreichendem Umfang.

4.3 Organische Substanz

Der Wert von Kompost als Bodenverbesserungsmittel liegt insbesondere im Gehalt an organischer Substanz. Als organische Substanz werden alle organischen Bestandteile von Kompost bezeichnet, die bei einer Verbrennung von 550 °C in Kohlendioxid umgewandelt, d. h. verbrannt werden können. Analytisch wird die organische Substanz daher als sogenannter Glühverlust erfaßt. Der verbleibende Rückstand, die Asche, wird analog als Glührückstand bezeichnet.

Die in Kompost enthaltene organische Substanz ist einer der wesentlichen wertgebenden Inhaltsstoffe. Kompost sollte daher einen hohen Gehalt an organischer Substanz aufweisen. Ein hoher Gehalt wirkt sich auch günstig auf andere Merkmale, wie die Wasserkapazität, das Volumengewicht und den Gehalt an strukturwirksamen Bestandteilen aus.

Der Gehalt an organischer Substanz wird einerseits durch die verwendeten Kompostrohstoffe bestimmt, andererseits im Verlauf der Rotte durch mikrobielle Vorgänge vermindert. Um unnötige Verluste an organischer Substanz zu vermeiden, sollte die Rotte daher nicht über das erforderliche Maß hinaus verlängert werden.

Der Gehalt an organischer Substanz in Kompost beträgt im Mittel 35 % der Trockenmasse (siehe Tab. 6.15). Werden neben Bio-, Garten- und Parkabfällen auch spezifische gewerbliche Kompostrohstoffe in größerem Umfang verwendet, kann der Gehalt an organischer Substanz wesentlich höher liegen. Dies ist z. B. überall dort der Fall, wo Schälrinden, Stroh, Papier, Pappe, Karton und andere holzhaltige Materialien in größeren Mengen verwendet werden.

4.4 Verhältnis von Kohlenstoff und Stickstoff (C/N-Verhältnis)

Das Verhältnis der Elemente Kohlenstoff (C) und Stickstoff (N) in Kompost ist bei dessen Anwendung insofern relevant, als es bei Anwendung von Komposten mit »weiten« C/N-Verhältnissen zu einer sogenannten Stickstoff-Immobilisierung im

Tab. 6.15 Gehalte an organischer Substanz

Kenngröße	Organische Substanz [in %]
Mittelwert (Median)	35,0
10 %-Perzentil	25,1
90 %-Perzentil	44,7

10 %-Perzentil: 10 % der Analysen liegen unter diesem Wert
90 %-Perzentil: 10 % der Analysen liegen über diesem Wert

5 Potentielle Schadstoffe und Fremdstoffe

Tab. 6.16 Verhältnis von Kohlenstoff (C) und Stickstoff (N) in Kompost (C/N-Verhältnis)

Parameter	Kompost aus Bio-, Garten- und Parkabfällen	Kompost aus Bioabfällen	Kompost aus Garten- und Parkabfällen
C/N-Verhältnis	17,0	14,5	18,6

Boden oder im Kultursubstrat kommen kann. Weite C/N-Verhältnisse liegen bei Werten > 20:1 vor. Ursache der Stickstoff-Immobilisation ist der Stickstoffbedarf, den die Mikroorganismen für den Abbau von Kohlenstoff, d. h. von organischer Substanz benötigen. Wird Kompost mit weitem C/N-Verhältnis in den Boden eingebracht oder als Mischkomponente im Substrat verwendet, kommt es zwischen Mikroorganismen und Pflanzen zur Konkurrenz um mineralischen Stickstoff. Den Stickstoff benötigen einerseits die Pflanzen als Nährstoff, andererseits aber auch die Mikroorganismen zum Abbau der angebotenen Kohlenstoffverbindungen der organischen Substanz. Sind die angebotenen Kohlenstoffverbindungen allerdings schwer abbaubar, wie dies bei Lignin der Fall ist, kann das C/N-Verhältnis in Kompost auch höher als 20:1 liegen, ohne daß bei der Kompostanwendung die Gefahr einer Stickstoff-Immobilisation besteht.

Die in Kompost aus Bio-, Garten- und Parkabfällen festgestellten C/N-Verhältnisse betragen i. d. R. deutlich weniger als 20:1 (siehe Tab. 6.16).

5 Potentielle Schadstoffe und Fremdstoffe

5.1 Schwermetalle

Schwermetalle sind potentielle Schadstoffe. Aus Gründen der Vorsorge soll eine Anreicherung von Schwermetallen in Böden daher vermieden werden. Dies erfordert, daß Schwermetalleinträge in den Boden, sei es über die Luft oder über andere Stoffeinträge, begrenzt werden. Die Begrenzung gilt auch für Stoffeinträge, die auf dem Wege der Düngung erfolgen: durch Mineraldünger, betriebseigene Wirtschaftsdünger oder Sekundärrohstoffdünger, wie z. B. Kompost. Kompost darf aus diesen Gründen bestimmte Richt- oder Grenzwerte nicht überschreiten.

Von »potentiellen« Schadstoffen ist bei Schwermetallen die Rede, weil einige der Schwermetalle essentielle Spurenelemente sind. Dies bedeutet, daß die Pflanze diese Elemente – z. B. Kupfer und Zink – unbedingt benötigt. Kupfer und Zink sind Spurennährstoffe. Nur im Übermaß können sie auch schädlich sein.

Für den Eintrag von Schwermetallen in Kompost ist insbesondere die Deposition von luftgetragenen Stäuben verantwortlich. Die in die Kompostierung eingehenden pflanzlichen Materialien, z. B. Grasschnitt oder Laub, weisen große Oberflächen auf, an denen Staubpartikel und damit Schadstoffe aus der Luft adsorbiert werden können.

Bei Verwendung sortenreiner Kompostrohstoffe werden heute allerdings überwiegend Komposte mit sehr niedrigen Gehalten an Schwermetallen hergestellt. Die in Komposten gefundenen mittleren durchschnittlichen Gehalte liegen deutlich unter den Vorsorgegrenzwerten (siehe Tab. 6.19, 6.20). So werden u. a. bei Blei lediglich 42 %, bei Cadmium 40 % und bei Zink 53 % der Richtwerte erreicht. Die in Kompost aus Bio-, Garten- und Parkabfällen enthaltenen Schwermetallgehalte sind in Tabelle 6.17 dargestellt. Der Vergleich zeigt keine Unterschiede zu üblichen Hausgartenkomposten von Schreber- und Hobbygärten.

Eine Beeinflussung der Schwermetallgehalte durch Fremdstoffe ist bei Komposten mit RAL-Gütezeichen, deren Gehalt an Fremdstoffen weniger als 0,5 %mas beträgt, weitgehend auszuschließen. Enthalten Komposte dagegen höhere Ge-

Tab. 6.17 Potentielle Schwermetallgehalte in Komposten

Parameter	Mittelwert[1] [mg/kg TM]	Mittelwert[2] [mg/kg TM]	10 %-Perzentil[3] [mg/kg TM]	90 %-Perzentil[4] [mg/kg TM]
Blei (Pb)	85	62,4	38,8	103,0
Cadmium (Cd)	0,7	0,6	0,4	1,1
Crom (Cr)	39	30,2	16,2	49,6
Kupfer (Cu)	33	46,7	27,9	71,0
Nickel (Ni)	28	17,6	7,9	37,6
Quecksilber (Hg)	k.A.	0,2	0,1	0,3
Zink (Zn)	307	212,2	140,2	322,6

[1] Hausgartenkomposte [6]
[2] Komposte aus Bio-, Garten- und Parkabfällen, Mittelwert als Median
[3] 10 %-Perzentil: 10 % der Analysen liegen unter diesem Wert
[4] 90 %-Perzentil: 10 % der Analysen liegen über diesem Wert

Tab. 6.18 Fremdstoffgehalte in Komposten

Kenngröße	Fremdstoffe > 2 mm (gesamt) [% TM]	Davon Kunststoffe [% TM]	Davon Glas [% TM]
Mittelwert (Median)	0,1	0,0	0,1
10 %-Perzentil	0,1	0,0	0,0
90 %-Perzentil	0,3	0,1	0,2

10 %-Perzentil: 10 % der Analysen liegen unter diesem Wert
90 %-Perzentil: 10 % der Analysen liegen über diesem Wert

halte an Fremdstoffen, nimmt mit diesen auch der Gehalt an Schwermetallen zu [13].

In verschiedenen Regelwerken erfolgt die Bewertung der Gehalte an Schwermetallen in Kompost nach einer Normierung der Meßwerte auf einen Standardkompost mit 30 % organischer Substanz [16, 17]. Auf dieser Basis können Komposte unterschiedlicher Gehalte an organischer Substanz miteinander verglichen werden. Dies macht überall dort Sinn, wo Produkte unterschiedlichen Rottegrades miteinander verglichen werden. Mit der Normierung wird vermieden, daß Kompostrohstoffe und Frischkomposte bezüglich der Schwermetallgehalte günstiger bewertet werden als Fertigkomposte. Weil nämlich ein Teil der organischen Substanz im Verlauf der Rotte in Form von CO_2 verloren geht, reichern sich die mineralischen Stoffe, zu denen auch die Schwermetalle gehören, im Verlauf der Rotte in einem bestimmten Umfang an. Die Normierung gleicht für die Bewertung von Schwermetallen diesen Vorteil für Kompostrohstoffe und Frischkomposte rechnerisch aus. Für die Deklaration sowie die Berechnung von Schadstofffrachten sind »normierte Schwermetallgehalte« allerdings nicht geeignet. Hier werden regelmäßig die tatsächlichen Meßwerte zugrunde gelegt.

5.2 Organische Schadstoffe

In Kompostrohstoffen meßbare Gehalte an organischen Schadstoffen resultieren, wie bereits bei Schwermetallen beschrieben, im wesentlichen aus der allgemeinen Staubdeposition und liegen i. d. R. im Bereich der unvermeidbaren Hintergrundgehalte. Das Merkblatt M 10 der Länderarbeitsgemeinschaft Abfall kennzeichnet die Gehalte an Dioxinen/Furane in einem Bandbereich von 5–40 ng I-TEq/kg TM und für polychlorierte Biphenyle (PCB Einzelkongenere) von 0,01–0,1 mg/kg TM als in Kompost zu erwartende Hintergrundgehalte.

5 Potentielle Schadstoffe und Fremdstoffe

Im Jahr 1994 wurden von FRICKE u. EINZMANN [12]) bundesweit 101 PCDD/PCDF-Einzelanalysen von 36 Kompostierungsanlagen ausgewertet. Dabei wurde ein Medianwert von 11,3 ng I-TEQ/kg TS, normiert auf 30 % OS ermittelt.

Der Häufigkeitsschwerpunkt der Werte liegt im Bereich von 7,5 bis 17,5 (untere und obere Quartile).

In Kompost gefundene Gehalte an PCB betragen in der Summe der 6 wichtigsten Einzelkongenere 0,03–0,08 mg/kg TM [13].

5.3 Fremdstoffe

Fremdstoffe sind unerwünschte Inhaltsstoffe, da sie das produkttypische Erscheinungsbild, und damit die Verwertung und Vermarktung von Kompost beeinträchtigen können. Als Fremdstoffe anzusprechen sind Glas, Kunststoffe, Verbundstoffe, Metalle und andere für die Kompostierung ungeeignete Stoffe.

Der mittlere Gehalt an Fremdstoffen in Kompost beträgt 0,1 % der Trockenmasse (siehe Tab. 6.18). Der Richtwert von 0,5 %, welcher die Schwelle zu ei-

Tab. 6.19 Qualitätsanforderungen für Frischkomposte

Qualitätsmerkmal	Qualitätsanforderung[1]
Hygiene	– Prüffähiger Nachweis der seuchenhygienischen Wirksamkeit des Rotteverfahrens – Freiheit von keimfähigen Samen und austriebfähigen Pflanzenteilen
Fremdstoffe	– Maximal 0,5 Gew.-% i. d. TS auslesbare, artfremde Stoffe über 2 mm Durchmesser
Steine	– Maximal 5 Gew.-% i. d. TS auslesbare Steine über 5 mm Durchmesser
Rottegrad	– Rottegrad II oder III
Wassergehalt	– Maximal 45 Gew.-% (lose Ware) – Für Kompost mit mehr als 40 % OS sind höhere Wassergehalte gemäß Anhang 5/Anlage 2 der Güte- und Prüfbestimmungen zulässig
Organische Substanz	– Mindestens 30 Gew.-% i. d. TS, gemessen als Glühverlust
Schwermetallgehalte	Richtwerte (mg/kg TS) – Blei 150 – Cadmium 1,5 – Chrom 100 – Kupfer 100 – Nickel 50 – Quecksilber 1,0 – Zink 400
Angaben zur Deklaration	– Art (Frischkompost) und Zusammensetzung – Körnung – Rohdichte (Volumengewicht) – pH-Wert – Salzgehalt – Pflanzennährstoffe gesamt (N, P_2O_5, K_2O, MgO, CaO) – Pflanzennährstoffe löslich (N, P_2O_5, K_2O) – Organische Substanz – Nettogewicht oder Volumen – Name und Anschrift des für das Inverkehrbringen Verantwortlichen – Hinweise zur sachgerechten Anwendung

[1] Nach: Gütesicherung Kompost, RAL-GZ 251, RAL–Deutsches Institut für Gütesicherung und Kennzeichnung e. V., Bonn
Gew.-% = Gewichtsprozent, i. d. TS = in der Trockensubstanz

nem »merklichen Gehalt an Fremdstoffen« markiert, wird danach deutlich unterschritten (siehe Tab. 6.19, 6.20).

Der Verunreinigungsgrad, d. h. die Auffälligkeit gegebener Gehalte an Fremdstoffen, hängt entscheidend von der Art der Fremdstoffe ab. Fremdstoffe mit niedrigem spezifischem Gewicht (z. B. Kunststoffe) sind bei gleichen Gehalten in %mas auffälliger als solche mit hohem spezifischem Gewicht (z. B. Glas, Metall).

6 Qualitätsanforderungen und Gütesicherung

Die Gütesicherung gehört nach Ziffer 5.4.1.2 der dritten allgemeinen Verwaltungsvorschrift zum Abfallgesetz (TA Siedlungsabfall) sowie Abschnitt B 2.3 des Merkblattes M 10 der Länderarbeitsgemeinschaft Abfall (LAGA) »Qualitätskriterien und Anwendungsempfehlungen für Kompost« zum Stand der Technik der Kompostierung. Sie ist daher Bestandteil des ordnungsgemäßen Betriebes von Kompostanlagen.

Aufgabe der Gütesicherung ist

– eine unabhängige Fremdüberwachung durchzuführen,
– gütegesicherte Kompostprodukte zu kennzeichnen,
– die Einhaltung der Güteanforderungen kontinuierlich zu überwachen,
– die Qualität der erzeugten Produkte auszuweisen und die für die Warendeklaration erforderlichen Angaben zu benennen sowie
– Anwendungsempfehlungen nach Maßgabe der Eigenschaften und Inhaltsstoffe unter Berücksichtigung der düngemittelrechtlichen Anforderungen auszusprechen.

Zweck der Gütesicherung ist die Gewährleistung definierter Produktstandards sowie die zuverlässige Kennzeichnung der Produkteigenschaften gegenüber dem Kunden. Bei der Erschließung und dem Aufbau von Märkten wirkt die Gütesicherung in diesem Sinne auch als vertrauensbildende Maßnahme.

Die Bundesgütegemeinschaft Kompost e.V. ist die vom RAL – Institut für Gütesicherung und Kennzeichnung e.V. anerkannte Organisation zur Durchführung der Gütesicherung für die Warengruppe Kompost in Deutschland. Die Anforderungen an die Qualität gütegesicherter Produkte sind vom RAL mit den sogenannten Fach- und Verkehrskreisen (Erzeuger, Anwender, Fachbehörden, Wissenschaft) abgestimmt. Produkte, die den Anforderungen entsprechen, werden mit dem RAL-Gütezeichen ausgewiesen. Das RAL-Gütezeichen ist 1992 vom Bundesminister für Wirtschaft im Bundesanzeiger bekanntgegeben sowie beim Deutschen Patentamt in die Warenzeichenrolle eingetragen worden.

6.1 Qualitätsanforderungen für das RAL-Gütezeichen »Kompost«

Gütesicherbare Produkte sind Frischkompost und Fertigkompost. Die Anforderungen an die jeweiligen Produkte sind in den Güte- und Prüfbestimmungen festgelegt [17]. Die Qualitätsanforderungen für Frischkompost sind Tabelle 6.19, die Qualitätsanforderungen für Fertigkompost der Tabelle 6.20 zu entnehmen.

6.2 Organisation der RAL-Gütesicherung

Die Gütesicherung besteht aus der Fremdüberwachung und der Eigenüberwachung.

Die Fremdüberwachung ist der Teil der Gütesicherung, der von der Bundesgütegemeinschaft als unabhängigem Fremdüberwacher durchgeführt wird. Die im Rahmen der Fremdüberwachung tätigen Prüflabore sind verpflichtet, die Ergebnisse der Untersuchungen an die zentrale Auswertungsstelle der Bundesgütegemeinschaft zu berichten.

Die Eigenüberwachung ist der Teil der Gütesicherung, der vom Anlagenbetreiber über die Fremdüberwachung hinaus

6 Qualitätsanforderungen und Gütesicherung

selbst durchgeführt wird. Hierzu gehört u. a. die prüffähige Dokumentation der für die Hygienisierung des Kompostes relevanten Prozeßparameter im laufenden Anlagenbetrieb. Darüber hinaus sind für spezifische Anwendungszwecke oder für die Gewährleistung der ausgewiesenen Produktqualität besonders relevante Parameter im Rahmen der Eigenüberwachung ebenso zu berücksichtigen, wie die gelegentliche Untersuchung von Parametern, die der Fremdüberwachung nicht unterliegen.

6.2.1 Antrag auf Gütesicherung

Der Antrag auf Fremdüberwachung und RAL-Gütezeichen ist mit den erforderlichen Anlagen (Verpflichtungsschein, Betriebsfragebogen) an die Gütegemeinschaft zu richten, deren Mitglied der Antragsteller ist.

Der Antrag ist für jede Kompostanlage eines Betreibers einzeln zu stellen. Das Anerkennungsverfahren wird durchgeführt, um das Gütezeichen zu erlangen. Es beginnt mit dem Antrag auf Fremd-

Tab. 6.20 Qualitätsanforderungen für Fertigkomposte

Qualitätsmerkmal	Qualitätsanforderung[1]
Hygiene	– Prüffähiger Nachweis der seuchenhygienischen Wirksamkeit des Rotteverfahrens – Freiheit von keimfähigen Samen und austriebfähigen Pflanzenteilen
Fremdstoffe	– Maximal 0,5 Gew.- % i. d. TS auslesbare, artfremde Stoffe über 2 mm Durchmesser
Steine	– Maximal 5 Gew.- % i. d. TS auslesbare Steine über 5 mm Durchmesser
Pflanzenverträglichkeit	– Pflanzenverträglichkeit im vorgesehenen Anwendungsbereich – Frei von phytotoxischen Stoffen – Nicht Stickstoff fixierend
Rottegrad	– Rottegrad IV oder V
Wassergehalt	– Lose Ware max. 45 Gew.- %., Sackware max. 35 Gew.- % – Für Kompost mit mehr als 40 % OS sind höhere Wassergehalte gemäß Anhang 5/Anlage 2 der Güte- und Prüfbestimmungen zulässig
Organische Substanz	– Mindestens 15 Gew.- % i. d. TS, gemessen als Glühverlust
Schwermetallgehalte	Richtwerte (mg/kg TS): – Blei 150 – Cadmium 1,5 – Chrom 100 – Kupfer 100 – Nickel 50 – Quecksilber 1,0 – Zink 400
Angaben zur Deklaration	– Art (Frischkompost) und Zusammensetzung – Körnung – Rohdichte (Volumengewicht) – pH-Wert – Salzgehalt – Pflanzennährstoffe gesamt (N, P_2O_5, K_2O, MgO, CaO) – Pflanzennährstoffe löslich (N, P_2O_5, K_2O) – Organische Substanz – Nettogewicht oder Volumen – Name und Anschrift des für das Inverkehrbringen Verantwortlichen – Hinweise zur sachgerechten Anwendung

Gew.-% = Gewichtsprozent, i. d. TS = in der Trockensubstanz

überwachung und dauert in der Regel ein Jahr. Das Überwachungsverfahren wird durchgeführt, um die Einhaltung der Güteanforderungen zu kontrollieren. Es beginnt im Anschluß an das Anerkennungsverfahren.

6.2.2 Anzahl, Umfang und Zeitpunkt von Untersuchungen

Die erforderliche Anzahl an Untersuchungen richtet sich nach der Menge an Kompost-Rohstoffen (Anlagen-Input) im jeweiligen Kalenderjahr, bei Neuanlagen nach dem geplanten Input. Liegen verläßliche Angaben nicht vor, wird die genehmigte Anlagenkapazität zugrunde gelegt. Die vorgeschriebene Anzahl an Untersuchungen ist derart gleichmäßig auf ein Jahr zu verteilen, daß in jedem Quartal mindestens eine Probenahme stattfindet und zwischen den jeweiligen Probenahmeterminen mindestens 4 Wochen liegen. Unterliegt mehr als ein Komposttyp der Gütesicherung, ist die vorgeschriebene Anzahl an Untersuchungen entsprechend dem Mengenverhältnis der erzeugten Komposttypen auf diese zu verteilen.

6.2.3 Anerkennungsverfahren

Der Anlagenbetreiber beauftragt ein zugelassenes Prüflabor mit der für das Anerkennungsverfahren erforderlichen Anzahl an Probenahmen und Analysen für die gütezusichernden Komposttypen. Über die Ergebnisse der Untersuchungen erhält der Anlagenbetreiber (als Auftraggeber) und die Bundesgütegemeinschaft (als Fremdüberwacher) seitens des beauftragten Prüflabores je eine Ausfertigung.

Die Bundesgütegemeinschaft prüft die Analysenergebnisse und stellt gegenüber dem Anlagenbetreiber ggf. Säumnisse und Mängel fest.

Das Anerkennungsverfahren endet nach Eingang der erforderlichen Anzahl an Untersuchungen bei der Bundesgütegemeinschaft. Der Bundesgüteausschuß prüft die vorgelegten Ergebnisse. Fällt die Prüfung positiv aus, erhält der Antragsteller von der Bundesgütegemeinschaft eine Urkunde, die ihn zum Führen des Gütezeichens für den jeweiligen Komposttyp berechtigt. Fällt die Prüfung negativ aus, entscheidet der Bundesgüteausschuß über weitere Untersuchungen und Maßnahmen im Rahmen des Anerkennungsverfahrens. Ziel weiterer Untersuchungen und Maßnahmen ist die Verbesserung der Qualität der beanstandeten Erzeugnisse entsprechend den Gütezeichenanforderungen.

6.2.4 Überwachungsverfahren

Das Überwachungsverfahren beginnt – unabhängig vom Zeitpunkt der Gütezeichenbeurkundung – im Folgequartal der letzten Probenahme des Anerkennungsverfahrens. Über die Ergebnisse der Untersuchungen erhält der Anlagenbetreiber und die Bundesgütegemeinschaft seitens des beauftragten Prüblabores je eine Ausfertigung. Die Bundesgütegemeinschaft prüft Anzahl und Ergebnisse eingehender Untersuchungen. Sie führt je Quartal eine Säumniskontrolle durch und unterrichtet den Anlagenbetreiber über evtl. Außenstände. Der Bundesgüteausschuß prüft kalenderjährlich die vorgelegten Ergebnisse. Fällt die Prüfung positiv aus, bestätigt die Bundesgütegemeinschaft dem Anlagenbetreiber unter Vorlage der ausgewerteten Analysen das Recht zur Führung des RAL-Gütezeichens.

Im Falle eines befristeten Gütezeichenentzuges bleibt die Gütesicherung im Rahmen des Überwachungsverfahrens bestehen. Der Anlagenbetreiber darf während des befristeten Gütezeichenentzuges seine Erzeugnisse nicht mit RAL-Gütezeichen in den Verkehr bringen. Er ist verpflichtet, organisatorische und technische Maßnahmen zu ergreifen, die geeignet sind, den Gütezeichenstandard wieder zu erreichen und sicherzustellen. Die Gütegemeinschaft berät ihn hinsichtlich der erforderlichen Maßnahmen.

6.2.5 Prüflabore und Prüfmethoden

Voraussetzung zuverlässiger Gütesicherung sind qualifizierte Prüflabore und einheitliche Prüfmethoden. Die Bundesgütegemeinschaft hat aus diesen Grün-

6 Qualitätsanforderungen und Gütesicherung

den die Zulassung von Prüflaboren im Rahmen der Fremdüberwachung von verschiedenen Voraussetzungen abhängig gemacht:

- Verpflichtung der Prüflabore die Fremdüberwachung entsprechend den Güte- und Prüfbestimmungen durchzuführen,
- Probenahme und Untersuchungen entsprechend dem Methodenbuch zur Analyse von Kompost,
- Bericht über die Ergebnisse der Untersuchungen direkt an die Bundesgütegemeinschaft,
- Teilnahme an Ringversuchen der Bundesgütegemeinschaft [7].

Prüflabore, die den genannten Anforderungen genügen, werden in der Liste anerkannter Prüflabore geführt [10]. Die für Probenahme und Untersuchungen verbindlichen Methoden sind im Methodenbuch zur Analyse von Kompost veröffentlicht [5].

6.2.6 Probenahme und Untersuchungsberichte

Probenehmer sind die zugelassenen Prüflabore. Sie müssen rechtlich, wirtschaftlich und personell vom Anlagenbetreiber unabhängig sein. Die Prüflabore führen die Probenahme im Rahmen der Fremdüberwachung entsprechend dem Methodenbuch zur Analyse von Kompost [5] durch. Die Beprobung erfolgt aus der jeweils verkaufsfertigen Charge des gütezusichernden Erzeugnisses (Komposttyp). Der Probenehmer nimmt auch Einsicht in die vom Komposterzeuger im Rahmen der Eigenüberwachung durchgeführten Untersuchungen, z. B. der Dokumentation der hygienischen Wirksamkeit des Rotteverfahrens.

Der Untersuchungsbericht besteht aus den Teilen »Probenahmeprotokoll«, »Analysenergebnisse« und »Information zur untersuchten Charge«. Der Bericht enthält einen automatischen Abgleich der Anforderungen der Bioabfallverordnung und der Düngemittelverordnung und weist entsprechende Übereinstimmungen aus.

Zur Erstellung des Dokuments »Untersuchungsbericht« stellt die Bundesgütegemeinschaft den anerkannten Prüflaboren ein spezifisches Softwareprogramm (ZAS-Labor) kostenfrei zur Verfügung.

6.2.7 Fremdüberwachungszeugnis und Gütezeichen

Fremdüberwachungszeugnis und Gütezeichen sind Ausweis der Gütesicherung. Das Fremdüberwachungszeugnis wird im Rahmen des Überwachungsverfahrens für jede Kompostanlage und jeden Komposttyp ausgestellt.

Das Fremdüberwachungszeugnis gilt jeweils ein Kalenderjahr. Es enthält

- die nach Düngemittelrecht ordnungsgemäße Warendeklaration,
- die Kennzeichnung des Qualitätsstandards des Erzeugnisses,
- die Ergebnisse der Fremdüberwachung auf Basis der letzten 10 Untersuchungen,
- Angaben über Nährstofffrachten und empfohlene Aufwandmengen in unterschiedlichen Anwendungsbereichen nach Maßgabe der guten fachlichen Praxis.

Das RAL-Gütezeichen dokumentiert die Tatsache der Gütesicherung und der Einhaltung der Güte- und Prüfbestimmungen nach außen (siehe Abb. 6.1).

Abb. 6.1: RAL-Gütezeichen

VII Anwendung und Vermarktung

Komposte aus der getrennten Sammlung organischer Abfälle werden fast ausschließlich im Pflanzenbau verwertet. Die pflanzenbauliche Verwertung der Komposte ist dabei grundsätzlich abhängig von:

- der Qualität und den Eigenschaften der Komposte,
- den spezifischen Verwertungsbedingungen in den einzelnen Anwendungsbereichen.

Eine erfolgversprechende Kompostierung von Siedlungsabfällen ist unmittelbar an die Verwertbarkeit der gewonnenen Produkte gekoppelt. Einfacher ausgedrückt ist jede Kompostierung nur so gut wie die anschließende Verwertung der Komposte, die wiederum entscheidend durch den Schlüsselfaktor »Kompostqualität« beeinflußt wird. Die getrennte Sammlung und Kompostierung des organischen Anteils der Siedlungsabfälle hat dabei erst die Grundlage für eine pflanzenbauliche Verwertung der Komposte geschaffen. Bedingt durch die geringen Schadstoffgehalte und den hohen Anteil an wertgebenden Eigenschaften entsprechen die hergestellten Produkte den Marktanforderungen. Damit ist der Einsatz von Bioabfall- und Grünabfallkomposten in einem breiten Spektrum pflanzenbaulicher Verwertungsbereiche möglich [39].

Neben der Qualität sind zielgerichtete Vermarktungsaktivitäten eine grundlegende Notwendigkeit für die gesicherte pflanzenbauliche Verwertung der erzeugten Komposte. Die gesicherte pflanzenbauliche Verwertung ist wiederum Bedingung für die Entsorgungssicherheit und damit für den Erfolg des gesamten Projektes der getrennten Sammlung und Kompostierung. Im Rahmen von Genehmigungsverfahren von Kompostierungsanlagen muß weiterhin den Vorschriften der TA-Siedlungsabfall (Durchführung einer Marktanalyse und Erstellung eines Marketingkonzeptes) entsprochen werden.

Bei der herkömmlichen Markteinführung eines Produktes der Konsumgüterindustrie wird grundsätzlich die Struktur des potentiellen Marktes untersucht. Nach Kenntnis des Marktes wird ein Produkt mit spezifischen Eigenschaften hergestellt und entsprechend der erarbeiteten Marketingkonzeption abgesetzt.

Auch Kompost muß professionell vermarktet werden. Weil Kompost aber nicht wegen einer vorhandenen Nachfrage, sondern aus abfallwirtschaftlichen Gründen produziert wird, ist der Markt sehr mangelhaft. Dazu kommen Imageprobleme. Das Marketing muß deswegen deutlich intensiver sein als bei Konsumprodukten, die jeder kennt.

1 Begriffsbestimmung

Komposte aus der getrennten Sammlung organischer Reststoffe werden aus weitestgehend sortenreinen Materialien aus den privaten Haushalten und Gärten, Baum- und Strauchschnitt aus öffentlichen Anlagen sowie Laub und Mähgut hergestellt. Gezielte Rottesteuerung und Qualitätsüberwachung der Komposte bilden die Grundlage für hochwertige Produkte mit definierten und gleichbleibenden Qualitätseigenschaften.

In der Praxis sind für diese Komposte folgende Differenzierungen gebräuchlich:

Kompost-Arten
Kompost-Arten kennzeichnen die verwendeten Ausgangsmaterialien. Biokomposte werden hergestellt aus den in privaten Haushalten und Gärten gesammelten pflanzlichen Reststoffen, gemischt mit Grüngut, wie Baum- und Strauchschnitt, Laub und Mähgut. Letzteres wird teilweise auch zu reinen Grünkomposten verarbeitet.

Komposttypen
Komposttypen unterscheiden sich in ihrem geplanten Anwendungszweck (z. B. Mulchen) oder in ihren spezifischen Eigenschaften (z. B. Rottegrad). Fertigkompost ist ein reifer (Rottegrad IV/V) und pflanzenverträglicher Kompost, hygienisch einwandfrei und frei von keimfähigen Unkrautsamen. Frischkompost ist ein Kompost, welcher ebenfalls durch die erste heiße Kompostierungsphase hygienisiert und somit frei von keimfähigen Unkrautsamen, aber nicht fertig gerottet ist (Rottegrad II/III). Deshalb weisen Frischkomposte einen höheren Gehalt an organischer Substanz auf, die jedoch nach Anwendung weiter abgebaut wird.

Für spezifische Anwendungszwecke sind weitere Komposttypen möglich: Mulchkompost mit seinem geringen Anteil an Feinkorn eignet sich zur Bodenabdeckung. Erdkompost ist ein vererdetes Rottegut mit einem höheren Anteil an mineralischer Substanz. Er läßt sich besonders gut für den Bodenaufbau einsetzen. Substratkompost besteht aus Fertigkompost, weist aber einen begrenzten Gehalt an löslichen Pflanzennährstoffen und Salzen auf. Er eignet sich besonders als Mischkomponente für Kultursubstrate.

Körnung
Komposte werden in verschiedenen Körnungen angeboten: Komposte auf ca. 0/8 bis 0/12 mm abgesiebt gelten als feinkörnig und Komposte auf ca. 0/20 bis 0/25 als mittelkörnig. Komposte mit einer Maximalgröße von 0/30 bis 0/40 mm werden als grobkörnig bezeichnet.

Nährstoffgehalte
Für verschiedene Anwendungszwecke ist es sinnvoll, entweder spezifisch nährstoffreiche oder relativ nährstoffarme Komposte zu verwenden. Die Unterschiede in den Nährstoff- und Salzgehalten werden in der Tabelle 7.1 gezeigt.

Kompostprodukte
Mit Kompostanteilen hergestellte Mischprodukte für verschiedene Anwendungszwecke werden als Kompostprodukte bezeichnet. Dazu zählen Kompostdünger (mit Zusätzen an Pflanzennährstoffen) und Kompostkultursubstrate (z. B. Blumenerde).

2 Auswirkungen der Komposte bei der Anwendung

Die Auswirkungen einer Kompostanwendung sind sowohl von den Eigenschaften des verwendeten Kompostes oder Kompostproduktes als auch von den äußeren Bedingungen (Boden, Klima) und außerdem von technischen Maßnahmen abhängig, die in zeitlichem oder räumlichem Zusammenhang mit der Kompostausbringung stehen.

Tab. 7.1 Kennzeichnung nährstoffarmer und nährstoffreicher Komposte

Merkmal	Einheit	nährstoffarmer Kompost Typ 1	nährstoffarmer Kompost Typ 2	nährstoffreicher Kompost
N_{min}	mg/l FS	< 300	< 600	> 600
P_2O_5	mg/l FS	< 1200	< 2400	> 2400
K_2O	mg/l FS	< 2000	< 4000	> 4000
Salzgehalt	g/l FS	< 2,5	< 5	> 5

Tab. 7.2 Beispiel pflanzenverfügbarer Nährstoffmengen in 75 m³ (50 t FS/ 30 t TS) eines durchschnittlichen Biokompostes im Vergleich zu Nährstoff-Entzügen wichtiger Kulturen

Nährstoff	% i. d. TS	Ø[1]	Gesamtnährstoffmenge (kg) in 30 t TS Kompost	Nährstoffe im 1. Anwendungsjahr verfügbar (%)	Nährstoffe im 1. Anwendungsjahr verfügbar (kg)	Nährstoffe in Folgejahren (3-5) verfügbar (%)	Nährstoffe in Folgejahren (3-5) verfügbar (kg)	gesamte verfügbare Nährstoffmenge in 3-5 Jahren (kg)
N	0,8-1,8	1,4	420	5 + 10[2]	63	25	105	168
P$_2$O$_5$	0,6-1,2	0,8	240	50	120	50	120	240
K$_2$O	0,8-2,0	1,4	441	80	353	20	88	441
MgO	0,7-3,0	1,0	300	–	–	–	–	300
CaO	3,0-12,0	5,0	1500	–	–	–	–	1500

	Nährstoffentzug (kg/ha)				
	Zuckerrüben	Kartoffeln	Weißkohl	Spargel	Reben und Obst
	bei einem Ertrag von (dt/ha)				
	450 und Blatt	350 ohne Kraut	700	60 (5.Jahr)	
N	210	130	250	120	30-70
P$_2$O$_5$	90	50	90	35	10-20
K$_2$O	345	210	300	105	50-90
MgO	70	30	60	15	5-15
CaO	80	15	300	75	15-40

1) Durchschnittsgehalte aus den jüngsten Untersuchungen der PlanCoTec, Witzenhausen
2) N: N$_{min}$-Gehalt im Kompost (entspricht ca. 5 %) sowie 10 % im ersten Anwendungsjahr ver

Mittlerweile liegen einige Ergebnisse von Untersuchungen zur Anwendung von Bio- oder Grünkomposten aus der getrennten Sammlung organischer Materialien vor. Weiterhin läßt sich ein bedeutender Teil der Auswirkungen analog zur intensiver untersuchten Anwendung anderer Komposte, z. B. Mist- oder Pflanzenabfall- und zum Teil auch Mischmüllkomposte, einschätzen.

2.1 Positive Effekte

2.1.1 Kompost als Nährstoffträger – Düngewirkung von Kompost

Aufgrund des bedeutenden Gehaltes an Nährstoffen ist Kompost als wichtiger Nährstoffträger einzustufen. Mit einer Kompostanwendung ist eine Düngewirkung verbunden (siehe Tab. 7.2, vgl. [9, 37, 68, 91]). Die mit dem Kompost verabreichten Nährstoffe müssen in die Düngeberechnung mit einfließen bzw. die konkreten Einzelgaben müssen dem Bedarf der Kulturen angepaßt werden.

Die Stickstoffwirkung ist begrenzt, da nur ein geringer Teil des Gesamtstickstoffs im Kompost direkt pflanzenverfügbar ist (siehe Tab. 7.2) und in Abhängigkeit von den Standortfaktoren nur ein geringer Teil des organisch gebundenen Stickstoffs mineralisiert wird [59, 105, 67].

In den Anwendungsempfehlungen des LAGA M10 1995 [68] werden die Nährstoffe in differenzierter Form in die Düngeberechnung bzw. -bilanz einkalkuliert. Beim Stickstoff wird im Anwendungsjahr der N$_{min}$-Gehalt im Kompost und 10 % des Gesamtgehaltes zugrundegelegt (siehe Tab. 7.2). In der mehrjährigen Bilanz kann von einer Stickstoffverfügbarkeit von insgesamt 40 % ausgegangen werden. Die Grundlage für die mineralische Ergänzungsdüngung erfolgt bei langfristiger Kompostanwendung auf Basis von N$_{min}$-Analysen des Bodens.

Die Nährstoffe Phosphor, Kalium und Magnesium werden dagegen zu 100 % in der mehrjährigen Bilanz berücksichtigt. Es wird davon ausgegangen, daß bei

2 Auswirkungen der Komposte bei der Anwendung

Tab. 7.3 Erträge von Winterweizen und Zuckerrüben, Mittelwerte aus sechs Versuchen und sechs Standorten [6]

Variante	Beschreibung	Zuckerrüben dt/ha TS	Winterweizen (86 % TS) dt/ha
Kontrolle	keine Düngung	174	50
BAK 1	30 t TS/ha Frischkompost	174	58
BAK 2	30 t TS/ha Fertigkompost	175	54
N_{min}	mineralische Düngung (nach SBA)	183	78
BAK 1 plus N_{min}	30 t TS/ha Frischkompost plus N-Düngung	188	83
BAK 2 plus N_{min}	30 t TS/ha Fertigkompost plus N-Düngung	192	83

Grenzdifferenz 5 %: Zuckerrüben 29 dt/ha; Winterweizen 4,6 dt/ha
BAK = Biokompost

Phosphor 50 % und bei Kalium sogar 80 % im Anwendungsjahr aus dem Kompost verfügbar sind. In den Folgejahren wird der Rest verfügbar (siehe Tab. 7.2).

Es werden direkte ertragssteigernde Wirkungen mit Bio- und Grünkomposten erzielt [37, 105]. Diese sind, vor allem bei Erstanwendung nicht zu hoher Mengen an Kompost, überwiegend auf die Nährstoffwirkung zurückzuführen. In jüngsten Freilanduntersuchungen von ASCHE und STEFFENS (1995) [6] in Mittel- und Nordhessen zur Anwendung von Frisch- und Fertigkompost werden diese ertragssteigernden Wirkungen von Kompost bestätigt. Zu Beginn einer dreifeldrigen Fruchtfolgerotation (Zuckerrüben – Winterweizen – Wintergerste) wurden Frisch- und Fertigkomposte in Aufwandmengen von 30 t TS/ha ausgebracht. Im ersten Versuchsjahr 1993 führte die Anwendung von Kompost zur Frucht Zuckerrüben als kombinierte Düngung (Kompost plus mineralische N-Düngung) zum höchsten Ertragsniveau (siehe Tab. 7.3). Bei Winterweizen wurden im zweiten Versuchsjahr 1994 als Nachwirkung der Kompostanwendung zu Zuckerrüben Mehrerträge erzielt. Das höchste Ertragsniveau wurde bei kombinierter mineralisch/organischer Düngung erzielt.

Um optimale Wirkungen auf den Ertrag der Kulturpflanzen zu erzielen, müssen Ungleichgewichte hinsichtlich der verfügbaren Nährstoffe, vor allem bei Stickstoff, eliminiert werden. Hinsichtlich der Stickstoffdynamik im Boden liegt noch erheblicher Forschungsbedarf vor, insbesondere bei langfristiger Kompostanwendung.

2.1.2 Einfluß einer Kompostanwendung auf die Qualität pflanzlicher Produkte

Organische Substanzen im allgemeinen und Komposte im besonderen zeigen nicht nur bedeutende Einflüsse auf das Pflanzenwachstum, sondern auch auf die Zusammensetzung und die Qualität der Ernteprodukte [30, 48, 94]. Es existieren darüberhinaus Hinweise auf positive Auswirkungen einer Anwendung von Biokompost auf die Qualität pflanzlicher Produkte. So wurden an der Universität Gesamthochschule Kassel, Witzenhausen, in mehreren Freilandversuchen bei verschiedenen Kulturen bei Kompostanwendung höhere Gehalte an wertgebenden und geringere Gehalte an schädlichen Inhaltsstoffen gefunden als mit Handelsdüngern [105]. Dies war auch bei gleichen Erträgen der Varianten der Fall.

In jüngsten Untersuchungen der Plan-CoTec, Witzenhausen, im Rahmen eines vom BMBF unterstützten vierjährigen Forschungsvorhaben zur Frisch- und Fertigkompostanwendung im Freiland wurde ebenfalls dieser Zusammenhang festgestellt [102, 75]. Die Kompostvarianten ohne N-Aufdüngung in einer Auf-

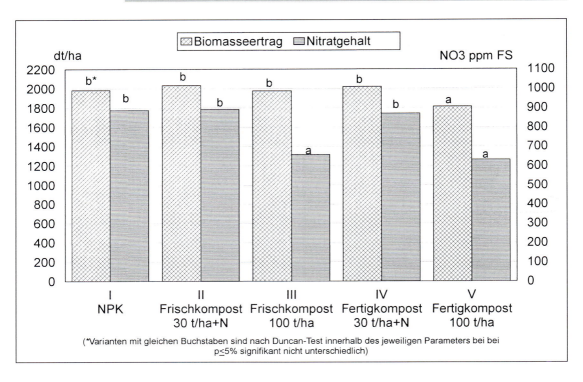

Abbildung 7.1: Weißkohlertrag im Versuchsjahr 1992 nach einmaliger Kompostanwendung im Frühjahr 1992 auf einem tonigen Schluffboden.

(*Varianten mit gleichen Buchstaben sind nach Duncan-Test innerhalb des jeweiligen Parameters bei bei p≤5% signifikant nicht unterschiedlich)

wandmenge von 100 t/ha führten zu den niedrigsten Nitratgehalten im Erntegut und gleichzeitig zu hohen Erträgen (siehe Abb. 7.1).

2.1.3 Humushaushalt

Jeder Boden besteht überwiegend aus einem »Mineralkörper« und zu einem wesentlich kleineren Teil aus organischem Material, das meist als Humus bezeichnet wird. Die optimale Verknüpfung der mineralischen und organischen Komponenten sowie die Einwirkung der Myriaden von Bodenlebewesen – von den mikroskopisch kleinen Bakterien und Pilzen bis hin zu den größeren Bodentieren, wie Springschwänzen, Milben, Würmern etc. – verleihen dem Boden erst jene Eigenschaften, die ihn für den Anbau unserer Kulturpflanzen geeignet machen. Böden, denen es an organischer Substanz fehlt, verlieren hingegen ihren pflanzenbaulichen Wert. Luftdurchlässigkeit, Wasserhaltevermögen, die Austauschkapazität für Pflanzennährstoffe und andere Eigenschaften sind dort nicht mehr in einem Maße ausgeprägt, das eine lohnende Kultivierung ermöglicht. In einem solchen Fall geht auch die Besiedelung mit den Bodenlebewesen, die sich von organischen Materialien (Abfällen) ernähren, stark zurück.

In bearbeiteten Kulturböden (Landwirtschaft, Gartenbau) beträgt der jährliche Humusabbau im Boden etwa 2 bis 5 t TS OS/ha bzw. 0,2 bis 0,5 kg TS OS/m². Um die Bodenfruchtbarkeit zu erhalten, muß dieser Verlust durch Zufuhr organischer Substanz (Bestandsabfälle, Gründüngung, Kompostanwendung) ausgeglichen werden. Die Anwendung von Komposten aus Siedlungsabfällen zeigt allgemein sehr positive Auswirkungen auf die Humusgehalte von Böden [1, 9, 11, 55, 58, 70, 85, 91, 107, 108].

Kompostanwendungen, vor allem mit Fertigkompost, führen zu einer Verbesserung des Gehaltes an schwer zersetzbarer organischer Substanz (Dauerhumus). Humus hat einen großen Einfluß auf die bodenphysikalischen Parameter (siehe Kap. 2.1.5). Ein schwerer Boden wird

2 Auswirkungen der Komposte bei der Anwendung

durch Humus lockerer und ein leichter Boden bindiger.

Bio- und Grünkomposte haben einen Gehalt von 20 bis 50 % organische Substanz in der TS, so daß unter zusätzlicher Berücksichtigung der Ernterückstände der Humusabbau bei vertretbaren Gaben an Biokompost von 8 bis 10 t TS/ha und Jahr ausgeglichen wird. Bei einer Anwendung von durchschnittlich 15 t Biokompost-FS/ha x a (etwa 9 t TS/ha x a) im Rahmen einer landwirtschaftlichen Fruchtfolge mit Feldgemüsebau konnte bereits nach vier Jahren ein Anstieg des Humusgehaltes festgestellt werden (siehe Tab. 7.4, [39]).

2.1.4 Verbesserung der Kationenaustauschkapazität und Erhöhung des pH-Werts

Besonders im Hinblick auf die zunehmende Bodenversauerung durch die sauren Niederschläge, aber auch wegen der prinzipiell zu beobachtenden Abnahme des pH-Wertes mit der Zeit, ist in der Regel eine Zufuhr basisch wirksamer Stoffe im Pflanzenbau erwünscht. Ausnahmen sind z. B. Moorbeetkulturen. Aufgrund des hohen Gehaltes an basisch wirksamen Stoffen kann durch die Anwendung von Komposten der pH-Wert deutlich gesteigert werden [9, 39, 58, 70, 91, 108]. In dem unter Kapitel 2.1.3 genannten Versuch von GOTTSCHALL et al. 1991 [39] wurde ebenfalls der pH-Wert untersucht. Die Kompostdüngung führte nach der ersten Rotation der Fruchtfolge unabhängig von der Kompostart durch die Zufuhr von basisch wirksamen Stoffen zu einer signifikanten Erhöhung des pH-Wertes in allen Kompostvarianten gegenüber einer ungedüngten und mineralischen Kontrolle. Die Erhöhung der basisch wirksamen Stoffe hat weitreichende Auswirkungen: Das Pufferungsvermögen des Bodens wird gesteigert, die Notwendigkeit einer zusätzlichen Kalkung kann entfallen und gleichzeitig wird die Erosionsneigung vermindert.

Die Kationenaustauschkapazität der organischen Substanz spielt vor allem auf leichten, kolloidarmen Böden eine große Rolle, steigert aber auf allen Böden die Bodenfruchtbarkeit. Die Ausprägung dieses Merkmals kann durch Kompostanwendung deutlich verbessert werden [55, 58, 91, 96].

Tabelle 7.5 zeigt exemplarisch beim Parameter Kationenaustauschkapazität die bekannte, günstige Wirkung organischer Substanzen insbesondere in Form von Kompost auf den Boden. Solche Zusammenhänge finden auch heute wieder ihre Bestätigung beim Einsatz von Bio- und Grünkomposten.

2.1.5 Verbesserung physikalischer Bodeneigenschaften

Die Eignung der Böden für den Pflanzenbau hinsichtlich bodenphysikalischer

Tab. 7.4 Gesamtkohlenstoffgehalt nach Anwendung von Bio- und Rindermistkompost nach vier Versuchsjahren (aus [40])

Variante	Gesamtkohlenstoffgehalt (%)[1]
Kontrolle (ungedüngt)	0,84
Mistkompost I	0,96
Biokompost I	1,09
Mistkompost II	1,05
Biokompost II	1,03

Grenzdifferenz $p \leq 0,05$ 0,24
                $p \leq 0,01$ 0,32

I = im Durchschnitt jährlich 15 t Kompost (FS)/ha (9 t TS/ha)
II = im Durchschnitt jährlich 30 t (FS)/ha (18 t TS/ha)

[1] Humusgehalt errechnet sich aus dem C-Gehalt multipliziert mit dem Faktor 2. Teilweise wird auch der Faktor 1,724 verwendet, der sich aus einem angenommen C-Gehalt der organischen Substanz von Ackerböden mit 58 % ergibt (Scheffer/Schachtschabel 1989)

Tab. 7.5 Kationenaustauschkapazität eines Bodens nach mehrjährig unterschiedlicher organischer Düngung [96]

Variante	T-Wert[1]	S-Wert[2]
– Ungedüngt	14,8	10,5
– Gründüngung	16,3	12,4
– Stallmistkompost (5 Monate alt)	19,3	15,5
– Pflanzenabfallkompost (2 Jahre alt)	21,5	19,7

[1] T-Wert = Sorptionskapazität
[2] S-Wert = sorbierte Basen (T-Wert minus H-Wert)

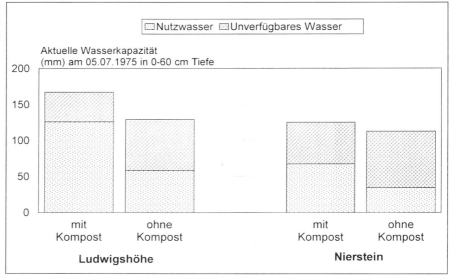

Abbildung 7.2: Auswirkungen einer hohen Kompostanwendung auf die Nutzwasserkapazität

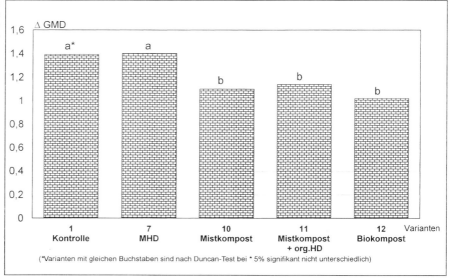

Abbildung 7.3: Aggregatstabilität ausgewählter Varianten im Mittel dreier Termine 1992

(*Varianten mit gleichen Buchstaben sind nach Duncan-Test bei * 5% signifikant nicht unterschiedlich)

2 Auswirkungen der Komposte bei der Anwendung

Merkmale bildet einen wesentlichen Bestandteil des Komplexes »Bodenfruchtbarkeit«. Besonders bei folgenden Parametern ist eine positive Ausprägung und Verbesserung erwünscht, wobei die verschiedenen Bodenarten unterschiedliche Defizite aufweisen:

- Porenvolumen,
- Nutzwasserkapazität,
- Anteil luftführender Poren,
- Aggregatstabilität,
- Erwärmbarkeit des Bodens im Frühjahr,
- Befahr- und Belastbarkeit der Böden (ohne bedeutende Gefügeschäden als Folge),
- Bearbeitbarkeit des Bodens (Energieeinsparung).

Sowohl ältere als auch neue Veröffentlichungen über die Auswirkungen von Mist-, Mischmüll-, Klärschlamm-, Müllklärschlamm- und Pflanzenkomposten sowie schließlich von Bio- und Grünkomposten auf bodenphysikalische Eigenschaften belegen die positiven Effekte der organischen Bodenverbesserungsmittel. Untersucht wurden vor allem die positiven Veränderungen bei den Parametern Porenvolumen [17], Wasserkapazität, Anteil luftführender und wasserableitender Poren [1, 7, 17, 70, 83] und Aggregatstabilität [1, 37, 83, 106] sowie die Auswirkungen dieser Verbesserungen auf Verschlämmungs- und Erosionsneigung von Böden [12, 17, 32, 66, 69, 81]. Die positiven Auswirkungen der Kompostanwendung auf die Belast- und Bearbeitbarkeit sowie die Erwärmbarkeit der Böden können aus der Wirkung humoser Substanzen und der Färbung abgeleitet werden. Verstreut vorliegende Versuchsergebnisse bestätigen dies.

Beispiel: Wasserspeicherfähigkeit und Porenvolumen

Der nutzbare Wassergehalt der Komposte ist etwa doppelt so hoch wie der des Mineralbodens. Wird der Humusgehalt des Bodens (normal sind 1,5 bis 4,0 %) durch eine Kompostanwendung um 0,2 % gesteigert, so erhöht sich die für die Pflanzen nutzbare Wasserkapazität des Bodens um ca. 0,5 % und das Porenvolumen um etwa 1 %. Sowohl bei Wassermangel als auch bei Übernässung profitiert die Vegetation davon in hohem Maße (siehe Abb. 7.2).

Beispiel: Aggregatstabilität

Die positiven Auswirkungen einer Kompostanwendung auf die Aggregatstabilität, einem der wichtigsten bodenphysikalischen Bodenparameter, zeigt Abbildung 7.3. In einem langfristig angelegten Feldversuch des Fachgebietes Ökologischer Landbau, Universität Gesamthochschule Kassel, Witzenhausen wurden im Rahmen einer landwirtschaftlichen Fruchtfolge mit Feldgemüse (siehe auch Versuchsergebnisse im Kap. 2.1.3) positive Auswirkungen auf die Aggregatstabilität (Ermittlung durch Naßsiebung an drei Terminen: 24.05., 29.06., 25.08.92) festgestellt. In diesem siebten Versuchsjahr wurden unter der Kultur Weißkohl in der Kontroll- und Mineraldüngervariante eine signifikant schlechtere Aggregatstabilität im Vergleich zu den Kompostvarianten ermittelt (siehe Abb. 7.3). Zwischen den mit Mistkompost und Biokompost gedüngten Varianten wurden keine statistischen Unterschiede festgestellt.

2.1.6 Steigerung der biologischen Aktivität der Böden

Die biologische Komponente des Bodens trägt wesentlich zum Komplex Bodenfruchtbarkeit bei. Die Anwendung organischer Stoffe, wie z. B. Komposte im Pflanzenbau, fördert im allgemeinen durch Verbesserung der Lebensbedingungen der Mikroorganismen die biologische Aktivität der Böden [57, 63, 62, 83, 108]. Auch das Vorkommen von Regenwürmern wird durch Kompostgaben deutlich gefördert [83]. Die Erhaltung einer hohen biologischen Aktivität erfordert die ständige Zufuhr organischer Materialien zum Boden [10].

Collembolen und Bodenmilben sind an Mineralisations- und Humifizierungsprozessen im Boden beteiligt und können zu einer Steigerung des antiphythopathogenen Potentials (siehe auch Kapitel 2.1.7) beitragen. Eine Steigerung der Abundanz und Diversität dieser Bodenmesofauna durch den Einsatz von organischen Düngern konnte in Witzenhausen (Universität Gesamthochschule Kassel) nachgewiesen werden [76]. Biokompost übte dabei die tendenziell günstigste Wirkung im Vergleich mit verschiedenen Mistkomposten und Handelsdüngern aus. Die weiterführenden Untersuchungen von SCHÜLER und PFOTZER 1993 [90] zeigen, daß eine Düngung mit Bioabfallkompost im Versuchsjahr 1988 im Vergleich zur Düngung mit mineralischem Handelsdünger in ihrer Nachwirkung zur deutlichsten Populationssteigerung von Collembolen und Milben führte. Anhand der Populationsverläufe von Collembolen ist zu erkennen, daß im Versuchsjahr 1990 mehr als doppelt soviele Individuen die Versuchsfläche besiedelten als im Versuchsjahr 1989 (siehe Abb. 7.4). Neben günstigeren Witterungsbedingungen sind vornehmlich positive Habitatseinflüsse des Kleegrases für die signifikante Steigerung der Populationsdichten verantwortlich. Eine höhere Versorgung mit organischer Substanz sowie ein günstigerer Bodenzustand hinsichtlich Struktur, Feuchtigkeitshaltevermögen und Nahrungsangebot nach Anwendung von Bioabfallkompost wirkt auf eine gesteigerte Abundanz dieser Bodenbewohner hin.

2.1.7 Phytosanitäre Wirkungen

»Phythosanitäre Wirkung von Kompost« beschreibt die Eigenschaft, insbesondere bodenbürtige, pilzliche Pflanzenkrankheitserreger einzudämmen. Nach BLUME 1989 [10] begünstigen hohe Humusgehalte die saprophytischen Mikroorganismen des Bodens und tragen somit zur Unterdrückung von Parasiten und zur Verhinderung des Übergangs von Saprophyten zur parasitären Ernährung bei. Durch die Zufuhr von Komposten können Pflanzenpathogene stark unterdrückt werden [37, 53]. Der Einsatz von Komposten zusammen mit chemischen Mitteln wurde erfolgreich im Rahmen des integrierten Pflanzenschutzes geprüft [19].

In Versuchen mit Biokomposten konnten Beimischungen zu infiziertem Boden die Ertragsreduktionen durch die wirtschaftlich sehr bedeutenden Wurzelbranderreger *Pythium ultimum* und *Rhizoctonia solani* bei Erbsen, Bohnen und Rote Bete in starkem Maße verringern [90]. Auch bei starker Infektion zeigten die Kompostbeimischungen deutlich suppressive Wirkungen gegen die wichtigen bodenbürtigen Pathogene (siehe Abb. 7.5).

In Holland führte die Anwendung von Biokompost auf zwei leichten Böden nicht nur zu einer signifikanten Ertragssteigerung bei Kartoffeln, sondern auch zu einem deutlichen Rückgang des Schorfbefalls (*Rhizoctonia solani*), was von großer wirtschaftlicher Bedeutung sein kann [105].

Bei der Anwendung von Kompostextrakten verschiedener Art wurden Re-

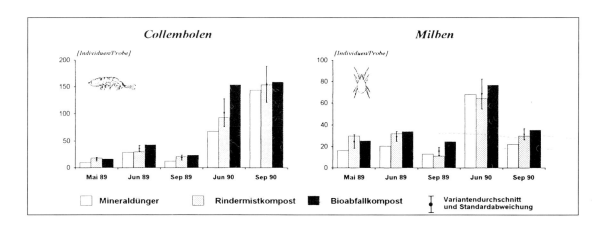

Abbildung 7.4: Einfluß der Düngenachwirkung von Mineraldünger und verschiedenen Kompostvarianten auf die Individuendichte von Collembolen und Milben in Individuen/Probe (28cm^2) der Tiefe 0–10 cm im ersten und zweiten Jahr nach der letzten Düngerapplikation (1988) im Versuch.

2 Auswirkungen der Komposte bei der Anwendung

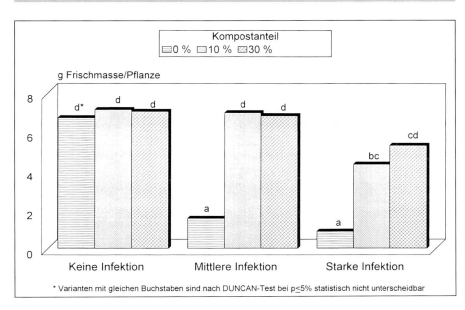

Abbildung 7.5:
Reduzierung des Befalls mit dem Wurzelbranderreger Pythium ultimim an Erbsen bei unterschiedlichem Infektionsdruck (Inokulum) durch Einsatz von Biokompost

duktionen von Erkrankungen oberirdischer Pflanzenteile erzielt [52, 85, 99]. Zur Klärung der Wirkungsmechanismen sowie hinsichtlich der Standardisierung, Formulierung usw. ist jedoch im Bereich der phytosanitären Wirkungen von Komposten allgemein noch großer Forschungsbedarf gegeben. Bei Kompostextrakten steht die Forschung noch am Anfang.

Durch den Einsatz von Bio- und Grünkomposten können die Bodenfruchtbarkeit erhalten und für den Pflanzenbau wesentliche Eigenschaften der Böden verbessert werden. Aus der Summe der aufgeführten positiven Auswirkungen resultieren langfristig Ertragssteigerungen durch die Anwendung von Komposten. Die meisten Bio- und Grünkomposte sind zusammenfassend als Bodenverbesserungsmittel mit Düngewirkung anzusprechen.

2.2 Mögliche negative Auswirkungen

Neben den oben genannten Vorteilen einer Kompostdüngung müssen dennoch mögliche Schwierigkeiten und Nachteile berücksichtigt werden.

2.2.1 Nährstofffrachten

Der Gehalt an Nährstoffen ist eines der wertgebenden Merkmale von Komposten. Durch übermäßige Kompostgaben können jedoch Probleme entstehen. Welche Mengen an Nährstoffen mit hohen bis sehr hohen Kompostgaben auf das Land gebracht werden können, verdeutlicht Tabelle 7.6. Diese Nährstoffmengen sind zwar nur zum Teil leicht löslich (vgl. Kap. 2.1.1), bei überhöhten Kompostmengen können aber Auswaschungsprobleme entstehen.

Ein besonderes Problem bildet hierbei die Nitratverlagerung in das Grundwasser, wobei die Gefährdung durch unsachgemäße Kompostanwendungen qualitativ möglicherweise ähnlich wie bei Stallmist eingeschätzt werden kann (vgl. [77]). AICHBERGER et al. 1988 [1] fanden auf mittelschwerem Boden bei einer Aufbringung von 50 t Mischmüllkompost-Frischsubstanz je ha und Jahr (etwa dreifache Menge der empfehlenswerten Gabe an Biokompost) über sechs Jahre hinweg eine deutliche Anreicherung von Nitratstickstoff in den Bodenschichten 30–60 cm und noch mehr in 60–90 cm Tiefe. Nitratstickstoff in einer Tiefe von 60–90 cm ist hochgradig auswaschungs-

Tab. 7.6: Nährstofffrachten bei hohen Gaben an Bio- und Grünkompost

Kompostgabe je ha[1]		Gesamte Nährstoffzufuhr in kg/ha an				
m³ FS	t TS	N	P_2O_5	K_2O	MgO	CaO
100[2]	40	400	320	480	600	2400
300[2]	120	1200	960	1440	1800	7200
500[2]	200	2000	1600	2400	3000	12000

[1] Beispiel: Kompost mit 670 kg/m³ Volumengewicht und 60 % TS; Nährstoff-Gesamtgehalte in der TS: N = 1 %, P_2O_5 = 0,8 %, K_2O = 1,2 %, MgO = 1,5 %, CaO = 6,0 %
[2] Entspricht einer Kompostschicht von 1 cm bzw. 3 cm bzw. 5 cm

gefährdet. Leichte oder skelettreiche, wasserdurchlässige Böden unter warmen, von hohen Niederschlägen gekennzeichneten Klimabedingungen weisen eine höhere Auswaschungsgefährdung auf als mittelschwere bis schwere, eher dicht gelagerte Böden bei kalter Jahreswitterung und geringen Niederschlägen.

Wird ein schnell löslicher Anteil von 10 % des Gesamt-N in Fertigkompost unterstellt, dann wären zum Beispiel bei einer Herbstanwendung von 300 m³/ha Biokompost bei fehlendem oder schwachem Pflanzenbestand 120 kg N/ha stark auswaschungsgefährdet. Diese Menge erhöht sich, wenn noch eine Mineralisation in bedeutendem Umfang stattfände. Eine wesentliche Beeinträchtigung von Umwelt und Ressourcen kann und muß durch die Wahl von angepaßten Kompostmengen sowie geeigneten Anwendungszeitpunkten und -techniken ausgeschlossen werden (siehe Kapitel III).

Wechselwirkungen zwischen Rottegrad, Stickstoffdynamik und Anwendungszeitpunkt von Komposten sind möglicherweise von Bedeutung. Frischkomposte setzen nach ersten Ergebnissen unter ungünstigen Mineralisationsbedingungen deutlich weniger Stickstoff frei als Fertigkomposte, was bei einer Herbstanwendung eine geringere Nitratauswaschung über Winter zur Folge hätte. Dieser Aspekt wird von 1991 bis 1996 im Rahmen des BMBF-Forschungsprojektes »Neue Techniken der Kompostierung« in Anwendungsversuchen von der PlanCo-Tec, Witzenhausen (1995) geprüft.

Phosphor ist der Nährstoff, der der begrenzende Faktor für die Aufwandmenge des Komposteinsatzes ist. Im Verhältnis zu Stickstoff und Kalium ist der P-Entzug der Kulturpflanzen relativ niedrig. Durch die im Gegensatz dazu allgemein hohen Bodenwerte durch die bisherigen Düngungspraktiken mit Mehrnährstoffdüngern, ist der Phosphorgehalt im Kompost limitierend (auf etwa 10 t Kompost-TS/ha und Jahr).

Außerdem können bei unsachgemäßer Aufbringung (Zeitpunkt, Menge, Hanglage) von Komposten feiner Siebung auf den Boden theoretisch Abschwemmungen durch heftige Niederschläge oder Verwehungen durch Wind entstehen. Diesen Gefahren ist durch oberflächliche Einmischung der Komposte oder der Verwendung von grob strukturiertem Material als Mulch zu begegnen.

2.2.2 Pflanzenunverträglichkeit

Komposte können unter Umständen das Pflanzenwachstum hemmen, statt die gewünschten fördernden Wirkungen zu entfalten. Eine solche Pflanzenunverträglichkeit kann vor allem durch zu hohe Salzgehalte, eine ungünstige N-Dynamik (mikrobielle N-Festlegung), Hemmstoffe im Kompost (organische Säuren, phenolische Verbindungen), phytotoxische Gase, Sauerstoffmangel im Wurzelbereich oder auch induzierte Nährstoffmängel (Mg-Mangel bei zu hohen K-Gehalten) herbeigeführt werden [38, 50, 71, 72, 95, 97]. Während die Relevanz dieser Faktoren hinsichtlich der Beeinträchtigung des Pflanzenwachstums im Substratbereich und bei Pflanzloch-Zugaben eindeutig ist, steht der Nachweis für die Freilandanwendung von Bio- und Grünkomposten noch aus.

2 Auswirkungen der Komposte bei der Anwendung

Eine oberflächliche Anwendung von Frischkomposten als Erosions- und Verschlämmungsschutz in landwirtschaftlichen Reihenkulturen ist mit hoher Wahrscheinlichkeit ohne Schaden möglich. Zur Zeit werden von der PlanCoTec, Witzenhausen (1995) Kompostanwendungsversuche durchgeführt, in denen eine direkte Anwendung von sehr jungen Frischkomposten zu Feldgemüse und einer Baumschulkultur geprüft wird. In allen vier Versuchsjahren führte die Anwendung von Frischkompost im Vergleich zur Fertigkompostanwendung zu besseren oder zumindest zu gleich hohen Erträgen und einer überwiegend besseren Einstufung hinsichtlich wertgebender und wertmindernder Inhaltsstoffe.

Aufgrund der unvollständigen Kompostierungsprozesse ist eine Pflanzenunverträglichkeit von Frischkomposten wahrscheinlicher als die von Fertigkomposten (weiteres C/N-Verhältnis, Hemmstoffe, Sauerstoffzehrung usw.). Eine generalisierte Aussage ist jedoch nicht möglich, da zum einen die Pflanzenverträglichkeit von Fertigkomposten nur aufgrund der Bestimmung des Rottegrades über Selbsterhitzungsmessungen nicht sicher festzustellen ist und zum anderen auch Frischkomposte pflanzenverträglich sein können ([59], Untersuchungen der PlanCoTec, Witzenhausen, 1986–1996).

Hierbei spielt anscheinend eine Rolle, daß unter ungünstigen Rottebedingungen möglicherweise auch in Fertigkomposten anaerobe Abbauprodukte angereichert werden können. Insgesamt sind die Wirkungszusammenhänge zwischen Rottegrad und Pflanzenverträglichkeit sehr komplex.

2.2.3 Schadstofffrachten

Durch die Einführung der getrennten Sammlung und Kompostierung organischer Rohmaterialien konnten die Schwermetallgehalte und die Belastung mit organischen Schadstoffen im Kompost ganz wesentlich gegenüber Müll- und Klärschlammkomposten gesenkt werden. Trotz der stark verringerten Gehalte können Gefährdungen bei Anwendung von überhöhten Mengen an Bio- und Grünkomposten nicht ausgeschlossen werden. Das Ziel eines Gleichgewichtes zwischen Schadstoffeintrag und -austrag durch Pflanzen ist praktisch nicht zu erreichen [82]. Schadstoffe kommen dafür in Industriegesellschaften ubiquitär in zu hohen Konzentrationen vor.

Bei begrenzten, aber pflanzenbaulich relevanten Aufwandmengen (siehe Kap. 3.1) können Bio- und Grünkomposte eingesetzt werden, ohne die nach dem heutigen Wissensstand festgelegten strengen Grenzwerte der Bodenbelastung mit Schwermetallen [4, 88] langfristig auszuschöpfen, sofern die Böden nicht schon aus anderen Quellen stark belastet sind. Die Nährstoffgehalte im Kompost, vor allem Phosphat und Kalium, wirken oft sogar eher mengenbegrenzend als die Schadstoffgehalte [59, 77]. Die Drosselung der allgemeinen Emission von Schwermetallen ist als Aufgabe der gesamten Gesellschaft zu betrachten und sollte dazu führen, daß die Grenzwerte der Böden auch in ferner Zukunft nicht erreicht werden.

Über die Auswirkungen organischer Schadstoffe bei Kompostanwendung auf Böden liegen bisher kaum Ergebnisse vor. Problematische Anreicherungen treten nach dem Stand der Erkenntnisse nicht ein. Weitere Anmerkungen zu Schadstoffen und Anwendungsmengen sind Kapitel 3.1 zugeordnet.

2.3 Weitere mögliche Problembereiche

2.3.1 Hygiene

Die Hygienisierung der Komposte wird nach Bundesgütegemeinschaft Kompost (BGK) [3] durch die Nutzung eines anerkannten Kompostierungsverfahrens und die vorgeschriebenen, begleitenden Temperaturmessungen belegt. Im Bereich Human- und Veterinärhygiene wird auch im Falle ungenügender Hygiene der Komposte (z. B. Salmonellen) durch mangelhafte Prozeßsteuerung in der Regel keine Infektionskette nachgewiesen werden können, da für solche Erreger bei der Kompostanwendung sehr schlechte Milieubedingungen herrschen.

Im Falle der Pflanzenkrankheitserreger bestehen wesentlich größere Gefahren, da wichtige phytopathogene Erreger an Umwelten, wie sie in nicht hoch genug erhitzten Komposten und in Böden herrschen, angepaßt sind. Bei Untersuchungen konnte gezeigt werden, daß widerstandsfähige Erreger wie *Plasmodiophora brassicae* (Kohlhernie) suboptimale Kompostierungsprozesse überleben und nach einer Anwendung des nicht vollständig hygienisierten Kompostes infektionsfähig sein können (siehe Tab. 7.7). Unterschiedliche Kompostierungsbedingungen wurden in diesem Versuch durch differenzierte Zusammensetzung der Ausgangsmaterialien hergestellt.

Die Abtötung anderer Krankheitserreger und Schädlinge hingegen erfolgt wesentlich leichter: Weder nach 7 noch nach 14 Wochen wurden in den unterschiedlichen Komposten und Kompostzonen infektionsfähige Erreger von *Erwinia amylovora* (Feuerbrand) und *Pythium ultimum* (Wurzelbrand) oder lebende Exemplare von *Panonychus ulmi* (Obstbaumspinnmilbe) gefunden [13, 14].

Durch sachgerechte Kompostierung nach dem Stand der Technik ist eine einwandfreie Hygienisierung durch die langen Phasen mit Temperaturen bis über 70 °C zu gewährleisten.

2.3.2 Fremdstoffe

Fremdstoffe in Komposten sind unerwünschte Inhaltsstoffe, die das produkttypische Erscheinungsbild und damit die Verwertung und Vermarktung von Kompost negativ beeinflußen. Das ästhetische Empfinden von Anwendern und anderen Betroffenen, das Image der Kompostprodukte und letztendlich die Vermarktungssicherheit für Komposte werden durch einen störenden Fremdstoffanteil beeinträchtigt. Zudem können Glas- und Metallteile in pflanzenbaulichen Bereichen, in denen ein intensiver Kontakt mit den Händen stattfindet, unter Umständen kleine Verletzungen hervorrufen. Im Hinblick auf das optische Erscheinungsbild, aber auch auf die Begrenzung von potentiellen Schadstoffen sind Fremdstoffanteile von mehr als 2 mm nach Bioabfallverordnung (BioAbfV) (< 0,5 Gew.-

Tab. 7.7 Anzahl und Befallsgrad kohlherniebefallener Blumenkohlpflanzen nach 14wöchiger Kompostierung [13]

Variante	Anzahl befallener Pflanzen		Befallsgrad[1]	
	Absolut[2]	Relativ (%)		
Holzhäcksel/Bioabfall 1:1 (optimale Kompostierungsvariante)				
– aus Mietenrand	0,0	a[3]	0,0	0,00	a
– aus Mietenkern	0,0	a	0,0	0,00	a
Holzhäcksel/N-Zusatz (suboptimale Variante)				
– aus Mietenrand	1,0	ab	25,0	0,56	ab
– aus Mietenkern	0,0	a	0,0	0,00	a
Holzhäcksel (ungünstige Variante)				
– aus Mietenrand	2,0	b	50,0	1,06	b
– aus Mietenkern	1,7	b	43,7	0,94	b
Sandkontrolle	4,0	c	100,0	3,00	c
Kühlschrankkontrolle	4,0	c	100,0	2,88	c
Kontrolle ohne Infektion	0,0	a	0,0	0,00	a

[1] nach Buczacki (1975)
[2] Durchschnittliche Anzahl je Gefäß
[3] Unterschiedl. Buchstaben kennzeichnen sign. Diff. nach Duncan-Test bei P ≤ 0,05

% i.d. TS) oder RAL Gütezeichen 251 anzustreben und in dieser Größenordnung unproblematisch.

2.3.3 Verfügbarkeit von Spurenelementen

Durch die Erhöhung des pH-Wertes, vor allem bei langjähriger Anwendung von Komposten in hohen Mengen, kann es möglicherweise zur Festlegung und mangelnden Verfügbarkeit von einzelnen Spurenelementen kommen. So stellte BISCHOFF 1988 [9] trotz einer Erhöhung der Mangangehalte im Boden einen deutlichen Manganmangel der Nutzpflanzen fest. Während 27 Jahren waren durchschnittlich 23 t FS/ha x a bzw. 16 t TS/ha x a Müllkompost aufgebracht worden. Neben der Erhöhung des pH-Wertes auf 6,9 (Kontrolle: 5,8) trugen der gestiegene Gehalt an organischer Substanz und die stärkere Belüftung des Bodens aufgrund der Strukturverbesserung zum Manganmangel bei. Ansonsten tragen Biokomposte jedoch zur Versorgung der Kulturpflanzen mit Spurenelementen bei.

3 Grundsätze der Kompostanwendung

Bei der Anwendung von Komposten sind potentiell schädliche Auswirkungen auf Mensch, Tier, Pflanze und Umwelt zu vermeiden bzw. auf ein Mindestmaß zu reduzieren. Umgekehrt soll ein möglichst weitgehender Nutzeffekt des Kompostes im Pflanzenbau gewährleistet sein, was sich insbesondere auf die Düngewirksamkeit, den Beitrag zur Humusversorgung sowie die allgemeinen Bodenverbesserungseigenschaften der Komposte bezieht.

3.1 Anwendungsmengen – rechtliche Grundlage

Die Anwendungsmengen von Bio- und Grünkomposten richten sich im wesentlichen nach folgenden Kriterien:

– Zielsetzung der Anwendung (Bodenverbesserung, Düngung, Pflegemaßnahmen, Erosionsschutz, Melioration);
– Bedürfnisse der Kulturpflanzen unter besonderer Berücksichtigung der Entzüge der Kulturen bei N, P und K;
– Vermeidung schädlicher Auswirkungen auf Boden, Pflanzen und Umwelt.

In der Bundesrepublik Deutschland wurde durch verschiedene gesetzliche Regelungen die Grundlage für die Anwendung von Kompost und die Diversifizierung von Kompostprodukten geschaffen. An dieser Stelle werden die wichtigsten Inhalte dieser Regelungen für die Kompostqualität und -anwendung vorgestellt.

Ergänzend zu gesetzlichen Bestimmungen existieren DIN-Normen (einschlägige Normen zur Vegetationstechnik, z. B. ATV DIN 18320, DIN 18035 und DIN 18915 bis 18919) und verschiedene Richtlinien z. B. für den Bereich Landschaftsbau (FLL – Forschungsgesellschaft Landschaftsentwicklung – Landschaftsbau e. V. 1994) oder für den Anwendungsbereich Rekultivierung (z. B. des Landesamts für Wasser und Abfall NRW, Thüringische Kali-Haldenrichtlinie 1995, in Vorbereitung befindliche Richtlinie des Länderarbeitskreises Bergbau). Auch die Gütekriterien der Bundesgütegemeinschaft Kompost (RAL-GZ 251) werden hinsichtlich differenzierter Anforderungen an Komposte für verschiedene Einsatzzwecke ständig weiterentwickelt (Aufnahme der Produkte Substrat- und Mulchkompost).

Die wichtigste Vorgabe für den Einsatz von Komposten auf landwirtschaftlich, forstwirtschaftlich und gärtnerisch genutzten Flächen ist die am 1. 10. 1998 in Kraft getretene **Bioabfallverordnung (BioAbfV)**, die anders als das Merkblatt M10 der Länderarbeitsgemeinschaft Abfall (LAGA M10, 1995) rechtlich verbindlich ist. Die BioAbfV regelt im wesentlichen Untersuchungs- und Nachweispflichten, Anwendungsmengen, zulässige Schadstoffgehalte, Anforderungen an die Phyto- und Seuchenhygiene sowie Vorgaben zum gleichzeitigen Ein-

Tab: 7.8:	Rechtliche Vorgaben für die Kompostanwendung	
Bereich	Gesetz / Verordnung	Wichtige Anforderungen
Boden	Bundes-Bodenschutzgesetz (BBodSchG) vom 17.03.1998	Unschädliche Verwertung von Abfällen unter Beibehaltung der Leistungsfähigkeit des Bodens und Beachtung des Schutzes der Bodenfunktionen.
	Bodenschutzverordnung (BodSchV) Entwurf vom 10.09.1998	Maximal zulässige jährliche Schadstofffrachten; Beachtung der Vorsorgewerte für Schwermetalle und organische Stoffe in Böden.
Abfall	Kreislaufwirtschafts- und Abfallgesetz (KrW-/AbfG) vom 27.09.1994	Ermächtigung zum Erlass rechtlicher Vorgaben (Bioabfallverordnung) für den Einsatz von Kompost auf landwirtschaftliche, forstwirtschaftlich oder gärtnerisch genutzten Flächen.
	Bioabfallverordnung (BioAbfV) vom 01.10.1998	Einhaltung der maximal zulässigen Schwermetallgehalte und -frachten. Max. Kompostmengen/ha
Düngung	Düngeverordnung (inkl. Umsetzung der EU-Nitratrichtlinie) vom 06.02.1996	Anwendung nach guter fachlicher Praxis, d.h. Art, Menge und Zeitpunkt sind auf den Bedarf der Pflanzen auszurichten.
	Düngemittelgesetz (DüMG) vom 15.11.1977 und Düngemittelverordnung (DüMV) vom 09.07. 1991 mit der 2. Verordnung zur Änderung der düngemittelrechtlichen Vorschriften vom 16.07 1997	Anforderungen an Typen; Kennzeichnung und Deklaration bei gewerbsmäßigem Inverkehrbringen.

satz von Bioabfallkompost und Klärschlamm. Die Böden, auf denen behandelte Bioabfälle aufgebracht werden, sind auf Schwermetallgehalte sowie pH-Wert zu untersuchen. Die Ausbringung von behandelten Bioabfällen oder Gemischen ist untersagt, wenn die in Tab. 7.9 aufgeführten Bodenwerte überschritten werden. Bei der Verwendung von Komposten, die der Gütesicherung der Bundesgütegemeinschaft Kompost e. V. unterliegen und mit dem RAL-Gütezeichen für Kompost ausgezeichnet sind, entfallen die Bodenuntersuchungen. Auch die Häufigkeit der durchzuführenden Untersuchungen sowie die Verteilung der Probenahmetermine sind festgelegt. Die Untersuchungen sind durch unabhängige, von der zuständigen Behörde benannte Stellen durchführen zu lassen. Bei geogen be-

Tabelle 7.9 Maximal zulässige Schwermetallkonzentrationen in Böden nach BioAbfV				
Schwermetall		Bodenart Ton* mg/kg TS**	Bodenart Lehm mg/kg TS	Bodenart Sand mg/kg TS
Blei	Pb	100	70	40
Cadmium	Cd	1,5	1	0,4
Chrom	Cr	100	60	30
Kupfer	Cu	60	40	20
Nickel	Ni	70	50	15
Quecksilber	Hg	1	0,5	0,1
Zink	Zn	200	150	60

* Bei Böden der Bodenart Ton mit einem pH-Wert von weniger als 6 gelten für Cadmium und Zink die Werte der Bodenart Lehm. Bei Böden der Bodenart Lehm mit einem pH-Wert von weniger als 6 gelten für Cadmium und Zink die Werte der Bodenart Sand.
** Trockenmasse

3 Grundsätze der Kompostanwendung

dingt erhöhten Schwermetallgehalten in Böden können die zuständigen Behörden die Ausbringung behandelter Bioabfälle auch auf Böden genehmigen, die die genannten Bodenwerte überschreiten (Ausnahme: nicht bei Cadmium).

Die BioAbfV enthält die in Tab. 7.10 angeführten Grenzwerte für zulässige Gehalte an Schwermetallen in der Trokkenmasse. Schwermetall-Grenzwerte und maximale Aufwandmengen sind gemäß § 6 Absatz 1 Satz 1 BioAbfV gekoppelt. Die Grenzwerte spiegeln die vorkommenden Gehalte im wesentlichen wider.

Ein Grenzwert gilt als eingehalten, wenn der Durchschnitt der jeweils 4 letzten Analysen den Grenzwert einhält und keine Analyse den Grenzwert um mehr als 25 % überschreitet. Bei Einhaltung der in der linken Spalte der Tabelle genannten Grenzwerte können gemäß § 6 Absatz 1 Satz 1 bis zu 30 t Trockenmasse je ha in drei Jahren aufgebracht werden, bei Einhaltung der in Werte in der rechten Spalte bis zu 20 t Trockenmasse je ha in drei Jahren. Eine Normierung der Werte auf einen Gehalt von 30 % organischer Substanz, wie dies in anderen Bestimmungen, wie z. B. im Merkblatt M10 der Länderarbeitsgemeinschaft Abfall (LAGA, 1995), im Komposterlaß Baden-Würtemberg und in den Güte- und Prüfbestimmungen der Bundesgütegemeinschaft Kompost e. V. bestimmt ist, findet nicht statt.

Zusammenhang mit dem KrW-/AbfG wurden auch die Vorschriften des Düngemittelrechts geändert. Wird Kompost oder ein Gemisch mit Kompost als Sekundärrohstoffdünger landbaulich verwertet und gewerbsmäßig in Verkehr gebracht, ist er laut **Düngemittelgesetz (DüMG)** als Düngemittel, Bodenhilfsstoff oder Kultursubstrat zu kennzeichnen. Der Stoff oder das Gemisch müssen einem Düngemitteltyp entsprechen, der wiederum durch Rechtsverordnung zugelassen ist. Düngemitteltypen für Sekundärrohstoffdünger, wie z. B. Kompost, sind in der **Düngemittelverordnung (DüMV)** festgeschrieben (mindestens 0,5 % N, 0,3 % P_2O_5 und 0,5 % K_2O, insgesamt mindestens 2 % in der Trockenmasse; unter diesen Werten als Bodenhilfsstoff).

Wird Kompost oder ein Gemisch daraus auf landwirtschaftlich oder gartenbaulich genutzte Flächen ausgebracht, ist zusätzlich die **Düngeverordnung (DüV)** zu beachten (Umsetzung der EU-Nitratrichtlinie). Danach sind Düngemittel im Rahmen der guten fachlichen Praxis zeitlich und mengenmäßig so auszubringen, dass

- Nährstoffe von den Pflanzen weitestgehend ausgenutzt werden können und damit

Tab. 7.10 Grenzwerte für maximal zulässige Schwermetallgehalte und die zugehörigen Frachten nach BioAbfV und Häufigkeitsschwerpunkt der Schwermetallgehalte in Bioabfallkomposten (Angaben in mg/kg Trockensubstanz)

Aufbringungs- menge Schwermetall		20 Mg** TS/ha in 3 Jahren		30 Mg TS/ha in 3 Jahren		Häufigkeits- schwerpunkt*
		Gehalt	Fracht (g/ha*a)	Gehalt	Fracht (g/ha*a)	Gehalte
Blei	Pb	150	1.000	100	1.000	28–133
Cadmium	Cd	1,5	10	1	10	0,24–1,30
Chrom	Cr	100	667	100	1.000	7,1–71,5
Kupfer	Cu	100	667	75	750	28–103
Nickel	Ni	50	333	50	500	4,5–46,8
Quecksilber	Hg	1	7	1	10	0,04–0,54
Zink	Zn	400	2.667	300	3.000	132–373

* Quelle: BUNDESGÜTEGEMEINSCHAFT KOMPOST e.V.
** Mg = Megagramm, 1 Mg ist gleichzusetzen mit 1 Tonne (t)

- Nährstoffverluste bei der Bewirtschaftung sowie damit einhergehende Einträge in Gewässer weitestgehend vermieden werden.

Aus organischen Düngern dürfen nur maximal 170 kg N/ha·a ausgebracht werden. Dies gilt nach DüV eigentlich nur für Wirtschaftsdünger, wird aber auch auf organische Abfallprodukte angewendet. Aufgrund der geringen Verfügbarkeit des Stickstoffs wird dies so gehandhabt, dass eine Akkumulation der Aufbringungsmenge für 3 Jahre akzeptiert wird (510 kg N/ha·3a entspricht z. B. ca. 30 t Kompost/a und 3 Jahre Anwendungspause), was auch den Regelungen der BioAbfV entspricht. Das **Bundes-Bodenschutzgesetz (BBodSchG)** vom 17. 03. 1998 legt die Grundlage, um »... nachhaltig die Funktionen des Bodens zu sichern oder wiederherzustellen. Hierzu sind schädliche Bodenveränderungen abzuwehren, der Boden und Altlasten sowie hierdurch verursachte Gewässerverunreinigungen zu sanieren und Vorsorge gegen nachteilige Einwirkungen auf den Boden zu treffen. Bei Einwirkungen auf den Boden sollen Beeinträchtigungen seiner natürlichen Funktionen sowie seiner Funktion als Archiv der Natur- und Kulturgeschichte so weit wie möglich vermieden werden.« (§ 1). § 6 regelt das Auf- und Einbringen von Materialien auf oder in den Boden.

Der Anwendungsbereich des Gesetzes erstreckt sich auf schädliche Bodenveränderungen und Altlasten auch betreffend der Vorschriften des KrW-/AbfG über das Aufbringen von Abfällen zur Verwertung als Sekundärrohstoffdünger oder Wirtschaftsdünger im Sinne des § 1 des Düngemittelgesetzes und der hierzu auf Grund des KrW-/AbfG erlassenen Rechtsverordnungen sowie der Klärschlammverordnung vom 15. April 1992. Nach § 7 werden Vorsorgepflichten und nach § 8 Werte und Anforderungen formuliert, die durch eine Rechtsverordnung gefüllt werden sollen (s. u.). Für die landwirtschaftlichen Tätigkeiten wird nach § 17 die »Gute fachliche Praxis in der Landwirtschaft« nach Düngerecht, Pflanzenschutzrecht usw. als ausreichend für die Bodenschutzvorsorge festgelegt.

Die **Bodenschutz- und Altlastenverordnung (BodSchV)** schließlich wird die Bodenschutzgesetzgebung mit genauen Verfahren und Werten füllen. Es wird erwartet, dass der Kabinettsbeschluss vom 09. 09. 1998, aus dem im Folgenden zitiert wird, in wesentlichen Punkten im Bundesrat bestätigt wird. Die Verordnung steht im Bundesrat mit Änderungs- und Ergänzungsanträgen am 30. 04. 1999 zur Entscheidung an.

Die folgende Tab. 7.11 gibt den Stand der Vorsorgewerte sowie zulässige zusätzliche jährliche Frachten an Schadstoffen wieder. Aufgrund der unter-

Tab. 7.11 Vorsorgewerte für Metalle (in mg/kg TS, Feinboden, Königswasseraufschluß) und zulässige zusätzliche jährliche Frachten an Schadstoffen über alle Wirkungspfade nach § 8 Abs. 2 Nr. 1 und 2 des Bundes-Bodenschutzgesetzes (BodSchV)

Böden	Cadmium	Blei	Chrom	Kupfer	Quecksilber	Nickel	Zink
Bodenart Ton	1,5	100	100	60	1	70	200
Bodenart Lehm/Schluff	1	70	60	40	0,5	50	150
Bodenart Sand	0,4	40	30	20	0,1	15	60
Böden mit naturbedingt und großflächig siedlungsbedingt erhöhten Hintergrundgehalten	unbedenklich, soweit eine Freisetzung der Schadstoffe oder zusätzliche Einträge nach § 8 Abs. 2 und 3 dieser Verordnung keine nachteiligen Auswirkungen auf die Bodenfunktionen erwarten lassen						
Zulässige zusätzliche jährliche Frachten: Fracht [g/ha·a]	6	400	300	360	1,5	100	1.200

3 Grundsätze der Kompostanwendung

schiedlichen Sorptionseigenschaften der Schwermetalle werden verfügbarkeitsbestimmende Bodeneigenschaften berücksichtigt. Dies sind der Tongehalt (über die Bodenarten) und der pH-Wert.

Bei den Vorsorgewerten der Tab. 7.11 ist der Säuregrad der Böden wie folgt zu berücksichtigen:

– Bei Böden der Bodenart Ton mit einem pH-Wert von <6,0 gelten für Cadmium, Nickel und Zink die Vorsorgewerte der Bodenart Lehm/Schluff.
– Bei Böden der Bodenart Lehm/Schluff mit einem pH-Wert von < 6,0 gelten für Cadmium, Nickel und Zink die Vorsorgewerte der Bodenart Sand. § 4 Abs. 8 Satz 2 der Klärschlammverordnung vom 15. 04. 1992 (BGBl. I S. 912), zuletzt geändert durch Verordnung vom 06. 03. 1997 (BGBl. I S. 446), bleibt unberührt.
– Bei Böden mit einem pH-Wert <5,0 sind die Vorsorgewerte für Blei entsprechend den ersten beiden Anstrichen herabzusetzen.

3.2 Anwendungstechnik

Fertigkomposte können für eine begrenzte Zeit (einige Wochen) ohne wesentliche Änderungen ihrer Eigenschaften gelagert werden. Besonders hinsichtlich der Einhaltung optimaler Ausbringungszeitpunkte kann dies von großer Bedeutung sein. Bei langer Lagerung treten Verschiebungen beim Gehalt an organischer Substanz und den Nährstoffkonzentrationen ein. Eine bedeutsame Auswaschung von Nährstoffen durch hohen Eintrag von Niederschlägen bei langer Lagerung und eine nachträgliche starke Erhitzung durch Lagerung in großen Haufen ist zu vermeiden. Insbesondere bei feiner Absiebung und nicht vollständig ausgereiften Komposten kann die nachträgliche starke Erhitzung durch Lagerung in großen Haufen zum »Umkippen« der Fertigkomposte, das heißt zu Geruchsbelastungen und zu Pflanzenunverträglichkeiten führen. Eine Zwischenlagerung am Feldrand ist eine potentielle Gefährdung des Grundwassers und der Oberflächengewässer, sie ist daher nur kurzfristig, anwendungsbezogen und unter Berücksichtigung von Schutzbestimmungen zulässig [67]. Der Mietenkörper muß mit wetterfester Folie oder Fließ abgedeckt werden, wenn keine Flachsilos genutzt werden können.

Um die Auswaschung von Nährstoffen zu vermindern, ist eine Ausbringung im Frühjahr bis Sommer anzustreben. Nach der Getreideernte kann eine Gabe auf die Stoppeln vorteilhaft sein. Wenn kein anschließender Hauptfruchtbau vorgesehen ist, muß bei hohen Kompostmengen eine Zwischenfrucht die pflanzenverfügbaren Nährstoffe aufnehmen. Um Bodenverdichtungen zu vermeiden, sollte der Einsatz von Kompost immer bei ausreichend abgetrocknetem oder in Ausnahmefällen auf gefrorenem Boden erfolgen. In ebenen Lagen und bei nicht zu hohen Gaben kann im Spätwinter bei Frost ausgebracht werden.

Hinsichtlich der Ausbringungstechnik können prinzipiell alle Geräte, mit denen traditionell organische Materialien ausgebracht werden, verwendet werden. Zum Aufbringen der Komposte in den Reihen bzw. auf Baumstreifen oder im Unterstockbereich sind Kompoststreuer mit seitlichem Auswurf besonders geeignet. Für eng stehende Dauerkulturen wie Reben stehen besonders schmale Geräte zur Verfügung. Bei breitflächiger Ausbringung ist die Forderung nach gleichmäßiger Verteilung zu erfüllen. Miststreuer weisen eine unterschiedliche Verteilgenauigkeit und bei Standardgeräten eine geringe Streubreite auf. Bei manchen Systemen fällt ein Teil des Kompostes vom Ende des Kratzbodens einfach auf den Boden. Geräte mit horizontalem Streuwerk und zusätzlichem Streutisch mit Tellern dagegen können Komposte bei relativ genauer Verteilung bis über 10 m breit ausbringen.

Um eine ausreichende Verteilgenauigkeit zu erreichen, sollte die Absiebung bis höchstens 30 mm Maximalkorn erfolgen, besser sind 25 mm Maximalkorn. Wassergehalte der Komposte von über 30 % mas verhindern eine mögliche gesundheitsbeeinträchtigende

Tab. 7.12 Maximale Einarbeitungstiefen für Bio- und Grünkomposte

Reifegrad des Kompostes	Bodenart	Einarbeitungstiefe des Kompostes in cm
Fertigkompost (Rottegrad IV-V)	leicht	bis 20
	mittel	bis 15
	schwer	bis 10
Frischkompost (Rottegrad II-III)	leicht und mittel	bis 10
	schwer	um 5

Staubentwicklung bei großflächiger Ausbringung.

Die Einarbeitungstiefe und -art hängt von verschiedenen Faktoren ab, insbesondere von der Bodenart (siehe Tab. 7.12). Für die Einarbeitung sollten Geräte benutzt werden, die Kompost und Mineralboden gut mischen (Fräse, Scheiben-, Kreisel-, Spatenrollegge oder Rotorhacke je nach Boden). Es sollte nicht tief gepflügt werden. Eine flache Einarbeitung ist bei Frischkomposten und schweren Böden besonders wichtig, um eine zügige Nachrotte unter Sauerstoffzutritt zu fördern. Um den Bodenschutz gegenüber Witterungseinflüssen zu verbessern (Erosions- und Verschlämmungsschutz bei Mais oder Zuckerrüben) oder um in den wachsenden Bestand auszubringen (Kompostschleier für die Bodenfeuchte und -fruchtbarkeit), kann auch das oberflächliche Anwenden von Frisch- oder Fertigkomposten vorteilhaft sein [54, 80].

4 Pflanzenbauliche Verwertung von Komposten in verschiedenen Anwendungsbereichen

Bei der Anwendung von Komposten aus getrennt gesammelten organischen Siedlungsabfällen in den pflanzenbaulichen Bereichen, müssen ganz allgemein folgende Forderungen erfüllt sein:

– Es muß ein Nutzen für Boden und/oder Pflanzen erbracht werden (siehe Kap. 2.1).
– Die Nähr- und Schadstoffzufuhr muß bekannt und kontrolliert sein und darf nicht zu schädigenden Auswirkungen führen.
– Gesetzliche Bestimmungen müssen erfüllt sein (z. B. Bioabfallverordnung).
– Der Komposteinsatz muß rentabel sein.

4.1 Erwerbs- und Hobbygartenbau

In den meisten Sparten des Gartenbaus (Gemüse, Zierpflanzen, Stauden, Baumschulen, Hausgärten) wird sehr intensiv mit organischen Bodenverbesserungsmitteln gearbeitet. Im Vergleich der Verwertungsbereiche für Kompost werden insgesamt überwiegend hohe Ansprüche an die Kompostqualität gestellt.

Für einige Kulturen des Erwerbsgartenbaus müssen kulturspezifische Richtwerte, zum Beispiel im Hinblick auf pH-Werte und Salzgehalte der Komposte, eingehalten werden. Um dem Anwender einen sachgerechten Einsatz des Kompostes zu ermöglichen, ist eine möglichst genaue Deklaration der Komposte einschließlich der wichtigsten Anwendungshinweise notwendig. Auf die Durchführung von Bodenuntersuchungen und die Reduzierung der mineralischen Düngung entsprechend der Gehalte an pflanzenverfügbaren Nährstoffen (Deklaration) ist bei der Anwendung von Bio- und Grünkomposten zu achten.

Böden privater Kleingärten sind oft stark bis extrem mit Nährstoffen angereichert, vor allem mit Phosphor. Aus diesem Grund sind Aufklärungsmaßnahmen zur Düngung in diesem Bereich notwendig. Die Eigenkompostierung sollte wegen der Vermeidung organischer Abfälle

4 Pflanzenbauliche Verwertung von Komposten in verschiedenen Bereichen

gefördert werden. Der Einsatz von Bio- und Grünkomposten in Hausgärten ist zweckmäßig, wenn keine oder nur geringe Eigenkompostierung betrieben wird oder der eigene Kompost nicht ausreicht. Bodenuntersuchungen sind zu empfehlen, vor allem aber ist die Reduzierung bis hin zur Unterlassung der Zusatzdüngung mit mineralischen und organischen Handelsdüngern unbedingt erforderlich.

In den Tabellen 7.13 und 7.14 sind einige Anwendungsempfehlungen aus der Broschüre »Kompost mit Gütezeichen für den Gartenbaubetrieb« der Gütegemeinschaften Kompost e.V. (erstellt durch die PlanCoTec, Witzenhausen) aufgeführt (siehe auch »Kompost mit Gütezeichen für Ihren Hausgarten«).

4.2 Garten- und Landschaftsbau und Öffentliches Grün

Komposte werden im Bereich Garten-, Landschafts- und Sportplatzbau eingesetzt, um Vegetationsflächen neu anzulegen und zu pflegen. Vegetationstechnische Arbeiten im Landschaftsbau einschließlich Sportplatzbau unterliegen prinzipiell den Festlegungen einschlägiger Normen und -Richtlinien. Danach handelt es sich bei Komposten um Zuschlagstoffe, die vornehmlich der Verbesserung und der technischen Herstellung von Böden für Ansaatflächen und Pflanzungen sowie der Mulchung dienen. Unter technisch hergestellten Böden sind Vegetationsschich-

Tab. 7.13 Anwendungsempfehlung für Kompostgaben im Freiland-Gemüsebau und bei Bodenkultur unter Glas und Folie

Kompostart: Kurz vor der Saat/Pflanzen: Fertigkompost 0/10 oder 0/20 mm. Mindestens 4 Wochen vor der Saat/Pflanzen: Frischkompost 0/20mm	m³ FS/ha	t FS/ha	Anwendungsintervall (Jahre)
Starkzehrer Zuckerrüben, Kartoffeln, Blumenkohl, Chinakohl, Gurken, Kohlrübe, Kürbis, Mais, Porree, Rhabarbar, Rosenkohl, Rothohl, Sellerie, Spargel, Tomate, Weißkohl, Wirsingkohl	75–100	50–65	3–4
Mäßigzehrer Chicoree (Wurzel), Grünkohl, Kohlrabi, Möhre, Meerettich, Rote Rübe, Schwarzwurzel	50–75	35–50	2–3
Schwachzehrer Ölfrüchte, Bohne, Erbse, Feldsalat, Kopfsalat, Radies, Rettich, Spinat, Schnittlauch, Schnittpetersilie, Winterendivie, Wurzelpetersilie, Zwiebeln	25–50	17–35	1–2

Tab. 7.14 Anwendungsempfehlung–Kompostgaben im Zierpflanzenbau und in der Staudengärtnerei

Kompostart: Kurz vor Pflanzen: Fertigkompost 0/10 oder 0/20 mm Mindestens 4 Wochen vor Pflanzen: Frischkompost 0/20mm	m³ FS/ha	t FS/ha	Anwendungsintervall (Jahre)
Salzverträglich, nährstoffbedürftig Nelken, Chrysanthemen	75–100	50–65	3–4
Mittlere Salzverträglichkeit, nährstoffbedürftig Rosen	50–75	35–50	2–3
Salzempfindlich, weniger nährstoffbedürftig Alstroemerien, Gerbera, Tulpen	25–50	17–35	1–2
Sehr salzempfindlich Fresien, Primeln		nicht direkt zur Kultur, sondern zur Vorkultur	

Tab. 7.15 Anwendungsempfehlung zur Bodenverbesserung im Garten- und Landschaftsbau

	Ansaaten ZIER- und GEBRAUCHS-RASEN nach DIN 18.917	PFLANZUNGEN einschließlich REKULTIVIERUNG nach DIN 18.916
Stark sandige Böden, Kies, Schotter, Schlacken	25–30 l/m² nährstoffreicher Kompost 0/10 mm Körnung 25–30 l/m² nährstoffarmer Kompost 0/10 mm Körnung	20–25 l/m² nährstoffreicher Kompost etwa 30 l/m² nährstoffarmer Kompost, in Ausnahmefällen bis 40 l/m²
Schwach bindige bis bindige Böden	15–20 l/m² nährstoffreicher Kompost 0/10 oder 0/20 mm Körnung 25–30 l/m² nährstoffarmer Kompost 0/10 oder 0/20 mm Körnung	20 l/m² nährstoffreicher Kompost 30 l/m² nährstoffarmer Kompost
Stark bindige Böden	15–20 l/m² nährstoffreicher Kompost 0/20 mm Körnung 25–30 l/m² nährstoffarmer Kompost 0/20 mm Körnung	20 l/m² nährstoffreicher Kompost 30 l/m² nährstoffarmer Kompost
	Fertigkompost 0/10 oder 0/20 mm	
	Einarbeitungstiefe etwa 10 bis 20 cm	Einarbeitungstiefe auf leichten Böden bis 30 cm, bei schweren bis 20 cm

Tab. 7.16 Anwendungsempfehlung für Pflanzarbeiten in Pflanzlöchern und Baumgruben nach DIN 18.916

nährstoffreicher Kompost	20 Vol. % der Verfüllmenge
nährstoffarmer Kompost	30 Vol. % der Verfüllmenge

Pflanzenverträglicher Fertigkompost 0/10 oder 0/20 mm Körnung

ten, Rasentragschichten und Substrate zu verstehen, die nach zentraler Mischung flächig aufgetragen bzw. eingebaut werden.

Im Garten- und Landschaftsbau sind es vornehmlich folgende Kompostanwendungsgebiete:

– Bodenverbesserung bei Ansaaten und bei Pflanzungen,
– Sport- und Golfplatzbau,
– Herstellung von nicht versiegelten Park- und Abstellplätzen,
– Bodensanierung/Revitalisierung,
– Ingenieurbiologische Sicherungsbauweise (Sicherung von Erdbauwerken, Böschungsschutz, Ufer- und Hangsicherung),
– Pflanzlochanwendung (Pflanzlöcher, Baumgruben),
– technische Herstellung von Böden (Vegetationstragschichten, Rasentragschichten, Oberbodenersatz),
– Verwendung als Vegetationsschicht nach Deponieabdeckung,
– Dachbegrünung,
– Verwendung als Pflanzsubstrat (für Pflanzlöcher, vegetative Lärmschutzwände, Kübel und sonstige Gefäße,
– Pflege von Vegetations-, Grünflächen.

In den Tabellen 7.15 und 7.16 sind einige Anwendungsempfehlungen aus der Broschüre »Kompost mit Gütezeichen für den Garten-und Landschaftsbau« der Bundesgütegemeinschaft Kompost e.V. (erstellt durch die PlanCoTec, Witzenhausen) aufgeführt.

Im Garten- und Landschaftsbau muß Kompost als Mulchstoff dauerhaft sein (langsamer Abbau, Verwehungsstabilität) und eine möglichst geringe Nährstofffreisetzung aufweisen. Ein weites C/N-Verhältnis und geringe Gehalte an Feinanteilen durch Absiebung auf 10 mm Minimalkorn und 30 bis maximal 50 mm Maximalkorn sind geeignet, diese Anforderungen zu erfüllen.

Das öffentliche Grün ist von den pflanzenbaulichen und technischen Anforderungen her dem Garten- und Landschaftsbau zuzuordnen. In der Regel werden Fertigkomposte feiner und mittlerer Absiebung verwendet (0/10 bis 0/25 mm). Es existieren Ansätze, im Bereich des öffentlichen Grüns auf mineralische Düngung zu verzichten und hier sowie für Baumaßnahmen im Rahmen öffentlicher Ausschreibungen verstärkt Komposte einzusetzen.

4.3 Landwirtschaft

In der Landwirtschaft, einschließlich von Spezialkulturen wie z. B. Spargel, werden neben den allgemeinen Forderungen in der Regel nur wenige zusätzliche Erwartungen an Komposteigenschaften formuliert. Die Aufwandmengen an Kompost sollten durch den Nährstoffbedarf der Kulturen, den schon vorliegenden Gehalt des Bodens an Nährstoffen und die zulässigen Schadstofffrachten nach Bioabfallverordnung, BioAbfV [4] begrenzt sein (siehe Kap. 3.1).

Hinsichtlich der äußeren Qualität sind die Anforderungen an Komposte eher gering. Eine Eutrophierung von Oberflächengewässern oder die Verschmutzung des Grundwassers durch den Nährstoffreichtum von Komposten muß durch begrenzte Aufbringungsmengen sowie bestimmte Anwendungszeiten und -techniken vermieden werden.

Um einen Einsatz von Komposten in der Landwirtschaft attraktiv zu machen, sollten die Komposte

– Erosions- und Verschlämmungsschutz in gefährdeten Kulturen bieten; die Wirksamkeit einer Anwendung von ca. 100 m^3 Kompost/ha in Mais (teilweise übertragbar auf Zuckerrüben) wurde am Institut für Landtechnik der Universität Bonn erfolgreich geprüft;
– nährstoffreich und durch Minimalgehalte an wichtigen Nährstoffen gekennzeichnet sein;
– einen hohen Gehalt an basisch wirksamen Stoffen (Kalk) aufweisen;
– besonders zur Bodenverbesserung bei leichten Böden geeignet sein (hohe Gehalte an organischer Substanz, hohe Kationenaustauschkapazität usw.).

Je nach Anwendungszweck werden unterschiedliche Absiebungen in der Landwirtschaft gewünscht:

– 0/20 bis 0/25 mm zur Bodenverbesserung und Düngung;
– 0/20 bis 0/30 mm für Erosions- und Verschlämmungsschutz;
– 0–10 mm für feinere Feldgemüsearten;
– 0–10 mm für Grünland.

Welchen monetären Wert Kompost neben den positiven Auswirkungen auf Boden und Pflanzenwachstum (siehe Kap. 2.1) in einer typischen landwirtschaftlichen Fruchtfolge hat, zeigt Tabelle 7.17.

In Tabelle 7.18 ist eine Anwendungsempfehlung für den Komposteinsatz in der Landwirtschaft zusammengefaßt.

Tab. 7.17 Musterdüngerberechnung einer Fruchtfolge (jeweils in kg/ha) ([2]; verändert)			
Fruchtfolge: Zuckerrüben/Winterweizen/Sommergerste (Die Nährstoffversorgung des Bodens entspricht der Gehaltsklasse C)	Stickstoff	Phosphat	Kalium
Nährstoffbedarf (Summe)	450	270[1]	650[1]
Zufuhr über organische Düngung, Niederschlag etc.	95	30	105
Erforderlicher Mineraldüngermenge ohne Komposteinsatz	355	240	545
Zufuhr über Kompost (3 x 10 t TS/ha und Jahr)[2]	300	180	240
Ausnutzungsrate in 3 Jahren	30–40 %	100 %	100 %
Anrechenbare Nährstoffe im Kompost	90–120	180	240
Erforderliche Mineraldüngermenge mit Komposteinsatz	235 -265	60	305
eingesparte Mineraldüngerkosten	140–186 DM	319 DM	156 DM

[1] Düngempfehlung bei Erhaltungsdüngung: 220 kg/ha Phophat und 540 kg/ha Kali
[2] =3-Jahresrythmus aus betriebswirtschaftlichen Gründen

> **Tab. 7.18 Anwendungsempfehlung für den Komposteinsatz in der Landwirtschaft**
>
> Die »Gute fachliche Praxis« muß sichergestellt werden. Damit ist die Kompostanwendung nach Art, Menge und Zeit auf den Bedarf der Pflanzen und des Bodens auszurichten. D. h.
> – die Kompostaufwandmenge ist pflanzenbedarfsgerecht zu kalkulieren und darf bei Einhaltung der Qualitätskriterien nach BioAbfV 20t TS bzw. 30t TS ha/3a nicht überschreiten.
> – Einzelgaben sollten 30–40 t TS nicht überschreiten. Danach muß eine Anwendungspause von 3–4 Jahren eingehalten werden.
> – als Erosions- und Verschlämmungsschutzmaßnahme (z. B. bei Reihenkulturen Mais und Zuckerrüben) sind Einzelgaben von 30 bis 50 t TS/ha erforderlich, um eine verschlämmungsmindernde Wirkung zu erzielen.
>
> Hierfür wiederum ist es sinnvoll
> – Fachberatungseinrichtungen zu beteiligen,
> – eine Schlagkartei zu führen (hilfreich für die Festlegung von notwendigen Nährstoffgehalten),
> – eine N_{min}-Untersuchung vor einem Komposteinsatz durchzuführen.

4.4 Wein- und Obstbau

Im Wein- und Obstbau herrschen langfristige Dauerkulturen vor, daneben ist der Erdbeeranbau für den Komposteinsatz von Bedeutung. Der Nährstoffentzug ist bei Reben, Kern-, Stein- und den meisten Beerenobstarten eher gering, vor allem hinsichtlich Stickstoff. Im integrierten Weinbau wird eine Obergrenze von 150 kg/ha N in 3 Jahren durch organische Dünge- und Bodenverbesserungsmittel diskutiert [21]. Feine und mittelfeine, nährstoffreiche Komposte (0/10 bis 0/25 mm) könnten zum Beispiel vor der Ansaat von Begrünungen ausgebracht werden. Bei Neuanlagen sind Pflanzlochanwendungen sinnvoll (siehe Tab. 7.16). Bei der Inkulturnahme müssen Rohböden mit nicht zu nährstoffreichen, mittelfeinen Komposten verbessert werden.

Weitere wichtige Merkmale des Wein- und Obstbaus sind der Bedarf an nährstoffarmem Mulchmaterial, in den Steillagen des Weinbaus vor allem für den Erosionsschutz und im Obstbau zur Bodenbedeckung und -pflege. Je nach Anwendungszweck können sowohl Fertigkomposte als auch hygienisierte Frischkomposte eingesetzt werden.

Die Mulcheignung eines Teils der Komposte ist vorhanden bei geringen Stickstoffgehalten und einer groben Struktur (Minimalkorn 10 mm und Maximalkorn 30 oder 40 mm); bei einer Abdeckung ausschließlich im Unterstockbereich (25 % der Fläche bei 0,5 m von 2 m Zeilenbreite) können angemessene Schichtdicken aufgebracht werden.

Wegen des langjährigen Einsatzes bedeutender Mengen an kupferhaltigen Pflanzenschutzmitteln sind viele Standorte überdurchschnittlich mit Kupfer belastet. Auch hohe Zinkgehalte, z. B. durch Stützelemente, sind zu beobachten. Im Apfelanbau droht bei einem Kalium-Calcium-Magnesium-Ungleichgewicht die Gefahr der Stippigkeit [79]. Die relativ hohen Konzentrationen der Nährstoffe Calcium und Magnesium in den meisten Bio- und Grünkomposten mindern die Wahrscheinlichkeit des Auftretens von Stippigkeit jedoch deutlich. Heidelbeer- und Preiselbeerkulturen sind wegen ihres Anspruchs an niedrige pH-Werte kaum für den Komposteinsatz geeignet.

In den Tabellen 7.19 und 7.20 sind einige Anwendungsempfehlungen aus der Broschüre »Kompost mit Gütezeichen für den Obst- und Weinbau« der Bundesgütegemeinschaft Kompost e. V. (erstellt durch die PlanCoTec, Witzenhausen) aufgeführt.

Ein nur geringer Nährstoffbedarf ist im Obstbau vorzufinden. Zur Neuanpflanzung sind je nach Nährstoffversorgung 20 bis 40 t TS Kompost bzw. 50–100 m³ einsetzbar (siehe Tab. 7.20). Auch eine Pflanzlochanwendung ist sinnvoll (vgl. Tab. 7.16). Eine regelmäßige

4 Pflanzenbauliche Verwertung von Komposten in verschiedenen Bereichen

Kompostanwendung wird nach einer Neuanpflanzung zwangsläufig durch den geringen Phosphorentzug limitiert. Es ergeben sich Aufwandmengen von 10–15 m³/ha Kompost bzw. 4–6 TS/ha alle drei Jahre [67].

4.5 Forstwirtschaft

Der forstwirtschaftliche Bereich steht dem Komposteinsatz, vor allem wegen der befürchteten Eutrophierung der Standorte, im großen und ganzen noch sehr reserviert gegenüber. Ein zusätzlicher Humusbedarf ist in Altbeständen kaum gegeben. Auch Schwermetall- und Nährstoff-Auswaschungen werden befürchtet, besonders hinsichtlich der sehr niedrigen pH-Werte auf vielen Waldstandorten. Nur in der Forstpflanzen-Anzucht ist die Bereitschaft groß, Kompost zu verwenden.

Aufgrund der rapiden Verschlechterung wichtiger Bodeneigenschaften und der neuartigen Waldschäden könnte die Anwendung von Komposten aus der Getrenntsammlung jedoch vorteilhaft sein. Je ungünstiger die natürlichen und anthropogen beeinflußten Standorteigenschaften sind, desto günstiger könnte sich die Anwendung von Bio- und Grünkomposten auswirken. Vor der Kulturbegründung wäre die beste Gelegenheit zur Bodenverbesserung gegeben. Besonders der Umbau von standortwidrigen oder auf degradierten Böden wachsenden Nadelreinbeständen zu Misch- oder Laubholzbeständen könnte mit Hilfe eines Komposteinsatzes wesentlich besser gelingen. Es sind jedoch unbedingt planmäßige, interdisziplinär angelegte Versuche auf verschiedenen Standorten durchzuführen, um notwendige Kenntnisse, vor allem zur Nährstoff- und Schwermetalldynamik auch bei niedrigen pH-Werten, zu erlangen.

Nach dem LAGA M10 1995 [67] werden mit dem Komposteinsatz in der Forstwirtschaft folgende Ziele verfolgt:

Tab. 7.19 Anwendungsempfehlung–Vorratsdüngung im Weinbau

Kompostart: Stickstoffarmer Fertigkompost, Absiebung 0/10 oder 0/20 mm	m³ FS/ha	t FS/ha	Anwendungsintervall
Rohböden			
mittlere/schwere	100–150	65–100	einmalig
leichtere/mittlere	75–120	50–80	zur Inkulturnahme
Humusärmere Böden (< 2 % Humus)			
mittlere/schwere	75–120	50–80	3–5
leichtere/mittlere	50–100	35–65	2–4
Humusreichere Böden (> 2 % Humus)			
mittlere/schwere	50–100	35–65	2–4
leichtere/mittlere	50–75	35–50	2–3

Tab. 7.20 Anwendungsempfehlung – Vorratsdüngung bei Kern-, Stein- und Beerenobst

Kompostart: Fertigkompost, Absiebung 0/10 oder 0/20 mm	Kern- und Steinobst			Beerenobst		
	m³ FS/ha	t FS/ha	Reicht für soviel Jahre	m³ FS/ha	t FS/ha	Reicht für soviel Jahre
Humusärmere Böden (< 2 % Humus)						
mittlere/schwere	75–120	50–100	3–5	120–150	80–100	5–6
leichtere/mittlere	50–80	35–65	2–4	80–120	50–80	3–5
Humusreichere Böden (> 2 % Humus)						
mittlere/schwere	50–100	35–65	2–4	80–120	50–80	3–5
leichtere/mittlere	50–75	35–50	2–3	50–80	30–50	2–3

- Behebung von Bodenverdichtungen (durch Maschineneinsatz hervorgerufen),
- Aufforstung von Windwurf- und Grenzertragsflächen sowie degenerierten Böden,
- Anlage von Wildäckern,
- Substratherstellung für die Anzucht in Forstbaumschulen.

Wenn Kompost in der Forstwirtschaft angewendet werden soll, muß er wegen der Ansprüche an den Erholungswert und die Ästhetik naturnaher Räume sehr geringe Gehalte an optisch auffallenden Fremdstoffen aufweisen. Es ist Fertigkompost ohne störenden Geruch einzusetzen. Zudem sollte er relativ stickstoffarm sein, da über die Niederschläge bereits N in den

Tab. 7.21 Qualitätskriterien und Güterichtlinien für Substratkompost (BUNDESGÜTEGEMEINSCHAFT KOMPOST E.V.)

Qualitätsmerkmal	Qualitätsanforderung		
Hygiene	a) Prüffähiger Nachweis der seuchenhygienischen Wirksamkeit des Rotteverfahrens b) Freiheit von keimfähigen Samen und Pflanzenteilen (frei = < 0,5 Pflanzen/l Kompost) c) Freiheit von Salmonellen		
Fremdstoffe	a) maximal 0,5 Gew.-% i.d. TS auslesbare, artfremde Stoffe über 2 mm Durchmesser b) frei von Fremdstoffen > 5 mm (frei = < 0,1 % i.d. TS, Kunststoffe < 0,05 % i.d. TS)		
Steine	a) maximal 5 Gew.-% i.d. TS auslesbare Steine von 2–10 mm Durchmesser b) frei von Steinen > 10 mm (frei =< 0,5 Gew.-% TM)		
Pflanzen-verträglichkeit	a) Pflanzenverträglichkeit im vorgesehenen Anwendungsbereich b) frei von phytotoxischen Stoffen (flüchtige phyto-toxische Stoffe spezifisch geprüft, Kressetest im geschlossenen Gefäß) c) nicht Stickstoff-immobilisierend (spezifisch geprüft, Keimpflanzentest mit N-Steigerung oder Brutversuch nach Zöttl		
Rottegrad	a) Rottegrad V		
Wassergehalt	a) lose Ware maximal 45 Gew.-%, Sackware maximal 35 Gew.-% b) für Kompost mit mehr als 40 Gew.-% OS sind höhere Wassergehalte gemäß Anlage 3 der Güte- und Prüfbestimmungen zulässig c) »feucht« entsprechend Bonitur (ca. 50–60 der max. WK)		
Organische Substanz	mindestens 15 Gew.-% i.d. TS, gemessen als Glühverlust		
Schwermetallgehalte	Grenzwerte (mg/kg TS) Pb 150 mg/kg, Cr 100 mg/kg, Ni 50 mg/kg, Zn in Erarbeitung (Richtwert), Cd 1,5 mg/kg, Cu 100 mg/kg, Hg 1,0 mg/kg		
Pflanzennährstoffe und Salzgehalt		Typ 1*	Typ 2*
	Salzgehalt	max. 2,5 g/l	max. 5 g/l
	min. N	< 300 mg/l	< 600 mg/l
	lösl. P_2O_5	< 1200 mg/l	< 2400 mg/l
	lösl. K_2O	< 2000 mg/l	< 4000 mg/l
	lösl. Cl	< 500 mg/l	< 1000 mg/l
	lösl. Na	< 250 mg/l	< 500 mg/l
Carbonate	< 10 % i.d. TS		
Angaben zur Deklaration	Hersteller, Körnung, Rohdichte (Volumengewicht), pH-Wert, Salzgehalt, C/N-Verhältnis, Pflanzennährstoffe gesamt, Pflanzennährstoffe löslich, organische Substanz, Nettogewicht oder Volumen, Hinweise zur sachgerechten Anwendung		

* Typ 1: bis 40 Vol.-% empfohlener Mischkomponentenanteil im Substrat
* Typ 2: bis 20 Vol.-% empfohlener Msichkomponentenanteil im Substrat

Wald eingetragen wird. Bei größeren Abnahmemengen sollten Ergebnisse von Chargenuntersuchungen vorliegen.

Neben der Forstpflanzenanzucht ist an einen weiteren, speziellen Bereich für die Kompostanwendung im Forstbereich zu denken. In der Ligno-Cellulose-Gewinnung wird der Bedarf bisher überwiegend durch Importe gedeckt. Durch die Züchtung neuer Genotypen, z. B. bei Pappeln und Weiden, und die angestrebte Flächenstillegung, wird jedoch der Anbau der schnellwachsenden Baumarten zunehmend attraktiv. Beim Anbau solcher Kulturen im Kurzumtrieb (5 bis 15 Jahre) auf ehemalig landwirtschaftlich genutzten Flächen, könnten Bio- und Grünkomposte bei Reduzierung des Mineraldüngereinsatzes oder vollständigem Verzicht auf zusätzliche Mineraldüngung nutzbringend eingesetzt werden. Die Qualitätsanforderungen wären denen in der Landwirtschaft ähnlich.

4.6 Erden und Substrate

Aufgrund des eng begrenzten Wurzelraumes werden bei Topf- und Containerkulturen hohe Anforderungen an die chemischen, physikalischen und biologischen Eigenschaften eines Substrates gestellt. Dies gilt in besonderem Maße für den Erwerbsgartenbau. Infolgedessen müssen Komposte, die einen wesentlichen Anteil an Substraten einnehmen, ebenfalls solchen Anforderungen entsprechen oder zumindest ermöglichen, durch Beimischungen ein optimales Substrat herzustellen. Blumenerden für den Hobbybereich müssen wegen der Anwendung durch Laien »Sicherheitsmischungen« sein. Graberden sowie andere Erden für den Freilandgebrauch hingegen brauchen wegen der Vermischung mit dem Boden in der Regel nicht ganz so hohen Anforderungen gerecht zu werden. Es können nur pflanzenverträgliche Fertigkomposte als Substratbestandteile eingesetzt werden.

Substratfähige Komposte sind Komposte mit den in Tabellen 7.21 nachfolgend aufgeführten Eigenschaften.

Je nach Mischungsanteil müssen substratfähige Komposte die Qualitätskriterien und Güterichtlinien für Substratkompost (Bundesgütegemeinschaft Kompost e. V.) einhalten.

Die entsprechenden Komposteigenschaften müssen sich nach dem gewünschten Anteil am jeweiligen Substrat richten oder der Zuschlagsanteil wird nach den vorliegenden Eigenschaften bestimmt. Salz- und kaliumarme Komposte sind für höhere Anteile am Substrat gut geeignet, wobei Grünkomposte aus überwiegend nährstoffärmeren Materialien wie Baum- und Strauchschnitt, Laub usw. diese Forderung in der Regel erfüllen. Grünkomposte aus Rohstoffen mit hohem Grasanteil müssen wie Biokomposte bewertet werden und sind nur in geringeren Anteilen als Zuschlagstoff für Substrate verwendbar.

Torffreie Substrate zur Dachbegrünung mit 40 bis 70 % Kompostanteil sind inzwischen erfolgreich geprüft worden [24]. Um die Salz- und Nährstoffkonzentration im Drainwasser gering zu halten, sollte der Kompost auch hier, vor allem bei hohem Anteil an den Substraten, unterdurchschnittliche Salz- und Nährstoffgehalte aufweisen. Grünkomposte mit relativ weitem C/N-Verhältnis sind besonders geeignet. Außerdem sind torffreie Substrate im Hobbybereich bereits möglich und erhältlich.

In der Pilzzucht sind Komposte aus verschiedenen pflanzlichen Materialien erfolgreich einsetzbar [93]. Bio- und Grünkomposte können, z. B. in Champignonkulturen, vor allem im Gemisch als Deckerde verwendet werden. Die Komposte müssen frei von verletzungsträchtigen Glasscherben sein und dürfen kein NH_4-N enthalten.

4.7 Sonstige Bereiche

Bei Verwendungsbereichen für Komposte, die weder derzeit noch in absehbarer Zukunft eine pflanzenbauliche Nutzung zu Nahrungs- oder Genußmittelzwecken erkennen lassen, können auch deutlich höhere Schadstoffgehalte der Komposte als die der Kategorie I nach LAGA M10 1995 [67] akzeptiert werden. Zu diesen Bereichen gehören zum Teil Deponieabdeckungen, Lärmschutzwände und -wälle, Kompostfilter, Altlastensanierung etc. Auch hier muß eine angemessene Frachtenregelung getroffen werden.

5 Kompostvermarktung

5.1 Märkte und Strategien

Die weitgehende Akzeptanz des Konzeptes der getrennten Sammlung und Kompostierung organischer Abfälle aufgrund ihrer volkswirtschaftlichen und ökologischen Vorteile führt zu einer raschen Ausdehnung dieser Technologie. Bundesweit waren im Dezember 1993 99 Anlagen in Betrieb, 28 Anlagen im Bau und 63 Anlagen in der Genehmigung [20]. Dazu kommt eine unbekannte, statistisch nicht hinreichend erfaßte Anzahl von Grünabfall-Kompostierungsanlagen. Neue Mischmüllkompostierungsanlagen werden nicht geplant [47, 60]. Ende 1998 hatten mittlerweile 312 Kompostanlagen das Gütesiegel der BGK erworben (Bundesgütegemeinschaft Kompost e. V.).

Die Entwicklung der getrennten Sammlung und Kompostierung organischer Abfälle verläuft sehr dynamisch, was sowohl die Zahl der Projekte als auch die der angeschlossenen Haushalte betrifft. Der Anfang 1991 erreichte Anschlußgrad von 4,5 % der Einwohner wird sich mittelfristig (politische Beschlüsse, Planungsstand) auf ca. 45 % erhöhen [343. Das entspricht einer Steigerung der Biokompostmenge von ca. 150 000–180 000 t Anfang 1991 auf ca. 1,5–1,8 Mio. t in den nächsten Jahren (Fertigkompost). Diese Größenordnungen stimmen mit den Ergebnissen von HANGEN 1993a und 1993b [45, 46] überein (siehe Abb. 7.6). Die produzierten Kompostmengen werden auch in den Jahren nach 1996 rasch zunehmen. Nach Mitteilungen des ANS wurden 1995 [5] 2,8 Millionen t Kompostrohstoffe zu 1,7 Millionen t Kompost verarbeitet.

Insgesamt sind bei flächendeckender Einführung der getrennten Sammlung und Kompostierung in den »alten« Bundesländern ca. 3,5 bis 4 Mio. t (5 bis 6 Mio. m³) und in ganz Deutschland etwa 5 Mio. t (7,5 Mio. m³) an Bio- und Grünkomposten zu erwarten. Hinzu kommen nicht bekannte, aber beträchtliche Mengen an organischen Abfällen aus dem Naturschutz-/Extensivierungs- und dem Straßenbaubereich sowie vor allem aus dem gewerblichen Bereich.

Schätzungen belaufen sich auf 2 bis 3 % der landwirtschaftlich genutzten Fläche, die theoretisch für die Aufbringung der gesamten Kompostmenge benötigt würden. Durch eine Vielzahl von Gründen, die die Kompostanwen-

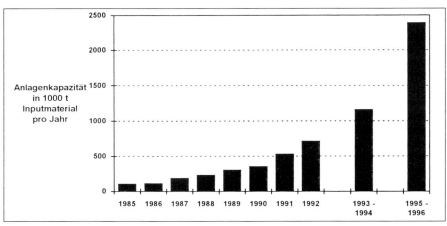

Abbildung 7.6: Anlagenkapazitäten zur Verarbeitung von Bioabfällen in Deutschland; 1993–1994: derzeit im Bau, 1995–1997: derzeit im Genehmigungsverfahren (nach Hangen 1993a, verändert).

dung einschränken, ist der Absatz in die landwirtschaftlichen Bereiche jedoch weitaus schwieriger, als diese Zahlen vermuten lassen, und in manchen Regionen praktisch unmöglich (z. B. hoher Viehbesatz). Der Absatz von Komposten in die Landwirtschaft wirft jedoch noch weitere Schwierigkeiten auf.

Die eigentlichen Vermarktungsprobleme des Produktes Biokompost sind die folgenden:

- Biokompost ist als (neues) Abfallprodukt erklärungsbedürftig.
- Biokompost verdankt seine Existenz nicht der Nachfrage, sondern einer getroffenen und ohne Zweifel auch sinnvollen politischen Entscheidung zur (flächendeckenden) getrennten Sammlung.

Nur ein kleiner Teil des potentiellen Marktes kennt die Produkteigenschaften von Biokompost. Überhaupt ist für Kompost nur teilweise (z. B. Garten- und Landschaftsbau) ein originärer Markt, der Humusprodukte solcher Art nachfragt, schon vorhanden. Auch für reine Grünkomposte gibt es vielerorts durch die zunehmenden Mengen Verwertungsengpässe und Absatzschwierigkeiten. Trotzdem wird immer mehr Kompost produziert.

Bei der herkömmlichen Markteinführung eines Produktes der Konsumgüterindustrie wird in der Regel die Grundstruktur des potentiellen Marktes untersucht und nach Kenntnis des Marktes ein Produkt mit spezifischen Eigenschaften hergestellt. Kompost dagegen wurde bislang hergestellt, ohne sich am Markt zu orientieren.

Was soll und was kann beim Kompostabsatz verwirklicht werden?

- Langfristig stabile Entsorgungssicherheit.
- Erlösmaximierung bzw. Kostenminimierung.

Beide Ziele können nur, besonders bei der rasch steigenden Menge an Bio- und Grünkompost, bei optimaler Marketingplanung und durch Kooperation mit den entscheidenden pflanzenbaulichen und vegetationstechnischen Bereichen erfolgreich umgesetzt werden.

5.2 Absatzbereiche und Einsatzmöglichkeiten

Bio- und Grünkomposte konkurrieren auf dem Markt mit anderen Humusprodukten wie Rindenhumus und -mulch, Torf, organischen Gewerbeabfällen und auch Stallmist. Hier findet zum einen ein Verdrängungswettbewerb statt. Zum anderen wird es möglich sein, Bio- und Grünkomposte über den bisher für Bodenverbesserungsmittel vorhandenen Markt hinaus abzusetzen oder neue Märkte zu erschließen. Hierfür kommt zum Beispiel der Einsatz von Komposten in den Gebieten der Grünflächenpflege in Frage, in denen bisher keine organischen Bodenverbesserungsmittel eingesetzt werden, aber auch Bereiche wie die viehlose Landwirtschaft, bei der Humusprodukte bisher aus Gründen der Verfügbarkeit und der Kosten nur in geringem Maße eingesetzt wurden, sowie der Erosions- und Verschlämmungsschutz in landwirtschaftlichen Reihenkulturen wie Mais und Zuckerrüben. Insgesamt sind vielfältige Einsatzbereiche für Bio- und Grünkomposte vorhanden (siehe Tab. 7.22).

Tab. 7.22 Einsatzbereiche für Bio- und Grünkomposte im Pflanzenbau

Verwertung
- Erwerbsgartenbau (Gemüse und Zierpflanzen)
- Baumschulen
- Hobbygartenbau
- Garten- und Landschaftsbau
- Öffentliche Grünanlagen
- Straßenbegleitgrün
- Rekultivierungsmaßnahmen/ Neuanlagen (Städtebau, Straßenbau, Industriebereiche, Naturschutz usw.)
- Landwirtschaft
- Wein- und Obstbau
- Sonderkulturen
- Forstwirtschaft

Veredelung
- Erden- und substratherstellende Industrie

Grundsätzlich sind pflanzenbauliche Verwertungsbereiche (einschließlich der Veredelungsstufe Erden/Substrate/Humusprodukte) mit originärem Bedarf an Humusstoffen abzugrenzen von Bereichen, die Kompost zwar nutzen können, vor allem wegen der Gehalte an Haupt- und Spurennährstoffen, aber auch wegen des Gehaltes an organischer Substanz, die aber Humusstoffe aus dem Zukauf nicht direkt benötigen. Zu den ersteren gehören, wenn sie auch in sehr unterschiedlichem Maß Humusprodukte benötigen, die erden- und substratherstellende Industrie, der Garten-, Landschafts- und Sportplatzbau, die Baumschulen, das »Öffentliche Grün« (einschließlich Straßenbegleitgrün) und die Rekultivierungen sowie teilweise der Erwerbsgartenbau (Gemüse und Zierpflanzen), bestimmte landwirtschaftliche Sonderkulturen, der Wein- und Obstbau und der Hobbygartenbau. Die Bereiche Ackerbau und Forstwirtschaft benötigen dagegen nur in wenigen Teilbereichen über die selbst erzeugten Humusprodukte hinaus organische Substanz aus Zukauf.

Im weiteren ist zu beachten, daß es allgemeine vermarktungsrelevante Kriterien gibt, die für alle Marktsegmente oder Zielgruppen mehr oder weniger gleichermaßen gelten, wie sozialpsychologische Tendenzen (Auswirkungen auf die Akzeptanz für Komposte), Umwelt- und Bodenschutz usw. Daneben sind marktsegmentspezifische Kriterien wie die Konjunkturentwicklung oder Strukturveränderungen im Segment zu berücksichtigen.

Davon unabhängig ist der Stellenwert der Marktsegmente stark zusammengefaßt und verallgemeinert in Tabelle 7.23 dargestellt. Weder regionale Differenzierungen noch zeitliche Aspekte sind hierbei berücksichtigt. Bei nur regional wich-

Tab. 7.23 Überblick über den Stellenwert der möglichen Absatzbereiche für die Kompostvermarktung (ohne Berücksichtigung regionaler Differenzierung) ([101]; verändert)

Bereich	Absatzpotential	Absatzsicherheit	Qualitätsanforderungen[1]	mögliche Erlöse	Entwicklungschancen
Erden- und substratherstellende Industrie	++	+	++	+	++
Garten-, Landschafts- und Sportplatzbau	++	+	++/-	++	+
Baumschulen	+/-	+/-	+	+	+
Bodenkultur im Erwerbsgartenbau (Gemüse und Zierpflanzen)	+	+/-	+	+	+
Hobbygartenbau (nicht veredelter Kompost)	++	+	+	++	+
Öffentliche Grünanlagen	+	+	+/-	+/-	+
Straßenbegleitgrün	+/-	+/-	+/-	+/-	+/-
Rekultivierungen	+	+	+/-	+/-	+
Weinbau	+	+	+/-	+/-	+
Obstbau	+/-	+/-	+/-	+/-	+/-
landwirtschaftliche Spezialkulturen wie Spargel, Erdbeeren	+	+	+/-	+/-	+
Landwirtschaft (Ackerbau)	++	+/-[2]	+/-	-	+
Forstwirtschaft	+/-	+/-	+	-	+/-

[1] Die Qualitätsanforderungen an Komposte sind grundsätzlich hoch, die Differenzierung ist nur in diesem Rahmen zu sehen.
[2] Bei vertraglicher Absicherung hoch.

++ = sehr hoch/sehr gut, + = hoch/gut, +/- = mittel oder uneinheitlich,-= weniger hoch/weniger gut

tigen Bereichen gilt die Bewertung für die betreffende Region.

Während unveredelte Komposte im GaLaBau verbreitet angewendet werden, werden Vegetationsschichten, Dachgarten- und Pflanzlochsubstrate usw. erst allmählich eingeführt. Die Herstellung von Pflanzerden und Kultursubstraten auf Kompostbasis weist große Chancen für den Kompostabsatz auf, die Erlösmöglichkeiten werden als gut, aber nicht sehr gut eingeschätzt.

5.3 Entsorgungs- bzw. Verwertungssicherheit

Wegen der nicht marktwirtschaftlichen Grundlage der Kompostproduktion sind sowohl die Bereitschaft der Landwirte zur Kompostabnahme als auch die Notwendigkeit zur landwirtschaftlichen Kompostverwertung zu berücksichtigen. Landwirtschaft wird im folgenden im engeren Sinne betrachtet, was Sonderkulturen wie Wein-, Obst- und Gartenbaukulturen ausschließt, während die landwirtschaftliche Feldgemüseproduktion eingeschlossen ist.

Die Landwirtschaft ist grundsätzlich von seiten der Ämter und berufsständischen Vertreter zur Abnahme und zum Einsatz von Biokomposten bereit ([78], Fachgespräche der PlanCoTec im Rahmen von Marktanalysen). Dabei können von seiten der zuständigen amtlichen Stellen und der Berufsorganisationen sowohl Fertig- als auch Frischkomposte eingesetzt werden, sofern sie die Qualitätsansprüche einhalten. Diese betreffen vor allem Hygieneeigenschaften und Schadstoffgehalte; in der Regel wird die Einhaltung der Richtwerte der Bundesgütegemeinschaft Kompost vorausgesetzt. Die Fragen nach Haftung und amtlichen Regelungen bedürfen einer Klärung.

Außerdem muß nach VDLUFA [78] die Kompostverwertung

– hinsichtlich Nähr- und Schadstoffzufuhr kontrolliert erfolgen (Frachtenregelung),
– ordnungsgemäßen Düngemaßnahmen entsprechen (Beachtung des Düngemittelrechtes einschließlich der künftigen Düngemittelanwendungsverordnung),
– positive Wirkung auf Boden und Pflanzen haben,
– für den Verwerter rentabel sein.

Diese Voraussetzungen sind erfüllt bzw. lassen sich erfüllen und sind im Merkblatt M 10 der LAGA berücksichtigt. Die Antwort auf die Frage nach der Notwendigkeit der landwirtschaftlichen Kompostverwertung bedarf nach der derzeitigen, sehr dynamischen Situation der Kompostproduktion einer differenzierten Einschätzung entsprechend der Intensität der Vermarktungsaktivitäten in der jeweiligen Region. Dies soll an drei Extremen verdeutlicht werden:

– Relativ dicht besiedelte Landkreise mit starken Aktivitäten im Landschaftsbau, vorhandenen Erdenwerken und entsprechenden Vertriebsorganisationen sowie ausgedehnten Sonderkulturen.
– Sehr ländliche, strukturschwache Gebiete ohne die genannten Merkmale.
– Großstädte mit sehr geringer »eigener« Verwertungsfläche und mit vorhandener Kompostproduktion in den umliegenden Landkreisen.

Unserer Schätzung nach müssen in der Regel zwischen 20 % (Fall 1) und 60 % des produzierten Kompostes (Fall 2) an die Landwirtschaft abgegeben werden. Großstädte werden ihre Komposte mit größeren Anstrengungen als Landkreise vermarkten müssen (Fall 3). Vermarktungsgebiete werden dabei schwerpunktmäßig benachbarte Landkreise sein, wobei durch die vorausgesetzte Kompostverwertung der Landkreise selbst ein Anteil der Landwirtschaft für den »großstädtischen« Kompost von deutlich über 50 % zu erwarten ist.

Langfristig ist eine Abgabe des Kompostes gegen Vergütung der Aufwendungen für Transport, Laden und Ausbringung zu erwarten. Wegen der tatsächlich im Kompost enthaltenen und auch für die Landwirtschaft interessanten Stoffe und seiner positiven Eigenschaften sollte gleichzeitig ein angemessener Preis für den Kompost bezahlt werden (mindestens Nährstoff- und Kalkwert), der jedoch die Vergütung der erbrachten Leistungen oft nicht erreichen wird. In Gebieten mit landwirtschaftlichem Gemüsebau und anderen Spezialkulturen sowie bei geringen Transportentfernungen ist bei intensiven Bemühungen auch ein Nettoerlös aus der Vermarktung von Komposten in diese Bereiche möglich.

Aufgrund der immer noch stark defizitären Marketingaktivitäten, wie Marktanalysen, Marketingkonzepte, Marktvorbereitung und -einführung usw., ist in der großen Mehrheit der Gebiete, in denen Kompost produziert wird, bereits zum jetzigen Zeitpunkt die Notwendigkeit zur Kompostvermarktung oder -abgabe in die Landwirtschaft im weiteren Sinne gegeben, obwohl sie oft nicht zwingend wäre. Die Notwendigkeit wird unter den genannten Voraussetzungen und der exponentiell steigenden Kompostmengen aber rasch zunehmen.

Die langfristige Zwangsläufigkeit der Kompostverwertung in der Landwirtschaft in vielen Regionen bedingt unserer Ansicht nach eine enge Kooperation der Komposthersteller mit einzelnen Landwirten, Zusammenschlüssen von Landwirten, z. B. im Rahmen von Maschinenringen, sowie mit Behörden und Verbänden. Diese Kooperation sollte bereits vor der Aufnahme der Kompostproduktion vorbereitet und sachgerecht etabliert werden. Hierbei sind derzeit noch große Defizite zu beobachten, obwohl die Landwirtschaft für die Entsorgungssicherheit und damit den Gesamterfolg des Getrenntsammlungskonzeptes oft entscheidend ist.

5.4 Erlöse: Direktabsatz in Bereiche mit originärer Nachfrage

Innerhalb der verschiedenen Anwendungsgebiete bzw. Zielgruppen ergibt sich bezüglich Zustimmung oder Ablehnung zum Komposteinsatz eine Differenzierung. So ist die Bereitschaft zum Einsatz bei den Gartenämtern, in Baumschulen, im Garten- und Landschaftsbau sowie bei den Hobbygärtnern in der Regel hoch. Dies sind Bereiche mit originärem Bedarf an Humusprodukten.

Betriebe des Garten-, Landschafts- und Sportplatzbaus sind nach verschiedenen Marktanalysen der PlanCoTec bereit, je nach Betriebsgröße zwischen 10 und 5000 m³ Fertigkompost pro Jahr abzunehmen. Es besteht eine starke Abhängigkeit von der Siedlungsstruktur und vor allem von der Ausschreibungspraxis. Für viele Kompostwerke bedeutet dies einen Absatz von 20 bis 50 % des erzeugten Kompostes in diesen Bereich.

Abbildung 7.7 veranschaulicht beispielhaft die unterschiedlichen Erlösmöglichkeiten in den Marktsegmenten Ackerbau und GaLaBau. Auch im Hobbygar-

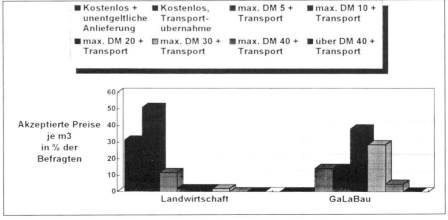

Abbildung 7.7:
Mittlere Preisakzeptanz für die 10- und die 20 mm-Absiebung in den Bereichen Landwirtschaft und GaLaBau (Durchschnitt mehrerer Landkreise; Stöppler-Zimmer u. Gottschall 1994).

tenbau, in Baumschulen und in weiteren Bereichen sind Erlöse zu erzielen. Bei einem hohen Anteil an Spezial- und Sonderkulturen sind auch in der Landwirtschaft hohe Erlöse möglich.

Der direkte Absatz unveredelter Komposte in diese Bereiche ist für die Komposthersteller die nächstliegende und unter den erlösbringenden Absatzkanälen am wenigsten aufwendige Möglichkeit. Sie wird deshalb auch in Zukunft ein wesentliches Standbein des Kompostabsatzes bleiben, auch wenn einzelne Marktsegmente an Bedeutung verlieren können.

5.5 Markterweiterung und -stabilisierung: Substratfähige Komposte

Der Anwendungsbereich der Erden und Substrate stellt sehr hohe Anforderungen an die Ausgangsstoffe. Unbedingte Voraussetzung für die Integration von Komposten in diesem sehr sensiblen Sektor ist die intensive Qualitätssicherung der für die Veredelung benutzten Komposte und die fachliche Absicherung der angewendeten Rezepturen sowie der Herstellungsverfahren. Substratfähige Komposte müssen darüber hinaus relativ nährstoff- und salzarm sein.

Im Verdrängungswettbewerb mit Torfprodukten ist neben der Frage der Preisgestaltung eine »garantierte Grundqualität« essentiell, um Kompostprodukte auf dem Markt erfolgreich abzusetzen. Dies gilt bereits für das Marktsegment Hobbygartenbau, jedoch noch wesentlich mehr für die Herstellung von Kompostprodukten für den Erwerbsgartenbau, da der Erfolg der pflanzenbaulichen Kultur und damit das Einkommen des gewerblichen Substratanwenders zu einem erheblichen Teil von der Qualität des genutzten Substrates abhängt. Dazu kommt die Produkthaftung.

Für die Herstellung von Pflanzerden und Kultursubstraten sind nährstoff- und damit salzarme Komposte notwendig. Die Produktion solcher Komposte ist auf zwei Wegen möglich, wobei die Entscheidung auf Grundlage der Marktanalyse in der Marketingkonzeption getroffen werden muß.
- Das Kompostwerk verarbeitet reinen Grünabfall, wobei darauf zu achten ist, daß der nährstoffreiche Grasschnitt zu keinem Zeitpunkt im Jahr einen zu hohen Anteil einnimmt.
- Inputstoffe werden getrennt kompostiert: nährstoffarmer Grünabfall wird veredelt und nährstoffreicherer Bioabfall zu Bodenverbesserungsmittel mit Düngewirkung verarbeitet.

5.5.1 Absatzpotential für Pflanzerden und Kultursubstrate

Pflanzerden und Kultursubstrate werden für ein weites Spektrum an Zielgruppen im Bereich des Hobby- und Erwerbsgartenbaus sowie für verschiedene Einsatzzwecke im Garten- und Landschaftsbau hergestellt. Die Produktionsbasis ist dabei immer noch ganz überwiegend Weiß- und Schwarztorf. Der Anteil an Torfsubstituten in diesem Bereich, insbesondere Rindenhumus, Produkte aus Holzabfällen etc., liegt derzeit schätzungsweise noch deutlich unter 15 %.

1990 wurden ca. 9,5 Mio. m^3 Torf in den pflanzenbaulichen Bereichen der »alten« Bundesländer abgesetzt, wobei in jüngster Zeit die Erwerbsbetriebe mehr Torf und Torfprodukte einsetzen als der Hobbygartenbau [109]. Die Herstellung von reinem Torf als Ballenware zur Bodenverbesserung ist dabei rückläufig, während die Veredelung von Torf in Blumenerden und Substraten weiter zunimmt. Bei einem Torfersatz von z. B. 50 % bei Bodenverbesserungsmitteln für das Freiland und einem Einsatz von 20–30 % Bio- oder Grünkompost in Blumenerden sowie in gärtnerischen Substraten könnten ca. 2–4 Mio. m^3 Kompost in diesen Bereich fließen. Abgesehen von der großen potentiellen Absatzmenge könnte bei Einhaltung der geforderten Gütekriterien mit einer stabilen Nachfrage und akzeptablen Erlösen gerechnet werden. Die jüngsten Entwicklungen im Bereich Erden und Substrate geben zu Optimismus Anlaß. Zu nennen sind die Aktivitäten der Erdenindustrie, wobei sich sowohl kleinere als auch große Hersteller von Erden und Substraten zunehmend mit Kompost befassen, aber auch erste Anstrengungen seitens der Kompostproduzenten.

5.5.2 Akzeptanz von Erden und Substraten auf Kompostbasis

Die Mehrheit der Erdenwerke akzeptiert grundsätzlich qualitativ und preislich befriedigende Komposte. In den untersuchten Vermarktungsgebieten lehnen aus dem Bereich Handel nur rund 10 bis 20 % der Befragten den Vertrieb von Kompostprodukten ab. Für den Verkauf an Endabnehmer interessiert sich die Mehrzahl der Betriebe, und für die Vermarktung an den Zwischen- oder Großhandel weitere Betriebe. Obwohl sich der Handel in diesem Sektor oft zurückhaltend verhält, ist insgesamt ein im Laufe der Zeit steigendes Interesse des Groß- und Einzelhandels zu beobachten.

Der Markt für Pflanzerden mit deutlichem Kompostanteil im Hobbybereich wird seit kurzem zunehmend erschlossen. Wie die landesweite Marktstudie in Niedersachsen [74] zeigte, ist das Interesse an solchen Pflanzerden groß (siehe Abb. 7.8). Bemerkenswert ist, daß die potentiellen Käufer auch dann Erde mit hohem Kompostanteil kaufen würden, wenn deutlich gemacht würde, daß der Kompostanteil aus Abfall stammt.

5.6 Entscheidungsgrundlagen

Um die Ziele des Kompostabsatzes zu erreichen, nämlich die Entsorgungssicherheit herzustellen und die Erlöse so günstig wie möglich zu gestalten, müssen konkrete Schritte unternommen werden. Die zentralen Entscheidungen müssen nach sorgfältigen Marktuntersuchungen fallen, die bisher in zu geringem Maße durchgeführt wurden (vgl. [103]).

Vor allem folgende Punkte müssen abgeklärt werden:

– Detaillierte Marktanalyse für Komposte sowie Erden und Substrate auf Kompostbasis mit besonderer Berücksichtigung der Landwirtschaft (Entsorgungssicherheit), der erlösträchtigen Bereiche sowie der Großabnehmer, wie in der Region ansässige Erdenwerke und potentielle Vertriebspartner;
– Fachgespräche mit allen wichtigen Behörden und Fachverbänden;
– Beurteilung der Entsorgungssicherheit und dementsprechend der Notwendigkeit der Einbeziehung der Landwirtschaft in die Kompostverwertung;
– Beurteilung der Herstellung von Kompostprodukten;
– praxisnahe und erfolgsorientierte Marketingkonzeption für Komposte und Produkte;
– gegebenenfalls Produktentwicklung für Erden und Substrate auf Kompostbasis;
– gegebenenfalls Konzeption eines zu erstellenden Erdenwerkes.

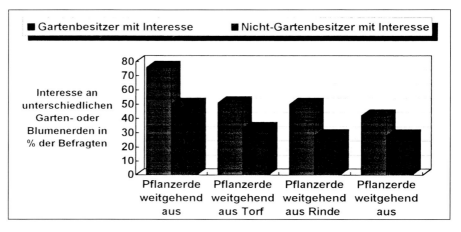

Abbildung 7.8: Marktstudie zur langfristigen Sicherung des Absatzes von niedersächsischen Komposten (Niedersächsisches Umweltministerium 1992, verändert).

5.6.1 Marktanalyse

Das Kernstück der Grundlagenermittlung für die Kompostvermarktung ist die Erfassung des spezifischen regionalen Verwertungspotentials und der Vermarktungsbedingungen für das erzeugte Recyclingprodukt Kompost über die projektspezifische Marktanalyse. Zentrale Elemente sind hierbei die Strukturanalyse des Vermarktungsgebietes und die Primärerhebung bei den potentiellen Endabnehmern.

Zusätzliche Fach- und Informationsgespräche mit Multiplikatoren und pflanzenbaulichen Fachbehörden bzw. Verbänden, denen oft eine Schlüsselstellung bei der regionalen Umsetzung der Verwertungskonzeption für Komposte zukommt, führen zum notwendigen intensiven Kontakt und zur Vermeidung von späteren »Querschlägern«. Zudem sind die Fachgespräche für die Beurteilung der Entsorgungssicherheit von großer Bedeutung.

Für die Entscheidung über die weitergehende Veredelung der Komposte ist es darüber hinaus notwendig, potentielle Großabnehmer wie die regionalen Erdenwerke und geeignete Vertriebsorganisationen in einer speziellen Analyse zu erfassen. Hierfür sollte ein deutlich größerer Radius um die geplanten Anlagen als für den Direktabsatz gewählt werden. Wegen der großen Bedeutung dieses Arbeitsschrittes für den zukünftigen Absatz und gegebenenfalls für durchzuführende Investitionen ist ein sorgfältiges Vorgehen unabdingbar.

5.6.2 Marketingkonzept

Das Marketingkonzept nimmt eine zentrale Stellung im Rahmen der Kompostverwertung ein. Es basiert auf den Ergebnissen der Marktanalyse und gegebenenfalls der Großabnehmer-Analyse und bindet alle einzelnen Maßnahmen für die relevanten Bereiche der Kompostvermarktung in eine zielgerichtete Strategie ein.

Auch im Rahmen neuer Abfallwirtschaftskonzepte muß der strikten Einhaltung der Entsorgungssicherheit unbedingte Priorität eingeräumt werden. Neben der Gewährleistung einer gesicherten Entsorgung sollte die Vermarktung der gewonnenen Recyclingprodukte zur Einhaltung wirtschaftlich günstiger Konditionen im Abfallwirtschaftsmodell der getrennten Sammlung und Kompostierung beitragen.

In der Phase der Marktvorbereitung und Markteinführung der Produkte werden die im Marketingkonzept erarbeiteten Maßnahmen und Aktionen konsequent umgesetzt. Die notwendige intensive Vorbereitung der Märkte vor einer zügigen Produkteinführung umfaßt dabei beispielsweise die kontinuierliche Fachinformation pflanzenbaulicher Erwerbsbetriebe und anderer Anwendungsbereiche, die Information der ausschreibenden Architekten für den GaLaBau-Bereich, die Rückkoppelung mit den für die relevanten pflanzenbaulichen Märkte zuständigen Behörden, die Ansprache der Multiplikatoren im Vermarktungsbereich, gemeinsame Veranstaltungen von Kompostproduzenten, Verwertern und Fachbehörden, Demonstrationsanwendungen für einen positiven Komposteinsatz, diverse Werbemaßnahmen, Produktentwicklungen auf Basis der in der Pilotphase hergestellten Komposte usw.

Die Notwendigkeit einer besonders intensiven Kommunikation gerade im Bereich Recyclingprodukte wird durch den engen Zusammenhang zwischen dem Informationsstand der potentiellen Abnehmer und der Akzeptanz dieses Personenkreises gegenüber Kompost unterstrichen (siehe Abb. 7.9). Dieser Zusammenhang zwischen Informationsstand und Akzeptanz ist nach den Ergebnissen der PlanCoTec bei den Multiplikatoren sehr ähnlich.

Der Produktdiversifikation nach Anwendungszwecken kommt bei der Kompostherstellung besondere Bedeutung zu [41, 42, 103]. Entsprechend den Ergebnissen der Marktanalyse müssen marktgerechte Komposte und Kompostprodukte angeboten werden. Auf diese Weise können die Bedürfnisse der potentiellen Kompostabnehmer und die Besonderheiten des Marktes in der Region umfassend wahrgenomen werden (z. B. Erosions-

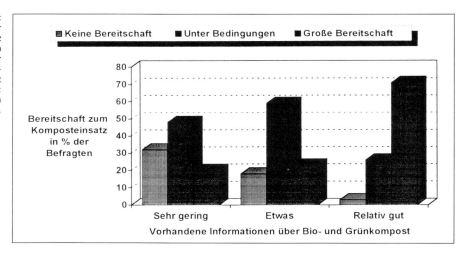

Abbildung 7.9:
Abhängigkeit der grundsätzlichen Akzeptanz für Biokomposte vom Informationsstand der potentiellen Kompostabnehmer (Durchschnitt mehrerer Landkreise; PlanCoTec 1995; siehe auch Bergmann et al. 1995).

und Verschlämmungsschutz im Mais, Dachgartensubstrate, Rekultivierung).

Für die Produktion von Pflanzerden, Kultursubstraten usw. muß die Grundvoraussetzung der relativen Nährstoff- und damit Salzarmut der Komposte in jedem Fall gegeben sein. Sofern nicht aufgrund des Inputmaterials (Grünabfall ohne zuviel Grasschnitt) klar ist, daß die erzeugten Komposte relativ nährstoffarm und somit substratfähig sein werden, muß eine Entscheidung über die Parallelproduktion mehrerer Grundqualitäten gefällt werden.

Da die Parallelproduktion in technischer Hinsicht bei vielen Anlagen-Typen keine großen Probleme aufwirft, muß auch diese Entscheidung aufgrund der Marktanalyse getroffen werden. Die Absatzchancen sind vor allem für Pflanzerden für den Hobbybereich und Produkte für den Garten- und Landschaftsbau grundsätzlich gut, und der Markt ist groß. Infolgedessen ist die Ermittlung bzw. die Aufbaumöglichkeit geeigneter Vertriebsstrukturen als Basis der Entscheidung heranzuziehen.

5.7 Fazit

Die Herstellung der Entsorgungssicherheit muß auch in der Kompostierung oberste Priorität genießen. In sehr vielen Fällen wird hierfür die Landwirtschaft von entscheidender Bedeutung sein. Dementsprechend ist die Situation in der Region zu analysieren, und die notwendigen Strukturen sind aufzubauen. Eine sachliche, kooperative Ebene zwischen Kompostherstellern und der Landwirtschaft ist bei angemessener Vorgehensweise herzustellen. Langfristig ist eine Abgabe des Kompostes in die Landwirtschaft gegen Vergütung der Aufwendungen für Transport, Laden und Ausbringung zu erwarten. Wegen der tatsächlich im Kompost enthaltenen und auch für die Landwirtschaft interessanten Stoffe und seiner positiven Eigenschaften sollte gleichzeitig ein angemessener Preis für den Kompost bezahlt werden (mindestens Nährstoff- und Kalkwert), der jedoch die Vergütung der erbrachten Leistungen oft nicht erreichen wird.

Die Veredelung von Komposten aus der getrennten Sammlung und Kompostierung hat in vielen Fällen eine gute Chance des Absatzes mit Erlös. In der Regel wird die Produktion von Pflanzerden und Kultursubstraten eine Ergänzung der Direktvermarktung von Komposten unterschiedlicher Reife, Körnung usw. sein.

Der Direktabsatz in die erlösträchtigen Bereiche Garten- und Landschaftsbau, Baumschulen, Hobbygartenbau usw. sollte sachgerecht forciert werden und ist für den größten Teil der Komposte die optimale Vermarktung.

Literaturverzeichnis

Kapitel I

[1] BARTH, JOSEF: »Qualitätsmanagement im Kompostierbetrieb« Bioabfallmanagement 1993, Hrsg: Rheinisches Institut für Ökologie, Köln 1993
[2] FLUCK, JÜRGEN: »Kreislaufwirtschafts- und Abfallgesetz«; Loseblattkommentar, Stand August 1997
[3] GOTTSCHALL, R/STÖPPLER-ZIEMER H.: »Qualitätssicherung und anwendungsorientierte Produktdiversifizierung bei Bio- und Grünkomposten«; Biologische Abfallbehandlung, Hrsg: Weimer/Kern 1993
[4] KÖLLER, HENNING VON: »Kreislaufwirtschafts- und Abfallgesetz«; 2. Auflage 1996
[5] KRAHNEFELD, LUTZ: »Die abfallrechtlichen Entsorgungspflichten«; Natur und Recht 1996, S. 269 ff.
[6] OBERHOLZ, ANDREAS: »Kompost«; Taschenbuch der Entsorgungswirtschaft, Hrsg: Bundesverband der Deutschen Entsorgungswirtschaft e.V.
[7] SCHINK, ALEXANDER: »Öffentliche und private Entsorgung«; Neue Zeitschrift für Verwaltungsrecht 1997, S. 435 ff.

Kapitel II

[1] ANONYM (1995): LAGA M10. MERKBLATT DER LÄNDERARBEITSGEMEINSCHAFT ABFALL. »QUALITÄTSKRITERIEN UND ANWENDUNGSEMPFEHLUNGEN FÜR KOMPOST«.
[2] BIDLINGMAIER, W. (1983): Das Wesen der Kompostierung von Siedlungsabfällen. Müll- und Abfallbeseitigung, Kennz. 5305, S. 1–23. E. Schmidt Verlag, Berlin.
[3] BIDLINGMAIER, W. (1980): Faktoren zur Steuerung der gemeinsamen Kompostierung von Abwasserschlamm mit organischen Strukturmitteln. Stuttgarter Berichte zur Abfallwirtschaft, Bd. 12.
[4] Environmental Sanitation Information Center (1983): Environmental Sanitation Reviews, Nr. 10/11, Bankok S. 6 ff.
[5] GERRETSEN, F. C. (1957): Einige Untersuchungen über wichtige Probleme der Stadtmüllkompostierung in Holland. AKA – Arbeitstagung, Düsseldorf.
[6] GLATHE, H., G. FARKASDI (1965): Morphologie der Rotteorganismen. Müllhandbuch 5020. E. Schmidt Verlag, Berlin.
[7] GLATHE, H. et al. (1985): Biologie der Rotteprozesse bei der Kompostierung von Siedlungsabfällen. Müll- und Abfallbeseitigung, Kennz. 5210–5290.
[8] GOLUEKE, C.-G. (1977): Biological reclamation of solid waste. Rodale Press, Emmaus PA.
[9] GOTTSCHALL, R. (1984): Kompostierung. Müller-Verlag, Karlsruhe.
[10] GRÜNEKLEE, E., T. KUBOCZ (1994): Dynamik der organischen Substanz in einem dreistufigen Rotteverfahren. In: K. WIEMER, M. KERN (Hrsg.): Verwertung biologischer Abfälle. MIC Baeza, Witzenhausen.
[11] HAUG, R.-T. (1980): Compost Engineering. 1. Auflage, Ann Arbour Science, Michigan.
[12] HILDEBRANDT, S. (1996): Untersuchungen zum Rotteverlauf einer offenen saugbelüfteten Tafelmietenkompostierung unter Berücksichtigung hygienischer Aspekte. Diplomarbeit an der FH Braunschweig/Wolfenbüttel.
[13] JAHNS, I. (1995): Vergleichende Untersuchung der rottebestimmenden Faktoren bei statischer und semidynamischer Mietenkompostierung. Diplomarbeit, FH Braunschweig/Wolfenbüttel.

[14] JERIS, J., R. REGAN (1973): Controlling environmental parameters for optimum composting. Compost Science 14, S. 8–15.
[15] JOURDAN, B. (1988): Zur Kennzeichnung des Rottegrades von Müll und Müll-Klärschlamm-Komposten. Stuttgarter Berichte zur Abfallwirtschaft, Band 30, E. Schmidt Verlag, Berlin.
[16] KRANERT, M. (1988): Freisetzung und Nutzung von thermischer Energie bei der Schlammkompostierung. Stuttgarter Berichte zur Abfallwirtschaft, Band 33, E. Schmidt Verlag, Berlin.
[17] KRISCHER, O. (1963): Trocknungstechnik. Bd. I, Springer-Verlag, Berlin.
[18] KROGMANN, U. (1994): Kompostierung. Hamburger Berichte 7. Economica Verlag, Bonn.
[19] LEHNINGER, A. (1982): Bioenergetik. 3. Aufl., Thieme-Verlag, Stuttgart.
[20] PFIRTER, A. et al. (1982): Kompostieren. Verlag Genossenschaft Migros Aargau/Solothurn.
[21] RÜPRICH, A. (1990): Rotteführung und Mikroorganismen. Studienreihe Abfall-Now, Bd. 5, Stuttgart.
[22] SCHLEGEL, H. (1981): Allgemeine Mikrobiologie. 5. Aufl., Thieme-Verlag, Stuttg.
[23] SCHULZE, K.-L. (1962): Continous thermophilic composting. Compost Science 1, S. 22–33.
[24] STRAUCH, D. (1985): Behandlung von Klärschlamm zur Entseuchung. Müll- und Abfallbeseitigung, Kennz. 5030, S. 1–14. E. Schmidt Verlag, Berlin.
[25] TAUBERT, B. (1995): Mikrobiologische Untersuchungen von Kompost bei statischer und semidynamischer Mietenkompostierung. Diplomarbeit, FH Braunschweig/Wolfenbüttel.

Kapitel III

[1] ANONYM (1995): LAGA M10. Merkblatt der Länderarbeitsgemeinschaft Abfall »Qualitätskriterien und Anwendungsempfehlungen für Kompost«.
[2] ANONYM (1983): Kompostfibel. Umweltbundesamt, Berlin.
[3] ANONYM (1984): Abfallverwertung – Die Kompostierung organischer Abfälle. Amt für Gewässerschutz und Wasserbau des Kantons Zürich, Zürich.
[4] ANONYM (1991): Vom Grüngut zum Kompost (Leitfaden). Bayerisches Staatsministerium für Landesentwicklung und Umweltfragen, München.
[5] ANONYM (1989): Leitfaden zur Kompostierung organischer Abfälle. Ministerium für Umwelt und Gesundheit, Mainz.
[6] ANONYM (1994): Leitfaden Bioabfallkompostierung. Umweltministerium Baden-Württemberg, Heft 25, Stuttgart.
[7] ANONYM (1992): Anforderungen an Bau und Betrieb von Kompostierungsanlagen. Landesamt für Wasser und Abfall Nordrhein-Westfalen, Düsseldorf.
[8] BIDLINGMAIER, W., MÜSKEN, J. (1993): Emissionsgeschehen in Behandlungsanlagen für Bio- und Restabfall. In: BMFT – Statusseminar »Neue Techniken der Kompostierung«, Hamburg.
[9] BIDLINGMAIER, W., MÜSKEN, J. (1994): Emissionen aus aeroben und anaeroben Verfahren – ein Vergleich. Schriftenreihe WAR, Bd.81, 73–98, TH Darmstadt.
[10] DIN 276 (1990): Kosten im Hochbau. Beuth Verlag, Berlin.
[11] EMBERGER, J. (1993): Kompostierung und Vergärung. Vogel Verlag, Würzburg.
[12] FEIDNER, S., HANGEN, H. O. (1994): Die Kompostierung von Bioabfall in Deutschland – Ergebnisse einer Umfrage. ANS-Schriftenreihe, Heft 28, Bad Kreuznach.
[13] FRANKE, R. (1990): Sickerwasserproblematik bei der Kompostierung von Bioabfällen. Diplomarbeit, Universität Stuttgart.
[14] FISCHER, K. (1994): Bioreaktor zur Abluftreinigung einer Kompostierungsanlage im mesophilen und thermophilen Temperaturbereich. VDI-Berichte Nr. 1104.
[15] FISCHER, K. et al. (1990): Biologische Abluftreinigung. Expert-Verlag, Ehringen.
[16] GRIMM, S. (1995): Untersuchungen zum Rotteverlauf von Bioabfällen im Kompostwerk Leonberg. Diplomarbeit, FH Braunschweig/Wolfenbüttel.
[17] HANGEN, H.-O. (1994): Status der Pflanzen- und Bioabfall-Kompostierung – Technik, Einführung, Perspektiven. In: K. WIEMER, M. KERN (Hrsg.): Verwertung biologischer Abfälle, M.I.C. Baeza-Verlag, Witzenhausen.
[18] VON HIRSCHHEYDT, A. (1988): Wie geht es mit der dezentralen Kompostierung weiter? ANS-Schriftenreihe, 11, 133–138, Wiesbaden.
[19] Ingenieursozietät Abfall (1984/1993): Abfallwirtschaftskonzepte für verschiedene Gebietskörperschaften (unveröffentlicht).

[20] Ingenieursozietät Abfall (1984/1993): Planungsunterlagen für die Kompostwerke Velsen, Heidenheim, Heidelberg, Augsburg (unveröffentlicht).
[21] JAGER, J. (1988): Grundlagen für die Kalkulation der Bau- und Betriebskosten von Kompostwerken. Müllhandbuch Kennziffer 5717. Schmidt Verlag, Berlin.
[22] JAGER, J. et al. (1995): Geruchsemissionen bei der Kompostierung. Müllhandbuch Kennziffer 5330. E. Schmidt Verlag, Berlin.
[23] JUNGWIRTH, H. (1995): Dezentrale Kompostierung und ihre Auswirkungen auf das Restabfall- und Wertstoffaufkommen – dargestellt am Beispiel des Landkreises Ebersberg – In: Thome-Kozmiensky: Biologische Abfallbehandlung. EF-Verlag, Berlin.
[24] KELLER, H. et al (1994): Dezentrale Kompostierung – eine Frage der Akzeptanz. abfallspektrum, 4/94, 5–8.
[25] KERN, M. (1993): Grundsätze und Systematik des Verfahrensvergleiches von Kompostierungssystemen. In: K. Wiemer, M. Kern (Hrsg.): Biologische Abfallbehandlung. M.I.C. Baeza-Verlag, Witzenhausen.
[26] KERN, M., W. SPRICK (1994): Neuere Ergebnisse des Verfahrensvergleichs von Anlagen zur aeroben Abfallbehandlung. In: K. WIEMER, M. KERN (Hrsg.): Verwertung biologischer Abfälle. M.I.C. Baeza-Verlag, Witzenhausen.
[27] KOHLER, H. (1990): Biowäscher – Aufbau, Verfahrensvarianten, Dimensionierung. In: FISCHER et al.: Biologische Abluftreinigung. Expert-Verlag, Ehningen.
[28] KRANERT, M. (1994): Sinnvoller Einsatz biologischer Verfahren in der Abfallbehandlung. In: GUTKE, K.: Umweltschutz, wie? Gutke-Verlag, Köln.
[29] LOLL, U. (1994): Behandlung von Abwässern aus aeroben und anaeroben Verfahren zur biologischen Abfallbehandlung. In: K. WIEMER, M. KERN (Hrsg.): Verwertung biologischer Abfälle. M.I.C. Baeza-Verlag, Witzenhausen.
[30] MEYER, U. (1995): Vergleich der zentralen und dezentralen Kompostierung von Bioabfällen. Müllhandbuch Kennziffer 5740. E. Schmidt Verlag, Berlin.
[31] MÜSKEN, J., W. BIDLINGMAIER (1994): Vergärung und Kompostierung von Bioabfällen. Landesanstalt für Umweltschutz, Karlsruhe.
[32] OETJEN-DEHNE, R. et al. (1995): Was kostet die biologische Abfallbehandlung? In: Thome-Kozmiensky. Biologische Abfallbehandlung. EF-Verlag, Berlin.
[33] PFIRTER, A. et al. (1982): Kompostieren. Migros AG, Aargau/Solothurn.
[34] PÖHLE, H. et al. (1993): Zusammenhang zwischen mikrobieller Besiedlung und Geruchsemissionen bei der Bioabfallkompostierung. In: BMFT – Statusseminar »Neue Techniken der Kompostierung«, Hamburg.
[35] ROTH, T. (1991): Sickerwasser aus der Bioabfallkompostierung – Möglichkeiten der Behandlung und Entsorgung in einem dezentralen Anlagensystem. Dissertation, GH Kassel, Witzenhausen.
[36] SATTLER, K., J. EMBERGER (1992): Behandlung fester Abfälle. Vogel Verlag, Würzburg.
[37] SCHNAPPINGER, U. (1994): Umwelttechnik und Industriebau. E. Schmidt Verlag, Berlin.
[38] TEUBER, I. et al. (1996): Sickerwasseruntersuchungen einer druckbelüfteten Zeilenkompostierungsanlage. Institut für Abfalltechnik und Umweltüberwachung an der FH Braunschweig/Wolfenbüttel (unveröffentlicht).
[39] VDI – Richtlinie 3477 (1991): Biologische Abgas-/Abluftreinigung. Biofilter.
[40] VDI – Richtlinie 3478 (Entwurf 1994): Biologische Abgasreinigung. Biowäscher, Rieselbettreaktoren (Juli 1996).
[41] VDI – Richtlinie 3881 (1994): Olfaktometrie (Blatt 1 – Blatt 4).
[42] VDI – Richtlinie 3882 (Entwurf 1992): Blatt 1: Olfaktometrie. Blatt 2: Olfaktometrie. Bestimmung der hedonischen Geruchswirkung.
[43] WIEGEL, U. (1988): Eigenkompostierung in Kleinkompostern. Müllhandbuch Kennziffer 5640. E. Schmidt Verlag, Berlin.
[44] WIEGEL, U. (1993): Eigenkompostierung von Hausgartenabfällen. Müllhandbuch Kennziffer 5630. E. Schmidt Verlag, Berlin.
[45] WIEMER, K., M. KERN (1994): Referenzhandbuch Bioabfall. M.I.C. Baeza, Witzenhausen.
[46] WIEMER, K., M. KERN (1995): Herstellerforum Bioabfall. M.I.C. Baeza, Witzenhausen.

Firmenunterlagen zu Kompostierungssystemen

AE & E GmbH, A – Linz
Altvater u. Co. GmbH, Herford
Deutsche Babcock Anlagen GmbH, Oberhausen
Backhus Kompost Technologie, Edewecht
BÖL, Bodenökologisches Labor, Bremen

Bühler GmbH, Braunschweig
Doppstadt Vertriebs GmbH, Velbert
Envital Kompostierungssysteme GmbH, Aschaffenburg
Gicom b.v., NL – Biddinghuizen
Herhof Umwelttechnik GmbH, Solms-Niederbiel
hutec, Holzmann Umwelttechnik GmbH, Neu-Isenburg
Koch Transporttechnik GmbH, Wadgassen
Lescha Recycling GmbH, Gersthofen
MABEG GmbH & Co. KG, Herne
MBU Maschinenbau Ulm GmbH, Beimerstetten
Preussag Noell GmbH, Goslar
Otto Th. Menke GmbH, Winterberg-Silbach
ML Entsorgungs- und Energieanlagen GmbH, Ratingen
Oskar Morawetz Maschinenbau, A – Geinberg
Passavant Werke AG, Aarbergen
Rethmann GmbH u. Co., Selm
Steinmüller GmbH, Gummersbach
Sutco Recycling Systeme Maschinenbau GmbH, Bergisch-Gladbach
Thöni Umwelttechnik, A – Telfs
Thyssen Still Otto Anlagentechnik GmbH, Bochum
Umweltschutz Nord GmbH u. Co., Ganderkesee
Willibald Maschinenfabrik GmbH, Wald-Sentenhart

Kapitel IV

[1] BIDLINGMAIER, W., MÜSKEN, J. (1994): Emissionen aus aeroben und anaeroben Verfahren – ein Vergleich, Umweltbeeinflussung durch biologische Abfallbehandlungsverfahren. WAR-Schriftreihe B. 81 Darmstadt.
[2] BÖHNKE, B., BISCHOFSBERGER, W., SEYFRIED, C. F. (1993): Anaerobtechnik; Handbuch der anaeroben Behandlung von Abwasser und Schlamm. Springer-Verlag Berlin–Heidelberg.
[3] BRAUN, R. (1982): Biogas-Methangärung organischer Abfallstoffe. Springer, Wien.
[4] HABECK-TROPFKE, H. H. (1980): Abwasserbiologie. Werner-Ingenieur-Texte, Düsseldorf.
[5] KERN, M., MÜLLER, C., WIEMER, K. (1994): Vergleichende Darstellung und Bewertung von Vergärungsverfahren, Grundlagen und Verfahren der Anaerobtechnik. M.I.C. Baeza-Verlag, Witzenhausen. S. 27–47.
[6] KURRLE, H. (1991): Vergärung von Abfall. Studienreihe Abfall Now, B. 9 Stuttgart.
[7] PFIRTER, A., EGEER, M. (1995): Das Marktangebot an Anaerobtechnik im Überblick. Anaerobe Bioabfallbehandlung in der Praxis. Schriftenrehe des ANS, 30, 39–44.
[8] SCHERER, P. A. (1995): Verfahren der Vergärung, Biologische Abfallbehandlung. EF-Verlag für Energie- und Umwelttechnik GmbH, Berlin , 373–403.
[9] SCHLAG, D. (1994): Grundsätze und Systematik des Verfahrensvergleiches von Vergärungsanlagen, Grundlagen und Verfahren der Anaerobtechnik. M.I.C. Baeza-Verlag, Witzenhausen, 49–60.

Kapitel V

[1] ATV/VKS (1986/1988): ABWASSERTECHNISCHE VEREINIGUNG Argr. Entseuchung von Klärschlamm. 1. Arbeitsbericht, Korr. Abwasser 33, 11, 1986; 2. Arbeitsbericht, ibid. 35, 71–74 (1988); 3. Arbeitsbericht, ibid. 35, 1325–1333 (1988).
[2] ANDREE, S.W. et al. (1992): Composting and using by-products from blue crab and callico scallop processing plants in Florida. Woods End Res. Lab., Old Rome Road, Rt. No. 2, Box 1850, Mt. Vernon, Maine, USA.
[3] ANONYM (1995): Mitteilung des Bundesinstituts für gesundheitlichen Verbraucherschutz und Veterinärmedizin (BgVV), Lebensmittel – eine Gefahr für die Gesundheit? Dtsch. tierärztl. Wschr. 102, 213–214.

[4] ANS (1996): Arbeitskreis für die Nutzbarmachung von Siedlungsabfällen e.V., Heft 32 »Hygieneaspekte bei der biologischen Abfallbehandlung«; ANS, Mettmann.
[5] BECKELMANN, U., D. FASSBENDER(1994): Umweltverträglichkeitsstudien für Kompostierungs- und Methanisierungsanlagen. RHINO-Fachkongreß »Bioabfallmanagement '94, S. 238–243. Rheinisches Institut für Ökologie, Köln.
[6] BENDIXEN, H. J. (1998): Hygienische und sanitäre Anforderungen bei dänischen Biogasanlagen. In: Tagg.bericht 7. Biogastagung, S. 75–94. Fachverband Biogas e.V., Kirchberg/Jagst-Weckelweiler.
[7] BENDIXEN, H. J., S. AMMENDRUP (1992): Safeguards against pathogens in biogas plants. Danish Veterinary Service, Ministry of Agriculture, Copenhagen.
[8] BGK (1996): Hygiene – Baumusterprüfsystem für Kompostierungsanlagen. Hrsg. Bundesgütegemeinschaft Kompost e.V., Köln.
[9] BioAbfV (1998): Verordnung über die Verwertung von Bioabfällen auf landwirtschaftlich, forstwirtschaftlich und gärtnerisch genutzten Böden (Bioabfallverordnung – BioAbfV), BGBl I, S. 2955.
[10] BIOGASTAGUNG (1996): Gemeinschaftsbiogasanlagen-Planung, Organisation und Betrieb. 3. Nieders. Biogastagung, 22./23.11.1996 in Wittmund, Tagungsband. Wirtschaftsförderkreis Harlinger Land e.V., Wittmund.
[11] BÖHM, R. (1993): Hygieneaspekte bei der getrennten Sammlung sowie der Handhabung von Bioabfällen. In: Bioabfall-Management '93, S. 98–110. Rheinisches Inst. für Ökologie, Köln.
[12] BÖHM, R. (1995a): Keimemissionen bei der Kompostierung. In: K. J. THOMÉ-KOZMIENSKY (Hrsg.): Biologische Abfallbehandlung. E.F.-Verlag für Energie- und Umwelttechnik, Neuruppin.
[13] BÖHM R. (1995b): Die Problematik der Festsetzung mikrobiologischer Grenz- und Richtwerte in der Umwelthygiene. In: A. ARNDT, R. BÖCKER, A. KOHLER (Hrsg.): Grenzwerte und Grenzwertproblematik im Umweltbereich, S. 75–86. Verlag Günter Heimbach, Ostfildern.
[14] BÖHM, R., T. FACK, W. PHILIPP (1996): Anforderungen an die biologische Abfallbehandlung aus der Sicht des Arbeitsschutzes. In: K. WIEMER, M. KERN (Hrsg.): Biologische Abfallbehandlung III, S. 281–296. M.I.C. Baeza-Verlag, Witzenhausen.
[15] BÖHM, R. W. PHILIPP, R. HAUMACHER(1995): Untersuchungen zur Hygiene. In: GALLENKEMPER-BECKER(1995): S. 4–1 bis 4–99; s. dort.
[16] BÖHM, R., W. MARTENS, P. M. BITTIGHOFER (1998): Aktuelle Bewertung der Luftkeimbelastung in Abfallbehandlungsanlagen. Reihe Abfallwirtschaft – Neues aus Forschung und Praxis. M.I.C. Baeza-Verlag, Witzenhausen.
[17] BÖHM, R., W. MARTENS, W. PHILIPP (1998): Hygienische Relevanz von Keimemissionen bei Sammlung und Behandlung von Bioabfällen. In: K. WIEMER, M. KERN (Hrsg.): Bio- und Restabfallbehandlung II, S. 311–344. M.I.C. Baeza-Verlag, Witzenhausen.
[18] BOLLEN, G. J., D. VOLKER (1996): Phytohygienic Aspects of Composting. In: DE BERTOLDI, M. et al. (Eds.): The Science of Composting, S. 233–246, Blackie Academic, London.
[19] BRAUN, R. (1996): Verwertung biogener Abfälle in Schlammfaultürmen von Kläranlagen. In: UBA-WIEN, S. 27–43; s. dort.
[20] BRINTON, R. (1994): Low cost options for fish waste. BioCycle, March 1994, S. 68–70.
[21] BRINTON, W. F., M. D. SEEKINS (1988): Composting fish by-products. Time + Tide, RC+ D, Route No. 1, Waldodoro, Maine 04572, USA.
[22] BRUNS, C. (1993): Phytosanitäre Wirkungen von Komposten. In: Kompostierung und landwirtschaftliche Kompostverwertung, S. 115–117. KTBL Arbeitspapier 191. KTBL-Schriftenvertrieb im Landwirtschaftsverlag GmbH, Münster-Hiltrup.
[23] CONRAD, M., M. KERN, K. WIEMER (1997): Vergleich von mikrobiologischen Emissionen von Bioabfall-, Restmülltonnen und DSD-Säcken. In: K. WIEMER, M. KERN (Hrsg.): Bio- und Restabfallbehandlung, 245–270. M.I.C. Baeza-Verlag, Witzenhausen.
[24] DASCHNER, F., R. STEEB, M. SCHERRER (1995): Bewertung der hygienischen Situation von Abfallwirtschaftsanlagen im Hinblick auf luftgetragene Keime. Entsorga GmbH, Köln.
[25] DBU (1998): Deutsche Bundestiftung Umwelt. Hygiene der Bioabfallkompostierung, Förderschwerpunkt Bioabfallverwertung, Reihe Initiativen zum Umweltschutz Nr. 9. Zeller Verlag, Osnabrück.
[26] DE BERTOLDI, M., F. ZUCCONI, M. CIVILINI (1988): Temperature, pathogen control and product quality. BioCycle, Febr. 1988, 43–50.
[27] DRIESEL, A. J. (1995): Grenzwerte für biologische Arbeitsstoffe? CHEManager 6,95, 5–6.
[28] DVG (DEUTSCHE VETERINÄRMEDIZINISCHE GESELLSCHAFT E. V.; 1994): 5. Hohenheimer Seminar »Nachweis und Bewertung von Keimemissionen bei der Entsorgung von kommunalen Abfällen sowie spezielle Hygieneprobleme der Bioabfallkompostierung«. Dt.Vet.Med. Gesellschaft, Giessen.

[29] DVG (Deutsche Veterinärmedizinische Gesellschaft e. V.; 1998): Fachtagung »Gesundheitliche Risiken durch Keimemissionen bei Einsammeln, Transport und Verarbeitung häuslicher Abfälle« sowie Workshop »Methoden der Sammlung und des Nachweises luftgetragener Bakterien und Pilze sowie deren Endo- und Exotoxine«. 25./26. März 1998 in München. Dt.Vet.Med. Gesellschaft, Giessen.

[30] Egger, M., A. Pfister, H. Schöttl (1995): Stand und Perspektiven der Bioabfallvergärung. In: K. Wiemer, M. Kern (Hrsg.): Abfallwirtschaft, Neues aus Forschung und Praxis, Biologische Abfallbehandlung II, S. 519–528. M.I.C. Baeza-Verlag, Witzenhausen.

[31] Erhard, H. (1954): Aus der Geschichte der Städtereinigung. Zit. n. Hösel, G.: Unser Abfall aller Zeiten. Kommunalschriften-Verlag, J. Jehle, München, 1987; sowie in: Müll-Handbuch, Kennzahl 0110, Lieferung 1/1964. Erich Schmidt Verlag, Berlin.

[32] Gallenkemper, B., G. Becker (Hrsg., 1995): Einfluß des Behältersystems und der Abfuhrintervalle auf die Hygiene und die Geruchsemissionen bei der Sammlung kompostierbarer Stoffe. Bd. 9 d. Veröff.reihe des Labors für Abfallwirtschaft, Siedlungswasserwirtschaft, Umweltchemie der FH Münster, Münster/Westf.

[33] Gallenkemper, B., G. Becker (1996): Untersuchungen zum Abfuhrrhythmus aus Sicht der Hygiene, des Geruchs und der Wirtschaftlichkeit. In: ANS, S. 123–128; s. dort.

[34] Grüner, C. (1994): Arbeitsschutz in Biomüllkompostierungsanlagen. In: DVG, S. 148–158; s. dort.

[35] Grüner, C. (1996a): Arbeitsschutzmaßnahmen für Mitarbeiter in biologischen Behandlungsanlagen. In: ANS, S. 241–252; s. dort.

[36] Grüner, C. (1996b): Gesundheitszustand und Belastung von Beschäftigten im Abfallbereich. Erste Ergebnisse und Schlußfolgerungen für die Praxis. In: K. Wiemer, M. Kern (Hrsg.): Biologische Abfallbehandlung III, S. 315–334. M.I.C. Baeza-Verlag, Witzenhausen.

[37] Hartung, J., T. Missel, B. Schappler-Scheele (1998): Lufthygienische Messungen an Arbeitsplätzen von Kompostwerken – Methodik und Ergebnisse. In: K. Wiemer, M. Kern (Hrsg.): Bio- und Restabfallbehandlung II, S. 269–290. M.I.C. Baeza-Verlag, Witzenhausen.

[38] Haumacher, R. (1999): Keimemissionen aus Biotonnen in Abhängigkeit von der Abholfrequenz, dem Behältersystem und der Jahreszeit. Diss. in Vorbereitung. Inst. f. Umwelt- u. Tierhygiene, Univ. Hohenheim – 460, Stuttgart.

[39] Hermann, I. (1992): Untersuchungen zum Überleben von *Sclerotinia sclerotiorum* und *Agrobacterium tumefaciens* während des Rotteverlaufs von Biomüll. Agrarwiss. Diplomarbeit, Institut für Phytomedizin, Univ. Hohenheim – 360, Stuttgart.

[40] Hermann, I., S. Meissner, E. Bächle, E. Rupp, G. Menke, F. Grossmann (1994): Einfluß des Rotteprozesses von Bioabfall auf das Überleben von phytopathogenen Organismen und von Tomatensamen. Zschr. Pflanzenkrkh. u. Pflanzenschutz 101, 48–65.

[41] Hilliger, H. G., H. Frerking, A. Jakob, D. Küttler, K.-H. Lotthammer (1991): Tierärztliche Stellungnahme zum infektionshygienischen Risiko beim Betrieb von Gemeinschaftsanlagen für Flüssigmistlagerung. Dtsch. tierärztl. Wschr., 94, 66–67.

[42] Hofmann, R., R. Szewzyk (1996): Hygieneprobleme bei der Einsammlung von Siedlungsabfällen. Protokoll des Arbeitsgesprächs vom 7.11.1995 im Umweltbundesamt. UBA-WaBoLu V 5.6, Berlin.

[43] Jager, E., Zeschmar-Lahl, H. Rüden (1996): Hygienische Risiken von Arbeitsplätzen in der Abfallwirtschaft. Müll-Handbuch, Kennzahl 5065, Lieferung 5/96. Erich Schmidt Verlag, Berlin.

[44] Kämpfer, P., T. Eikmann (1998): Belastung durch Mikroorganismen im Umfald von hessischen Kompostierungsanlagen – Meßstrategie und erste Ergebnisse. In: K. Wiemer, M. Kern (Hrsg.): Bio- und Restabfallbehandlung II, S. 253–267. M.I.C. Baeza-Verlag, Witzenhausen.

[45] Kern, M., K. Wiemer (1997): Grundlagen und Verfahren der Vergärung von Bioabfällen – Leitfaden Bioabfallvergärung Baden-Württemberg. In: K. Wiemer, M. Kern, (Hrsg.): Bio- und Restabfallbehandlung, S. 401–430. M.I.C. Baeza-Verlag, Witzenhausen.

[46] Kluge, G., G. Embert (1996/97): Das Düngemittelrecht mit fachlichen Erläuterungen; 1. Ergänzungslieferung, 1997. Landwirtschaftsverlag, Münster-Hiltrup.

[47] Köhler, K.-K. (1996): Methodik der Luftkeimsammlung. Technik, Repräsentativität, Stand der Diskussion. In: K. Wiemer, M. Kern (Hrsg.): Biologische Abfallbehandlung III, 297–314. M.I.C. Baeza-Verlag, Witzenhausen.

[48] Kowald, R., W. Müller (1991): Behälter zur Sammlung von Bioabfällen. Forum Städte-Hygiene 42, 373–379.

[49] KTBL (1997): Positionspapier Kofermentation. KTBL, Darmstadt.

[50] Kuhn, E. (Hrsg., 1995): Kofermentation. KTBL-Arbeitspapier 219. KTBL-Schriftenvertrieb im Landwirtschaftsverlag, Münster-Hiltrup.

[51] LAGA (Länderarbeitsgemeinschaft Abfall,1995): Qualitätskriterien und Anwendungsemp-

fehlungen für Kompost. LAGA-Merkblatt M 10, Stand: 15.2.1995. Müll-Handbuch, Kennzahl 6856, Lieferung 5/95. Erich Schmidt Verlag, Berlin.
[52] LUKASSOWITZ, J. (1992): Hygienefragen beim Umgang mit (Bio-)Abfall. Bundesges.bl. 35, 413–414.
[53] MAHNEL, H. (1989): Möglichkeiten und Grenzen der Virusinaktivierung im Haushalt. Zbl. Bakt. Hyg. B 187, 414–421.
[54] MARTENS, W., R. BÖHM (1997): Hygienische Relevanz von Keimemissionen bei Sammlung und Behandlung von Bioabfällen. In: K. WIEMER, M. KERN (Hrsg.): Bio- und Restabfallbehandlung, 271–303. M.I.C. Baeza-Verlag, Witzenhausen.
[55] MARTH, E., F. REINTHALER (1998): Müllsortierung – Verwertung: Humanmedizinische Aspekte (Risikoabschätzung). In: Biologische Abfallentsorgung Wohin? Moderne Abfallwirtschaft oder Belastung unserer Böden? IV. Fachtagung der Fachvereinigung Bayerischer Kompostersteller e.V.(FBK e.V.), Martinsried.
[56] MENKE, G. (1992): Hygienische Aspekte der Bioabfallkompostierung. Teil 1: Phytohygiene. In: Bioabfallkompostierung – Chance der Abfallverwertung oder Risiko der Bodenbelastung? Symposium des Umweltministeriums Baden-Württemberg und der LG-Stiftung »Natur und Umwelt«, 26. März 1991 in Stuttgart. Hrsg.: LG-Stiftung »Natur und Umwelt« im Hause Landesgirokasse, Stuttgart.
[57] MILLNER, P. D., S. A. OLENSCHOK, E. EPSTEIN, R. RYLANDER, J. HAINER, J. WALKER, B. L. OOI, E. HORNE, M. MARITATO (1994): Bioaerosols associated with composting facilities. Compost Science + Utilization 2 (4), 6–57.
[58] MÜLLER, E., W. LOEFFLER (Hrsg., 1982): Mykologie. S. 157–158. 4. Aufl., Georg Thieme Verlag, Stuttgart.
[59] OBERFELD, G. (1994): Hygienerichtlinie für die Eigenkompostierung biogener Abfälle. Amt der Salzburger Landesregierung, Referat 9/12: Medizinischer Umweltschutz, Salzburg.
[60] OBERFELD, G. (1996): Hygieneaspekte bei der Eigenkompostierung. In: ANS, S. 233–240; s. dort.
[61] PEHL, K. H., G. GOLDMANN (1955): Untersuchungen über die Abtötung des Schweinepestvirus durch die Aerobenkompostierung. Arch. exper. Vet.Med. 9, 633–638.
[62] PFIRRMANN, A. (1994): Untersuchungen zum Vorkommen von luftgetragenen Viren an Arbeitsplätzen in der Müllentsorgung und -verwertung. Agrarwiss. Diss., Univ. Hohenheim.
[63] PFIRRMANN, A., G. VAN DEN BOSSCHE (1994): Vorkommen und Isolierung von humanen Enteroviren aus der Luft von Abfallbeseitigungs- und -verwertungsanlagen. Zbl. Hyg. 196, 38–51.
[64] PHILIPP, W. (1996): Hygieneproblematik bei Vergärungsanlagen. In: ANS, S. 301–326; s. dort
[65] PHILIPP, W. (1998): Ausbringung von Biogasgülle in Wasserschutzgebieten – Hygiene. In: Tagungsband der 7. Biogastagung an der Bauernschule Hohenlohe, S. 54–74. Fachverband Biogas e.V., Kirchberg-Weckelweiler.
[66] PHILIPP, W., R. BÖHM (1997): Hygieneanforderungen an Verfahren der Bioabfallvergärung. In: K. WIEMER, M. KERN (Hrsg.): Bio- und Restabfallbehandlung, 313–344. M.I.C. Baeza-Verlag, Witzenhausen.
[67] POLLMANN, B. R., A. M. STEINER (1994): A standardized method for testing the decay of plant diaspores in biowaste composts by using tomato seed. Agrobiol. Res. 47, 1, 24–31.
[68] ROTH, S. (1994): Mikrobiologisch-hygienische Untersuchungen zur Bioabfallkompostierung in Mieten und in Kleinkompostern. Agrarwiss. Diss., Univ. Hohenheim.
[69] RÜDEN, H. (1995): Hygienische Aspekte bei der Wertstoffsortierung. In: B. GALLENKEMPER, W. BIDLINGMAIER, H. DOEDENS, R. STEGMANN (Hrsg.): 4. Münsteraner Abfallwirtschaftstage, 16.–18.1.1995, S. 408–410. FH Münster, Labor f. Abfallwirtschaft, Münster.
[70] SACKENHEIM, R. (1993): Untersuchungen über Wirkungen von wässerigen, mikrobiologisch aktiven Extrakten aus kompostierten Substraten auf den Befall der Weinrebe (*Vitis vinifera*) mit *Plasmopara viticola, Uncinula necator, Botrytis cinerea* und *Pseudopezicula tracheiphila*. Agrarwiss. Diss., Univ. Bonn.
[71] SCHAPPLER-SCHEELE, B. (1997): Arbeitsschutz in Kompostierungsanlagen aus gewerbeärztlicher Sicht. In: K. WIEMER, M. KERN (Hrsg.): Bio- und Restabfallbehandlung, 305–312. M.I.C. Baeza-Verlag, Witzenhausen.
[72] SCHERER, P. A. (1992): Hygienische Aspekte bei der getrennten Abfallsammlung. In: K. J. THOMÉ-KOZMIENSKY, P. A. SCHERER (Hrsg.): Getrennte Wertstofferfassung und Biokompostierung, S. 135–161. EF-Verlag für Energie u. Umwelttechnik, Neuruppin.
[73] SCHLEISS, K., H. ENGELI (1997): Qualitätsanforderungen und Vermarktungswege für Anaerobkomposte. In: K. WIEMER, M. KERN (Hrsg.): Bio- und Restabfallbehandlung, 431–446. M.I.C. Baeza-Verlag, Witzenhausen.
[74] SCHMIDT, B. (1994): Bakteriologische Untersuchungen zur Keimemission an Arbeitsplätzen in der Müllentsorgung und -verwertung. Agrarwiss. Diss., Univ. Hohenheim.

[75] SCHULZ, H. (Hrsg., 1996): Biogaspraxis-Grundlagen, Planung, Anlagenbau. Ökobuch Verlag, Staufen b. Freiburg.
[76] SCHÜRMANN, W. (1998): Gesundheitliche Effekte von biogenen Aerosolen in Kompostanlagen. In: K. WIEMER, M. KERN (Hrsg.): Bio- und Restabfallbehandlung II, S. 253–310. M.I.C. Baeza-Verlag, Witzenhausen.
[77] SIMS, J. T., D. W. MURPHY, T. S. HANDWERKER (1992): Composting of poultry wastes-implications for dead poultry disposal and manure management. J. Sustainable Agric. 2, 4.
[78] STALDER, K., C. VERKOYEN (Hrsg., 1994): Gesundheitsrisiken bei der Entsorgung kommunaler Abfälle. Mikrobiologische und medizinische Grundlagen der Primär- und Sekundärprävention von Gesundheitsstörungen bei der Sammlung und Aufbereitung von kommunalen Abfällen, insbesondere Bioabfällen. Die Werkstatt GmbH, Göttingen.
[79] STEGMANN, R. (Hrsg., 1996): Neue Techniken der Kompostierung – Kompostanwendung, Hygiene, Schadstoffabbau, Abluftbehandlung. Economica Verlag, Bonn.
[80] STRAUCH, D. (1964): Veterinärhygienische Untersuchungen bei der Verwertung fester und flüssiger Siedlungsabfälle. Schriftenr. a.d. Geb. d. öffentlichen Gesundheitswesens, Heft 18. G. Thieme Verlag, Stuttgart.
[81] STRAUCH, D. (1967): Internationaler Erkenntnisstand in den Fragen der Hygiene der Müllbeseitigung. In: Stuttgarter Berichte zur Siedlungswasserwirtschaft, 27, 141–209. Oldenbourg Verlag, München.
[82] STRAUCH, D. (1994): Hygienische Aspekte der Bioabfallkompostierung aus veterinärmedizinischer Sicht. In: DVG, S. 328–343, s. dort.
[83] STRAUCH, D. (1996): Hygieneaspekte bei der Cofermentation. In: UBA-WIEN, S. 53–94; s. dort.
[84] STRAUCH, D. (1997): Hygieneaspekte bei der Nutzung landwirtschaftlicher Biogasanlagen zur Kofermentation. Amtstierärztlicher Dienst und Lebensmittelkontrolle 4/I, 61–69, 4/II, 121–132.
[85] STRAUCH, D., S. GIESS, W. PHILIPP (1995): Hygienische Aspekte der Eigenkompostierung. In: K. WIEMER, M. KERN (Hrsg.): Verwertung biologischer Abfälle, S. 351–376. M.I.C. Baeza-Verlag, Witzenhausen, sowie Hyg. + Med. 20, 3, 117–131, 1995.
[86] UBA-WIEN (1996): Internationale Erfahrungen mit der Verwertung biogener Abfälle zur Biogasproduktion (Hrsg. R. BRAUN). Tagungsberichte Bd. 14. Umweltbundesamt, Wien.
[87] VERSTRAETE, W. (1996): Anaerobic digestion of biogenic wastes – advantage or drawback? In: UBA-WIEN, S. 1–9; s. dort.
[88] VOLLMER, R. (1997): Co-Vergärung von Bioabfällen mit landwirtschaftlichen Rückständen. In: K. WIEMER, M. KERN (Hrsg.): Bio- und Restabfallbehandlung, S. 447–460. M.I.C. Baeza-Verlag, Witzenhausen.
[89] WEILAND, P. (1996): Erfahrungen mit der Verwertung biogener Abfälle zur Biogasgewinnung in Deutschland. In: UBA-WIEN, S. 10–26; s. dort.
[90] WEILAND, P. (1996): Möglichkeiten und Grenzen einer gemeinsamen Vergärung von Gülle und betriebsfremden organischen Reststoffen. In: Aufbereitung und Verwertung organischer Reststoffe im ländlichen Raum. Bornimer Agrartechn.Berichte, Heft 12, S. 68–85. Institut für Agrartechnik Bornim e.V., Potsdam.
[91] WELLINGER, A. (1996): Feststofffermentation in der Praxis. In: UBA-WIEN, S. 44–52; s. dort.
[92] WIEGEL, U. (1988): Eigenkompostierung in Kleinkompostern. Müllhandbuch, Kennzahl 5640, Lieferung 6/88. Erich Schmidt Verlag, Berlin.
[93] WIEGEL, U. (1993): Eigenkompostierung von Hausgartenabfällen. Müllhandbuch, Kennzahl 5630, Lieferung 2/93. Erich Schmidt Verlag, Berlin.

Kapitel VI

[1] ANONYM (1993): Dritte allgemeine Verwaltungsvorschrift zum Abfallgesetz, Technische Anleitung Siedlungsabfall, Bonn.
[2] ANONYM (1994): Gesetz zur Förderung der Kreislaufwirtschaft und Sicherung der umweltverträglichen Beseitigung von Abfällen (Kreislaufwirtschafts- und Abfallgesetz – KrW-/AbfG), BGBl. I S. 2705.
[3] ANONYM (1996): Verordnung über die Grundsätze der guten fachlichen Praxis beim Düngen (Düngeverordnung), BGBl. I S. 118.
[4] BOLLEN, G.H. (1985): The fate of plant pathogens during composting of crop residues. In: Gasser, J.K.R., 1985. Composting of agricultural and other wastes, P. 282–291.

[5] BUNDESGÜTEGEMEINSCHAFT KOMPOST (Hrsg.) (1994): Methodenbuch zur Analyse von Kompost, Köln 1994.
[6] BUNDESGÜTEGEMEINSCHAFT KOMPOST (Hrsg.) (1995): Humuswirtschaft & KomPost, H. 1, S. 24.
[7] BUNDESGÜTEGEMEINSCHAFT KOMPOST (Hrsg.) (1996): Abschlußbericht des jeweils letzten Ringversuches, Köln.
[8] BUNDESGÜTEGEMEINSCHAFT KOMPOST (Hrsg.) (1996): Der Weg zum RAL-Gütezeichen, Köln.
[9] BUNDESGÜTEGEMEINSCHAFT KOMPOST (Hrsg.) (1996): Hygiene-Baumusterprüfsystem für Kompostierungsanlagen, Köln.
[10] BUNDESGÜTEGEMEINSCHAFT KOMPOST (Hrsg.) (1996): Verzeichnis der Prüflabore, Köln.
[11] FINK, A. (1979): DÜNGER UND DÜNGUNG, VERLAG CHEMIE, WEINHEIM, NEW YORK.
[12] FRICKE, EINZMANN, (1995): Polychlorierte Dibenzo-p-dioxine und Dibenzofurane bei der Bio- und Grünabfall-Kompostierung, in: Universität Essen (Hrsg.), First International Symposium, Biological Waste Management »A Wasted Chance?«, Bochum, S. 48.
[13] KEHRES, B. (Diss.) (1991): Zur Qualität von Kompost aus unterschiedlichen Ausgangsstoffen, Kassel.
[14] KEHRES, B., BLUM, B., VOGTMANN, H. (1989): Qualität, Verwertung und Vermarktung von Kompost aus der Biotonne, Müll und Abfall, 10, S. 516–528.
[15] KNOLL, K.H. (1986): Bewertung der Kompostierung von Abfällen in hygienischer Hinsicht. In: Kumpf, Maas, Straub, Müll und Abfallbeseitigung, Handbuch über Sammlung, Beseitigung und Verwertung von Abfällen aus Haushaltungen, Gemeinden und Wirtschaft, Lose Blatt-Sammlung, Kennziffer 5075, Erich-Schmidt-Verlag, Berlin.
[16] LAGA (Hrsg.) (1995): Mitteilungen der Ländergemeinschaft Abfall (LAGA) Qualitätskriterien und Anwendungsempfehlungen für Komposte, Nr. 21, Merkblatt M 10, Berlin.
[17] RAL (Hrsg.) (1992): Gütesicherung Kompost, RAL-GZ 251, Sankt Augustin.
[18] ZAS (1996): Zentrale Auswertungsstelle der Bundesgütegemeinschaft Kompost, Köln.

Kapitel VII

[1] AICHBERGER, K., J. WIMMER, E. MAYR (1988): Auswirkungen einer mehrjährigen Klärschlamm- und Müllkompostanwendung auf verschiedene Bodeneigenschaften. In: Abfallstoffe als Dünger. Kongreßband des VDLUFA-Kongresses 1987 in Koblenz. VDLUFA-Schriftenreihe 23, 391–404.
[2] ANONYM (1994): Kompost mit Gütezeichen in der Landwirtschaft. Hessenbauer 35, 12–14.
[3] ANONYM (1992a): Güte- und Prüfbestimmungen RAL-GZ 251. RAL Deutsches Institut für Gütesicherung und Kennzeichnung e.V., Bundesgütegemeinschaft Kompost e.V., Bonn (Januar 1992).
[4] ANONYM (1992b): Klärschlammverordnung (AbfKlärV). Bundesgesetzblatt Teil I, Nr 21, 28. April 1992, Bonn, 912–934.
[5] ANS (1995): Mitteilungen des Arbeitskreises für die Nutzbarmachung von Siedlungsabfällen. In: Müll und Abfall 8, 588.
[6] ASCHE, E., D. STEFFENS (1995): Einfluss von Bioabfallkompost unterschiedlichen Reifegrades auf Ertrag, N-Dynamik und Bodenstruktur im Feldversuch auf neun Standorten in Hessen. Kolloquium über die Verwertung von Komposten im Pflanzenbau am 30./31.01.1995. Hessisches Landesamt für Regionalentwicklung und Landwirtschaft, Kassel, 59–74.
[7] BANSE, H.-J., I. BUCHMANN, O. GRAFF (1972): Biologische und physikalische Untersuchungen des Kreuznacher Kronenberges. Landwirtsch. Forsch. 25, 355–365.
[8] BERGMANN, D., R. GOTTSCHALL, H. STÖPPLER-ZIMMER (1995): Dem Kompost den Boden bereiten – Die Marktananlyse kann der Bioabfall-Verwertung Akzeptanz sichern. Entsorga-Magazin 7–8, 24–29.
[9] BISCHOFF, R. (1988): Auswirkungen langjähriger differenzierter organischer Düngung auf Ertrag und Bodenparameter. In: Abfallstoffe als Dünger. Kongreßband des VDLUFA-Kongresses 1987 in Koblenz; VDLUFA-Schriftenreihe 23, 451–466.
[10] BLUME, H.-P. (1989): Organische Substanz. In: F. SCHEFFER, P. SCHACHTSCHABEL: Lehrbuch der Bodenkunde. 12. Aufl., Enke Verlag, Stuttgart.
[11] BOSSE, I. (1967): Untersuchungen über die Wirkung von Müllklärschlammkompost in Weinbergsböden. Die Weinwissenschaft 22, 433–442 (zit. in: SCHRÖDER und GANITTA 1989).
[12] BOSSE, I. (1968): Ein Versuch zur Bekämpfung der Bodenerosion in Hanglagen des Weinbaus durch Müllkompost. Weinberg und Keller 15, 385–397.

[13] BRUNS, C., R. GOTTSCHALL, C. SCHÜLER, H. VOGTMANN (1989): Phytohygiene. Tagungsband 1. Witzenhäuser Abfalltage 1989, Bd. 1, 245–252.
[14] BRUNS, C., R. GOTTSCHALL, C. SCHÜLER, H. VOGTMANN (1990b): Phytohygiene durch Kompostierung bei *Pythium ultimum* und *Panonychus ulmi*. Univ. GH Kassel (pers. Mitt.).
[15] BRUNS, C., R. GOTTSCHALL, C. SCHÜLER, H. VOGTMANN, J. UNGER, G. WOLF, W. ZELLER (1990a): Untersuchungen zur Überlebensfähigkeit einiger phytopathologisch bedeutender Schaderreger in Kompostierungsanlagen bei unterschiedlichen Rottebedingungen. Mitt. Biol. Bundesanstalt für Land- und Forstwirtschaft, Berlin-Dahlem, Heft 266, 24.
[16] BUCZACKI, S. T. (1975): Transact. British Mycol. Soc. 65, 295–303 (zit. in BRUNS et al. 1989).
[17] BUCHMANN, I. (1973): Nachwirkungen der Müllkompostanwendung auf die bodenphysikalischen Eigenschaften. Landwirtsch. Forsch. 26, 358–362.
[18] DIEKE, A. (1991): Anwendung von Kompost. Zusammenfassung der Beiträge anläßlich eines Seminars an der Lehr- und Versuchsanstalt für Gartenbau Hannover-Ahlem. Deutscher Gartenbau 24, 1484–1491.
[19] DIXON, K. W., K. FROST, K. SIVASITHAMPARAM (1990): The effect of amendment of soil with organic matter, a herbicide and a fungicide on the mortality of seedlings of two species of *Banksia* inoculated with *Phytophthora cinnamoni*. Acta Horticulturae No. 264, 123–131.
[20] FEIDNER, S., H. O. HANGEN (1994): Die Kompostierung von Bioabfall in Deutschland – Ergebnis einer Umfrage. Arbeitskreis für die Nutzbarmachung von Siedlungsabfällen (ANS) e.V., Bad Kreznach, Heft 28.
[21] FINGER, H. (1991): Der kontrolliert umweltschonende Weinbau in Rheinland-Pfalz (incl. Richtlinien des Landes Rheinland-Pfalz zu kontrolliert umweltschonendem Weinbau, Stand 15.6.1991). DWZ August 1991, 19–20.
[22] FISCHER, P. (1987): Qualität und Verwendung von Komposten aus Grünrückständen. Das Gartenamt 36, 84–87.
[23] FISCHER, P. (1989a): Kompostierung von Gartenabfällen und Eigenkompostierung. Berichte aus Wassergütewirtschaft und Gesundheitsingenieurwesen Nr. 86, TU München, März 1989, 13–26 (zit. in: KEHRES 1990).
[24] FISCHER, P. (1989b): Qualität von Kompost aus Grünrückständen. In: Tagungsband »Fachtagung Qualität und Anwendung von Grüngutkomposten«. Inst. f. Pflanzenernährung, FH Weihenstephan.
[25] FISCHER, P. (1991): Salzgehaltsmessungen in Substraten dringend verbesserungsbedürftig. Deutscher Gartenbau 43, 2686–2687.
[26] FISCHER, P. (1992): Perspektiven biologischer Abfallverwertungsverfahren. Symposium des Bundesministeriums für Umwelt und Reaktorsicherheit. Saarbrücken, 6.7.1992.
[27] FISCHER, P., A. HÖRNIS (1989): Anwendung von Komposten aus Grüngut. Deutsche Baumschule 4, 160–162.
[28] FISCHER, P., M. JAUCH (1991a): Grüngutkompost als Substratbestandteil bei Containerkulturen. Baumschulpraxis 2, 60–62.
[29] FISCHER, P., M. JAUCH (1991b): Dachbegrünung mit Kompost-Blähtonmischungen. Deutscher Gartenbau 18, 1138–1143.
[30] FLAIG, W. (1968): Einwirkungen von organischen Bodenbestandteilen auf das Pflanzenwachstum. Landwirtsch. Forschung 21, 103–127.
[31] FLL (Forschungsgesellschaft Landschaftsentwicklung – Landschaftsbau; 1992): Qualitäts- und Anwendungsbestimmungen für organische Mulchstoffe und Komposte im Landschaftsbau – Entwurf. Forschungsgesellschaft Landschaftsentwicklung – Landschaftsbau e.V., Colmantstraße 32, 5300 Bonn.
[32] FOX, R. (1986): Ergebnisse aus einem Abdeckungsversuch in Steillagen. Rebe und Wein 39, 357–360.
[33] FRICKE, K., H. NIESSEN, H. VOGTMANN, H. O. HANGEN (1991): Die Bioabfallsammlung und -kompostierung in der Bundesrepublik Deutschland – Situationsanalyse 1991. Schriftenreihe des Arbeitskreises für die Nutzbarmachung von Siedlungsabfällen (ANS) e.V., Heft 20.
[34] FRICKE, K., T. TURK (1991): Stand und Stellenwert der Kompostierung in der Abfallwirtschaft. In: K. WIEMER, M. KERN (Hrsg.): Bioabfallkompostierung – flächendeckende Einführung. Abfall-Wirtschaft 6. Eigenverlag, Kassel.
[35] FROHNE, R. (1991): Einsatz von Kompost im Rahmen von Meliorationsmaßnahmen – Direkt- und Langzeitwirkungen. In: K. WIEMER, M. KERN (Hrsg.): Bioabfallkompostierung – flächendeckende Einführung. Abfall-Wirtschaft Bd 6. Eigenverlag, Kassel.
[36] GORODECKI, B., Y. HADAR (1990): Suppression of *Rhizoctonia solani* and *Sclerotium rolfsii* diseases in container media containing composted separated cattle manure and composted grape marc. Crop Protection 9, 271–274.

[37] GOTTSCHALL, R., C. SCHÜLER, H. VOGTMANN (1991b): Komposte in der Landwirtschaft 1986–1991. Univ. GH Kassel (pers. Mitt.).
[38] GOTTSCHALL, R., M. THOM, H. VOGTMANN (1989): Möglichkeiten der Entwicklung von Kompostprodukten: Erden und Substrate. Tagungsband II, 1. Witzenhäuser Abfalltage, 145–166.
[39] GOTTSCHALL, R., M. THOM, H. VOGTMANN (1991a): Pflanzenbauliche Verwertung von Bioabfall- und Grünabfallkomposten. Umwelt-Technologie 1, 5–12.
[40] GOTTSCHALL, R., M. THOM, H. STÖPPLER-ZIMMER, H. VOGTMANN (1992): Grundsätze der Kompostverwertung. In: K. WIEMER, M. KERN (Hrsg.): Gütesicherung und Vermarktung von Bioabfallkompost. Abfall-Wirtschaft Bd. 9, Eigenverlag, Kassel, 417–435.
[41] GOTTSCHALL, R., H. STÖPPLER-ZIMMER (1993a): Anwendungsbezogene Klassifizierungskriterien für die Kompostvermarktung. In: K. WIEMER, M. KERN (Hrsg.): Biologische Abfallbehandlung. Baeza-Verlag, Witzenhausen, 131–158.
[42] GOTTSCHALL, R., H. STÖPPLER-ZIMMER (1993b): Qualitätssicherung und anwendungsorientierte Produktdiversifizierung bei Bio- und Grünkomposten. In: L. SCHIMMELPFENG (Hrsg.): Altlasten, Deponietechnik, Kompostierung. Academia Verlag, St. Augustin, 758–786.
[43] GOTTSCHALL, R., H. VOGTMANN (1988): Bedeutung und Verwertungsmöglichkeiten von Kompost in den »Grünen Bereichen«. ifoam-Sonderausgabe Nr. 24; Stiftung Ökologischer Landbau, Kaiserslautern.
[44] Güte- und Prüfbestimmungen RAL-GZ 251 (Januar 1992): RAL Deutsches Institut für Gütesicherung und Kennzeichnung e.V. Bundesgütegemeinschaft Kompost e.V., Bonn.
[45] HANGEN, H. O. (1993a): Kompostproduktion heute und in Zukunft. In: Sicherung des Kompostabsatzes durch Qualität. 47. Info Ludwigshafen, Schriftenreihe des Arbeitskreises für die Nutzbarmachung von Siedlungsabfällen (ANS) e.V., Heft 24, 15–25.
[46] HANGEN, H. O. (1993b): Konkurrenzdruck für Rindenmulch und Torf steigt. Entsorgungspraxis EP-Spezial 9, 1.
[47] HANGEN, H. O., S. FEIDNER (1993): Die Kompostierung boomt. Müll und Abfall 7, 537–544.
[48] HARMS, H. (1983): Phenolstoffwechsel von Pflanzen in Abhängigkeit von Stickstofform und -angebot. Landwirtsch. Forschung 36, 9–17.
[49] HAUKE, H. (1995): Mündliche Mitteilung. PlanCoTec, Witzenhausen.
[50] HIRAI, M. F., A. KATAYAMA, H. KUBOTA (1986): Effect of compost maturity on plant growth. BioCycle, April 1986, 58–61.
[51] HOFMANN, G. (1988): 1,5 ha biologisch-dynamischer Obstanbau, Betrieb Clostermann, Wesel-Bislich, Niederrhein. Besseres Obst 33, 74–76.
[52] HOITINK, H. A. J., P. C. FAHY (1986): Basis for the control of soilborne plant pathogens with composts. Ann. Rev. Phytopathology 24, 93–114.
[53] JAGER, J. (1991): Schadstoffe in Komposten. In: K. WIEMER, M. KERN (Hrsg.): Bioabfallkompostierung – flächendeckende Einführung. Abfall-Wirtschaft 6, Eigenverlag, Kassel, 455–465.
[54] JAKOBSEN, S. T. (1988): Storing, handling and spreading of manure and municipal waste. Proc. Seminar 2nd and 3rd Technical Section CIGR, Uppsala, Sweden, 20–22 September 1988; 3:1–3:8. (zit. nach CAB-Abstracts).
[55] JANINHOFF, H. (1975): Untersuchungen zur Boden- und Ertragsverbesserung durch verschiedene Humussubstrate und -granulate aus Braunkohle, Trockenschlamm und Flugasche. Diss. Univ. Bonn (zit. in: SCHRÖDER und GANITTA 1989).
[56] JAUCH, M., P. FISCHER (1991): Schwermetallgehalte von Grüngutkomposten. Deutscher Gartenbau 10, 634–639.
[57] KANDELER, E. (1986): Der Einsatz enzymatischer Methoden am Beispiel eines Stroh- und Klärschlammdüngungsversuches. Veröff. Landw.-Chem. Bundesanstalt Linz, Österreich 18, 117–133 (zit. in: SCHRÖDER und GANITTA 1989).
[58] KAZEMI, A. (1984): Anreicherung und Mobilität von Blei, Cadmium und Zink im Boden bei Einsatz kompostierter Siedlungsabfälle. Z. f. Kulturtechnik und Flurbereinigung 25, 181–187.
[59] KEHRES, B. (1990): Zur Qualität von Kompost aus verschiedenen Ausgangsstoffen. Diss., Univ. GH Kassel, Witzenhausen.
[60] KEHRES, B. (1993): BDE-Situationsanalyse Kompostwirtschaft. BDE, Köln.
[61] KLUGE, G., G. EMBERT (1992): Das Düngemittelrecht. Landwirtschaftsverlag, Münster-Hiltrup.
[62] KRÄMER, F., G. FRANZ (1973): Wirkungen organischer Düngung von Lößrohböden auf den Nährstoffgehalt und die mikrobielle Aktivität des Bodens sowie den Zuckerrübenertrag 1972. Vortrag Jahrestagung des VDLUFA Regensburg, unveröff. (zit. in: SCHRÖDER und GANITTA 1989).

[63] KRÄMER, F. (1975): Ergebnisse von Rekultivierungsversuchen im Jahr 1973. Schriftenreihe der Landesanstalt für Immissions- und Bodennutzungsschutz des Landes Nordrhein-Westfalen, Essen, 33, 58–65 (zit. in: SCHRÖDER und GANITTA 1989).
[64] KRAUSS, P., H. HAGENMAIER, T. BENZ, J. HOHL, M. HUMMLER, U. KORHERR, V. KUMMER, J. MAYER, U. WEBERRUSS (1991): Organische Schadstoffe im Kompost. Manuskript des Vortrags beim 59. Abfalltechnischen Kolloquium, Stuttgart, 15. März 1991.
[65] KRAUSS, P., U. GRAMMEL (1992): Die Relevanz der Schadstoffdiskussion bei der Bioabfallkompostierung. In: K. WIEMER, M. KERN (Hrsg.): Gütesicherung und Vermarktung von Bioabfallkompost. Abfall-Wirtschaft 9, 223–257, Witzenhausen.
[66] KRIETER, M. (1980): Bodenerosionen in Rheinhessischen Weinbergen; 3. Teil. ifoam Nr. 35, 10–13.
[67] LAGA (Länder-Arbeitsgemeinschaft-Abfall; 1995): LAGA-Merkblatt 10: Qualitätskriterien und Anwendungsempfehlungen für Kompost, Stand 15.02.1995, Erich Schmidt Verlag, Berlin.
[68] LENZEN, P. (1989): Untersuchungsergebnisse zur Verwendung von Müllkompost und Müllklärschlammkompost zur Bodenverbesserung und Bodenherstellung. III. Bestandsentwicklung, Biomassebildung und Nährstoffentzug. Z. f. Vegetationstechnik im Landschafts- u. Sportstättenbau 12, 81–96.
[69] LÖBBERT, M., H. RELOE (1991): Verfahren der Ausbringung aufbereiteter organischer Reststoffe zur Verminderung der Erosion in Reihenkulturen (Mais). Arbeiten aus dem Inst. für Landtechnik der Univ. Bonn, Heft 7.
[70] MARTINS, O., R. KOWALD (1988): Auswirkung des langjährigen Einsatzes von Müllkompost auf einen mittelschweren Ackerboden. Z. f. Kulturtechnik und Flurbereinigung 29, 234–244.
[71] MEINKEN, E. (1985): Verfügbarkeit von Pflanzennährstoffen in Kultursubstraten aus Baumrinde. Diss., Univ. Hannover.
[72] NASILOWSKI, K. (1991): Die Eignung von Keimpflanzen zur Bewertung von Komposten als Bestandteil gärtnerischer Erden. Diplomarbeit, Univ. Hannover/Lehr- und Versuchanstalt Ahlem.
[73] NIEBUHR, P. (1991): Der Einfluß unterschiedlicher Düngung auf die Aggregatstabilität und die Porositätsverhältnisse einer Parabraunerde aus Löß. Diplomarbeit, Univ. GH Kassel, Witzenhausen.
[74] NIEDERSÄCHSISCHES UMWELTMINISTERIUM (1992): Marktstudie zur langfristigen Sicherung des Absatzes von niedersächsischen Komposten. Hannover 1992.
[75] PETERSEN, U., H. STÖPPLER-ZIMMER (1995): Anwendung von Bioabfallkomposten unterschiedlichen Rottegrades in der Landwirtschaft. Kolloquium über die Verwertung von Komposten im Pflanzenbau am 30./31.01.1995. Hessisches Landesamt für Regionalentwicklung und Landwirtschaft, Kassel, 31–41.
[76] PFOTZER, G. H. (1990): Der Einfluß verschiedener Düngung auf die Abundanz und Diversität von Collembolen und Milben. Diplomarbeit, Univ. GH Kassel, Witzenhausen.
[77] POLETSCHNY, H. (1989): Anwendung von Komposten. In: Kompost und Landwirtschaft. Referate einer Informationstagung der Landwirtschaftskammer Rheinland, 15.02.1989. Rheinischer Landwirtschaftsverlag, Bonn, 47–60.
[78] POLETSCHNY, H. (1992): Kompostverwertung im Land- und Gartenbau aus der Sicht des Verbandes Deutscher Landwirtschaftlicher Untersuchungs- und Forschungsanstalten. Stellungnahme der VDLUFA, Darmstadt, Mai 1992 (Vervielfältigung).
[79] QUAST, P. (1986): Düngung, Bewässerung und Bodenpflege im Obstbau. Ulmer Verlag, Stuttgart.
[80] RELOE, H. (1992): Anwendung von Bio- und Grünkomposten in der Landwirtschaft. Inst. f. Landtechnik, Univ. Bonn (pers. Mitt.).
[81] RICHTER, G. (1979): Bodenerosion in Reblagen des Moselgebietes. Forschungsstelle Bodenerosion der Univ. Trier, H. 3 (zit. in: SCHRÖDER und GANITTA 1989).
[82] RIESS, P. (1988): Anwendung von Abfällen zu Nahrungs- und Futterpflanzen. In: Abfallstoffe als Dünger. Kongreßband des VDLUFA-Kongresses 1987 in Koblenz. VDLUFA-Schriftenreihe 23, 81–97.
[83] SAHIN, H. (1989): Auswirkungen des langjährigen Einsatzes von Müllkompost auf den Gehalt an organischer Substanz, die Regenwurmaktivität, die Bodenatmung sowie die Aggregatstabilität und die Porengrößenverteilung. Mitt. Dtsch. Bodenkundl. Gesellsch. 59/II, 1125–1130.
[84] SAMERSKI, C., H. C. WELTZIEN (1988): Untersuchungen zum Wirkungsmechanismus von Kompostextrakten im Pathosystem Zuckerrübe-Echter Mehltau. Z. Pflanzenkrankheiten Pflanzenschutz 95, 176–181.

[85] SAUERBECK, D. (1985): Funktion und Belastbarkeit des Bodens. Kohlhammer Verlag, Stuttgart.
[86] SCHARPF, H.-C., E. GRANTZAU (1992): Anforderungen an Komposte für den Gartenbau. Vorschlag LVG Ahlem, Januar 1992 (pers. Mitt.).
[87] SCHEFFER, F., P. SCHACHTSCHABEL: Lehrbuch der Bodenkunde. 12. Aufl., Enke Verlag, Stuttgart.
[88] SCHMID, R., B. ECKSTEIN (1991): Kompostverwertung und Bodenschutz. Taspo-Magazin 5, 26–27.
[89] SCHÜLER, C., J. BIALA, C. BRUNS, R. GOTTSCHALL, S. AHLERS, H. VOGTMANN (1989): Suppression of root rot on peas, beans and beetroots caused by *Pythium ultimum* and *Rhizoctonia solani* through the amendment of growing media with composted organic household waste. J. Phytopathology 127, 227–238.
[90] SCHÜLER, CHR., G. H. PFOTZER (1993): Zur Populationsentwicklung der Collembolen- und Milbenfauna eines Ackerbodens unter dem Einfluß verschiedener Kompostdüngung. In: Qualität und Hygiene von Lebensmitteln in Produktion und Verarbeitung. Kongreßband des VDLUFA-Kongresses in Hamburg. VDLUFA-Schriftenreihe 37, 473–476.
[91] SEIBERTH, W., H. KICK (1969): Ein zwölfjähriger Freilandversuch zur Wirkung von Müll- und Klärschlammkomposten, Stallmist und Stroh auf Ertrag, Nährstoff- und Humusgehalt des Bodens. Landwirtsch. Forsch. 23/I, 247–256 (zit in: SCHRÖDER und GANITTA 1989).
[92] SELLE, S., D. KRON, H. O. HANGEN (1988): Die Biomüllsammlung und -kompostierung in der Bundesrepublik Deutschland – Situationsanalyse 1988. Schriftenreihe des Arbeitskreises zur Nutzbarmachung von Siedlungsabfällen (ANS) e.V., Heft 13.
[93] SENYAH, J. K. (1988): Mushrooms from waste materials. In: R. K. ROBINSON (ed.): Developments in Food Microbiology 4, 1–22.
[94] SÖCHTIG, H. (1964): Beeinflussung des Stoffwechsels der Pflanzen durch Humus und seine Bestandteile und die Auswirkung auf Wachstum und Ertrag. Landbauforschung Völkenrode 14, 9–16.
[95] SOLBRAA, K. (1979): Composting of bark. IV. Potential growth-reducing compounds and elements in bark. Reports of the Norwegian Forest Research Institute 34, 448–508.
[96] SPRINGER, U. (1960): Die Wirkung verschiedener organischer Dünger auf den Humuszustand des Bodens. Bayer. Landw. Jahrbuch 37, 3–39.
[97] STILL, S. M., M. A. DIRR, J. B. GARTNER (1976): Phytotoxic effects of several bark extracts on mung bean and cucumber growth. J.Amer.Hort.Sci. 101, 34–37.
[98] STINDT, A., H. C. WELTZIEN (1988): Der Einsatz von Kompostextrakten zur Bekämpfung von *Botrytis cinerea* an Erdbeeren – Ergebnisse des Versuchsjahres 1987. Gesunde Pflanzen 40, 451–454.
[99] STÖPPLER-ZIMMER, H., R. GOTTSCHALL (1994): Kompostabsatz: Märkte und Strategien. Entsorgungs-Praxis 10, 26–30.
[100] STÖPPLER-ZIMMER, H., H. HAUKE (1994): Direktvermarktung oder Erdenwerk – Strategien der Kompostvermarktung. In: K. WIEMER, M. KERN (Hrsg.): Verwertung biologischer Abfälle. 6. Kasseler Abfallforum, 113–134.
[101] STÖPPLER-ZIMMER, H., R. GOTTSCHALL, B. GALLENKEMPER (1993a): Anforderungen an Qualität und Anwendung von Bio- und Grünkomposten. Statusbericht im BMFT-Verbundvorhaben »Neue Techniken zur Kompostierung« (Kennzeichen 146 06 38 F); Schriftenreihe des Arbeitskreises für die Nutzbarmachung von Siedlungsabfällen (ANS) e.V., Bad Kreuznach, Heft 25.
[102] STÖPPLER-ZIMMER, H., U. PETERSEN, R. GOTTSCHALL, B. GALLENKEMPER (1993b): Bewertungskriterien für die Qualität und Rottestadium von Bioabfallkompost unter Berücksichtigung der verschiedenen Anwendungsbereiche. Teil II Kompostverwertung Tagungsband BMBF-Statusseminar »Neue Techniken zur Kompostierung« 22./23.11.1993, TU Hamburg-Harburg, 71–87.
[103] STÖPPLER-ZIMMER, H., R. GOTTSCHALL (1993c): Bricht der Kompostmarkt zusammen? Bioabfall-Management '93; Kongreß des Rheinischen Instituts für Ökologie (Köln), 10.–11. März 1993, Recklinghausen, Vortragsveröffentlichungen; 284–301.
[104] TUBERGEN, J. VAN (1992): Vermarktung von Bioabfallkompost in den Niederlanden. In: K. WIEMER, M. KERN (Hrsg.): Gütesicherung und Vermarktung von Bioabfallkompost. Abfallwirtschaft 9, 537–545, Witzenhausen.
[105] VOGTMANN, H., B. KEHRES, R. GOTTSCHALL, A. MEIER-PLOEGER (1991): Untersuchungen zur Kompostverwertung in Landwirtschaft und Gartenbau. In: K. WIEMER, M. KERN (Hrsg.): Bioabfallkompostierung – flächendeckende Einführung. Abfall-Wirtschaft 6, 467–494. M.C.I.Baeza Verlag, Witzenhausen.

[106] WALTER, B. (1977): Untersuchungen über die Wirkung von Müllklärschlammkompost auf Boden und Rebenertrag. Landwirtsch. Forsch. 30, 119–124.
[107] Weber, P. (1974): Verwertung hoher Müllklärschlamm-, Müllkompost-, Klärschlamm- und Torfgaben bei der Rekultivierung von Lößrohböden im Rheinischen Braunkohlerevier. Diss. Univ. Bonn (zit. in: SCHRÖDER und GANITTA 1989).
[108] WERNER, W., H. W. SCHERER, H.-W. OLFS (1988): Influence of long-term application of sewage sludge and compost from carbage with sewage sludge on soil fertility criteria. J. Agronomy & Crop Science 160, 173–179.
[109] ZIT (Zentrale Informationsstelle Torf und Humus; Hrsg.) (1990): Ein Portrait: Die Torf- und Humuswirtschaft in der Bundesrepublik Deutschland. ZIT, Hannover.

Sachregister

Abbau 17, 37ff., 45, 49ff., 101, 108, 115, 121, 134, 147f., 167, 171f., 182, 185, 188, 219, 246
Abbaugeschwindigkeit 48
Abbauleistung 41, 57, 121
Abfallbegriff 14ff., 22
Abfallbeseitigungsanlage 28
Abfälle zur Beseitigung 16, 18f., 24
Abfälle zur Verwertung 16, 19f., 23ff., 155
Abfallmenge 56f.
Abfallpulper 127f.
Abfallrecht 13ff., 16
Abfallverbrennungsanlagen 32
Abfallvermeidung 56, 186
Abfallverwertung 17, 19, 37
Abfallwirtschaft 57, 98, 191, 202
abfallwirtschaftliche Randbedingungen 57
Abfallwirtschaftskonzept 259
Abluft 43, 81, 103f., 106,109ff., 115, 126, 144, 196f., 199
Abluftbilanz 144
Ablufterfassung 94, 111f., 131, 133, 144
Abluftinhaltsstoffe 106, 108
Abluftreinigung 92, 106, 109, 111ff., 116f., 126
Abluftstrom 111, 144
Absackung 65
absetzbare Stoffe 113
Absetzrückstände 33
Absieben 58, 60, 67
Abwasser 33, 111, 113ff., 117, 132, 134, 139, 142f., 156, 170
Abwasserableitung 98
Abwasserbehandlungsanlage 131, 143
ADP 39
Aerob 56
aerober Prozeß 56
Aerosole 144, 197f.
Aggregatstabilität 232f.
Aktinomyceten 40f., 101, 177, 189, 192, 197
Aktivität 37f., 42ff., 47, 52, 56, 84, 167f., 233, 255, 257
Akzeptanzprobleme 14, 176, 258
Alkohol 40, 103, 120
Allergen 188, 193, 198
allergiekrank 188
Altglas 13, 17
Altpapier 13, 17
Ammoniak 40, 55, 82, 97, 103, 145
Ammoniumgehalt 55

Anabolismus 39
Anaerob 199
anaerobe Verfahren 120, 180, 201
Analyse von Kompost 210, 225
angeschlossene Einwohner 60
Anlagenbetreiber 28, 34, 157, 204, 222, 224f.
Anlagenbetrieb 60, 142, 157
Anlagenflexibilität 82
Anlagengröße 60, 97, 100, 146, 152
Anlagenkapazität 33, 224
Anlaufphase 44, 52
Annahmehalle 125, 132, 137ff., 144
Annuitäten 117
Anschluß- und Benutzungszwang 22f., 25f.
Anströmkanäle 144
Antagonismus 167
Anwendungsempfehlungen 21, 35, 157, 226
Anwendungstechnik 226f., 236, 243
Arbeitsfläche 60
Arbeitsschutz 65, 82, 96, 144, 197, 199, 202
architektonische Gestaltung 96, 98, 117
Aspergillus fumigatus 171, 173ff., 188, 193f., 205ff.
Atmosphäre 144, 151
Atmungsaktivität 42ff., 215
ATP 39
Aufbereitungstechnik 60, 69, 115, 126
Aufbringungsfläche 56
Ausgangsmaterial 43, 58, 160, 183, 206, 212
Auslesereste 33
Außenanlage 137, 139
Außenluft 88, 173, 196ff., 207
Außentemperatur 109, 183ff.
Austauschkapazität 230
Austragsband 75
austriebsfähige Pflanzenteile 214

Batchbetrieb 123, 127
Baukonstruktion 97, 115f., 119
Baumschulen 244, 253ff., 260
Bautechnik 82, 153
Behälter-Volumenangebot 57
Behandlungskosten 19, 117, 152
Belästigung 22, 32f., 194
Belüftung 42f., 81ff., 88, 94f., 110, 144, 239
Belüftungsfläche 88, 94, 106
Belüftungssystem 88, 94

Betriebsbereich 99, 117
Betriebsflächen 121
Betriebsgebäude 121, 137, 139, 150
Betriebshandbuch 139
Betriebskosten 82, 95, 115ff., 152f.
Betriebspersonal 33, 126, 139f.
Betriebstechnik 82
Bewässerung 60, 99
Bildungsenergie 38
BImSchV 28ff., 150
Bioabfall 13ff., 28, 33ff., 48ff., 56, 59ff., 72, 75, 82f., 101, 109ff., 115, 120ff., 131, 133ff., 142, 146, 151ff., 156f., 161, 167ff., 170ff., 188, 193, 195f., 200ff., 238, 240, 252, 257
Bioabfall- und Kompostverordnung (Bio-KompV) 21, 79, 181, 200, 202ff., 213, 225, 238f., 140f., 247f.
Bioabfallkompostierung 44f., 53, 59, 112f., 115, 196, 199, 205, 207
Bioabfallsammlung 55, 57, 160, 182, 189, 196, 207
Bioabfallsuspension 126f., 131f.
Bioaerosole 193ff.
Biofilter 92, 97f., 106ff., 110f., 136ff., 144f., 177, 195, 199
Biofilteranlagen 107
Biogas 120, 131ff., 145ff., 202
Biogasnutzung 145, 148
Biogasverwertung 140f., 145
Biogaszusammensetzung 145
Biokompostmenge 252
biologische Aktivität 47, 158, 233
biologische Arbeitsstoffe 191
biologische Merkmale 213
biologische Verwertung 37, 155
Biomaterial 129
Biosynthese 37ff.
biotrophe Pilze 164
Biowäscher 106, 108f.
Blei 21, 220ff., 240ff.
Blockheizkraftwerk (BHKW) 132, 134, 146ff.
Boden 100, 155, 168, 171, 173, 175, 212ff., 218ff., 227ff., 234ff., 255
Bodenart 233, 240, 242ff.
Bodenfeuchte 244
Bodenmilben 233
Bodensanierung 246
Bodenschutzverordnung (BodSchV) 240, 242
Bodenschutz 244, 254
Bodenverbesserung 19, 209, 212, 246ff.
Bodenverbesserungsmittel 37, 56, 64, 158, 210, 217f., 233, 235, 244, 248, 253, 257
Bor 216ff.
Böschungsschutz 246
Boxenkompostierung 81, 83
Brennstoffzelle 149
BSB5 112f., 143
Bundesbodenschutzgesetz (BBodSchG) 240, 242

Bundesgütegemeinschaft Kompost 34f., 81, 156f., 181, 210, 213, 222, 224ff., 237, 240f., 245f., 248, 250ff.
Bunkertore 110

C/N-Verhältnis 48, 128f., 218f., 237, 246, 250f.
Cadmium 21, 219f., 240ff.
Calcium 216, 248
Champignonkulturen 251
Chrom 21, 220ff., 240ff.
Containerfilter 107
Containerkompostierung 82f.
CSB 112f., 143

Dachbegrünung 246, 251
Dampfdiffusion 51
Dauerhumus 58, 230
Dauersporen 161
Dekanter 132, 143
Denitrifikation 143
Deponiekapazitäten 14
dezentrale Anlage 59
Dichtungssystem 98
Diffusion 88
Dioxin 220
direkte Einleitung 113f., 142
diskontinuierlich 121, 130
Diversität 233
Doppelschleuse 128
Doppelwellenmischer 77
Drainagerohre 106
Drainwasser 251
Drehtrommel 111, 113, 125
Dreiecksmieten 85, 88, 95, 125
Dreiphasensystem 47
Drittbeauftragter 26
Druckbelüftung 86, 91ff., 136
Druckfördersystem 134
Düngemittelgesetz (DüMG) 20, 36, 155f., 240ff.
Düngemittelrecht 20, 34, 210, 225, 255
Düngemitteltypen 20f., 241
Düngemittelverordnung (DüMV) 156, 216, 225, 240f.
Düngewirkung 228, 235, 257
Düngung 20, 155, 168, 209, 212, 216ff., 229, 232, 234, 239, 244, 247
Durchnässung 182
Durchsatzleistung 28f., 59, 64, 69ff., 94, 96, 100, 118, 123
dynamische Verfahren 87f.

Effizienz 126
Eigenkompostierung 17, 19, 23ff., 56ff., 176ff., 182, 186ff., 244f.
Eigenüberwachung 99, 222ff.
Eigenverwerter 25
Eingangsmaterial 36
Einhausung 82, 100, 109
einstufig 121, 130, 132, 134, 147, 154
Einzugsgebiet 60, 63

Sachregister

Emissionen 20, 56f., 60, 62, 64, 67ff., 81f., 88, 97, 100, 103, 106, 109f., 142, 144, 149f., 153, 178, 195
Emissionsminderung 65, 67, 96, 100, 142,
Emissionswert 111, 150
Energie 20, 37f., 117, 146, 148f.
Energiegewinn 148
Energiekosten 117
Energiequelle 39f., 48
Energieverwertung 132, 134, 138, 146
Energiezentrale 138
Enteroviren 189
Entladevorgänge 97
Entropie 38
Entsorgungsbetrieb 27, 178
Entsorgungsfachbetrieb 27
Entsorgungspflicht 18, 21ff.
Entsorgungssysteme 22
Entsorgungsträger 18, 21ff.
Entwässerungsstufe 136, 143
Enzymkonzentration 49
Erde 208, 212, 251
Erkennungsschwelle 102
Ernterückstände 160
Erosionsneigung 231, 233
Ertragsniveau 218
Erwerbsgartenbau 214, 244, 253f., 257
Eutrophierung 247, 249
explosionsfähig 151
Explosionsschutz 69
Exposition 191f., 207f.

Fackeltemperatur 141
Fahrzeugschleuse 125f., 144
Fahrzeugverkehr 189
Fäulnisprozeß 211
Faulraumtemperatur 138
Faulsuspensionspuffer 132, 139
Faulung 17, 138, 199
FE-Abscheidung 60, 115
Fehlwürfe 19, 35, 62, 133
Feinaufbereitung 64ff., 71, 74, 95, 97, 106, 115, 118, 130, 136ff., 209
Feinaufbereitungstechnik 60
feinkörnige Komposte 211
Feldgemüse 233, 237
Feldgemüseanbau 169, 231
Fermentationsraum 132, 137ff.
Fermenter 122f., 128f., 133f., 140, 147ff. 200
Fertigkompost 35, 41, 57f., 64, 69, 78, 100f., 106, 115, 136, 156f., 215f., 220, 222f., 227, 229f., 236f., 243ff., 250ff., 256
Fettabscheider 200
Fette 38, 40, 48, 106
Feuchtigkeitshaltevermögen 234
Filtermaterial 106ff., 144f.
Flachband 80
Flachbunker 68, 97, 125
Flächenangebot 56
Flächenbedarf 64, 68, 82, 85, 95f., 99f., 137, 139, 153
Flächenbefestigung 98

Flächenfilter 107, 144
Fliegenlarven 58
Flockungshilfsmittel 132, 143, 151
Flockmittelstation 132
Flüssigabfälle 129f.
flüssige Monochargen 125
Folienabscheidung 65
Förderaggregate 62, 79f., 140
Förderband 62, 75, 125, 132, 136
Forstwirtschaft 249f., 253f.
Frachten 34, 60, 242
Frachtenregelung 252, 255
Freilandanwendung 236
Freilandmieten 112
Freilanduntersuchung 229
Fremdstoffe 22, 209, 219ff., 223, 238, 250
Fremdüberwachung 35, 60, 158, 222ff.
Fremdüberwachungszeugnis 225
Frischkompost 64, 134, 136, 156, 181, 215f., 220ff., 227, 229, 236f., 244f., 255
Frischmasse 211f.
Frischvolumengewicht 211
Frischwasser 127, 151
Frostschutzschicht 98
Fruchtfolge 229, 231, 233, 247
Füllkörpervolumen 108
Funktionssicherheit 59
Furan 220

Gartenabfälle 17, 56, 58, 60, 109, 160, 166, 174, 177, 182, 209f., 212, 214, 217ff.,
Gartenbau 158, 210, 212, 217, 230, 245, 253ff., 260
Gartenbesitzer 57
Gartenerde 58
Gasaustausch 42, 88, 94
Gasbehälter 134, 139, 146
Gaseinpressung 131, 138
Gasmengenmessung 141
Gasprobe 101, 141
Gasraum 138
Gebietskörperschaft 23f., 56, 59f., 63
Gebührenstrukturen 57
Gebührenveranlagung 57
Gefährdungspotential 16f.
Geflügelreste 187
gekapselte Mietenverfahren 89, 109
Genehmigungsprocedere 60
Genehmigungsverfahren 28f., 31, 226
Generator 149
Geruchsemission 81, 94f., 101, 105f., 109, 11, 125, 202
Geruchsmessung 101, 145, 188
Geruchsprobleme 199, 211
Geruchsquelle 102f., 143
Geruchsstoffkonzentration 101ff.
Geruchsstoffstrom 102
Gesamtbakterien 189
gesundes Individuum 195
Gesundheitsrisiko 188, 198, 207
Getrennterfassung 22
Gewässerverunreinigung 242

Gewerbliche Kompostierung 178
Gewerbliche Monochargen 129
Glührückstand 218
Glucose 38ff., 168
Golfplatzbau 246
Grasschnitt 58, 219, 257, 260
Greiferkran 70, 125, 128
Grenzdruck 132
Grenzwert 21, 34, 36, 139, 150, 189ff.,
  195f., 210, 219, 237, 241
Grobaufbereitung 62ff., 67, 69, 74, 96f., 100,
  103, 115, 118
Grobkörnige Komposte 211f.
Großküchen 179f.
Grünabfall 13ff., 35, 39, 124ff., 132, 157,
  177, 257, 260
Grünabfallkompostierung 13, 144
Grüne Tonne 19, 21
Grünkomposte 169, 227f., 244f., 248ff., 257
Grünschnitt 15, 24, 111, 125
Güte- und Prüfbestimmungen 35, 156f., 222,
  225, 241, 250
Güteanforderungen 34, 222, 224
Gütesicherung 210, 222ff., 240
Gütezeichen 34f., 157, 210, 222, 225
Gütezeichenkriterien 35

Habitateinfluß 234
Hacken 63
Häcksler 58, 60, 71
Hallenluftwechsel 144
Hammermühle 62, 71
Handelsdünger 210, 216, 229, 234, 245
Handhabbarkeit 124
Hartstoffabscheidung 60, 65, 78f., 111
Hauptnährstoffe 216f., 254
Hauptrotte 91, 100f., 181
häusliches Abwasser 99
Haustierstreu 187
Hefen 206f.
Heidelbeerkulturen 248
Heimtiere 172
Heizkreislauf 128
Heizwert 145, 147
Hemmstoffe 186, 236f.
Hemmung 48
heterotrophe Bakterien 40
Hobbygartenbau 210, 214, 244, 253ff., 260
Hochfilter 107
Holzhäcksel 161, 238
Homogenisierung 53, 60ff., 67, 76f., 83f., 88,
  110, 127, 133, 138, 185
Humanhygienisch 170
Humifizierung 40
Humushaushalt 230
Humusversorgung 239
Hundekot 172
Hydrolyse 39, 49, 121, 203
hydrolytischer Prozeß 133
Hygiene 41, 56, 63, 67, 155ff., 170, 180ff.,
  195f., 196, 199, 201ff., 209, 213f., 221,
  223, 237, 250

Hygiene-Baumusterprüfung 213
Hygieneprobleme 16, 175, 199
Hygieneuntersuchung 188
Hygienisierung 41, 83f., 93, 123, 147, 167,
  181, 200ff., 213, 222, 237f.
Hygienisierungsprozeß 160
Hygienisierungsstufe 202

Immungeschwächte 208
Inaktivierung 43f., 46, 81, 186
Infektionserreger 170
Informationsarbeit 58
innerbetrieblicher Transport 65, 67
Insekten 22
Intensivrotte 64f., 67, 95, 115, 134, 136,
  143, 181
Intensivrotteverfahren 60, 65, 100
Investitionskosten 84, 95, 115, 117f.

Kalium 212, 216f., 228f., 236f., 248
Kalk 58, 177, 187, 199, 247
Kammwalzenscheider 74
Kanalisation 99
Kantinen 129, 179
Kapitalverzinsung 151
Kapselung 60, 70, 74, 80f., 103, 109, 111
Kastenförderer 80
Katabolismus 39
Kationenaustauschkapazität 231f., 247
Katzenkot 172
KBE – Koloniebildende Einheiten 191f.
Kehricht 170
Keimemissionen 125, 188, 195, 197
keimfähige Samen 214
Keimfreisetzung 189, 196
Keimquelle 189
Klärschlammkompost 169, 233, 237
Kleinanlagen 67, 78, 118f.
Kleinkomposter 182ff.
Kleinlebewesen 58, 172f.
Kleintierkadaver 187
Kohlenasche 58, 170
Kohlendioxid 38, 64, 115, 120, 145, 149,
  218
Kohlenhydrate 38, 40, 43, 205
Kohlenstoffverbindungen 38, 103, 218f.
Kohlhernie 168, 213, 238
Kompost 13, 16, 20f., 25, 33f., 36, 45, 48,
  50, 56ff., 95, 98, 100f., 106, 111, 114,
  117, 127, 136, 136, 156ff., 166ff., 180ff.,
  193, 196ff., 203, 205, 209ff., 226ff.,
  233ff., 257ff.
Kompostart 227, 231, 245, 249
Komposter 56ff., 182ff.
Kompostierung 13, 15, 17ff., 22, 25, 28,
  33ff., 37, 40ff., 46, 48f., 52, 55ff., 58f., 62,
  79, 81, 83, 92f., 101, 103, 106, 111,
  113ff., 120, 140, 155, 158, 160f., 164ff.,
  170ff., 178ff., 188, 191ff., 197ff., 202,
  204ff., 212ff., 219, 221, 226, 237f., 252,
  260
Kompostierungstechnik 56f.

Sachregister

Kompostmenge 33, 236, 243, 256
Kompostplatz 58f.
Kompostqualität 34, 60, 64f., 157, 209, 226, 239, 244
Kompostrohstoff 103f., 209f., 213, 216ff.,
Kompostsickerwasser 33
Komposttyp 224f., 227
Kondenswasser 82ff., 98ff., 111, 113f., 142,
Kondenswasseranfall 94
Kondenswasserbildung 94f.
Konditionierung 144
Konfektionierung 64, 67, 69, 101, 110
kontinuierlich 121, 130
Konzentration 39, 60, 146, 188, 194
Korndichte 55
Korngrößenzusammensetzung 211f.
Kosten 20, 56, 68, 96, 117, 151, 178, 194
Kostenstrukturen 115, 151
Kraftstoff 117
Krananlage 68, 125
Krankheitserreger 81, 155ff., 168, 170ff., 180, 183, 186f., 192, 199ff., 213
Kreislaufführung 17, 56
Kreislaufwirtschafts- und Abfallgesetz KrW-/AbG 16, 20, 26, 155f., 210, 240ff.
Küchenabfälle 17, 56, 58, 109, 166, 170f., 175, 178, 182f., 203
Kulturboden 213, 230
Kulturpflanzen 165f., 214, 229f., 236, 239
Kultursubstrat 65, 209, 211, 217, 219, 227, 241, 255, 257, 260
Kupfer 21, 216ff., 240ff.

Labor 138
LAGA-Merkblatt M 10 21, 34, 157, 168, 179, 181, 202ff., 209, 213, 215, 220, 222, 239, 241, 249, 251, 255
Lageplangestaltung 96, 98
Lagerfähigkeit 215
Lagerung 28, 64ff., 95f., 111, 136, 174, 200, 211, 243
Lagerungshöhe 111
Länderarbeitsgemeinschaft Abfall (LAGA) 19, 21, 156f.
Landschaftsbau 210, 212, 239, 245f., 254ff., 260
Landwirtschaft 37, 59f., 119, 168, 169, 191, 199, 202, 210, 212, 218, 230, 242, 247, 251, 253f.
Langsamläufer 69, 72
Lärm 32, 69, 77, 82, 96, 100, 155, 194
Lärmemission 32, 70
Lärmschutzwände 246, 252
Lästlinge 176f., 182, 187, 195, 207
Lebensdauer 160, 162
Lebensmittel 15, 171f., 174, 180, 207f.
Leistungsabgabe 146, 150
Leitkeim 192
Leittechnik 140
Lignin 40f., 48, 219
lokale Identifikation 60
Löschwasserteich 100

Luftdurchlässigkeit 230
Luftfeuchte 103
lufthygienische Untersuchung 196
Luftkeim 188f., 195, 197
Luftkeimbelastung 190, 192, 195f.
Luftkeimflora 188
Luftkeimgehalt 189, 191, 197
Luftporenvolumen 43f., 46f., 50, 55, 58, 64, 81, 94
Luftsauerstoff 37, 40, 108
Luftsetzmaschine 78f.
Lüftungsanlage 125
Lüftungssystem 85
Luftverteilungssystem 106f., 144
Luftvolumenstrom 43, 105, 111
Luftwäscher 144
Luftzirkulation 103
Luftzufuhr 39

Maden 176f.
Magnesium 216, 228, 248
Magnetbandrolle 73, 75
Magnetscheidung 64, 67, 127
Mais 244f., 247f., 260
Makromoleküle 39
manuelle Sortierung 60
Marketing 226, 253, 259
Marktanalyse 226, 255ff.
Markteinführung 226, 256
Marktsegment 254, 256f.
Maschinenhalle 144, 150
Maschinenring 59f.
Massenbilanz 67, 115, 151ff.
Massenreduktion 115
Maßnahmen zur Emissionsminderung 109
Mäuse 58, 182
Maximaltemperatur 161, 183, 215
mechanische Arbeit 37
Mehrfachnutzung 144
mehrstufig 121, 131, 133, 154
mesophil 40, 42, 44f., 121, 123, 130, 132, 147f., 200
Messermühle 70f.
Meßgasleitung 151
Metabolismus 39
Metallschrott 17
Methan 103, 120, 145f.
Methanbildung 121
Methanisierung 121
Methanreaktor 131, 146
Methodenbuch 210, 225
Mietenalter 112
Mietenaufsetzer 136
Mietenoberfläche 83, 94, 105
mikrobielle Aktivität 43ff., 52, 93, 95, 101, 105, 167
Mikronährstoffe 217
Mikroorganismen 37ff., 55, 58, 63ff., 82, 96, 106, 108f., 120, 131, 133, 138, 168f., 176, 188ff., 195, 203, 206, 219, 233f.
Mikroorganismenpopulation 42, 44ff., 52
Milieubedingungen 41, 138, 182, 203, 238

Milzbrandbazillen 170
Mindestluftbedarf 146f.
Mineralisierungsvorgänge 50
Mischen 58
Mischkomponente 209, 211, 213, 217, 219, 227, 250
Mistkompost 233f.
mittelkörnige Komposte 211f.
mobile Aggregate 60, 67
Molybdän 216ff.
Mulch 227, 236
Mulchgerät 72
Muldenband 80
Mykosen 175, 207

Nachrotte 45, 64f., 83ff., 92, 95ff., 100, 109, 115, 130, 132ff., 136, 140ff., 158, 201
Nachrottefläche 95f., 100
NADH 38f.
Nagetiere 22, 171, 179
Nährstofffrachten 225, 235f.
Nährstoffsituation 43
Nährstoffträger 228
Nährstofftransport 48
Nahrungsangebot 234
Naßfermentation 121f., 130ff.
Nematoden 161, 164ff.
Nettoenergieausbeute 148
Nickel 21, 220ff., 240ff.
Nitrat 40, 55
Nitrifikation 40, 46, 55, 143, 213
Nitrit 40, 55
Normalbetrieb 125, 144, 146
Nutztiere 180
Nutzwasserkapazität 232f.

Oberflächenwässer 98f., 243
objektiver Abfallbegriff 16
Obstbau 248, 253f.
öffentliches Grün 245, 254
Öffentlichkeit 188, 193ff.
Ökosystem 172ff., 188
Öle 40
Olfaktometrie 101, 103, 145
Organisationsaufwand 60
organische Säuren 40, 53, 55, 82, 97, 141, 236
organische Schadstoffe 220
organische Stoffe 37, 201, 233
organische Substanz 53, 55, 64, 101, 115, 147f., 209, 211, 213ff., 220f., 223, 227, 229ff., 239, 243, 247, 250
Organismen 37, 40, 191f., 205
Orientierungswert 192
osmotische Arbeit 37
Oxidation 38f., 146

Pappe 58, 218
Parasiten 164, 171, 200, 234
Parkabfälle 17, 172, 209ff.
pathogen 158, 160ff., 196, 213, 234
Permanentmagnet 73

Personal 60, 82, 139ff., 173, 178, 188, 190, 194, 194ff.
Personalbedarf 140f.
Personalkosten 117, 152
Pflanzenabfallkompost 232
Pflanzenbau 216, 226, 231, 233, 235, 239, 244
Pflanzeninfektionskrankheiten 58
Pflanzenkrankheiten 158, 160f., 167
Pflanzenkrankheitserreger 234, 238
Pflanzenmaterial 40, 161
Pflanzenpathogene 234
Pflanzenschutz 234
Pflanzenunverträglichkeit 236f
Pflanzenversuch 215
Pflanzenverträglichkeit 65, 81, 209, 214f., 237, 250
Pflanzlöcher 246
Phase 259
Phosphat 39, 143, 216f.
PH-Wert 41, 44, 47f., 53ff., 99, 113, 121, 134, 158, 167, 183, 203, 212f., 221, 223, 231, 239f., 243f., 248ff.
physikalische Merkmale 210
Phytohygiene 158f., 186, 196, 204, 239
phytosanitäre Effekte 168
phytosanitäre Wirkung 168, 234
Pilze 40f., 161, 163f., 167, 171f., 176f., 188, 192, 194, 205ff., 230
Pilzsporen 33, 188, 195, 206f.
Pilzzucht 194, 251
Platzbedarf 94, 182, 199
polychloride Biphenyle 220
Populationen 45, 160
Populationsdichte 41f., 234
Porenluft 50f.
Porenräume 44
Porensystem 43
Porenwasser 50
Potentialdifferenz 38f.
potentielle Schadstoffe 219
Prallmühle 71
Preiselbeerkulturen 248
Presslinge 84, 91, 114
Presslingsstapel 104
Preßschneckenseparator 134
Preßwasser 68, 98, 101, 111, 134, 136, 143
Primärzerkleinerung 125, 128
Privatabholer 96
Probenahmeprotokoll 225
Probenahmetermin 240, 224
Produktaufbereitung 121
Produktdiversifikation 259
Produktionskreislauf 13
Produktprüfung 158f.
Produktqualität 35, 79, 82, 152, 223
Proteine 38, 40, 43, 48
Proteinzersetzung 56
Protozoen 40f.
Prozeßabluft 144
Prozeßführung 120, 158, 181
Prozeßstufe 124

Sachregister

Prozeßwasser 123, 127, 131ff., 140ff.
Prüflabor 222, 224f.
Prüfmethoden 224
Prüfsubstrat 214
Prüfverfahren 2124
Puffer 63, 139
Pufferungsvermögen 231
Punktabsaugung 144

Qualitätsanforderung 21, 64, 221ff., 251, 254
Qualitätssicherung 33, 81, 257
Quartierkompostierung 58f.

Radlader 65, 68, 83, 85, 95, 116, 126, 136, 144, 198
RAL-Gütezeichen 34f., 219, 222ff., 239f.
Ratten 16, 58, 176f., 182, 207
Raumordnung 155
Reaktionsgeschwindigkeit 45, 49
Reaktorräume 121
Rechenvorgang 127
Rechtsunsicherheit 192
Recyclinghof 100
Recyclingprodukt 259
Recyclingrohstoff 17
Regenwasserüberläufe 33
Regenwürmer 182, 233
Registrierung 61, 67, 125, 129
Reparaturkosten 112
Respirationskoeffizient 43
Restaurants 179
Restmüllbehälter 57
Reststoffbeseitigung 117
Reststoffe 16, 70, 97, 199, 203, 226f.
Richtwert 34, 150, 190, 192, 195f., 210, 219, 221, 244, 250, 255
Rindenhumus 156, 253, 257
Ringversuch 225
Rohmaterial 77, 160, 170, 176, 202, 237
Rohstoff 13, 17, 224, 251
Rohsuspension 128, 132, 134, 136, 138
Rotteeinrichtungen 33, 78
Rottefläche 60, 67, 85, 94
Rotteführung 60, 64, 89, 105, 115, 209, 214, 216
Rottegrad 44f., 55, 64f., 81, 83ff., 88f., 92ff., 100, 104f., 136, 181, 209, 215, 220ff., 236f., 244, 250
Rottegut 37, 41ff., 50ff., 62, 69, 76, 80, 82ff., 93f., 98ff., 111ff., 136, 181f., 187, 213, 227
Rottehalle 97, 104f., 137ff., 143f., 147, 198
Rottekammern 85, 91
Rotteprozeß 41ff., 53, 56ff., 63f., 85, 87ff., 111, 156, 173, 184ff.
Rottesteuerung 81, 226
Rottetechnik 60
Rottetrommel 69, 76, 87, 93, 104, 113
Rottetunnel 86, 90, 136
Rotteturm 86f., 91, 181
Rottezeilen 86, 90
Rottezeit 40, 48, 52ff., 64f., 84, 86, 88f., 94f., 100, 104f., 112, 136, 213
Rottezellen 85, 111

Sackaufreißer 128
Salmonellen 159, 171, 174, 183ff., 197, 203, 206, 213, 237
Salzgehalt 99, 211f., 221f., 227, 236, 244, 250
Sammelband 125
Sammelbehälter 175
Sammelgebiet 60
Sandböden 58
Satzung 22, 25
Sauerstoff 37ff., 53, 146, 203
Sauerstoffversorgung 58, 63f., 95
Saugbelüftung 82, 94, 136
saure Startphase 103
Säurebildung 121
Säurekapazität 121
Schädlinge 161, 177, 187, 238
Schadstellen 98
Schadstoffbelastung 34, 58
Schadstoffe 18, 20, 100f., 106, 219f., 237f., 242
Schadstofffrachten 220, 237
Schadstoffpotential 18
Schlepper 67, 72
Schmutzwassererfassung 67
Schneckenmühle 70, 125, 128
Schneiden 63
Schneidwalzenmühle 70
Schorfbefall 234
Schraubenmühle 70, 72
Schrebergärten 219
Schwarztorf 257
schwarz-weiß-Bereich 99
Schwebe Windsichter 79
Schweinepest 179f., 200, 204
Schwermetalle 20f., 36, 64, 69, 101, 143, 209, 219f., 237, 240f., 243
Schwerstoffaustrag 127
Schwingförderer 76, 80
Schwingsieb 74
Sedimentationsgeschwindigkeit 132
Sekundärrohstoffdünger 21, 37, 56, 155f., 210, 219, 241f.
selektive Zerkleinerung 69f., 77
semidynamische Verfahren 84, 88
seuchenhygienisch unbedenkliche Produkte 183
Sichtkontrolle 61f., 124
Sichtung 60, 115
Sickerwasser 33, 62, 83f., 91, 94, 98ff., 106, 111ff., 144, 176
Siebbandpresse 132, 136
Siebbeläge 63, 72f.
Siebraspel 70, 73
Siebreste 33, 61, 97
Siebschnitt 63f., 115
Siebtrommel 63, 76, 128
Siebung 60, 63, 67, 101, 124, 236

Siebwirkung 73
Siedlungsstruktur 60, 256
Sommergerste 214
Sorbtionseigenschaften 243
Sozialbereich 99
Spannwellensieb 72, 74
Speiseabfälle 58, 129, 155, 178ff., 200
spezifische Gesamtkosten 119
spezifische Kosten 60, 153
spezifische Wärmekapazität 57
spezifischer Flächenbedarf 60, 99f.
Spiralförderer 80
Spitzenbelastung 62
Sporen 44, 161, 170, 189, 205ff.
Sportplatzbau 245f., 254, 256
Spulwurmeier 184
Spurenelement 217ff., 239
Spurennährstoffe 217ff., 254
staatliche Daseinsvorsorge 22
Stallmist 179, 235, 253
Standardkompost 220
Standort 58, 60, 96, 100, 117, 180, 249
Standortfindung 60
Standzeit 74, 144, 176
statische Verfahren 83
Staub 69f., 77M 82, 96, 100f., 106, 111, 144, 170, 190, 193f., 198, 208, 219
Staubentwicklung 69, 74, 189, 244
Staubsaugerbeutel 58
Stauraum 96
Stegband 80
Steuerungsparameter 43f.
Stickstoff 40, 48, 55, 109, 113, 216ff., 228f., 236, 242, 248
Stickstoffabbau 46, 143
Stickstoffverlust 46
Stoffkreislauf 16, 37
stoffliche Verwertung 17ff.
Stoffwechsel 37, 120, 123
Störstoffe 22, 60, 63, 69f., 77, 124, 126, 128
Störstoffentnahme 60, 115
Strahlungsenergie 37
Straßenbegleitgrün 17, 253f.
Straßenstaub 173
Strauchschnitt 58, 62f., 67, 69ff., 103, 160, 226f., 251
Stromgewinn 148
Stromüberschuß 148
Strukturmaterial 58, 62ff., 115, 126, 132, 136, 177
Strukturstabilität 44, 94
Stubenkehricht 170
Stückgröße 62, 124
subjektiver Abfallbegriff 15
Substratkonzentrationen 48f.
Substratmenge 48, 251
suppressive Wirkung 169
Suppressivität 168

Tabakmosaikvirus (TMV) 161, 186
Tafelmieten 85, 88, 95, 104, 106, 136
Tauwasserbildung 97

Technische Anleitung Siedlungsabfall 14, 17, 21f., 26, 32, 34, 88, 209, 222, 226
Temperatur-/Zeitkombination 44, 52, 180, 210, 204
Temperaturentwicklung 44f., 52
Temperaturniveau 50, 149, 184
Teststäbchen 99
thermische Leistung 44, 52f.
Thermodynamik 37ff.
thermophil 40, 42, 44, 121, 123, 130, 132ff., 138, 147f., 153f., 158, 194, 197, 200, 202, 204, 213
thermophile Phase 40f.
Tiefbunker 68, 111, 125f., 137, 198
Tierkörperteile 178f.
Tierseuchen 158, 179
Ton-Humus-Komplex 58
Tonminerale 58
Torfersatz 257
Torfprodukte 257
Toxizität 150, 167, 177
Tragwerk 97
Transportarbeit 37
Transportaufkommen 60
Trapezmieten 85, 95
Trockenfermentation 121ff., 130, 134
Trockenrückstand 132, 136
Trockensubstanz 50, 127, 134, 143, 146, 211, 221, 223
Trommelhacker 71
Tunnelreaktoren 86
Turbolader 150
Typhusbakterien 170

Überbandmagnet 73, 75
Überbandmagnetscheider 75f., 128
Überdruck 94
Überdüngung 36, 56, 58
Übergabestelle 62, 78
Übernässung 233
Überwachung 144, 158, 198
Überwachungsanforderungen 16, 224
überwachungsbedürftige Abfälle 16, 27
Umbauprozesse 40
Umsetzgerät 67, 83, 85f., 89, 119
Umwelteinwirkungen 32, 155
Umweltgefahr 16
Umweltkompartiment 195
Umweltverträglichkeitsprüfung 29, 31
Umweltverträglichkeitsuntersuchung 29
Umzäunung 137
Unkräuter 161, 165f., 214
Unkrautsamen 81, 166, 227
Untersuchung 183, 194ff., 213, 224,
Untersuchungsbericht 193, 225

Vakuum 134, 143
Vegetationsschicht 209, 246, 255
Venturiwäscher 108
Veratmung 52
Verbände 259
Verbundsystem 60

Sachregister

Verdichtersystem 131
Verfahrensgarantie 180f.
Verfügbarkeit 131, 133, 140, 147, 239, 242
Vergärung 120ff., 129, 130ff., 138ff., 146, 158, 200f.
Vergärungsreaktor 124, 150
Verkehrsaufkommen 96, 98
Verkehrsflächen 97, 100, 106
Vermarktung 60, 65, 221, 238, 226, 252
Vermarktungsaktivitäten 226, 255
Verrottung 17, 47, 84, 182, 206f.
Verschlämmungsneigung 233
Verschleiß 71
Verschleißkosten 117
Verstromung 148f.
Verunreinigung 16, 18f., 79
Verwaltung 140
Verwaltungskosten 117
Verwertungsbedingungen 226
Veterinärhygienisch 170
Virus 161f., 164, 167, 171f., 179f., 188f., 197, 200, 204
Vögel 57, 171, 182
Vollzugsdefizite 14
Volumengewicht 210f., 218, 236
Vorabseparation 124
Vorlagebehälter 133, 134

Waage 67, 96f.
Waagenbrücke 67
Wachse 40, 48
Wahrnehmungsschwelle 101
Walzenmagnet 75
Wärme 37ff., 120, 149, 207
Wärmedämmung 57, 185
Wärmeenergie 49, 51, 117, 131, 146
Wärmeentzug 50f.
Wärmeleitfähigkeit 50f.
Wärmeleitung 50
Wärmenutzung 94
Wärmestrahlung 51
Wärmetauscher 50f., 123, 131, 133, 148
Wartung 139f., 198
Wartungsarmer Betrieb 72
Waschflüssigkeit 108f.
Wasser 37, 43, 47f., 51, 58, 63f., 76, 82, 98ff., 115, 117, 141, 143, 145, 149, 154, 166, 205, 239

Wassergehalt 18, 43f., 49ff., 58, 63f., 69, 75, 77f., 81, 83f., 87, 95, 99, 110f., 115, 123, 127, 134, 144, 158, 178, 181, 210f., 221, 233, 243, 250
Wasserhaushalt 58
wasserlösliche Salze 212
Wasserprobe 141
Wasserspeicherfähigkeit 233
Wasserstoff 38f., 149, 212
Wasserstoffakzeptor 38
Weinbau 169, 248f., 253f.
Weißtorf 257
Wellkantengurtförderer 80
Werkstatt 99, 138
Wertstoffsortieranlage 190f.
Wiegeprinzipien 67
Wiegung 61, 67, 125
Wildäcker 250
Wirkungsgrad 51, 70, 149, 158f.
Wirtschaftdünger 21, 155f., 158, 219, 242
Wirtschaftsgüter 16
Wirtspflanzen 160ff.
Witterungsbedingungen 234
Wurzelbereich 236
Wurzelschäden 212

Zeitungspapier 58, 177
Zellkomponenten 38
Zellulosezersetzung 49
zentrale Anlage 59
Zerkleinerungsaggregat 63, 68ff., 128f.
Zerkleinerungsstufe 68
Zick-Zack-Windsichter 79
Zink 21, 216ff., 240ff.
Zone 1 151
Zone 2 151
Zone 0 151
Zuckerrüben 228f., 244f., 247, 253
Zufahrtshöhe 97
Zufahrtsstraße 137
Zulassung 27, 225
Zuluftleitung 144
Zündquellen 151
Zuschlagstoff 50, 62, 65, 169, 209, 245, 251
Zwangsbelüftung 60, 86
zweistufig 121, 132f.
Zwischenlagerung 64, 125, 133, 243
Zwischenspeicherung 61f., 67, 125, 145
Zysten 164

Für viele ist es Müll, für uns sind es Wertstoffe

Vorbei sind die Zeiten, in denen unsere täglichen Abfälle erst im Eimer und dann auf der Halde landeten. Lernen wir unsere Lektion von der Natur, denn die Natur kennt keinen Abfall, sondern nur die nutzbringende Wiederverwertung. Der „Bio-Müll" ist zum **Wertstoff** geworden. Die Wegwerfgesellschaft ist zum Umdenken und zum entsprechenden Handeln aufgefordert. Das hat die Herhof-Umwelttechnik mit ihren Kompostieranlagen frühzeitig getan. Kompostieren mit System – ohne Geruchs- und Grundwasserbelastung.

SYSTEM-HERHOF KOMPOSTIERUNGSANLAGE

UMWELTTECHNIK

In zukunftsweisenden Kompaktanlagen vollzieht sich dieser Prozeß in dem geschlossenen System einer prozeßgesteuerten Klimakammer – der **Herhof-Rottebox®**.

Rottebox®, Erdenwerk, Filtertechnik, Umweltlabor – nur einige Beispiele unserer erfolgreichen Aktivitäten für technischen Fortschritt. Informieren Sie sich über das **System-Herhof**; ein Name für neue, intelligente und ausgetüftelte Produktionstechniken. Entwickelt von einem Unternehmen, das komplette Konzepte, Anlagen und Problemlösungen anbietet.

Herhof-Umwelttechnik GmbH · Riemannstraße 1 · 35606 Solms-Niederbiel · Tel. (0 64 42) 2 07-0 · Fax (0 64 42) 2 07- 1 33

Vergärungs- und Kompostierungsanlagen

Engelskirchen (D): Vergärungsanlage

Kompetenz in Bioabfall- und Restmüllbehandlung

Referenzen

Bioabfallvergärung:
Tilburg (NL): 52.000 Mg/a
Engelskirchen (D): 35.000 Mg/a
Freiburg (D): 36.000 Mg/a
Genf (CH): 10.000 Mg/a

Restmüllvergärung (MBA):
Amiens: (F): 85.000 Mg/a
Cadiz (E): 190.000 Mg/a

Zu unserem Lieferumfang zählen komplexe Gesamtanlagen der Wasser-/Abwassertechnik und Abfalltechnik in schlüsselfertiger Bauweise und in sich geschlossene Teilsysteme. Die Palette unserer Aktivitäten umfaßt eine Vielzahl von Verfahren in folgenden Bereichen: Aufbereitung von Trinkwasser, Brauchwasser, Kraftwerks- und Industrieabwässern, Deponiesickerwässern und kommunalen Abwässern sowie Schlammbehandlung und biologische Abfallbehandlung (Kompostierung und Vergärung).
Weitere nationale und internationale Projekte zur MBA vor Deponie (Gleichwertigkeitsnachweis) bzw. vor Verbrennungsanlage (Massenreduzierung) werden z. Zt. bearbeitet.
Langjährige Erfahrung, gewachsenes Know-how und Flexibilität bilden die Gewähr für maßgeschneiderte Komplettlösungen aus einer Hand. Sprechen Sie uns an. Wir beraten Sie gern.

Amiens (F): Restmüllaufbereitung und -Vergärung

BABCOCK BORSIG POWER
ENVIRONMENT

Steinmüller Rompf Wassertechnik GmbH & Co.
Firmensitz: Bahnhofstraße 1, D-35759 Driedorf-Roth, Telefon: +49(0) 2775/9540-0, Telefax: +49(0) 2775/9540-100
Standort Gummersbach: Fabrikstraße 1, D-51643 Gummersbach, Telefon: +49(0) 2261/852226, Telefax: +49(0) 2261/853239

Ökologie und Naturschutz.

Auf einen Nenner gebracht lautet das in Naturschutzgesetzen verankerte Grundprinzip der Eingriffsregelung: Was der Natur und Landschaft infolge einer Baumaßnahme an einer Stelle verloren geht, soll möglichst ähnlich und möglichst in der Nähe wieder entstehen können. Zwar liegen einige theoretisch-methodische Leitfäden zur Eingriffsregelung vor, eine praxisorientierte Gesamtschau fehlte jedoch bislang. Diese Lücke soll das vorliegende Buch – mit vielen praktischen Fallbeispielen und informativen Grafiken – schließen.
Praxis der Eingriffsregelung. *Schadenersatz an Natur und Landschaft? J. Köppel, U. Feickert, L. Spandau, H. Straßer. 1998. 397 S., 32 Farbf. auf Tafeln, 43 Zeichn., 87 Tab., 33 Übersichten. ISBN 3-8001-3501-9.*

Die Internationale Bauausstellung (IBA) Emscher Park zog 1999 nach 10jähriger Tätigkeit Bilanz. Zur Endpräsentation erschien dieses Buch. Es dokumentiert mit zahlreichen Bildern und Karten die Ideen und Projekte zur Umgestaltung der Industrielandschaft im Ruhrgebiet. Mit dem Emscher Landschaftspark wurde ein weltweit einzigartiges „grünes Infrastrukturprojekt" realisiert.
IndustrieNatur – *Ökologie und Gartenkunst im Emscher Park. J. Dettmar, K. Ganser (Hrsg.). 1999. 179 Seiten, 148 Farbfotos, 18 farbige Karten und Grafiken, 14 sw-Abbildungen. ISBN 3-8001-3521-3.*

Aufgelassene Abbaustellen können unter geeigneten Rahmenbedingungen als Rückzugsräume für Tiere und Pflanzen fungieren. Häufig bieten sie mit ihren Felswänden, Tümpeln und anderen abbautypischen Standorten Lebensräume, die in der umgebenden Kulturlandschaft nicht mehr vorhanden sind. Leider führen mangelnde Kenntnisse über vorhandene Potentiale, fehlende naturschutzfachliche Zielvorgaben und konkurrierende Folgenutzungsinteressen dazu, daß die mit der Abbautätigkeit verbundenen Chancen für Arten und Lebensgemeinschaften nicht ausreichend berücksichtigt werden. Anhand zahlreicher Beispiele werden im vorliegenden Buch die Voraussetzungen, aber auch die Grenzen für die spontane Besiedlung von Abbaustellen verdeutlicht, werden typische Standorte und Teillebensräume erläutert und ihre Lebensgemeinschaften vorgestellt. Das Buch vermittelt dem Leser damit das nötige Wissen, um hinter der „Wunde in der Landschaft" potentielle Lebensräume für Pflanzen und Tiere zu erkennen. Argumente, die für die Renaturierung sprechen, werden sachgerecht aufbereitet und nachvollziehbar dargestellt. Typische Konfliktsituationen - z.B. mit anderen Folgenutzungen - werden thematisiert.
Renaturierung von Abbaustellen. *S. Gilcher, D. Bruns. 1999. 355 S., 32 Farbf. und Karten auf Tafeln, 81 Zeichn., 72 Tab. ISBN 3-8001-3505-1.*

Mehr zum Thema.

Anhand von konkreten Beispielen werden Möglichkeiten zum Umgang mit Industriebrachen aus der Sicht der Ökologie, des Naturschutzes, der Landschafts- und Freiraumplanung und des Städtebaus aufgezeigt. Das Buch gibt auf der Grundlage der ökologischen Analyse des Lebensraumes „Industriebrache" anhand von praktischen Beispielen Handlungshinweise zum Management derartiger Flächen.
Industriebrachen. Ökologie und Management. F. Rebele, J. Dettmar. 1996. 188 S., 46 Farbf. auf Tafeln, 49 sw-Fotos und Zeichn., 20 Tab. ISBN 3-8001-3354-7.

Diese Synopse sämtlicher verfügbaren Roten Listen der gefährdeten Pflanzen, Tiere, Pflanzengesellschaften und Biotoptypen Deutschlands und der Bundesländer ermöglicht es, mit einem Blick die Gefährdungssituation zu vergleichen. Zu jeder Artengruppe werden ausführliche Hinweise auf Bearbeitungsstand und Ausmaß der Gefährdung, auf Lebensräume, Gefährdungsursachen und Handlungsbedarf gegeben. Die auf einer CD-ROM beiliegende Datenbank erlaubt eine komfortable und effiziente Nutzung und Weiterverarbeitung der Informationen.
Die Roten Listen. Gefährdete Pflanzen, Tiere, Pflanzengesellschaften und Biotoptypen in Bund und Ländern. E. Jedicke (Hrsg.) 1997. 581 S., 11 Abb., 41 Tab. und 33 Artenlisten. ISBN 3-8001-3353-9.

Ein Werk, das alle 4125 wild vorkommenden Farn- und Blütenpflanzen Deutschlands behandelt und in etwa 3800 Farbfotos, vielen Detailzeichnungen (von ca. 400 Sippen) und beschreibenden Kurztexten vorstellt. Viele Pflanzensippen werden in diesem Band erstmals abgebildet.
Bildatlas der Farn- und Blütenpflanzen Deutschlands. H. Haeupler, T. Muer. Etwa 770 Seiten, 3800 Farbfotos, 123 sw-Zeichnungen. ISBN 3-8001-3364-4.

Durch Kartierung der Vorkommen ausgewählter Flechten kann die Belastung kleiner wie auch größerer Gebiete mit Luftschadstoffen ermittelt werden. Das Buch führt in die Methodik der Bioindikatoren mit Flechten ein, d. h. in die Grundlagen der Flechtenkartierung und die Verarbeitung der Ergebnisse zur Ermittlung der Luftgüte.
Flechten erkennen – Luftgüte bestimmen. U. Kirschbaum, V. Wirth. 2. Auflage 1997. 128 Seiten, 73 Farbfotos, 15 Zeichnungen, 6 Tabellen. ISBN 3-8001-3486-1.

Das Fachbuch stellt die neuesten Erkenntnisse zur Wasserreinigung mit künstlichen und natürlichen Feuchtgebieten vor, und bezieht sie in die Planung mit ein.
Wasserreinigung mit Pflanzen. F. Wissing, K. F. Hofmann. 2. Aufl. Etwa 220 Seiten, 35 Farbfotos, 140 s/w-Fotos und Zeichnungen. ISBN 3-8001-3211-7. In Vorbereitung.